U0393042

黄晓瑜
田　婧
伍　菲 / 编著

中文版

3ds Max 2016
完全实战技术手册

清华大学出版社
北京

内 容 简 介

　　本书是一本以实战案例为主、讲解 3ds Max 软件功能与实战制作方法和流程的专业图书，以具体、完整的建模思路，全面地学习用 3ds Max 制作各种模型的建模方法。本书的最大特点是以实例的操作步骤为主，特别是在材质、灯光部分的使用技术、技巧和步骤上进行了详细的讲解。

　　本书共分 17 章，通过极具代表性的练习与实战案例，循序渐进地介绍了 3ds Max 从入门基础到各模块在设计方面的应用。

　　本书不仅可作为从事机械设计、室内设计、建筑设计等相关行业人员的自学指导用书，也可作为室内设计培训班、职业学校及大、中专院校相关专业的教材。

图书在版编目（CIP）数据

　中文版 3ds Max 2016 完全实战技术手册 / 黄晓瑜，田婧，伍菲编著 . — 北京：清华大学出版社，2018

　ISBN 978-7-302-47636-8

　Ⅰ . ①中… Ⅱ . ①黄… ②田… ③伍… Ⅲ . ①三维动画软件 Ⅳ . ① TP391.414

　中国版本图书馆 CIP 数据核字（2017）第 155188 号

责任编辑：陈绿春
封面设计：潘国文
责任校对：胡伟民
责任印制：王静怡

出版发行：清华大学出版社
　　　　网　　　址：http://www.tup.com.cn，http://www.wqbook.com
　　　　地　　　址：北京清华大学学研大厦 A 座　　　　　邮　编：100084
　　　　社　总　机：010-62770175　　　　　　　　　　邮　购：010-62786544
　　　　投稿与读者服务：010-62776969, c-service@tup.tsinghua.edu.cn
　　　　质量反馈：010-62772015, zhiliang@tup.tsinghua.edu.cn
　　　　课件下载：http://www.tup.com.cn,010-62795954
印　装　者：北京亿浓世纪彩色印刷有限公司
经　　销：全国新华书店
开　　本：188mm×260mm　　　印　张：28.5　　　　字　数：965 千字
版　　次：2018 年 4 月第 1 版　　　印　次：2018 年 4 月第 1 次印刷
印　　数：1～2000
定　　价：89.00 元

产品编号：066066-01

前言

3D Studio Max，常简称为 3d Max 或 3ds Max，是 Autodesk 公司开发的、基于 PC 系统的三维动画渲染和制作软件。3ds Max 广泛应用于广告、影视、工业设计、建筑设计、三维动画、多媒体制作、游戏、辅助教学以及工程可视化等领域。通过本书，读者可以学习 3ds Max 制作建筑室内装饰效果图的建模方法、材质贴图的制作、灯光技术的运用思路和渲染方法等。

本书内容

本书共分 17 章，通过极具代表性的练习与实战案例，循序渐进地介绍了 3ds Max 在室内设计等方面的应用。

- 第一部分 入门基础篇（第 1~4 章）：主要介绍 3ds Max 的入门基础知识，包括 3ds Max 2016 的软件介绍、基本界面认识、绘图环境设置、模型变换基本操作、基本工具的应用等。
- 第二部分 二维图形与三维建模篇（第 5~11 章）：主要介绍 3ds Max 从二维图形到三维建模的整个设计流程，以及多种不同的建模方式。
- 第三部分 渲染技术篇（第 12~16 章）：主要介绍 3ds Max 在渲染技术方面的应用，包括材质、贴图、灯光、摄像机、环境添加及场景渲染等。
- 第四部分 综合实例篇（第 17 章）：本章为综合实战案例，主要是以某居室室内设计为导线，主讲渲染的实战技术。

本书特色

本书定位为初学者，旨在为三维造型工程师、建筑设计师、室内设计师、游戏设计师打下良好的三维设计基础，同时让读者学习到相关专业的基础知识。

本书从软件的基本应用及行业知识入手，以 3ds Max 2016 软件的模块和插件程序的应用为主线，以实例为引导，按照由浅入深、循序渐进的方式，讲解软件的新特性和软件操作方法，使读者能快速掌握 3ds Max 的软件设计技巧。

对于 3ds Max 2016 软件的基础应用，本书讲解得非常详细。

本书的特色包括：

- 功能指令全。
- 穿插海量实例且例子典型、丰富。
- 提供大量的教学视频，结合书中的内容介绍，帮助读者更好地融入、贯通书中的内容。
- 随书光盘中赠送大量有价值的学习资料及练习内容，使读者能充分利用软件功能进行相关设计。

本书不仅可作为从事机械设计、工业产品设计、室内设计、建筑设计等相关行业人员的自学指导用书，也可作为室内设计培训班、职业学校及大、中专院校相关专业的教材。

作者信息

本书由桂林电了科技大学信息科技学院的教师黄晓瑜、田婧和伍菲编著，参与编写的还有黄成、孙占臣、罗凯、刘金刚、王俊新、董文洋、孙学颖、鞠成伟、杨春兰、刘永玉、金大玮、陈旭、王全景、马萌、高长银、戚彬、赵光、刘纪宝、王岩、郝庆波、任军、秦琳晶、李勇等。

素材相关

本书配套素材及视频教学文件请扫描各章首的二维码进行下载，如果在下载过程中碰到任何问题，请联系陈老师，联系方式：chenlch@tup.tsinghua.edu.cn。

本书的素材文件也可以通过下面的方式进行下载。

源文件 https://pan.baidu.com/s/1WMQt2ayj-Z18KhhkbK_YrA

结果文件 https://pan.baidu.com/s/1_7i3psw-W437kwwzAm3NcA

视频文件 https://pan.baidu.com/s/1-4XAocITkn840M0HDMnC-A

技术支持

感谢您选择了本书，希望我们的努力对您的工作和学习有所帮助，本书的 QQ 学习群号码：159814370， 如果对本书有任何意见或者建议， 请联系作者，联系方式：shejizhimen@ 163.com 、shejizhimen@outlook.com。

作者

2018 年 1 月

目录

第三部分　渲染技术

第 12 章　材质与材质编辑器

第 13 章　贴图艺术

第 14 章　摄像机和灯光

第 15 章　一般环境与效果制作

第四部分　综合实战篇

第 17 章　综合实战案例

1.1　3ds Max 软件介绍

3D Studio Max，简称为 3ds Max 或 MAX，是 Autodesk 公司开发的基于 PC 系统的三维动画渲染和制作软件。自从 3ds Max 被推出以来，就以全面的功能、低廉的价格被广泛应用于各个领域，是目前 PC 机上最流行、使用最广泛的三维动画软件。

它的前身是 3D Studio。1996 年 3D Studio MAX 1.0 诞生，在后来的开发中，3ds Max 不断地补充和完善自身的功能，更新到 3ds Max 9 时，它已经成为一个功能齐全、操作简单、性能稳定和界面友好的大型三维创作软件了。到了第 10 个版本，Autodesk 公司开始以软件发布的下一个年份作为版本名称，于 2007 年推出了 3ds Max 2008，该软件从此进入了一个新的发展时代，直到现在的 3ds Max 2016。

为了增强软件的兼容性，Autodesk 公司重新设计了操作界面，进一步统一了软件的操作方式，实现了模型、材质、动画和渲染之间的数据共享，可以支持更多的软件格式。与其他的高端三维软件相比，对于初学者而言，3ds Max 制作的流程简洁、高效，更容易上手。

1.1.1　3ds Max 行业应用

由于具有使用方便、功能强大、上手较快等特点，3ds Max 被广泛应用于广告、影视、工业设计、建筑设计、多媒体制作、辅助教学，以及工程可视化等多个领域。

1. 影视特效

用 3ds Max 制作的影视作品更有立体感，写实能力强，表现力也非常强，能轻而易举地表现一些结构复杂的形体，并且能产生惊人的真实效果。如图 1-1 所示为两幅电影截图，图中的模型均为 3ds Max 制作的作品。

图 1-1

2. 电视栏目包装

3ds Max 广泛应用于电视栏目包装，许多电视节目的片头均为设计师使用 3ds Max 及后期编辑软件制作而成，如图 1-2 所示。

第 1 章

3ds Max 2016 概述

第 1 章源文件

第 1 章视频文件

第 1 章结果文件

图 1-2

3．游戏角色设计

目前，由于 3ds Max 自身的特点，它已成为全球范围内应用最为广泛的游戏角色设计与制作软件。除制作游戏角色外，还被广泛应用于制作游戏场景，如图 1-3 所示即为某游戏场景中的角色。

图 1-3

4．广告动画

用动画形式制作广告是目前很受厂商欢迎的一种商品促销手段。使用 3ds Max 制作三维动画更能突出商品的特征和立体效果，从而吸引观众，以达到销售产品的目的。

5．室内及建筑外观效果图

室内设计与建筑外观表现是目前国内应用 3ds Max 最广泛的领域，大多数学习 3ds Max 的人员首要的工作目标就是这两类效果图的制作。

如图 1-4 所示为室内效果图。对于建筑物的结构，通过三维制作进行表现是一个非常好的方法，这样可以

在施工前按照图纸要求将实际地形与三维建筑模型相结合，以观察竣工后的效果，如图 1-5 所示为建筑的外观效果图。

图 1-4

图 1-5

6．机械制造及工业设计

3ds Max 已成为产品造型设计中最为有效的技术手段之一，它可以极大地拓展设计师的思维空间。同时，在产品和工艺开发中，它可在生产线建立之前模拟实际工作情况以检测实际的生产线运行情况，以免因设计失误而造成巨大损失，如图 1-6 所示为汽车的设计效果。

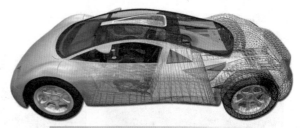

图 1-6

7．虚拟场景设计

虚拟现实是三维技术发展的方向，在虚拟现实发展的道路上，虚拟场景的构建是必经之路。通过使用 3ds

Max 可将远古或未来的场景表现出来，从而能够进行更深层次的学术研究，并使这些场景所处的时代更容易被大众接受。在不远的将来，成熟的虚拟场景技术加上虚拟现实技术能够使观众获得身临其境的真实感受，如图 1-7 所示为虚拟场景。

图 1-7

8．军事科技及教育

在军事上可以用三维动画技术来模拟战场、进行军事部署或演习等，其效果如图 1-8 所示。

图 1-8

9．虚拟人物

使用三维软件可以制作出足以乱真的三维虚拟人物，并可应用于电影、电视、娱乐等多个方面。例如，在电影《最终幻想》中三维艺术家就使用了高超的技术制作出了逼真的电影角色，如图 1-9 所示。另外，在近期中央电视台六套的节目中也出现了虚拟的主播——"小龙"。

图 1-9

如图 1-10 所示为使用 3ds Max 制作的虚拟人物。

图 1-10

10．动画片

目前在国内外有许多动画片采用了全三维的制作手法。虽然从制作经费上讲，全三维制作的费用非常昂贵，但能获得逼真的效果，从而对剧情的发展与表现起到很好的作用，因此使用三维手法制作动画片将有望成为动画界的主流，如图 1-11 所示为某动画片的一段连续镜头。

图 1-11

1.1.2 3ds Max 2016 的系统要求

由于 3ds Max 在功能上的不断完善，导致软件变得越来越复杂，对于计算机的硬件要求也越来越高。如果计算机的硬件达不到基本配置的要求，3ds Max 2016 将不能安装并正常运行；如果计算机的硬件达到建议或更高的配置要求，软件将会以更高的运行效率完成更为复杂的三维动画制作任务。表 1-1 是 3ds Max 2016 程序运行的基本配置要求。

表 1-1　3ds Max 2016 程序运行的基本配置要求

	32 位版本操作系统	64 位版本操作系统
操作系统	Windows7/Windows8/Windows10 操作系统	Windows7/Windows8/Windows10 操作系统
CPU	奔腾 4 处理器（主频 1.4 GHz）或相同规格的 AMD 处理器（采用 SSE2 技术）	采用 SSE2 技术的英特尔 64 位处理器或 AMD64 处理器 3
内存	2GB（推荐 4GB）	4 GB 内存（推荐 8 GB）
硬盘空间	10GB	10GB
显卡	支持 Direct 3D 10 技术、Direct 3D 9 或 OpenGL 的显卡	支持 Direct 3D 10、Direct 3D 9 或 OpenGL 的显卡
显卡内存	512 MB（推荐 1GB 或更高）	512 MB（推荐 1GB 或更高）
鼠标	配有鼠标驱动程序的三键鼠标	配有鼠标驱动程序的三键鼠标
光驱	DVD 光驱	DVD 光驱
互联网	支持 Web 下载和 Autodesk Subscription-aware 访问能力的互联网连接	支持 Web 下载和 Subscription-aware 访问能力的互联网连接

1.1.3 3ds Max 2016 中的新功能

3ds Max 2016 版本提供了迄今为止最强大的多样化工具集。无论行业需求如何，这套 3D 工具都能给美工人员带来极富灵感的设计体验。3ds Max 2016 中纳入了一些全新的功能，让用户可以创建自定义工具并轻松共享其工作成果，因此更有利于跨团队协作。此外，它还可以提高新用户的工作效率，增强其自信心。

凭借基于节点的全新编程系统，用户可以扩展 3ds Max 的功能，并与其他用户共享新创建的工具；此外，XRef 革新使跨团队协作及在整个制作流程中开展协作变得更容易；借助 Autodesk® A360 渲染支持和新的物理摄像机，3ds Max 用户可以更轻松地创建真实的照片级图像；还有，通过新的 OpenSubdiv 支持和双四元数蒙皮，美工人员可以更高效地建模，新的摄像机序列器可以更有条理地控制内容呈现；新的设计工作区提供基于任务的工作流，方便用户使用软件的主要功能；新的模板系统为用户提供了基线设置，因此可以更快速地开始项目，渲染也更顺利。

1. 易用性方面的新功能

（1）全新的设计工作区。

随着越来越多的人使用 3ds Max 创建逼真的可视化效果，我们引入新的设计工作区，为 3ds Max 用户提供更高效的工作流程。设计工作区采用基于任务的逻辑系统，可以轻松地访问 3ds Max 中的对象放置、照明、渲染、建模和纹理工具。现在，通过导入设计数据，快速创建高质量的静止图像和动画会变得更为轻松，如图 1-12 所示。

图 1-12

（2）新模板系统。

新的按需模板为用户提供标准化的启动配置，这有助于加快场景的创建过程，如图 1-13 所示。使用简单的导入

/ 导出选项，用户可以在各团队之间快速共享模板。用户还能够创建新模板或修改现有模板，从而为各个工作流程自定义模板。内置的渲染、环境、照明和单位设置可以更快、更准确地获得 3ds Max 项目结果。

图 1-13

（3）多点触控支持。

3ds Max 2016 具有多点触控三维导航功能，让美工人员可以更自由地与 3D 内容进行交互。支持的设备包括 Wacom® Intuos 5 触摸板、Cintiq 24HD、Cintiq Companion 及 Windows 8 触控设备。通过这些设备，可以一只手握笔进行自然交互，同时另一只手通过多手指手势环绕、平移、缩放或滚动场景，如图 1-14 所示。

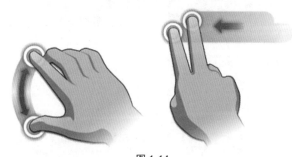

图 1-14

（4）工作流程改进。

3ds Max 2016 在许多方面进行了工作流程改进：ShaderFX 实时视觉明暗器编辑器的增强功能提供扩展明暗处理选项，并改善了 3ds Max、Maya 和 Maya LT 之间的明暗器互操作性，以便美工人员和编程人员可以更轻松地创建和交换高级明暗器；由于【场景资源管理器】性能和稳定性的提高以及【层管理器】的改进，现在处理复杂场景更加容易；Nitrous 视图增强功能可以改善性能和视觉质量。

（5）用户请求的小功能——SURFs。

3ds Max 2016 设计者明白小的问题可能会引发大的后果，因此解决了多达 10 个被客户认为是高优先级的工作流程小障碍。其中包括新的视图选择预览、剪切工具改进，以及可视化硬边和平滑边功能。客户可以提出功能建议，并通过 User Voice 论坛对当前建议进行投票。

2．场景管理中的新增功能

（1）外部参照对象更新。

凭借新增支持外部参照对象中的非破坏性动画工作流且其稳定性的提高，现在团队之间和整个制作流程中的协作变得更加轻松。3ds Max 用户现在可以在场景中参照外部对象，并在源文件中对外部参照对象设置动画或编辑材质，而无须将对象合并到场景中。在源文件中所做的更改将自动继承到其本地场景中。用户可以在所需的节点上发布可设置动画的参数，并根据需要组织参数。其他用户可以外部参照具有可设置动画参数的内容来填充其场景，这样有助于节省时间，并为其提供有关要使用的关键参数的指导。

（2）改进的层处理和场景 / 层资源管理器更新。

新选项让用户能够选择如何处理合并场景中的传入层层次，也可以选择重调整合并的数据（如果需要）。

新的【场景资源管理器】功能允许用户在本地（保存和加载单独的场景）和全局（可用于所有场景）之间切换类型，这使用户能够自定义特定项目和子项目的场景资源管理器实例。

场景资源管理器还提供新工具栏按钮，以用于管理对象层次。

3．基于节点的编程中的新功能

3ds Max 2016 提供了 Max Creation Graph，这是一个基于节点的工具创建环境，提供 User Voice（客户可以建议功能以及对当前建议进行投票的在线论坛）上呼声最高的功能之一。Max Creation Graph 通过在类似于 Slate 材质编辑器的可视环境中创建图形，为用户提供符合逻辑的现代方式，通过新的几何体对象和修改器来扩展 3ds Max 的功能。用户可以从数百种不同的节点类型（运算符）中进行选择，这些节点类型可连接在一起以创建新工具和视觉效果。另外，用户还能够通过保存称为复合的图形创建新节点类型。用户创建的新工具可以轻松打包并与其他用户共享，从而帮助他们扩展其工具集。

> **技术要点：**
>
> Max Creation Graph 可从【脚本】菜单（以前称为 MAXScript）进行访问，通过该菜单还可访问 3ds Max 脚本功能。

4．建模中的新增功能

（1）OpenSubdiv。

通过扩展 1 中首次引入的对 OpenSubdiv 的全新支

持，用户现在可以在 3ds Max 中使用由 Pixar 开源提供的 OpenSubdiv 库表现细分曲面。库并入了来自 Microsoft Research 的技术，旨在帮助充分利用平行 CPU 和 GPU 架构，使具有较高细分级别的网格获得更好的性能。此外，采用 CreaseSet 修改器和折缝资源管理器的高效折缝建模工作流，用户可以在更短的时间内创建复杂的拓扑。使用 Autodesk FBX 资源交换技术，美工人员可以更轻松地将模型传输到支持 OpenSubdiv 的其他包，以及从这些包传输模型，并实现一致的外观。通过全新的 3ds Max，OpenSubdiv 功能自从在扩展 1 中引入以来提高了其速度和质量。OpenSubdiv 现在还在视图中以及渲染时提供对自适应细分的支持。美工人员可以在编辑或发布模型时查看效果，从而提高效率而不降低质量，如图 1-15 所示。

新的折缝修改器与 OpenSubdiv 相关联，使你可以指定从堆栈程序式折缝的边和顶点，而 CreaseSet 修改器使你可以管理子对象组的折缝，甚至可以跨多个对象进行管理。

图 1-15

（2）切角修改器。

新的切角修改器使你可以在堆栈上应用顶点和切角操作，其选项包括：

✦ 对边执行切角操作时，可以选择仅生成四边形输出，并且能够控制切角区域的拉伸或曲率。

✦ 各种输入选项包括【从堆栈】【选定面的边】和【已平滑的边】。

✦ 为生成的面设置材质 ID。

✦ 通过限制程序式设置的【数量】的效果，防止泛光化边。

✦ 通过指定面之间的最小和最大允许的角，限制进行边切角的区域。

✦ 将平滑延伸到与切角区域相邻的面。

四边形切角也是一个新选项，具有可编辑的多边形对象和【编辑多边形】修改器，如图 1-16 所示。

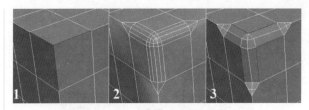

图 1-16

各部分含义如下：

✦ 1：初始边选择。

✦ 2：四边形切角：拐角处的新多边形都是四边形。

✦ 3：标准切角：拐角处的新多边形是四边形和三角形。

（3）硬边和平滑边。

现在，通过可编辑多边形对象和【编辑多边形】修改器可以更轻松地创建硬边和平滑边，无须手动管理平滑组。软件还新增了一个选项，以便在视图中可视化硬边，如图 1-17 所示。

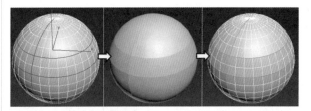

左：选定的边； 中：设置为【硬】； 右：启用了【显示硬边】
并设置为绿色

图 1-17

（4）规格化样条线。

【规格化样条线】修改器现在具有新的精度参数。

（5）镜像工具。

【镜像】工具新增了一个【几何体】选项，这对于建模非常有用。这使你可以镜像对象，而无须重置其可能产生反转法线的变换。

（6）文本样条线现在支持 OpenType 字体。

文本样条线现在可以使用 OpenType 字体，以及 TrueType 和类型 1 的 PostScript 字体。

> **技术要点：**
> 可以使用 Windows 字体管理器在 C:\Windows\fonts\ 文件夹中安装 TrueType 和 OpenType 字体。

5. 角色动画中的新功能——双四元数蒙皮

3ds Max 平滑蒙皮与双四元数结合使用的效果会更好，因为它专门用于避免网格在扭曲或旋转变形器时丢失体积的【蝴蝶结】或【糖果包裹纸】效果，如图 1-18

所示。这在角色的肩部或腕部最常见，这种新的平滑蒙皮方法有助于减少不必要的变形瑕疵。作为【蒙皮】修改器中的新选项，双四元数允许用户调整蒙皮将对曲面产生的影响量，以便他们可以在需要时使用它，在不需要时将其逐渐减少为线性蒙皮权重。

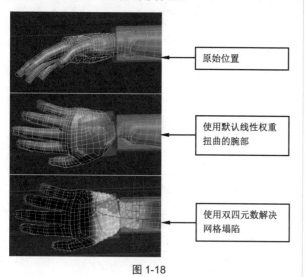

原始位置

使用默认线性权重扭曲的腕部

使用双四元数解决网格塌陷

图 1-18

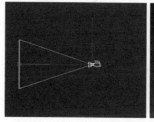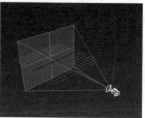

图 1-19

（2）摄像机序列器。

现在使用新的摄像机序列器，可通过高质量的动画可视化，使动画和电影制片更加轻松地讲述精彩故事，从而使 3ds Max 用户可以更多地进行控制，如图 1-20 所示。通过此功能，能够轻松地在多个摄像机之间剪辑，修剪和重新排序动画片段且不具有破坏性——保留原始动画数据不变，同时让用户可以灵活地进行创意。

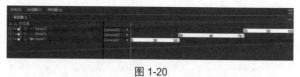

图 1-20

6．硬件渲染中的新增功能

（1）增强的 ShaderFX。

ShaderFX 实时视觉明暗编辑器的增强功能提供扩展明暗处理选项，并改善了 3ds Max、Maya 和 Maya LT 之间的明暗器互操作性，以便美工人员和编程人员可以更轻松地创建和交换高级明暗器。ShaderFX 现在提供新的节点图案（波形线、voronoi、单一噪波和砖），以及新的凹凸工具节点和可搜索的节点浏览器。

（2）Stingray 明暗器。

用户还可以创建 Stingray 明暗器。Stingray 基于物理的明暗器 (PBS) 遵循物理法则和能量守恒。通过它，用户可以使用粗糙度、法线和金属贴图来平衡散射 / 反射和微曲面详图 / 反射率。

7．摄像机中的新特性

（1）物理摄像机。

新的物理摄像机为 Autodesk 与 V-Ray 制造商 Chaos Group 共同开发，可为美工人员提供新的渲染选项，可模拟用户熟悉的真实摄像机设置，例如快门速度、光圈、景深和曝光。新的物理摄像机使用增强型控件和其他视图内反馈，可以更轻松地创建真实照片级图像和动画，如图 1-19 所示。

8．渲染中的新功能

（1）Autodesk A360 渲染支持。

3ds Max 使用与 Autodesk Revit 软件和 AutoCAD 软件相同并且用户已经开始依赖的技术，为签订 Autodesk Maintenance Subscription 维护合约（速博）和 Desktop Subscription 维护合约（速博）的客户提供 Autodesk A360 渲染支持。用户现在可以直接在 3ds Max 中访问 A360 的云渲染。A360 利用云计算的强大功能，使 3ds Max 用户可以创建令人印象深刻的高分辨率图像，而无须占用桌面或者需要专门的渲染硬件，帮助他们节省时间和降低成本。另外，Subscription 维护合约（速博）客户可以创建日光研究渲染、交互式全景、照度模拟，通过以前上载的文件重新渲染图像，以及与其他团队或同事轻松地共享文件。

（2）添加了对新的 iray 和 mental ray 增强功能的支持。

利用大量受支持的 NVIDIA iray 和 mental ray 增强功能，渲染真实照片级图像将更轻松：

✦ iray 增强功能：iray 光线路径表达式 LPE 目前已经扩展，可以使美工人员能够根据对象的层名称将灯光和几何体隔离到 LPE 渲染元素，这会大大提高美工人员在后期制作中为特定对象调整特定灯光或探索设计选项的能力。新的 iray Irradiance 渲染元素为建筑师和照明设计师提供了模型中照明级别的反馈，同时支持 iray 的剖切平面，使设计师能够轻松查看他们的设计，而无须复杂的建模。

✦ mental ray 的增强功能：mental ray 现在包括灯光重要采样 LIS 和新的环境光阻挡渲染元素。LIS 可以在复杂的场景中生成更快、更高质量的图像。新的 AO 渲染元素具有 GPU 加速功能，可以使用 CPU 作为可靠的支持。mental ray 渲染器现在使用的版本为 3.13。

（3）最新支持 Backburner 错误报告。

新提供的 Windows 环境变量可用于指定 Backburner 报告是否作为错误或警告包含渲染作业中某些丢失的文件。

9. 视图新功能——Nitrous 视图中的选择预览

将鼠标移动到 Nitrous 视图中的对象上，黄色轮廓显示可以通过单击进行选择的对象。选择对象后，蓝色轮廓会显示选中的内容，如图 1-21 所示。

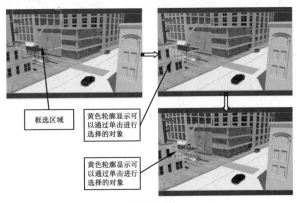

图 1-21

1.2　3ds Max 2016 软件的安装与启动

为方便用户的安装，3ds Max 2016 提供了一个安装向导，可以根据安装向导的提示逐步进行安装操作。3ds Max 2016 的安装步骤如下（特别提示：安装软件请自行购买或搜索下载试用版软件）。

动手操作——3ds Max 2016 软件的安装

01 双击软件安装文件夹内的 Setup.exe 安装文件，出现安装向导初始化对话框，并单击【安装】按钮，如图 1-22 所示。

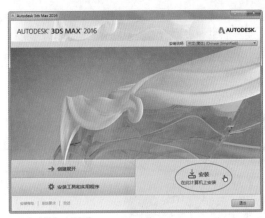

图 1-22

02 根据安装向导提供的信息进行安装，出现如图 1-23 所示的软件许可协议对话框，在弹出的对话框右下角选择【我接受】选项，并单击【下一步】按钮。

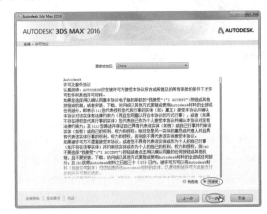

图 1-23

03 在弹出的安装用户信息对话框中，选择【我有我的产品信息】单选按钮，并输入序列号和产品密钥，单击【下一步】按钮，如图 1-24 所示。

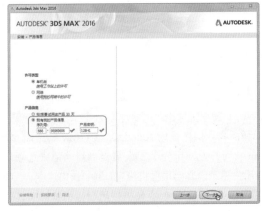

图 1-24

04 在弹出的对话框中指定安装路径，单击【安装】按钮，即可弹出如图 1-25 所示的安装进度对话框。

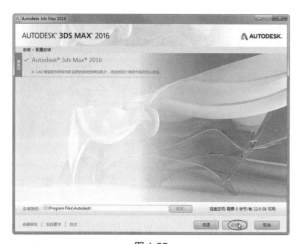

图 1-25

05 安装完成后将弹出一个安装过程对话框，如图 1-26 所示。

图 1-26

06 经过一段时间的等待，3ds Max 2016 软件安装完毕，最后单击【完成】按钮结束软件安装的操作，如图 1-27 所示。

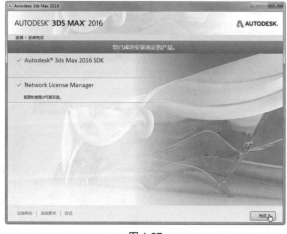

图 1-27

技术要点：

3ds Max 2016 软件安装完成后，默认打开的是英文版本的软件。如果需要使用中文版软件，可以先把桌面上的 3ds Max 2016 图标删除，然后从【所有程序】|【Autodesk】|【Autodesk 3ds Max 2016】|【3ds Max 2016-Simplified Chinese】位置右击【发送到】|【桌面快捷方式】命令，即可将中文版的 3ds Max 2016 图标重新放置到 Windows 桌面上，方便以后启动软件，如图 1-28 所示。

图 1-28

1.3　3ds Max 2016 的工作界面

认识 3ds Max 2016 的工作界面是学习 3ds Max 2016 的重要一步，是初学者接触此软件所面临的首要问题。

1.3.1　欢迎屏幕

3ds Max 2016 的欢迎屏幕中提供了学习信息、创建新场景或打开最近使用的文件的途径，并且可用于访问适用于 3ds Max 的各种资源。

在 Windows 系统桌面的左下角单击【开始】按钮，在弹出的菜单中按如下步骤操作：【所有程序】|【Autodesk】|【Autodesk 3ds Max 2016】|【3ds Max 2016-Simplified Chinese】；或者直接在桌面上双击 3ds Max 2016 启动图标，首先显示的是 3ds Max 2016 的欢迎屏幕，如图 1-29 所示。

图 1-29

在欢迎屏幕中提供了 3 个针对初学者用户的功能标签。

1.【学习】标签

【学习】标签提供 1 分钟启动影片列表，以及其他学习资源，包括指向 3ds Max 学习频道、3ds Max 学习路径和可下载示例文件的链接，如图 1-30 所示。

图 1-30

要观看这些学习影片，需要 IE 浏览器链接，如图 1-31 所示。还可以从 www.autodesk.com/3ds Max-essentials-chs 网页将所有的 1 分钟影片下载到本地计算机。

图 1-31

技术要点：
强烈建议初学 3ds Max 的用户观看 1 分钟学习影片，加深对 3ds Max 2016 的初步印象及一些基本操作方法，这有助于你打好基础。

2.【开始】标签

【开始】标签可以打开先前使用过的 3ds Max 文件，还可以选择新模板以此创建新的场景，如图 1-32 所示。

图 1-32

在标签左侧的【最近使用的文件】中单击【浏览】按钮，可以从用户计算机的路径下找到要打开的 3ds

Max 文件。如果是近期使用过的文件，会在【最近使用的文件】面板中预览显示，如图 1-33 所示。

图 1-33

在【开始】标签右侧的【启动模板】面板中，3ds Max 2016 向用户提供了 5 种基本模板，选择一种模板并单击【使用选定模板新建】按钮即可进入 3ds Max 2016 工作环境并开始工作。

3.【扩展】标签

在【扩展】标签中，可以搜寻 Autodesk Exchange 商店提供的其中一个精选应用软件，以及有用的 Autodesk 资源列表，其中包括 Autodesk 360 和 The Area，如图 1-34 所示。

图 1-34

可以通过单击【Autodesk 动画商店】和【下载植物】按钮，打开 Autodesk 商店网页，将动画人物和植物模型等添加到你的场景中，如图 1-35 所示。

图 1-35

1.3.2　启动模板

在 3ds Max 2016 欢迎屏幕的【开始】标签右侧的【启动模板】面板中，5 个基本模板所包含的信息各不相同。

例如在 Original Start UP（原始启动）模板上，光标移动至该位置，然后选择【更多…】选项，会显示该模板的相关信息，如图 1-36 所示。同理，也可移动到其他几种基本模板上查看相关模板信息。

图 1-36

【启动模板】面板中的【打开模板管理器】选项，可用于检查和编辑现有模板，或者添加新模板。

单击【打开模板管理器】按钮，将打开【模板管理器】对话框，如图 1-37 所示。通过该对话框对 5 种默认模板按用户的需求进行编辑操作。

图 1-37

【模板管理器】对话框各按钮及选项含义如下：

✦ 模板列表：在该对话框的左侧，缩略图显示可用的模板。右侧的字段描述高亮显示的模板，可以编辑这些描述。

✦ 设置为默认值：将活动模板设置为未来 3ds Max 会话的默认值。

✦ 重置：单击该选项可将任何预安装的模板恢复为出厂设置。对于你创建的模板，重置不起作用且不会启用。

✦ 删除：删除活动模板。3ds Max 附带的默认模板

保存在 3ds Max 2016\en-US\StartupTemplates 文件夹中，你无法删除这些模板。

✦ 选择图像：单击可打开一个文件对话框，并为缩略图选择 PNG 图形文件。

✦ 快照 3ds Max：单击可创建显示当前 3ds Max 窗口的缩略图。

✦ 清除 / 重置：单击可从模板列表中移除缩略图。

✦ 【场景文件】控件：一个模板可以有选择地包含 3ds Max 场景（MAX）文件。任何几何体和场景特定的设置（如单位或渲染器），将用于模板生成的初始场景。使用这些控件来选择文件。

✦ 【项目文件夹】控件：单击【选择】按钮可打开【浏览文件夹】对话框，然后为模板选择一个项目。选中该复选框时，将随模板一起保存到项目文件夹，如图 1-38 所示。

图 1-38

✦ 【工作区】控件：使用这些控件可以为模板选择工作区。单击【管理】按钮将打开【管理工作区】对话框，如图 1-39 所示。

✦ 包含的配置：使用这些复选框可以选择是否在模板中包括指示的信息。单击【立即设置】按钮，可更新模板以使用当前 3ds Max 的设置。

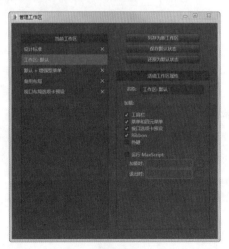

图 1-39

◆ 添加新的：单击可将新模板添加到列表中。

◆ 复制：单击可添加最初复制活动模板的新模板。

◆ 导出：单击可保存活动模板。默认情况下，新创建的模板保存在 3ds Max 根目录中。

◆ 导入：单击可打开【浏览文件夹】对话框，从中可以选择要加载的模板。

1.3.3　3ds Max 2016 工作界面

在 3ds Max 2016 欢迎屏幕的【开始】标签右侧的【启动模板】面板中，选择一个模板后单击【使用选定模板创建】按钮或者双击一个模板，即可进入工作界面。

3ds Max 2016 软件工作界面，如图 1-40 所示。

3ds Max 2016 工作界面主要包括菜单系统部分、绘图区部分、状态显示和提示部分、命令操作与数据输入部分等。下面对工作界面中的主要部分进行简要介绍。

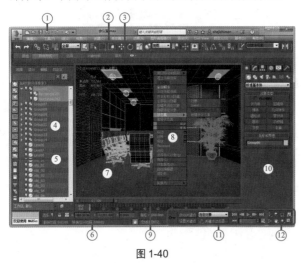

图 1-40

图 1-40 中编号指向的内容如下：

◆ ①快速访问工具栏：快速访问工具栏提供文件处理功能和撤销 / 重做命令，以及一个下拉列表，用于切换不同的工作空间界面。

◆ ②菜单栏：菜单栏中提供了 3ds Max 中许多最常用的命令。

◆ ③功能区：功能区包含一组工具，可用于建模、绘制到场景中，以及添加人物。

◆ ④场景资源管理器：【场景资源管理器】用于在 3ds Max 中查看、排序、过滤和选择对象，还可重命名、删除、隐藏和冻结对象，创建和修改对象层次，以及编辑对象属性。

◆ ⑤视图布局：这是一个特殊的标签，可用于在不同的视图配置之间快速切换。你可以使用提供的默认布局，也可以创建自己的自定义布局。

◆ ⑥状态栏控件：状态栏包含有关场景和活动命令的提示和状态信息。提示信息右侧的坐标显示字段可用于手动输入变换值。

◆ ⑦视图：也称图形区。使用视图可从多个角度构想场景，并预览照明、阴影、景深和其他效果。

◆ ⑧四元菜单：在活动视图中任意位置（除了在视图标签上）右击，将显示四元菜单。四元菜单中可用的选项取决于选择的对象。

> **技术要点：**
> 在功能区位置右击弹出的菜单叫【快捷菜单】。

◆ ⑨时间滑块：时间滑块允许你沿时间轴导航，并跳转到场景中的任意动画帧。可以通过右击时间滑块，然后从【创建关键点】对话框中选择所需的关键点，快速设置位置和旋转或缩放关键点。

◆ ⑩命令面板：通过命令面板的 6 个面板，可以访问提供创建和修改几何体、添加灯光、控制动画等功能的工具。尤其是【修改】面板上包含大量工具，可用于增加几何体的复杂程度。

◆ ⑪创建和播放动画：位于状态栏和视图导航控件之间的是动画控件，还有用于在视图中进行动画播放的时间控件。使用这些控件可随时间影响动画。

◆ ⑫视图导航：使用这些按钮可以在活动视图中导航场景。

动手操作——定制工作界面

3ds Max 软件的界面风格是完全开放的，用户可以根据自身的习惯来更改工作界面，使用户使用起来更加方便。

01 在菜单栏中执行【自定义】|【自定义用户界面】命令，如图 1-41 所示。

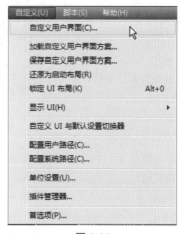

图 1-41

02 打开【自定义用户界面】对话框，如图 1-42 所示。

图 1-42

03 通过此对话框的【工具栏】标签、【四元菜单】标签、【菜单】标签和【颜色】标签，可以对当前用户界面进行调整。

04 如果不习惯 3ds Max 2016 默认的暗黑色背景及菜单，可以通过【自定义用户界面】对话框中的【颜色】标签进行设置，设置为【使用 Windows 主题】方案即可，如图 1-43 所示。

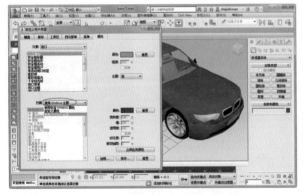

图 1-43

如果场景资源管理器中背景仍然没有改变，可以先以【自定义颜色】方式设置【背景】【窗口】的颜色为白色，然后再切换为【使用 Windows 主题】即可。

05 界面风格设置为 Windows 主题后，但四元菜单的颜色仍然是黑色背景和灰色文字，与主题不一致。我们就在【自定义用户界面】对话框的【四元菜单】标签中单击【高级选项】按钮，如图 1-44 所示。打开【高级四元菜单选项】对话框，设置各项颜色选项，如图 1-45 所示。

图 1-44

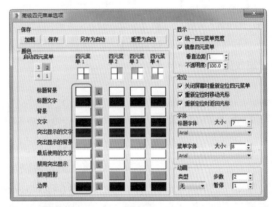

图 1-45

技术要点：

设置完颜色后，须单击【保存】按钮，保存配置。以后打开 3ds Max 2016 将自动加载配置的四元菜单。

1.3.4　工作空间

针对 3ds Max 2016 的熟悉程度，不同的用户可以选择相应的【工作空间】界面风格。3ds Max 2016 工作空间包括 5 种可用的、不同界面风格的工作区，选择工作区在快速访问工具栏中，如图 1-46 所示。

图 1-46

【设计标准】工作区对于初次接触 3ds Max 2016 的新用户来说特别重要，因为它将大部分的建模指令、材质编辑、填充、视图控制、照明和渲染、快速入门等常用指令都集中在功能区的各个标签中，如图 1-47 所示。

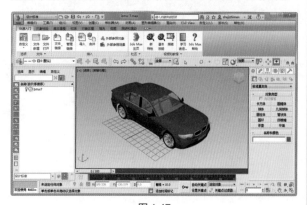

图 1-47

【设计标准】工作区的界面风格与 AutoCAD 2016、Rhino 5.0 等软件风格基本一致，易于用户操作和使用。本书着重以【设计标准】工作区界面风格向大家进行细致讲解。

1.4 菜单命令介绍

菜单栏位于界面的上方，包括了 3ds Max 的所有命令，共有 13 个菜单项，如图 1-48 所示。单击各菜单选项会弹出相应的菜单，有的菜单包含了多个二级，甚至三级子菜单，对于初次接触 3ds Max 2016 的用户来讲，找到想要的菜单命令是很不容易的，本节将详细介绍常用菜单的使用。

编辑(E) 工具(T) 组(G) 视图(V) 创建(C) 修改器(M) 动画(A) 图形编辑器(D) 渲染(R) Civil View 自定义(U) 脚本(S) 帮助(H)

图 1-48

1.4.1 菜单命令的执行方式

下面举例说明菜单栏中命令的执行方式。

动手操作——菜单命令的执行

01 在执行菜单栏中的命令时会发现，某些命令后面有与之相对应的快捷键，如图 1-49 所示。如【移动】命令的快捷键为 W 键，也就是说按 W 键就可以切换到【选择并移动】工具 ✛。牢记这些快捷键能够节省很多操作时间。

02 若菜单命令的后面带有省略号，则表示执行该命令后会弹出一个对话框，如图 1-50 所示。

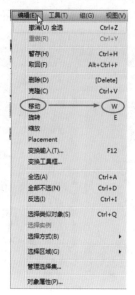

图 1-49

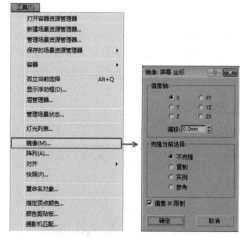

图 1-50

03 若菜单命令的后面带有小箭头图标，则表示该命令还含有子命令，如图 1-51 所示。

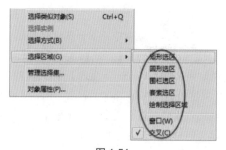

图 1-51

04 仔细观察菜单命令会发现，某些命令显示为灰色，这表示该命令不可用，这是因为在当前操作中该命令没有合适的操作对象。例如，在没有选中任何对象的情况下，【组】菜单下的命令只有【集合】命令处于可用状态，如图 1-52 所示，而在选中对象之后，【成组】命令和【集合】命令都可用了，如图 1-53 所示。

图 1-52

图 1-53

1.4.2　四元菜单命令

在活动视图中任意位置（除了在视图标签上）右击，将显示四元菜单。四元菜单中可用的选项取决于选择的对象。

例如，在场景资源管理器中的空白位置右击，将弹出控制场景对象的四元菜单，如图 1-54 所示。

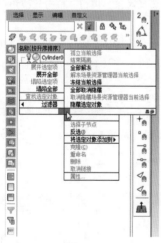

图 1-54

如果在视图中右击，将弹出控制活动视图的四元菜单，如图 1-55 所示。

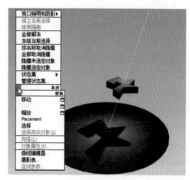

图 1-55

动手操作——设置四元菜单

01 要设置四元菜单，可在菜单栏执行【自定义】|【自定义用户界面】命令，打开【自定义用户界面】对话框。

02 在四元菜单列表中列出了 3ds Max 中所有的四元菜单，你可以选择一种四元菜单进行设置，如图 1-56 所示。

图 1-56

03 在【四元菜单】标签下单击【高级选项】按钮，弹出【高级四元菜单选项】对话框，如图 1-57 所示。

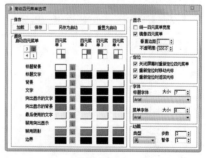

图 1-57

04 通过该对话框，可调整四元菜单的颜色、位置、宽度、字体大小、字体类型和动画等。设置完成后，须单击【保存】选项组下的【保存】按钮，将颜色方案保存在 3ds Max 的 UI 文件夹中，如图 1-58 所示。

图 1-58

> **技术要点：**
> 如果单击【另存为启动】按钮，每次启动 3ds Max，
> 将自动加载颜色方案文件。

1.5 工具和命令面板

3ds Max 中工具的使用非常重要，只有熟练掌握了常用工具的使用方法，才能提高学习和工作的效率，本节将介绍一些常用工具的功能和使用方法。

1.5.1 工具栏

工具栏位于菜单栏的下方，如图 1-59 所示。工具栏中包括了 3ds Max 操作中常用的工具按钮，单击工具按钮即可进行相应操作。当光标指向工具栏中的某个工具按钮时，其下方将显示该工具按钮的名称，这有助于对各个工具的记忆和理解。

图 1-59

工具栏中常用的工具按钮含义如下：

✦ 【撤销】按钮：单击此按钮，可撤销上一步的操作。在此按钮上右击将弹出撤销命令下拉列表，如图 1-60 所示。

图 1-60

✦ 【重做】按钮：单击此按钮，可重做上一步撤销的操作。在此按钮上右击将弹出一个重做命令下拉列表，如图 1-61 所示。

图 1-61

✦ 【选择并链接】按钮：单击此按钮，可将选择的对象链接。

✦ 【断开当前选择链接】按钮：单击此按钮，可将当前选择对象的链接断开。

✦ 【绑定到空间扭曲】按钮：单击此按钮，可将当前选择的对象与空间扭曲物体进行绑定，使前者受后者的影响，产生设置的形变效果。在视图中创建一个空间物体后，单击该按钮，然后单击需要绑定的物体并按住不放，拖曳鼠标到空间扭曲物体上，会引出一条线。释放鼠标，绑定物体外框会闪烁一次，表示绑定成功。也可以先单击空间扭曲物体并将其拖曳到需要绑定的物体上。

✦ 全部 【选择过滤器】下拉列表：对对象的选择范围进行限定，在当前视图中只显示选择范围内的对象。

✦ 【选择对象】按钮：单击此按钮可对对象进行选择。

✦ 【按名称选择】按钮：单击此按钮，弹出【从场景选择】对话框，可按对象的名称选择对象，如图 1-62 所示。

图 1-62

✦ 【矩形选择区域】按钮：单击此按钮，在视图中拖曳鼠标创建矩形选择区域。

◆ 【窗口 / 交叉】按钮：单击此按钮，则可与【窗口选择】按钮进行切换，决定是否只有完全包含在虚线选择框之内的对象才会被选中。

◆ 【选择并移动】按钮：单击此按钮可将选中的对象在当前场景中沿不同的坐标轴方向进行移动。

◆ 【选择并旋转】按钮：单击此按钮可将选中的对象在当前场景中沿不同的坐标轴方向进行旋转。

◆ 【选择并均匀缩放】按钮：单击此按钮可将选中的对象在当前场景中沿不同的坐标轴方向进行缩放，也可在两个或三个坐标轴方向上同时进行等比例缩放。

◆ 【使用轴点中心】按钮：单击此按钮则缩放对象的中心是其自身的轴心点。

◆ 【捕捉开关】按钮：单击此按钮可在视图中对三维物体进行三维捕捉。在按钮上右击可弹出【栅格和捕捉设置】对话框，在其中可以设置捕捉类型，如图 1-63 所示。

图 1-63

◆ 【编辑命名选择集】按钮：单击此按钮，弹出【命名选择集】对话框，可将在当前场景中选择的对象进行编辑命名而组成一个选择集，如图 1-64 所示。

图 1-64

◆ 【镜像】按钮：单击此按钮可将当前选中的对象沿坐标轴进行镜像。

◆ 【对齐】按钮：单击此按钮可将当前选中的对象与参考对象对齐。

◆ 【曲线编辑器】按钮：单击此按钮，弹出【轨迹视图 - 曲线编辑器】对话框，可对动画轨迹曲线进行编辑，如图 1-65 所示。

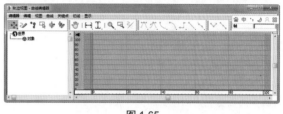

图 1-65

◆ 【材质编辑器】按钮：单击此按钮，弹出【材质编辑器】对话框，可对材质进行编辑，如图 1-66 所示。

◆ 【渲染场景对话框】按钮：单击此按钮，弹出【渲染设置】对话框，可对动画进行渲染后输出，如图 1-67 所示。

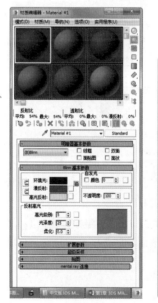

图 1-66　　　　　图 1-67

◆ 【快速渲染】按钮：单击此按钮可对当前视图中的场景进行快速渲染。

1.5.2　功能区

功能区是 3ds Max 提供给用户快速执行工具命令的命令面板。功能区由工具标签组成，工具标签又由工具面板组成，如图 1-68 所示。

17

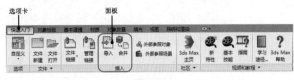

图 1-68

功能区中的多数命令也可以通过菜单栏执行。

1.5.3 命令面板

命令面板是 3ds Max 操作界面的重要组成部分，也是体现 3ds Max 人性化设计的重要组成部分。3ds Max 将命令面板分为【创建】面板、【修改】面板、【层次】面板、【运动】面板、【显示】面板和【实用程序】面板，它们位于主界面的右侧，如图 1-69 所示。

图 1-69

用户可以通过单击命令面板上方的 6 个标签，在不同的命令面板之间切换。在命令面板中包含许多在场景建模和编辑物体时常用的工具和命令，例如要创建一个长方体，可以在【创建】面板中单击 长方体 按钮，然后在视图中创建长方体。下面我们分别介绍这 6 个分项面板。

1．【创建】命令面板

单击命令面板中的【创建】按钮 ，即可进入创建命令面板，如图 1-71 所示。

在【创建】命令面板中包括【几何体】面板、【图形】面板、【灯光】面板、【摄像机】面板、【辅助对象】面板、【空间扭曲】面板和【系统】面板，如图 1-70~ 图 1-75 所示。同时在每个面板中都包含了许多创建按钮和命令，用户可以通过这些创建按钮和命令创建出不同的模型。

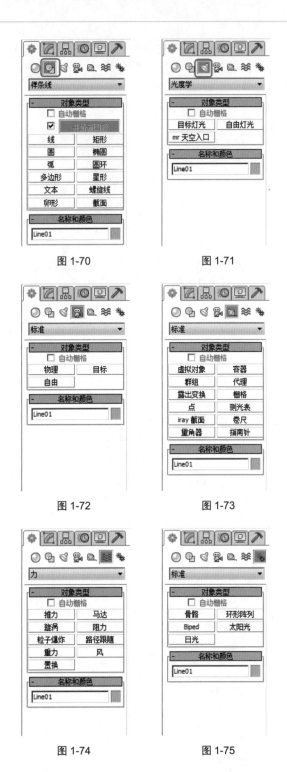

图 1-70　　　　　　图 1-71

图 1-72　　　　　　图 1-73

图 1-74　　　　　　图 1-75

2．【修改】命令面板

单击命令面板中的【修改】按钮 ，即可进入【修改】命令面板，如图 1-76 所示。在修改命令面板中可以对创建的物体进行编辑，包括重命名、改变颜色和添加修改命令等。

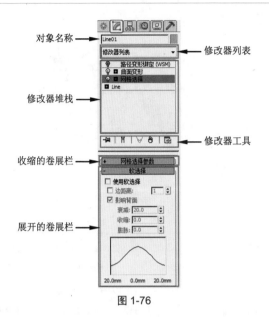

对象名称

修改器列表

修改器堆栈

修改器工具

收缩的卷展栏

展开的卷展栏

图 1-76

在【修改器堆栈】中用户可以看到已经添加的修改命令，修改器堆栈可以对这些修改命令进行管理，在修改器堆栈中用户可以根据需要进行删除、添加或者对修改命令重新排序等操作。

3．【层次】命令面板

单击命令面板中的【层次】按钮，即可进入【层次】命令面板，如图 1-77 所示。

图 1-77

在【层次】命令面板中包含了 轴 、 IK 和 链接信息 3 个按钮，其中 轴 按钮可以在调整变形时移动并调整对象的轴； IK 按钮和 链接信息 按钮可以在创建动画效果时生成多个与对象相关联的复杂运动。

4．运动命令面板

单击命令面板中的【运动】按钮，即可进入【运动】命令面板，如图 1-78 所示。

图 1-78

单击【运动】命令面板中的 参数 按钮，可以为物体指定控制器，以及进行创建、删除、移动关键帧等操作。在 指定控制器 卷展栏中包含了许多控制物体位置、旋转方向和缩放变形的动画控制器。

单击【运动】命令面板中的 轨迹 按钮，可以将样条曲线转换为对象的运动轨迹，并且还可以通过卷展栏中的命令来控制参数。

5．【显示】命令面板

单击命令面板中的【显示】按钮，即可进入【显示】命令面板，如图 1-79 所示。

图 1-79

【显示】命令面板主要用来控制对象在视图中的显示与隐藏。它可以为单个对象设置显示参数，通过【显示】命令面板还可以控制对象的隐藏或冻结，以及所有的显示参数。

6. 【工具】命令面板

单击命令面板中的【工具】按钮 ⟙，即可进入【工具】命令面板，如图 1-80 所示。

图 1-80

在【工具】命令面板中包含了许多功能强大的工具，例如资源浏览器、摄像机匹配、塌陷、颜色剪贴板、测量、运动捕捉、重置变换、MAXScript 和 Flight Studio 等。使用时只需单击相应按钮或从附加的程序列表中选择即可。

1.6 掌握 3ds Max 2016 的工作流程

下面我们了解一下 3ds Max 2016 的工作流程。每个执行项目的工作流程是不完全相同的，但我们依然可以总结出一个适用于多数项目的总体步骤。

1.6.1 建立对象模型

创建模型是在 3ds Max 中开始工作的第一步，若没有模型则以后的工作就如同空中楼阁，无法实现。

3ds Max 提供了丰富的建模方式。建模时可以从不同的 3D 基本几何体开始，也可以使用 2D 图形作为放样或挤出对象的基础，还可以将对象转变成多种可编辑的曲面类型，然后通过拉伸顶点和使用其他工具进一步建模。如图 1-81 所示为使用多种方法创建飞机模型的基本过程。

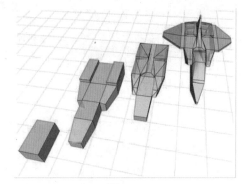

图 1-81

1.6.2 赋予材质

完成模型的创建工作后，需要使用【材质编辑器】设计材质。再逼真的模型如果没有赋予恰当的材质，最终都不可能成为一件完整的作品。通过为模型设置材质能够使模型看上去更加真实。3ds Max 提供了许多材质类型，既有能够实现折射和反射的材质，也有能够表现凹凸不平的表面的材质。如图 1-82 所示是为飞机设置并赋予材质的过程。

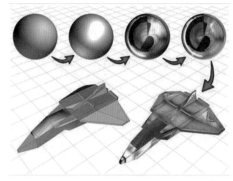

图 1-82

如图 1-83 所示为三维线框模型，如图 1-84 所示为赋予材质后的模型效果，两者之间的变化一目了然。

图 1-83　　　　　图 1-84

1.6.3　设置灯光和摄像机

灯光是一个场景不可缺少的元素，若没有恰当的灯光，场景就会大为失色，有时甚至无法表现出创作意图。在 3ds Max 2016 中既可以创建普通的模拟灯光，也可以创建基于物理计算的光度学灯光或天光、日光等能够表现真实光照效果的灯光。

为场景添加摄像机以模拟在虚拟三维空间中观察模型的方式，从而获得更为真实的视觉效果。如图 1-85 所示是为飞机场景添加了灯光和摄像机后的效果。

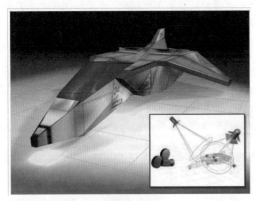

图 1-85

1.6.4　创建角色

角色可以彼此交互或与场景中的其他对象交互。3ds Max 提供了几种不同的创建角色的方法。如图 1-86 所示为点燃鞭炮创建的角色。

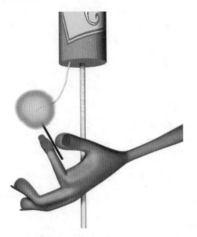

图 1-86

1.6.5　制作动画

任何时候只要激活【自动关键点】按钮，都可以设置场景动画。关闭该按钮可以返回建模状态。你也可以对场景中对象的参数进行动画设置以实现动画建模效果。如图 1-87 所示为制作的动画效果。

图 1-87

1.6.6　渲染

完成上述步骤后，还需要将场景渲染出来，在此过程中可以为场景添加颜色或环境效果。如图 1-88 所示为渲染后的效果。

图 1-88

第 2 章源文件

第 2 章视频文件

第 2 章结果文件

第 2 章

踏出 3ds Max 2016 的第一步

2.1 场景文件管理

3ds Max 2016 软件为用户提供了功能齐全的场景文件管理系统，使用这些功能可以灵活、方便地对原有的文件或屏幕上的信息进行文件管理，定制符合自己习惯的文件模板。

"场景"是每次在 3ds Max 中工作时使用的实体、3D 和其他元素的集合。这可以包括网格和程序对象、辅助对象、角色装备、材质和贴图、粒子系统、空间扭曲、动画控制器和动画关键点、脚本、灯光、摄像机等。在 3ds Max 中工作时所创建、导入或修改的任何对象都是场景元素。保存或加载 Max 文件时，就是在存储或重新存储场景。在单个 3ds Max 会话中，每次只能打开一个场景。

> **技术要点：**
> 场景在其他二维软件或三维软件中，被称作"模型"文件、"装配"文件或"制图"文件等。当你打开 3ds Max 时实际上已经启动了一个未命名的新场景。

2.1.1 新建场景文件

使用【新建场景】选项可以清除当前场景的内容，而无须更改系统设置（视图配置、捕捉设置、材质编辑器、背景图像等）。

动手操作——新建场景文件

01 在 3ds Max 2016 窗口左上角单击【应用程序】图标，在弹出的菜单中选择【新建】|【新建全部】命令，如图 2-1 所示。或者在快速访问工具栏中单击【新建场景】按钮，或者按快捷键 Ctrl+N，也可以在【快速入门】标签的【文件】组中单击【新建文件】按钮。

> **技术要点：**
> 要使用【快速入门】标签，需要设置当前的工作区模式为"设计标准"。本书都将在此模式下进行操作。要想每次启动 3ds Max 2016 时自动转入到"设计标准"模式，在工作空间列表中选择【重置为默认状态】选项命令即可。

02 随后弹出【新建场景】对话框。该对话框中包括【保留对象和层次】【保留对象】及【新建全部】3 个选项（含义如下），如图 2-2 所示。

图 2-1

图 2-2

✦【保留对象和层次】：保留对象及它们之间的层次链接，但删除所有动画键。

技术要点：
如果当前场景拥有任何文件链接，则 3ds Max 在所有链接的文件上执行"绑定"操作。

✦ 保留对象：保留场景中的对象，但移除动画关键点及对象之间的链接。

技术要点：
如果场景中包含链接或导入的对象，则不要使用此选项。

✦ 新建全部：为默认设置。使用此选项可清除当前场景中的所有内容。

技术要点：
此外，还可以执行【应用程序】菜单中的【新建】|【从模板创建】命令，从弹出的【创建新场景】对话框中选择模板文件，从而创建新场景，如图 2-3 所示。或者在菜单栏执行【帮助】|【欢迎屏幕】命令，打开 3ds Max 2016 的欢迎屏幕，在【开始】标签中选择一个模板，同样也可以进入新场景，如图 2-4 所示。

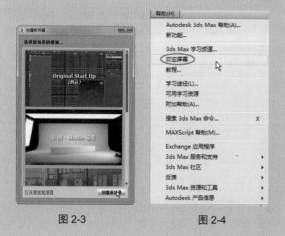

图 2-3　　　　　图 2-4

03 选择【新建全部】选项并单击【确定】按钮，进入如图 2-5 所示的空白场景界面（"设计标准"工作空间）。

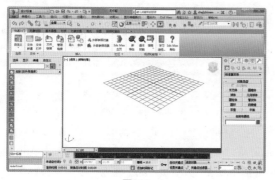

图 2-5

2.1.2　打开文件

使用【打开文件】命令可以从【打开文件】对话框中打开场景文件（MAX 文件）、角色文件（CHR 文件）或 VIZ 渲染文件（DRF 文件）。也可以选择上一次打开的文件，并使用命令行选项。

动手操作——打开文件

01 在 3ds Max 2016 窗口左上角单击【应用程序】图标，在弹出的菜单中选择【打开】|【打开】命令，或者在快速访问工具栏中单击【打开文件】按钮，或者按快捷键 Ctrl+O，也可以在【快速入门】标签的【文件】组中单击【文件打开】按钮。

02 随后弹出【打开文件】对话框，从该对话框中的【查找范围】路径列表中找到要打开的 3ds Max 文件，如图 2-6 所示。

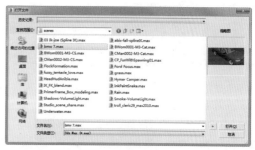

图 2-6

技术要点：
用户可以打开 3ds Max 的场景文件（.max 格式）或 Character 角色文件（.chr 格式），假如要打开的场景文件在指定的路径没有所需的位图文件，软件将会弹出缺少外部文件的对话框。在该对话框中，用户可以重新指定位图文件的路径，也可以忽略该位图文件直接打开场景文件。

03 选中要打开的场景文件后，单击【打开】按钮，即可将 3ds Max 场景文件打开在当前界面的工作区视图中，如图 2-7 所示。

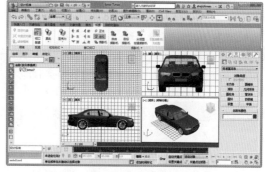

图 2-7

2.1.3　导入或导出文件

3ds Max 作为一款强大的三维软件，并在各个领域有着广泛的应用，它支持导入和导出的文件格式也非常多。

通过选择文件类型，允许直接输入 DWG、DXF、PRJ、3DS、STL、IGES、AI、SHP、VRML、DEM、FBX、LW、OBJ、XML 等格式的文件；若选择"所有格式"选项，则可以显示全部类型的文件。

在 3ds Max 2016 窗口左上角单击【应用程序】图标，在弹出的菜单中选择【导入】|【导入】命令，弹出【选择要导入的文件】对话框，如图 2-8 所示。

图 2-8

其中比较常用的几种文件格式如下：

✦ 3DS 格式：是 3D Studio 的网格文件格式，包括摄像机、灯光、材质、贴图、背景等设置，可以导入到 3ds Max 任何版本的软件中。3DS 格式已经成为工业标准，其他三维设计软件也可以生成 3DS 文件。

✦ AI 格式：是由 Adobe Illustrator 产生的文件格式，属于矢量图形文件，这种格式主要用于从外部输入矢量图形，许多图像软件都可以导入和导出这种格式，对一些特殊文字、图形、标志等，可在这些图形图像软件中直接绘制或扫描加工，然后以 AI 格式导入到 3ds Max 中。

✦ DWG 格式：是标准的 AutoCAD 绘图格式。导入文件后，3ds Max 会自动将 AutoCAD 对象转化为对应的 3ds Max 对象。使用 AutoSurf 或 AutoCAD 的用户，可以直接通过 3D Studio OUT 命令将机械造型导入到 3ds Max 中。

✦ HTR 格式：这种运动捕捉文件格式可以代替 BVH 格式。虽然 BVH 格式存储了运动捕捉的信息，包含了角色的骨骼和肢体关节的旋转数据，但是 HTR 文件在数据类型和排序方面更加灵活，而且它还有一个完备的姿态描述规范，该描述规范包括指定转动和变化的起始点。

✦ IGES 格式：可以用于 NURBS 对象的导入和导出。IGES 文件格式为 3ds Max 与其他三维软件交换信息提供了很好的接口，但并不是全部的 3ds Max 模型都支持这种格式的转换，例如动画和材质数据就不支持这种格式。

✦ OBJ 格式：是一种 3D 模型文件，不包含动画、材质特性、贴图路径、动力学、粒子等信息。它主要支持多边形模型，支持 3 个点以上的面，支持法线和贴图坐标，不支持有孔的多边形面。

2.1.4　保存文件

使用【保存文件】可通过覆盖上次保存的场景版本更新场景文件。如果先前没有保存过场景，则使用此命令的效果与使用【另存为】命令的效果相同。

动手操作——保存文件

01 在 3ds Max 2016 窗口左上角单击【应用程序】图标，在弹出的菜单中选择【保存】命令，或者在快速访问工具栏中单击【保存文件】按钮，也可以按快捷键 Ctrl+S。

02 随后弹出【文件另存为】对话框，如图 2-9 所示。

图 2-9

 技术要点：
如果已经保存过文件，再执行【保存文件】命令后将不会打开【文件另存为】对话框。

03 输入新名称后，单击【保存】按钮即可将当前工作的场景文件保存在指定的系统路径下。

技术要点：
在 3ds Max 2016 中创建的场景也可以保存为 3ds Max 2013、2014 或 2015 版本的文件，这样可以使场景在这些版本的软件中打开。

2.1.5　链接文件

3ds Max 的一个重要功能是允许使用通过 AutoCAD、AutoCAD Architecture 制作或者来自 Autodesk Revit 的图形和模型，3ds Max 使你可以创建逼真的设计可视化演示，从而能够对完美、精确的图形加以改进。

这个功能就是使用链接文件功能。

技术要点：

DWG 是 AutoCAD 和 AutoCAD Architecture 的原有文件格式；FBX 被多个 Autodesk 应用程序用作交换格式；RVT 是 Autodesk Revit Architecture 的原有文件格式。

动手操作——链接 RVT 文件

01 在【快速入门】标签单击【文件链接】命令菜单并选择【链接 Revit 文件】命令，如图 2-10 所示。

图 2-10

02 随后弹出【打开】对话框，从【查找范围】列表中找到本软件附带的教程场景练习文件夹（C:\Users\Administrator\Documents\3ds Max\import\Revit_files），并打开 beachhouse.rvt 文件，如图 2-11 所示。

图 2-11

教程场景练习文件需要从 3ds Max 官网上下载，下载地址为：http://www.autodesk.com/3dsMax-tutorials-scene-files-2016，并将该英文页面设置为中文，如图 2-12 所示。

图 2-12

03 稍后会弹出【管理链接】对话框。单击该对话框中的【附加该文件】按钮，导入 Revit 文件，导入过程中会弹出【创建日光系统】对话框，单击【是】按钮，如图 2-13 所示。

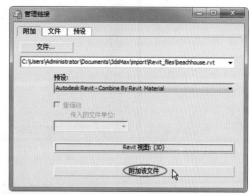

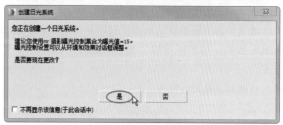

图 2-13

04 链接到 3ds Max 的 Revit 模型，如图 2-14 所示。

图 2-14

2.2　使用场景资源管理器

3ds Max 2016 "场景资源管理器" 在工作空间界面中的左侧。"场景资源管理器" 提供无模式对话框来查看、排序、过滤和选择对象，还一起提供了其他功能，用于重命名、删除、隐藏和冻结对象，创建和修改对象层次，以及编辑对象属性。

3ds Max 2016 的每个工作区（工作空间）中都有一个不同的场景资源管理器。如图 2-15 和图 2-16 所示为【工作区：默认】和【设计标准】工作区的 "场景资源管理器"。

图 2-15　　　　　　　　图 2-16

2.2.1　场景资源管理器的悬停与停靠

场景资源管理器默认状态下是停靠在 3ds Max 2016 视图左侧的，你也可以独立地悬停在软件界面的任意位置。

有两种方法可以操作。

动手操作——让场景资源管理器悬停

01 第一种方法是：将光标移动到场景资源管理器的标题栏位置，直至光标箭头显示为叠加符号，如图 2-17 所示。

图 2-17

02 单击拖曳资源管理器，移动至原先资源管理器的区域外，如图 2-18 所示。

技术要点：
拖曳资源管理器时至少要移动至原区域的一半以外才可以，否则不能使资源管理器悬停。

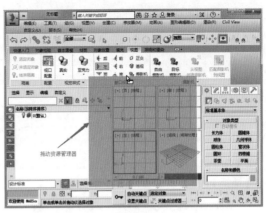

图 2-18

03 随后释放鼠标，资源管理器悬停在界面的任意位置，如图 2-19 所示。

04 反之，要重新停靠资源管理器，拖曳资源管理器至原本位置即可。

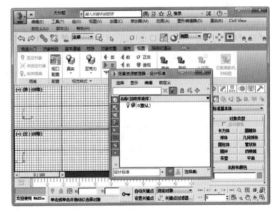

图 2-19

05 第二种方法是：在【主工具栏】单击【切换层资源管理器】按钮，或者在菜单栏执行【工具】|【所有全局资源管理器】|【场景资源管理器】命令，可直接打开悬停状态的场景资源管理器，如图 2-20 所示。

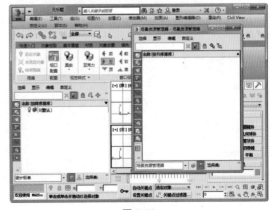

图 2-20

06 资源管理器是一个独立的操作窗口，可单击窗口上的【最小化】【最大化】和【关闭】按钮进行操作。

2.2.2 场景资源管理器工具栏

场景资源管理器具有各种工具栏，可用于查找和选择项以及设置显示过滤器。默认情况下，这些工具栏将显示为上部和下部工具栏。可在表的左侧访问其他工具栏。

如图 2-21 所示为场景资源管理器的常规工具栏。

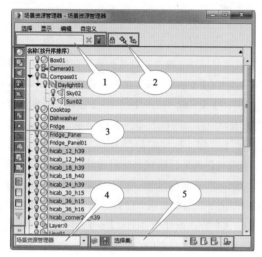

图 2-21

图 2-21 中的①为【查找】工具栏；②为【工具】工具栏；③为【显示】工具栏；④为【视图】工具栏；⑤为【选择】工具栏。

1. 【查找】工具栏

【查找】工具栏用于查找场景资源管理器中的对象。一般情况下，场景资源管理器中包含了几十个或几百个对象时才使用此查找工具。

01 在快速访问工具栏中单击【打开文件】按钮，然后从 3ds Max 的练习文件（默认安装路径下"桌面\Administrator\ 我 的 文 档 \3ds Max\scenes\modeling\ kitchen_cabinets"）中打开 kitchen_sample.max 场景文件，如图 2-22 所示。

💡 **技术要点：**

Windows 7 系统的文件路径为"桌面\Administrator\ 我的文档\3ds Max\scenes\modeling\kitchen_cabinets"。其全英文路径也就是"C:\Users\Administrator\Documents\3ds Max\ scenes\modeling\kitchen_cabinets"。

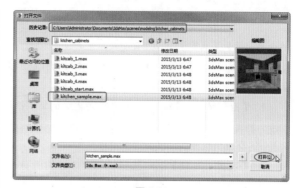

图 2-22

02 打开的场景和场景资源管理器状态，如图 2-23 所示。

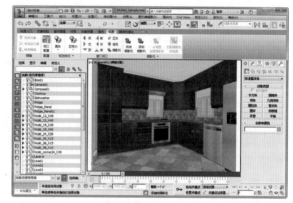

图 2-23

03 在场景资源管理器中，默认情况下不输入查找字符，资源管理器中显示所有对象，如图 2-24 所示。

04 输入能代表管理器列表中对象的首字母 h，按 Enter 键后管理器中显示所有命名前缀为 h 的对象，如图 2-25 所示。

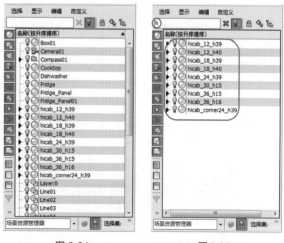

图 2-24　　　　　　图 2-25

05 单击【移除过滤器】按钮，恢复到默认状态。

2.【工具】工具栏

【工具】工具栏中有 3 个命令:

✦【锁定单元编辑】🔒:启用时,禁止更改任何名称和设置等,所有选择功能保持不变。

✦【拾取父对象】🔧:用于更改选定内容的父层次。选定一个或多个对象,单击【拾取父级】按钮,然后选择一个将会成为选择的层次父级的对象。

✦【选择子对象】🔧:选择时选定项目的所有子对象和层;反之,取消选择父层,但不取消选择父对象。

3.【显示】工具栏

【显示】工具栏的工具用于操作和显示场景资源管理器中的对象。

动手操作——操作【显示】工具栏

接上一个动手操作继续练习。

01 【工具】工具栏是可以关闭或打开的。在【查找】工具栏上单击【切换显示工具栏】,可以关闭【显示】工具栏,如图 2-26 所示。

图 2-26

02 再单击此按钮,切换回【显示】工具栏的显示状态。

03 下面认识一下场景资源管理器中的对象项目,也称为"对象树",如图 2-27 所示。每个对象项目都有一个灯泡状的💡图标。默认情况下,此灯泡图标高亮显示为黄色,灰显为灰色。高亮显示表示该对象在视图中是可见的,灰显💡表示此对象在视图中不可见,如图 2-28 所示。灯泡图标后面的图标分别与【显示】工具栏中各类别场景元素的控制按钮一一对应。

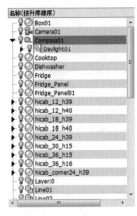
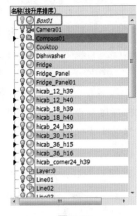

图 2-27   图 2-28

04 对象项目可以通过单击项目列表顶部的【名称(按年龄降序排序)】【名称(按年龄升序排序)】和【名称(按升序排序)】【名称(按降序排序)】按钮进行顺序排列。或者右击弹出排列菜单,如图 2-29 所示。

✦【名称(按年龄降序排序)】:是以建立 3ds Max 场景文件的先后顺序进行升序排列的。以室内场景设计为例,即从布局开始、然后建立墙体、设置相机、绘制二维图形、三维建模……直至最后的场景渲染。

✦【名称(按升序排序)】:此排列方法是以对象命名的首字母依次排列的,以及相同英文名后的数字依次排列的。

05 场景资源管理器左侧的【显示】工具栏中的各工具命令可以控制对象的显示。默认情况下,【显示几何体】按钮是亮显的,表示场景资源管理器中的所有几何体项目(灯泡💡图标后面的◯图标)都显示,单击此按钮取消亮显,所有几何体对象项目将隐藏,如图 2-30 所示。

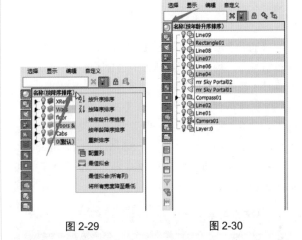

图 2-29   图 2-30

技术要点:

【显示几何体】并非控制视图中的几何体的显示与隐藏。

06 单击【显示图形】按钮，可以控制资源管理器中二维几何图形的显示与隐藏，如图 2-31 所示。

07 单击【显示灯光】按钮，可以控制场景资源管理器中灯光项目的显示与隐藏，如图 2-32 所示。

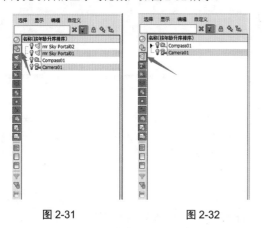

图 2-31　　　　　　图 2-32

08 单击【显示摄像机】按钮，可以控制场景资源管理器中摄像机项目的显示与隐藏，如图 2-33 所示。

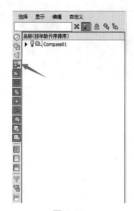

图 2-33

09 单击【显示组】按钮，可显示或关闭有树状结构的项目组，如图 2-34 所示。

图 2-34

10 单击【显示所有】按钮，资源管理器中显示所有类别的对象项目。

11 单击【不显示】按钮，资源管理器中不显示任何类别的对象项目。

4．【视图】工具栏

【视图】工具栏的菜单（可以从右侧的箭头按钮访问）可用于访问可用的局部和全局场景资源管理器，并且提供命令用于在局部和全局模式之间切换当前场景资源管理器，如图 2-35 所示。

图 2-35

【视图】工具栏显示在场景资源管理器的左下角，并显示当前场景资源管理器的名称。在处于活动状态的场景资源管理器中，该名称将显示为黄色文本（如果有自定义工作界面，此文本可能为其他颜色）。

5．【选择】工具栏

场景资源管理器中的对象项目有两种排列方法：

✦ 按层排列：按层列出场景内容。可以通过在列表内拖曳对象图标来编辑层和内容，如图 2-36 所示（层的定义将在后面章节中详解）。

✦ 按层次排列：按对象层次列出场景内容。可以通过在列表内拖曳对象图标来编辑层次，如图 2-37 所示。

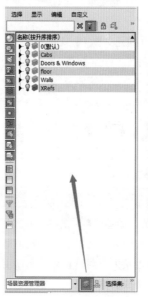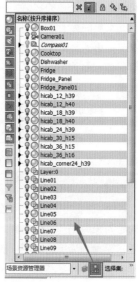

图 2-36　　　　　　图 2-37

✦ 选择集：如果场景中存在任意对象级别的命名选择集，则使用此列表来选择其中的一个，将选择该集中的所有对象，如图 2-38 所示。

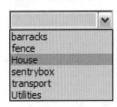

图 2-38

✦ 全选：单击此按钮将高亮显示该管理器中的所有项目。

✦ 反选：切换高亮显示的项目。

2.2.3 使用四元菜单

在场景资源管理器中选中一个对象项目后，右击会弹出如图 2-39 所示的四元菜单。

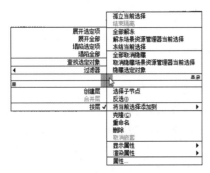

图 2-39

整个四元菜单按 1~4 象限进行划分，每个象限有或没有标题，为了便于大家认识四元菜单，可以统一四元菜单各象限区域的称谓。例如，在场景资源管理器中，四元菜单的第一象限区间为【四元菜单 1】或为【显示】菜单；第二象限区间没有标题名，称为【四元菜单 2】；第三象限区间称为【四元菜单 3】；第四象限称为【四元菜单 4】或为【层】菜单，如图 2-40 所示。

图 2-40

【四元菜单 1】（【显示菜单】）中的选项释义如下：

✦ 孤立当前选择：孤立当前选择可防止在处理单个选定对象时选择其他对象。你可以专注于需要看到的对象，无须为周围的环境分散注意力。同时也可以降低由于在视图中显示其他对象而造成的性能消耗。如图 2-41 所示，在创建资源管理器中孤立了 Walls 对象后，视图

中仅仅显示 Walls（墙体）对象。

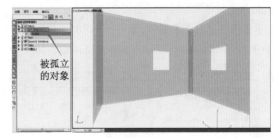

图 2-41

✦ 结束隔离：恢复使用"孤立当前选择"或"孤立未选择对象"隐藏的所有对象。也就是说，仅当执行了【孤立当前选择】命令后，【结束隔离】选项才被激活并高亮显示。

✦ 冻结当前选择：选择此菜单命令，可以将所选的对象冻结，使其不能被选择和编辑，如图 2-42 所示为冻结当前选择的效果，冻结后的对象颜色变灰。

图 2-42

✦ 全部解冻：选择此命令，解除所有冻结的对象。

✦ 解冻场景资源管理器当前选择：当用户同时冻结多个对象时，可以逐一取消冻结（解冻），方法就是在场景资源管理器中选中某个对象，再执行四元菜单中的【解冻场景资源管理器当前选择】命令，即可将该对象解冻，而其余被冻结的对象仍然保持冻结状态。

✦ 隐藏选定对象："隐藏选定对象"与"冻结当前选择"有相同也有不同，相同的是都不能再选取对象；不同的是，"冻结当前选择"的对象后不能被编辑但能看见对象。而"隐藏选定对象"既不能编辑也不能被看见。如图 2-43 所示为隐藏选定对象的前后对比效果图。

图 2-43

　✦ 取消隐藏场景资源管理器当前选择：含义与前面的"解冻场景资源管理器当前选择"类似。

　✦ 全部取消隐藏：一次性取消隐藏所有的对象。

　【四元菜单 2】中的选项命令释义如下：

　✦ 展开选定项：执行此命令可以展开场景资源管理器中所选的有层次关系的项目，也就是项目中包含有 N 个子项目，如图 2-44 所示。

图 2-44

　✦ 展开全部：展开折叠（塌陷）的全部项目，如图 2-45 所示。

　✦ 塌陷全部：收拢全部展开的项目，如图 2-46 所示。

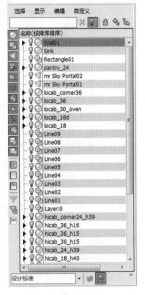

图 2-45　　　　　　图 2-46

　✦ 塌陷选定项：收拢选定的项目，与"展开选定项"相反。

　✦ 查找选定对象：滚动该列表，使第一个选定对象显示在窗口的顶部，如图 2-47 所示。场景中包含许多项目时，使用此选项可加快对象查找速度。

　✦ 过滤器：包括两种（【使用对象过滤器】和【反转对象过滤器】）过滤器。【使用对象过滤器】是使用【显示】工具栏上所有按钮的可用性默认的过滤器。使用【反转对象过滤器】，将关闭已启用的所有对象过滤器，或

者启用已关闭的所有对象过滤器。此命令与【显示】工具栏中的【反转显示】按钮 ▤ 命令等效。

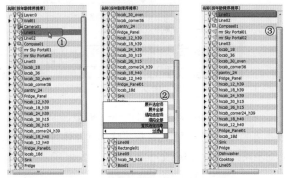

①事先选定的项目，注意滑块位置　②选定的项目已不在可视范围　③查找到项目，自动显示在顶部

图 2-47

　【四元菜单 3】中的选项释义如下。仅当场景资源管理器中的项目以【按层排序】时才会显示【四元菜单 3】。

　✦ 创建层：将层添加到场景中，并将当前选中的对象移动至新层。

　✦ 合并层：将所有选定层的内容合并为一个层，并将接收层的名称置于编辑模式，以便在需要时更改其名称。

　✦ 按层：针对以下四个类别的属性，在"按层"和"按对象"之间切换选定的对象——线框颜色、显示属性、渲染控制和运动模糊。当"按层"处于启用状态（出现复选标记）时，每个选定对象的层控制其在这些类别中的属性。当处于禁用状态时，每个对象的设置控制其属性。

　【四元菜单 4】中各选项释义如下。

　✦ 选择子节点：如果"按层次排序"处于激活状态，选择选中对象的层次后代。当"按层排序"处于活动状态时，选择所选层的所有成员。

　✦ 反选：选择所有未选定对象，并取消选择所有选定对象。

　✦ 将当前选择添加到：将打开多个子菜单，如图 2-48 所示。【创建层】命令将添加包含选定对象的新层。选择层，以便随后创建的任何对象都添加到该层；【新建层】命令可以新建一个图层；【新父对象（拾取）】命令使你拾取模式，以便在场景资源管理器或在视图中单击对象时，可将当前选择设置为你所单击对象的父对象；【新组】命令将打开一个用于命名组的对话框。单击【确定】按钮或按 Enter 键后，将创建一个新组，且选定的对象将添加到该组中；【新容器】命令，自动创建一个新容器，并将选定的对象添加到该容器中。

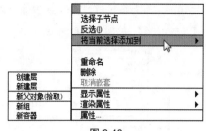

图 2-48

❖ 克隆：打开用于创建每个选定对象的副本、实例
或参考的【克隆选项】对话框。这些克隆体将添加到原
始对象所在的同一层或父层次上，如图 2-49 所示。

图 2-49

❖ 重命名：将选择的项置于编辑模式，以通过键盘
进行重命名。如果选择多个项，仅最后一个选定项受影响。

❖ 删除：将选定的对象从场景中移除。

❖ 取消链接：从父对象中移除选定层次的后代，并
将这些父对象设置为顶级对象。选定对象的所有子对象
会保持它们之间的父子关系。

技术要点：
只有当"按层次排序"模式处于活动状态时才可用。

❖ 取消嵌套：移除所有属于其他层的选定层，并将
选定层设置为顶级层。

技术要点：
只有当"按层排序"模式处于活动状态时才可用。

❖ 显示属性：打开一个子菜单，其中列出了显示属
性开关。若要切换选定对象的属性，可以在子菜单中单
击其标签选项，如图 2-50 所示。

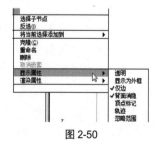

图 2-50

❖ 渲染属性：打开一个子菜单，其中列出了相关的

渲染属性开关。若要切换选定对象的属性，可以在子菜
单中单击其标签选项，如图 2-51 所示。

图 2-51

❖ 属性：选择此选项，可以打开【对象属性】对
话框，从中设置选定对象的基本属性，如图 2-52 所示。

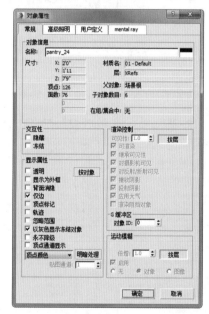

图 2-52

2.2.4 场景资源管理器菜单

场景资源管理器菜单在场景资源管理器的顶部区
域，如图 2-53 所示。本节继续沿用 3.1.2 节的场景文件。

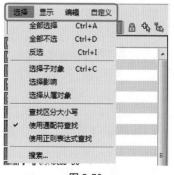

图 2-53

1. 【选择】菜单

【选择】菜单用于选择场景资源管理器中的项目。

✦ 全部选择：选择此命令，将所有项目选中，如图 2-54 所示。

图 2-54

✦ 全部不选：取消选择全部选中的项目。

✦ 反选：反向选择其余没有选中的项目。

✦ 选择子对象：选择此选项，当需要选择一个带有 N 个子项目的项目组时，仅选择父项目，其余子项目将一并被选中，如图 2-55 所示。

执行【选择子对象】命令前　　执行【选择子对象】命令后

图 2-55

✦ 选择影响：开启时，高亮显示有影响的对象，影响对象也会高亮显示。如图 2-56 所示为执行该选项命令后选择对象的对比情况。

执行【选择影响】命令前　　执行【选择影响】命令后

图 2-56

✦ 选择从属对象：开启时，将高亮显示具有从属关系的项目及子项目，如图 2-57 所示。处于并列关系的项目将不被选中。

执行【选择从属对象】命令前　执行【选择从属对象】命令后

图 2-57

✦ 查找区分大小写：开启时，使用"查找"字段进行搜索，仅得到完全匹配搜索短语大小写的结果。例如，输入大写字母L，将显示命名首字母为L的项目，如图 2-58 所示。或者输入小写字母l，将显示命名首字母为l的项目，如图 2-59 所示。

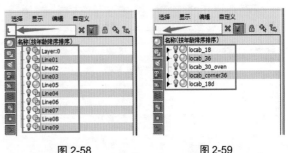

图 2-58　　　　　　　图 2-59

✦ 使用通配符查找：启用时，可以使用具有标准通配符的"查找"字段进行搜索：? 代表单个字符，* 代表多个字符。例如，如果你有名为 pantry_24_door11 ~ pantry_24_door61 的对象，选择【使用通配符查找】命令后，使用搜索短语 pantry 将高亮显示所有含有这些字段的项目，如图 2-60 所示。

图 2-60

✦ 使用正则表达式查找：启用时，可以在"查找"字段中使用正则表达式。例如，要高亮显示所有不以大写"L"开头的项目，开启"查找区分大小写"和"使用正则表达式查找"，并使用此搜索条件：[^L]，如图 2-61 所示。

图 2-61

✦ 搜索：执行此命令，将弹出【高级搜索】对话框。在其中可以设置和使用复杂的布尔搜索条件。例如，输入引用值 L，单击【添加】按钮后可在下方的【属性】列表中找到，如图 2-62 所示。再单击【选择】按钮，场景资源管理器中所有与 L 命名的项目被选中，如图 2-63 所示。

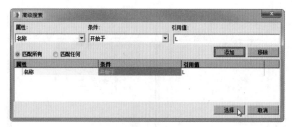

图 2-62

图 2-63

2．【显示】菜单

【显示】菜单用于控制场景资源管理器中对象的显示，如图 2-64 所示。这个"对象"只能是几何对象，包括布局、二维图形和三维模型。

图 2-64

【显示】菜单中各选项的含义如下：

✦ 对象类型：选择要显示在场景资源管理器列表中的对象类型。此子菜单上的选项对应于【显示】工具栏上的对象类型按钮。

✦ 显示子对象：选择此选项，创建资源管理器中将显示所有带有子对象的项目，如图 2-65 所示。

✦ 显示影响：选择此选项，将显示有相互层级关系的项目组。

◆ 显示从属对象：选择此选项，并选择一个对象时，与其有从属关系（关联关系）的其他对象将高亮显示，如图 2-66 所示。

图 2-65　　　　　　　　　图 2-66

◆ 配置高级过滤器：选择此选项，将打开【高级过滤器】对话框。在该对话框中可以设置和使用复杂的布尔过滤器条件。此【高级过滤器】对话框和【选择】菜单下的【高级搜索】对话框的功能是相同的，如图 2-67 所示。

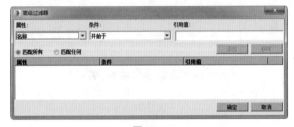

图 2-67

◆ 启用高级过滤器：激活使用【高级过滤器】对话框指定的过滤器。

◆ 过滤选择集合：选中此选项后，列表将只显示当前选中的选择集。默认设置为禁用。

◆ 显示非动态对象：启用此选项时，场景资源管理器列出场景中的所有对象。如果取消选择此选项，将只列出应用"MassFX 刚体"修改器的对象、MassFX 约束辅助对象和碎布玩偶辅助对象。

◆ 塌陷全部：选择此选项，收拢展开的层次项目。

◆ 塌陷选定项：收拢选定的层次项目。

◆ 展开全部：展开具有层次结构的项目。

◆ 扩展选定对象：展开选定的层次项目。

◆ 自动展开到当前选择：启用后，在视图中选择对象会展开其层次并滚动到选定对象。如果取消选择该对象，该列表会恢复为手动展开的状态。禁用后，如果在视图中选择一个当前未显示在"场景资源管理器"列表中的对象，则该命令将亮显可见的父对象。此外，可以

使用"查找选定对象"手动导航到选择内容。

◆ 在轨迹视图中显示：选择此选项可打开【轨迹视图】窗口。如果选定的对象具有动画轨迹，则【轨迹视图】将在【控制器】窗口中显示该对象，如图 2-68 所示；否则窗口将为空。

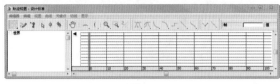

图 2-68

3.【编辑】菜单

通过执行【编辑】菜单中的命令，可以剪切、复制和粘贴处于"按层次排序"模式的对象，如图 2-69 所示。

图 2-69

◆ 剪切节点：将选中的某个项目节点剪切。该节点数据将暂时保存在剪贴板上。

> **技术要点：**
>
> 剪切的对象仍然会出现在场景资源管理器列表中，但粘贴到其他位置时（例如，作为另一个对象的子对象），将从其原始位置删除它们，如图 2-70 所示。

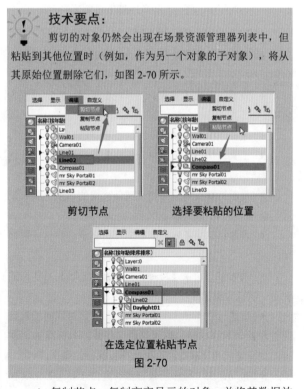

剪切节点　　　　　选择要粘贴的位置

在选定位置粘贴节点

图 2-70

◆ 复制节点：复制高亮显示的对象，并将其数据放到剪贴板中，原节点保持不变。

◆ 粘贴节点：剪切节点或者复制节点后，可使用【粘

贴节点】选项粘贴剪贴板中的节点。如果是复制的节点，选择【粘贴节点】命令后将弹出【克隆选项】对话框。此对话框可以选择复制选项、副本数及名称等，如图 2-71 所示。

图 2-71

4．【自定义】菜单

通过此子菜单上的选项，可切换单个工具栏的显示方式，如图 2-72 所示。

图 2-72

✦ 查找：切换【查找】工具栏的显示。默认设置为启用。

✦ 查看：切换【查看】工具栏的显示。默认设置为启用。

✦ 选择：切换【选择】控件的显示。默认设置为启用。

✦ 工具：切换【锁定单元编辑】按钮的显示。默认设置为禁用。

✦ 显示：切换对象类型过滤器按钮的显示。默认设置为禁用。

✦ 容器：切换【容器】工具栏的显示。默认设置为禁用。

✦ 动力学：切换【MassFX 资源管理器】工具栏的显示。默认设置为禁用。

✦ 配置行：打开【配置列】对话框，可以向场景资源管理器布局添加列，也可以通过将新的列标题拖至现有的列标题或通过双击列表中的项目执行此操作。

✦ 布局：用于选择场景资源管理器【显示】工具栏的排列方式。包括【垂直】子选项和【水平】子选项。默认的资源管理器布局是垂直布局的，水平布局如图 2-73 所示。

图 2-73

2.3 设置场景

对于场景环境，不同的用户都有不同的需求。如果采用 3ds Max 提供的默认环境有时感觉不合适，可以根据下面的方法自定义属于自己的场景环境。

2.3.1 定制主工具栏

默认情况下，工具栏被固定在操作界面上。其实，工具栏可以被放置在任何位置上，如图 2-74 所示。下面将介绍具体的操作方法。

图 2-74

动手操作——定制主工具栏

01 首先将鼠标放在工具栏左侧的双竖线上，注意鼠标指针的变化，直至显示"主工具栏"标题提示，如图 2-75 所示。

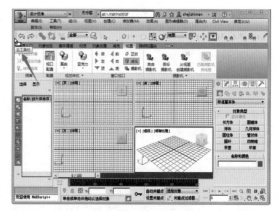

图 2-75

02 按住鼠标拖曳主工具栏，将其放置到视图区域位置，不要停靠在功能区，如图 2-76 所示。

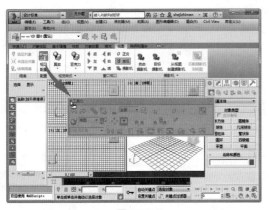

图 2-76

03 如果需要扩大视图区域，也可以将主工具栏拖曳到视图区域左侧，如图 2-77 所示。

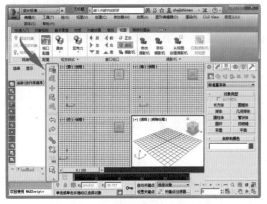

图 2-77

04 如果需要还原工具栏，则可以按照上述方法将其拖曳到原有位置。

05 除了拖曳工具栏的方法来调整位置之外，还可以在主工具栏的空白位置右击，会弹出快捷菜单，如图 2-78 所示。选择【停靠】选项，可以将工具栏停靠在整个视窗（包括左侧的场景资源管理器、4 个视图和右侧的命令面板）的顶部、底部、左侧和右侧。

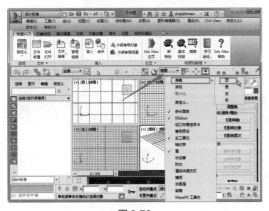

图 2-78

06 若选择【浮动】选项，工具栏将在软件视图区域浮动放置，如图 2-79 所示。

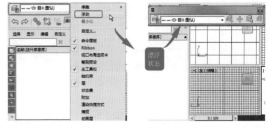

图 2-79

动手操作——定制工具栏及功能区的图标大小

由于工具栏上的工具较多，在实际使用时为了寻找一个工具可能需要耗费较长时间，导致快捷工具栏不快捷，此时用户可以将其设置为小图标。

01 在菜单栏执行【自定义】|【首选项】命令，打开【首选项设置】对话框，如图 2-80 所示。

图 2-80

02 在【常规】标签中禁用【用户界面显示】选项区域中的【使用大工具栏按钮】复选框，如图 2-81 所示。

图 2-81

03 设置完毕后，单击【确定】按钮，并重新启动 3ds Max，即可看到此时的工具栏，如图 2-82 所示。

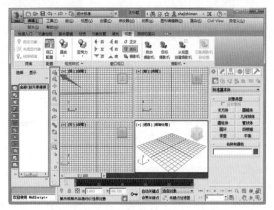

图 2-82

2.3.2 设置窗口视图

"视图"就是模型视图区域，如图 2-83 所示。

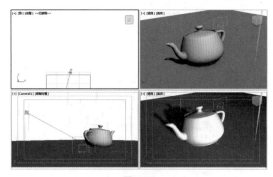

图 2-83

3ds Max 工作区默认的视图布局为单视图，如图 2-84 所示。

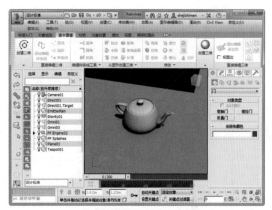

图 2-84

视图设置的相关命令在菜单栏的【视图】菜单（如图 2-85 所示）、视图左上角视图菜单（如图 2-86 所示）和功能区【视图】标签中（如图 2-87 所示）。

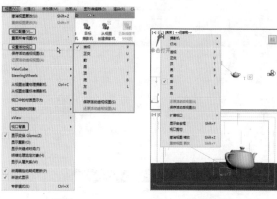

图 2-85   图 2-86

图 2-87

1. 视图配置

视图布局是通过【视图配置】对话框的【布局】标签进行的，可以设置为 3ds Max 允许的任意一种视图布局。

动手操作——调整视图布局

01 打开本例素材源文件 "viking-completed.max"。

02 在菜单栏执行【视图】|【视图配置】命令，或者在功能区【视图】标签的【配置】组中单击【视图配置】按钮，或者在视图左上角单击[+]并选择【配置视图】命令，如图 2-88 所示。

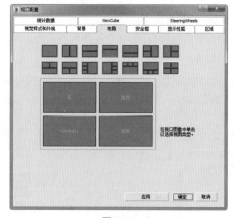

图 2-88

03 在【布局】标签中，任选一种视图类型，单击【应用】按钮即可完成视图的设置。例如选择"左一右三"的视图类型，如图 2-89 所示。

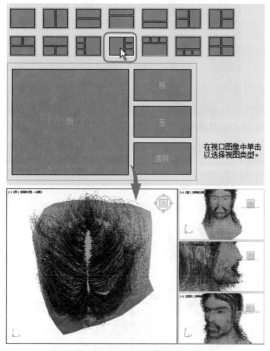

在视口图像中单击以选择视图类型。

图 2-89

04 如果需要将视图最大化，也就是只显示一个视图，可以在软件界面的右下角单击【最大化视图切换】按钮 🔲，切换到单一视图，如图 2-90 所示。再次单击【最大化视图切换】按钮🔲又会切换到"左一右三"视图。

图 2-90

技术要点：
从多视图切换到单一视图，只能切换到多视图中被激活的这个。

2. 设置视图类型

视图中的视图类型也是我们常见的前、后、左、右、顶、底 6 个基本投影视图类型，如图 2-91 所示。视图也称"活动视图"。

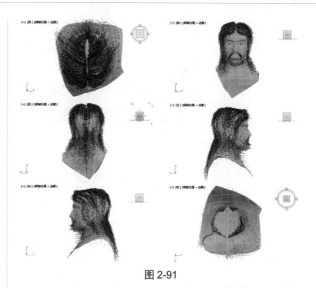

图 2-91

另外还包括正交视图、透视图和摄像机视图。

✦ 正交视图：正交视图是二维视图，每个正交视图都由两个世界坐标轴定义。这些轴的不同组合产生三对正交视图：上下组合、前后组合和左右组合。也就是说，6 个基本视图也可通称为正交视图，也是可以切换的，如图 2-92 所示。

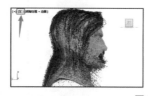

图 2-92

✦ 透视图：透视图非常类似于人类视觉。对象看上去向远方后退，产生纵深感和空间感。对大部分计算机3D 图像而言，这正是用户在屏幕上或页面上看到的最终输出所使用的视图。如图 2-93 所示为正交视图与透视图的对比。

图 2-93

✦ 摄像机视图：摄像机视图是从用户放置的摄像机角度进行投影而得到的视图（将在后面的章节中详细讲解）。如图 2-94 所示为选择一个摄像机而得到的摄像机视图。

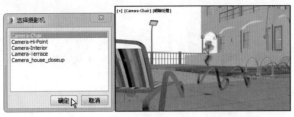

图 2-94

2.3.3 设置视觉样式

视觉样式就是模型在视图中显示的渲染状态。3ds Max 2016 包含两种视觉样式：Nitrous（渲染器）渲染样式和非照片级渲染样式。设置视觉样式的命令，如图 2-95 所示。

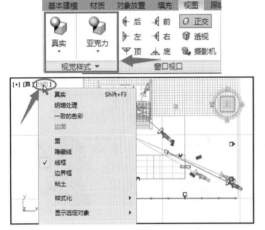

图 2-95

1. Nitrous（渲染器）真实渲染样式

Nitrous（渲染器）的渲染样式如下。

✦ 真实：使用高质量明暗处理和照明为几何体增加逼真的纹理，如图 2-96 所示。

图 2-96

✦ 明暗处理：使用 Phong 明暗处理对几何体进行平滑明暗处理，如图 2-97 所示。

图 2-97

✦ 一致的色彩：使用"原始"颜色对几何体进行明暗处理，而忽略照明，从而出现阴影效果，如图 2-98 所示。

图 2-98

✦ 隐藏线：隐藏法线指向远离视图的面和顶点，以及被邻近对象遮挡的对象的任意部分。出现阴影效果，如图 2-99 所示。

图 2-99

✦ 线框：在线框模式下显示几何体，如图 2-100 所示。

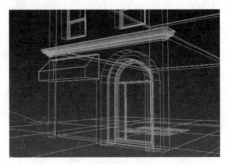

图 2-100

✦ 边界框：仅显示每个对象边界框的边，如图 2-101 所示。

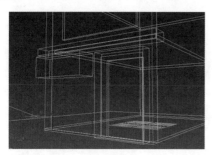

图 2-101

2. 非照片级渲染样式

默认样式（真实）相当于用硬件渲染生成的效果。其他非照片级渲染样式具有模仿通过更传统介质（对于大多数部分）手动创建的作品效果。如图 2-102 所示展示了真实样式和其他非照片级渲染视觉样式的各种效果。

真实（默认样式）

涂墨

彩色墨水

亚克力

技术

石墨

彩色铅笔

彩色蜡笔

图 2-102

2.3.4　设置栅格

栅格是一种重要的辅助工具，也是用户在操作中最直观的辅助物体。栅格线分为主栅格线和栅格线两种。在系统的默认设置下，每两条主栅格线中间有 9 条栅格线，从而将主栅格线分为 10 等份，如图 2-103 所示。

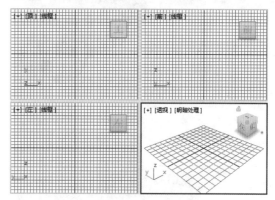

图 2-103

动手操作——设置栅格的显示与属性

01 在快速访问工具栏单击【打开文件】按钮📁，然后从【打开文件】对话框中 3ds Max 2016 默认的安装路径下打开 Ford Focus.max 文件，如图 2-104 所示。

图 2-104

02 打开的 Max 场景文件在视图中的显示状态，如图 2-105 所示。

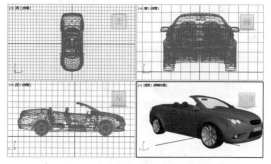

图 2-105

03 在任意视图中的左上角[+]符号位置单击或者右击，取消右键菜单中的【显示栅格】选项的选中状态，如图 2-106 所示。

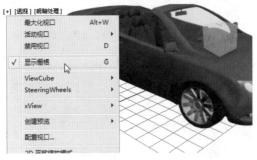

图 2-106

04 随后该视图中的栅格被隐藏了，如图 2-107 所示。

图 2-107

05 同理，在其他视图中也执行相同的命令，隐藏栅格。

> **技术要点：**
> 当然也可以在菜单栏执行【工具】|【栅格和捕捉】|【显示主栅格】命令，将栅格隐藏，再重复执行一次该命令，将显示栅格。

2.3.5 设置单位

单位是 3ds Max 连接虚拟三维世界与真实物理世界的关键，在【单位设置】对话框中可以定义要使用的单位。

在菜单栏中执行【自定义】|【单位设置】命令，弹出如图 2-108 所示的【单位设置】对话框。在该对话框中可以在通用单位和标准单位之间进行选择，也可以创建自定义单位，这些自定义单位可以在创建任何对象时使用。下面将对其中主要的参数做简要说明。

✦ **系统单位设置**：单击该按钮，弹出如图 2-109 所示的对话框，在该对话框中可以设置系统的单位比例。

✦ **公制**：在其下拉列表中选择公制单位，如毫米、厘米、米和千米。

✦ **美国标准**：在其下拉列表中选择美国标准的单位，如英寸、英尺等。

✦ **自定义**：可以根据个人的作图习惯，在其后的数值框中输入数值，从而定义度量的自定义单位。

✦ **通用单位**：该选项为默认选项（1 英寸），它等于软件使用的系统单位。

✦ **照明单位**：在该参数设置区中可以选择灯光值是以美国单位，还是国际单位显示。

图 2-108　　　　　　　图 2-109

动手操作——设置场景单位

01 打开本例素材源文件 2-1.max，如图 2-110 所示。

图 2-110

> **技术要点：**
> 本章的源文件路径为"随书光盘\动手操作\源文件\Ch02"；结果文件在"随书光盘\动手操作\结果文件\Ch02"中；动手操作的视频在"随书光盘\动手操作\视频\Ch02"中。后面章节的源文件、结果文件及视频文件等，均在 Ch03、Ch04、Ch05……文件夹中。

02 选择圆形模型实体，然后在【命令】面板中单击【修改】按钮，切换到【修改】面板，在【参数】卷展栏下可以观察到该模型的相关参数，但是这些参数后面都没有单位，如图 2-111 所示。

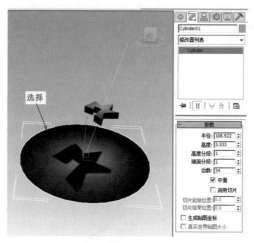

图 2-111

03 下面将模型的单位设置为 mm（毫米）。执行【自定义】|【单位设置】命令，打开【单位设置】对话框，然后设置【显示单位比例】为【公制】，接着在下拉列表中选择单位为【毫米】，如图 2-112 所示。

04 单击【系统单位设置】按钮，然后在弹出的【系统单位设置】对话框中设置【系统单位比例】为【毫米】，接着单击【确定】按钮，完成设置，如图 2-113 所示。

图 2-112　　　　　　图 2-113

技术要点：
注意，"系统单位"一定要与"显示单位"保持一致，这样才能更方便地操作。

05 在场景中选择球体，然后在命令面板中单击【修改】按钮，切换到【修改】面板，此时在【参数】卷展栏下即可观察到球体的【半径】参数后面带上了单位 m m，如图 2-114 所示。

技术要点：
在制作室外场景时一般采用 m（米）作为单位；在制作室内场景时一般采用 cm（厘米）或 mm（毫米）作为单位。

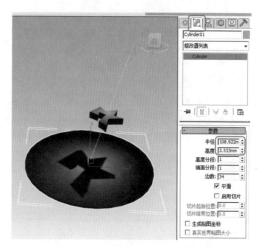

图 2-114

2.3.6　设置键盘和鼠标

设置键盘和鼠标，能快速操作模型和执行相关的操作命令，大大提高用户的设计效率。设置键盘也就是设置 3ds Max 的快捷键，例如【保存文件】命令，快捷键是 Ctrl+S。但这是默认设置的快捷键，对于很多没有快捷键的命令，就需要我们一一设置。下面介绍一个快捷键的设置过程。

动手操作——设置键盘快捷键

01 在菜单栏执行【自定义】|【自定义用户界面】命令，打开【自定义用户界面】对话框。

02 在该对话框的【键盘】标签的【操作】列表中显示了操作命令（与上面【组】下拉列表中的组选项和【类别】下拉列表中的类别选项有关联），【快捷键】列表下显示了某操作命令对应的快捷键，如图 2-115 所示。

图 2-115

03 拖曳滑块在【操作】列表中找到【挤出（多边形）】命令，然后在右侧【热键】文本框内输入 X，再单击【指定】命令即可，如图 2-116 所示。

图 2-116

04 可以继续选择其他命令并指定快捷键，最后需要单击【写入键盘表】按钮保存设置的快捷键。

💡 **技术要点：**
如果不保存，待再次启动 3ds Max 时自定义的快捷键将失效。

动手操作——设置鼠标

设置鼠标也就是设置如何利用鼠标来操控视图。

01 首先从 3ds Max 默认场景文件夹中打开一个场景，如图 2-117 所示。

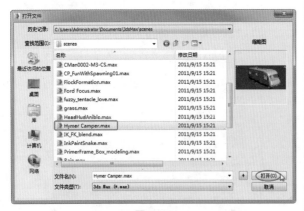

图 2-117

02 利用鼠标的中键功能操控视图，按下中键移动视图（光标箭头由 ▷ 变成 🖑），如图 2-118 所示。

图 2-118

03 再利用鼠标的另一个中键功能，滚动中键缩放视图（光标箭头不变），如图 2-119 所示。

图 2-119

04 最后按 Alt+ 中键旋转视图，光标箭头由 ▷ 变成 ▷，如图 2-120 所示。

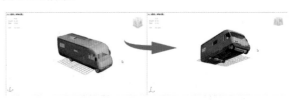

图 2-120

05 其实平时操控视图用得最多的动作就是旋转和缩放，而平移相对较少，因此可以把旋转视图与平移视图的中键命令调整下。在菜单栏执行【自定义】|【鼠标】命令，打开【自定义用户界面】对话框。

06 在该对话框的【鼠标】标签下，选中【弧形旋转】操作，然后在右侧的【快捷方式】文本框中输入 MMB，或者按下鼠标中键，并单击【指定】按钮完成定义，如图 2-121 所示。

图 2-121

07 同理，选中【平移视图】操作，设置快捷方式为 Ctrl+MMB，如图 2-122 所示。

图 2-122

08 最后必须单击【自定义用户界面】对话框下方的【保存】按钮，将鼠标快捷键设置的结果保存，避免重启软件后设置失效。

2.4　参考坐标系

在 3ds Max 中，坐标系的类型影响坐标系的定向，3ds Max 2016 向读者提供了 8 种参考坐标系，一般情况下使用默认的坐标系，本节将向读者简单介绍一下 3ds Max 中的坐标系。坐标系的调用在主工具栏的参考坐标系列表中，如图 2-123 所示。

"视图"坐标系是"世界"和"屏幕"坐标系的混合体。使用"视图"坐标系时，所有正交视图都使用"屏幕"坐标系，而透视图使用"世界"坐标系，如图 2-124 所示。

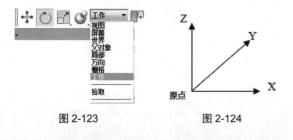

图 2-123　　　　　　图 2-124

技术要点：

因为坐标系的设置基于逐个变换，所以要在工具栏先选择【使用变换坐标中心】选项，然后再指定坐标系。

视图中的坐标轴表示：

（1）坐标轴定向指出了当前所用坐标系的定向。

（2）坐标轴的三条轴线的交点即为变换中心。

（3）高亮显示轴线，表示变换操作在该轴线方向上将受到约束。

1．视图坐标系

默认情况下，3ds Max 使用【视图坐标系】。该坐标系的所有正交视图中的 X、Y 和 Z 轴都相同。使用该坐标系移动对象时，会相对于视图空间移动对象，如图 2-125 所示。

在这种坐标系下，X 轴始终朝右，Y 轴始终朝上，而 Z 轴始终指向屏幕并垂直于屏幕。图中的 1、2、3、4 分别代表顶、前、左和透视图。

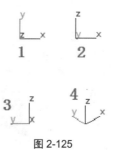

图 2-125

2．屏幕坐标系

【屏幕坐标系】把活动视图作为屏幕坐标系使用。在这种坐标系下，X 轴为水平方向，正向朝右；Y 轴为垂直方向，正向朝上；Z 轴为正向，指向屏幕，如图 2-126 所示。

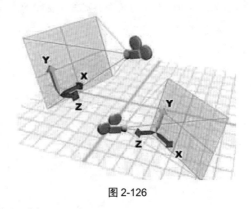

图 2-126

3．世界坐标系

【世界坐标系】使用预定义的坐标系，它是始终不变的。从正面观察世界坐标系，其 X 轴正向朝右，Z 轴正向朝上，而 Y 轴则垂直屏幕并远离屏幕，如图 2-127 所示。

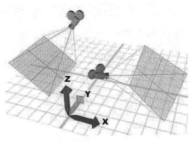

图 2-127

4. 父对象坐标系

【父对象坐标系】是一种特殊的坐标系，即当前物体的坐标系将采用其父物体的坐标系。该坐标系需要有父物体链接，如图 2-128 所示。

图 2-128

5. 局部坐标系

使用选定对象自身的坐标系，如图 2-129 所示。对象的局部坐标系由其轴点支撑。使用【层次】命令面板上的工具，可以相对于对象调整局部坐标系的位置和方向。

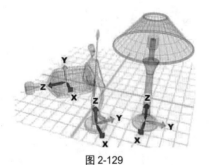

图 2-129

6. 万向坐标系

【万向坐标系】与【局部坐标系】类似，但其 3 个旋转轴不一定互相之间形成直角。

7. 栅格坐标系

使用活动视图中的栅格作为坐标系，这种坐标系可

以帮助用户更加直观地移动物体，如图 2-130 所示。

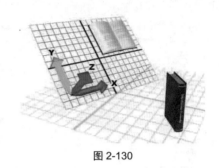

图 2-130

2.5 对象检验

对象检验工具是辅助作图工具，当建立好模型时，可以使用这些工具进行测量、显示和隐藏操作等。对象检验工具在功能区的【对象检验】标签中，如图 2-131 所示。

图 2-131

对象检验工具也可以在视图右侧的【创建】|【辅助对象】命令面板中找到并使用，如图 2-132 所示。

图 2-132

2.5.1 使用测量工具

测量工具包括测量角度、测量距离、测量长度、创建指南针和参考点等。

动手操作——使用量角器

量角器测量场景中任何两个对象或点之间的角度。

01 打开本例源文件 2-2.max，如图 2-133 所示。

图 2-133

02 打开【捕捉】工具条中的【捕捉到顶点切换】 和【捕捉到边 / 线段切换】，如图 2-134 所示。

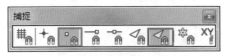

图 2-134

技术要点：

要打开【捕捉】工具条，在工具栏的空白位置右击，在弹出的工具命令菜单中选中【捕捉】命令即可，如图 2-135 所示。

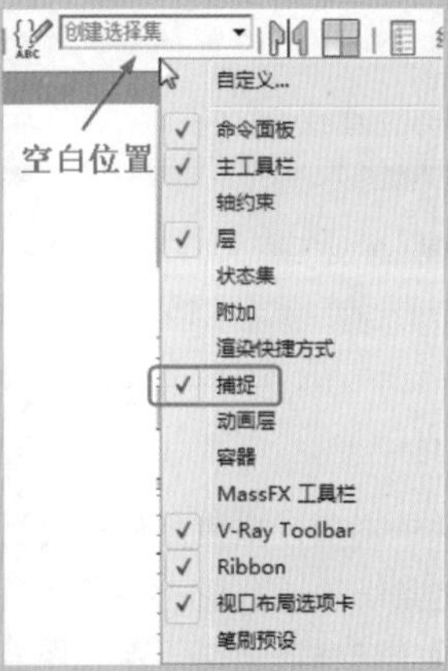

图 2-135

03 单击【量角器】按钮，在透视图的空白区域中单击放置量角器图标，如图 2-136 所示。按住鼠标将图标移动至顶点处，如图 2-137 所示。

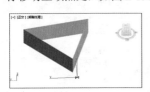

图 2-136　　　　　图 2-137

技术要点：

量角器图标就好像我们常用的圆规的头部，圆规的两只脚就是量角器测量角度时的"对象 1"和"对象 2"。

04 在【创建】|【辅助对象】命令面板的【参数】卷展栏中，单击 拾取对象1 按钮，然后选择如图 2-138 所示的边。

05 单击 拾取对象2 按钮，选择如图 2-139 所示的边作

为测量角度的第二个对象。

图 2-138　　　　　　图 2-139

06 随后会在命令面板中【参数】卷展栏的【角度】文本框内显示系统测量的角度值，如图 2-140 所示。

图 2-140

测量距离是测量面到面、点到点或线到线的垂直距离。

01 打开本例源文件 2-3.max。

02 由于测量的对象是点、线或面，所以要打开主工具栏中的三维空间捕捉开关 。

03 首先测量点到点的距离，先在【对象检验】标签的【测量】面板中单击【测量距离】按钮 测量距离 ，在【捕捉】工具条中单击【捕捉到顶点切换】、【捕捉到中点切换】或【捕捉到端点切换】，打开捕捉约束，如图 2-141 所示。

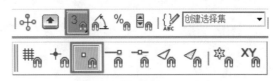

图 2-141

04 当光标靠近物体上的某顶点时，会自动显示【+】标记，单击拾取模型边线的顶点作为测量起点和终点，如图 2-142 所示。

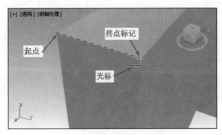

图 2-142

05 随后在状态栏显示测量所得的距离数值，如图 2-143 所示。

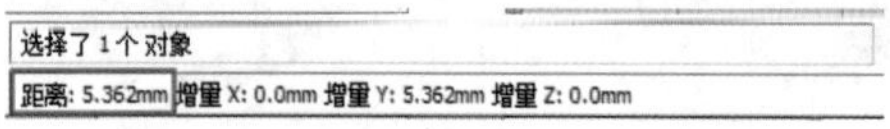

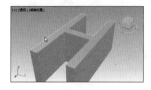

图 2-143

06 接着测量边到边的距离。单击【测量距离】按钮，在【捕捉】工具条打开【捕捉到边 / 线段切换】 捕捉约束。光标拾取模型中的第一条边作为测量起始边，如图 2-144 所示。再拾取另一条边作为测量终止边，如图 2-145 所示。

图 2-144　　　　　　　图 2-145

07 随后在状态栏显示测量信息，如图 2-146 所示。其中，"距离"是光标拾取点位置之间的距离，非两边线垂直距离；要看垂直距离，关注后面的增量 X、增量 Y 和增量 Z，根据工作坐标系，需要的边到边垂直距离应该是"增量 Y"。

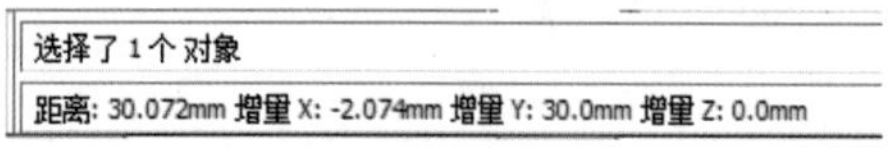

图 2-146

08 最后测量面到面的距离。单击【测量距离】按钮，在【捕捉】工具条打开【捕捉到面切换】 捕捉约束。光标拾取模型中的一个平面作为测量起始面，如图 2-147 所示。再拾取另一平面作为测量终止面，如图 2-148 所示。

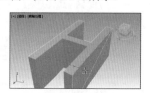

图 2-147　　　　　　　图 2-148

09 随后在状态栏显示测量信息，如图 2-149 所示。其中，"距离"是光标拾取点位置之间的距离，非两边线垂直距离；参照坐标系，得知需要的面到面垂直距离应该是"增量 Y"。

图 2-149

技术要点：
　　当然，也可以测量从点到线、从点到面、从线到面的直线距离和增量间距。

　　利用卷尺工具，可以得到直观的测量数据，其作用是在设计过程中可以随时测量所需的数据。好比我们在实际的室内装修中，设计师往往需要用卷尺测量房间的大小、某个局部位置的空间等，如图 2-150 所示。

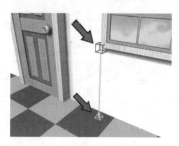

图 2-150

01 打开本例源文件 2-4.max，如图 2-151 所示。

02 单击 卷尺 按钮，再单击【捕捉】工具条中的【捕捉到端点开关】按钮 打开捕捉约束。

03 在模型中的某个顶点位置捕捉，作为测量的起点，如图 2-152 所示。

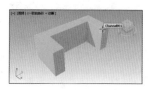

图 2-151　　　　　　　图 2-152

04 捕捉起点并单击后，拖曳鼠标至测量终点，此时会生成一条线，这条线就是"卷尺"线，如图 2-153 所示。

05 单击该点确认后释放鼠标，在视图右侧【创建】命令面板下的【参数】卷展栏中显示测量的数据，如图 2-154 所示。

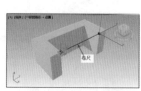

图 2-153 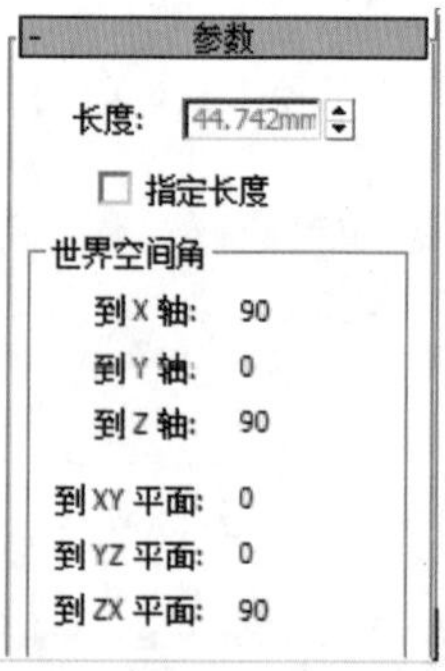　　　　　　　图 2-154

06 【参数】卷展栏中的【长度】值（灰显）是拾取两个顶点之间的实际距离，是不可更改的，所以灰显。【世界空间角】信息区显示了从测量起点到世界坐标系中的各轴、各平面的增量值。如果选中【指定长度】复选框，可以更改长度值，不过更改的是卷尺的长度，非测量的实际值，如图 2-155 所示。修改的长度可以作为设计的参考依据，便于修改。

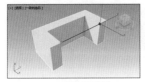

图 2-155

2.5.2　对象的显示与隐藏

在使用 3ds Max 的建模过程中，有时对象数量较大会影响一些操作和查看，这时可以利用对象显示和隐藏工具来处理模型对象。下面用一个例子来说明如何显示和隐藏对象。

动手操作——模型对象的显示与隐藏

01 打开本例素材源文件 2-5.max。

02 在视图的透视图中，选中"木桶"对象，单击【对象检验】标签中【对象显示】面板的【隐藏当前选择】按钮，"木桶"被隐藏，如图 2-156 所示。

图 2-156

03 在【对象显示】面板中单击【按名称取消隐藏】按钮，弹出【取消隐藏对象】对话框。在该对话框中选中隐藏的对象"木桶"，再单击【取消隐藏】按钮显示木桶对象，如图 2-157 所示。

图 2-157

04 当场景中的对象需要保护而不被误删、误隐藏、误修改时，可以利用【冻结当前选择】工具将所选对象冻结。选中"酒罐"对象，再单击【冻结当前选择】按钮，酒罐对象被冻结。冻结后其颜色变灰且不能被选中，也就不能被操作，如图 2-158 所示。

图 2-158

05 同样，单击【按名称解冻】按钮，在打开的【解冻对象】对话框中选择被冻结的对象解冻，如图 2-159 所示。

图 2-159

06 除了单击对象显示工具按钮来操作对象，在其他工作空间中如果没有这些工具命令，那么可以通过在视图中右击，在弹出的四元菜单中执行相关的显示和隐藏命令即可，如图 2-160 所示。

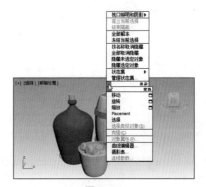

图 2-160

07 当场景中包括几何体、几何图形（二维）、灯光、摄像机及其他辅助对象等时，可以通过单击【按类别隐藏/显示】面板中的相关按钮来控制，如图 2-161 所示。当然，在其他工作空间中可以直接在场景资源管理器中启用【视图布局】命令来控制，如图 2-162 所示。

图 2-161　　　　　　图 2-162

2.6 综合应用：链接 AutoCAD 文件建模

3ds Max 的一个重要功能是允许使用通过 AutoCAD 和 AutoCAD Architecture 创建好的图形和模型，或者来自 Autodesk Revit 的图形。3ds Max 使你可以创建逼真的设计可视化演示，从而能够对图形加以改进。本节以链接 AutoCAD 文件到 3ds Max 2016 中进行墙体建模为例进行讲解。

动手操作——清理 AutoCAD 图形

AutoCAD 的图形是不能直接用来建模的，这是因为 AutoCAD 图形的线段有些不连续，而且部分线段用不上，需要进行清除。

操作步骤：

01 启动 AutoCAD 2016 软件，然后打开随书资源包中的"动手操作 \ 源文件 \Ch02\wt_start.dwg"文件，如图 2-163 所示。

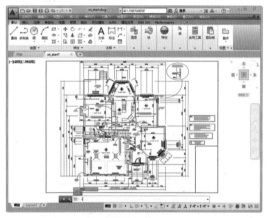

图 2-163

02 在 AutoCAD 2016 软件功能区的【默认】标签【图层】组中展开图层列表，除 01-Walls、02-Windows 图层外，其余图层全部关闭并冻结，仅显示墙体轮廓线和门窗结构线，如图 2-164 所示。

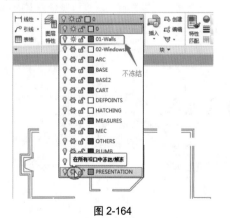

图 2-164

03 删除有 3 条并行的墙体中心线，如图 2-165 所示。

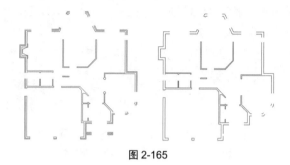

图 2-165

04 在图层列表中选中 01-Walls 图层，此图层为当前工作图层。然后利用【直线】命令或在命令行执行 L 命令，将开放的墙体端封闭，如图 2-166 所示。

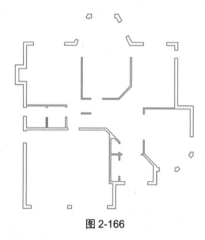

图 2-166

05 在菜单栏执行【修改】|【合并】命令，框选所有图形进行合并，将独立的直线转化成完整的多义线。完成后另存为图形并命名为 wt_2dplan，如图 2-167 所示。保存的文件随后会导入到 3ds Max 2016 中。

图 2-167

动手操作——链接 AutoCAD 图形文件

现在准备将 AutoCAD 文件导入到 3ds Max 中，并使用该文件来创建 3D 房间的通用结构。

操作步骤。

01 启动 3ds Max 2016，并进入【设计标准】工作空间。

02 在菜单栏执行【自定义】|【单位设置】命令，打开【单位设置】对话框。在该对话框中选中【美国标准】选项，并单击该【确定】按钮关闭对话框，如图 2-168 所示。

图 2-168

03 在【快速入门】标签的【插入】面板中单击【文件链接】|【链接 AutoCAD 文件】命令，弹出【打开】对话框，从保存的文件夹中找到 wt_2dplan.dwg 文件并打开，如图 2-169 所示。

图 2-169

04 随后弹出【管理链接】对话框，如图 2-170 所示。在该对话框的【附加】标签中单击【选择要包括的层】按钮，打开【选择层】对话框。选中【从列表中选择】单选按钮，单击【无】按钮，再在列表中选择 01-Walls 图层，最后单击【确定】按钮，如图 2-171 所示。

图 2-170

图 2-171

05 返回【管理链接】对话框，单击【附加该文件】按钮，将先前处理的 AutoCAD 图形链接到 3ds Max 视图中，再

将视图设置为 4 个视图形式，如图 2-172 所示。

图 2-172

动手操作——建模

导入参考图形后，即可利用基本建模工具建立墙体了。

01 在顶视图中选中整个图形对象，【基本建模】标签下的建模命令被激活。

02 单击【从二维创建三维】组的【挤出】按钮，或者在右侧【修改】面板的【修改器列表】中选择【挤出】修改器，如图 2-173 所示。

03 随后按默认设置自动生成挤出特征的预览，如图 2-174 所示。

图 2-173　　　　图 2-174

04 在下方的【参数】面板中设置【数量】为 100.0"，模型自动更新到新参数状态，如图 2-175 所示。

图 2-175

05 在视图的空白区域单击，关闭【参数】面板完成墙体的建模。最后将结果保存为 my_wt_walls.max。

3.1　对象的常规选择方法

常规选择方法就是进入 3ds Max 2016 工作空间以后，系统默认的一种基本选择方法——鼠标单击选取。

利用鼠标按键选择对象包括单个对象的选择、多个对象的选择和利用快捷键选择对象 3 种方式。

1. 单个对象的选择

在【主工具栏】工具栏中，如果【选择对象】按钮是按下的，也就是默认激活的，可以直接操作鼠标左键去选择对象了，如图 3-1 所示。

图 3-1

动手操作——选择单个对象

01 打开本例源文件 3-1.max，如图 3-2 所示。

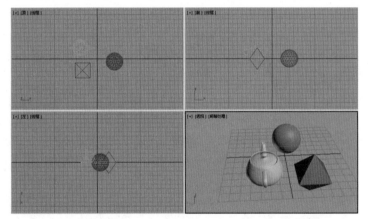

图 3-2

02 没有选中对象之前，鼠标箭头（称为光标）形状为，当靠近对象时，光标形状变成，表示可以选取对象了，如图 3-3 所示。

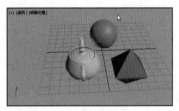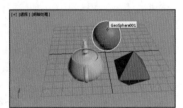

图 3-3

03 单击鼠标对象被选中，且该对象显示白色的边界框，如图 3-4 所示。此边界框在"隐藏线""线框"等显示模式下将不会显示。

04 光标继续选取另一个对象，会发现原先选中的对象自动取消选择，新对象被选中，如图 3-5 所示。

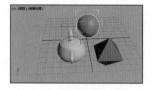 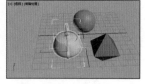

图 3-4　　　　　　　　　图 3-5

2. 选择多个对象

若需要连续选择多个对象，就需要借助于键盘快捷键的辅助了。

动手操作——选择多个对象

01 打开本例源文件模型 3-2.max，如图 3-6 所示。

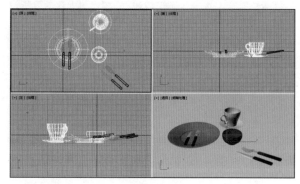

图 3-6

02 在透视图中首先选择单个模型——碗，如图 3-7 所示。

03 然后按下 Ctrl 键继续选择其余的餐具、茶杯、盘等模型，如图 3-8 所示。

 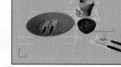

图 3-7　　　　　　　　　图 3-8

04 用户除了通过鼠标指针单击选择对象外，还可通过按快捷键选择对象，利用各种快捷键选择对象的方法如下。

 ✦ 【Ctrl+A】：可将当前场景中的全部对象选中。

 ✦ 【Ctrl+D】：可取消当前选择的全部对象。

 ✦ 【Ctrl+I】：可反向选择当前场景中的对象，如图 3-9 所示。

 ✦ 【Ctrl+Q】：当用户选择了某一个对象后，按快捷键 Ctrl+Q 即可选择当前场景中所有的同类型对象。如图 3-10 所示，当前选择了一个杯子，当按快捷键 Ctrl+Q 后即可选中同一个组合中的另一个对象。

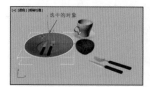 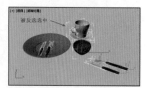

图 3-9

 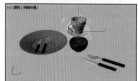

图 3-10

3. 按名称选择

按名称选取可以快速、准确地选择需要的对象。按名称选择其实就是在场景资源管理器中通过字符搜索来选择对象。

动手操作——按名称选择

01 打开本例练习模型 3-3.max，如图 3-11 所示。

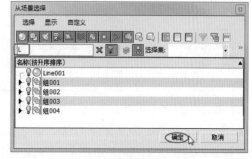

图 3-11

02 在主工具栏中单击【按名称选择】按钮，弹出【从场景选择】对话框。

03 在【从场景选择】对话框的字符搜索文本框内输入 L，单击【确定】按钮，如图 3-12 所示。

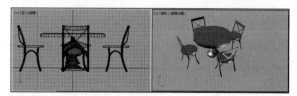

图 3-12

04 场景资源管理器中所有对象命名首字母为 L 的对象被全部选中，而且视图中的模型对象也全都被选中，如图 3-13 所示。

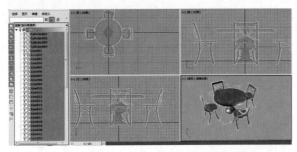

图 3-13

4. 区域选择

在 3ds Max 2016 中，区域选择的方法有很多种，包括矩形选择区域、圆形选择区域、围栏选择区域、套索选择区域和绘制选择区域。单击工具栏中的【矩形选择区域】按钮，弹出 5 个按钮，分别对应矩形选择区域、圆形选择区域等，下面分别进行介绍。

✦ 矩形选择区域：当选择此工具时，在视图中单击拖曳，会出现一个矩形虚线框。凡是在虚线框内的对象都会被选中（不必整个对象都在虚线框内），如图 3-14 所示。按住 Ctrl 键时，可以对对象进行追加选择和减除；按住 Alt 键时，可以对已选择的对象进行减选。

图 3-14

✦ 圆形选择区域：当选择此工具时，在视图中单击拖曳，会出现一个圆形虚线框，同样，凡是在虚线框内的对象都会被选中（不必整个对象都在虚线框内），如图 3-15 所示。

图 3-15

✦ 围栏选择区域：当选择此工具时，在视图中用户可以自定义绘制一个封闭的多边形区域，凡是在虚线框内的对象都会被选中（不必整个对象都在虚线框内），如图 3-16 所示。

✦ 套索选择区域：当选择此工具时，在视图中将以鼠标的运动轨迹绘制封闭区域，凡是在虚线框内的对象都会被选中（不必整个对象都在虚线框内），如图 3-17 所示。

图 3-16

图 3-17

✦ 绘制选择区域：当选择此工具时，在视图中按住鼠标左键会出现一个圆形虚线框，在视图中移动鼠标，当圆形虚线框接触到某个对象时，该对象即被选中，移动鼠标可以连续选择多个对象，如图 3-18 所示。

图 3-18

5. 窗口 / 交叉选择

在许多三维软件中都有窗口选择和交叉选择对象的对象选择方法，下面举例说明。

动手操作——窗口 / 交叉选择

01 打开本例练习模型 3-4.max，如图 3-19 所示。

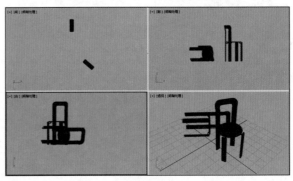

图 3-19

02 默认状态下，交叉选择工具被自动激活，因此在视图中无论是从左到右绘制矩形框，还是从右到左绘制矩形框，矩形框内部及矩形框所接触到的对象都将被选中，如图 3-20 所示。

图 3-20

03 在主工具栏单击【窗口 / 交叉】按钮 ◻，切换到窗口选择模式。同样在视图中绘制矩形框，无论是从左到右绘制矩形框，还是从右到左绘制矩形框，仅仅矩形框内部的对象被选中，矩形框外或不到 1/2 矩形框所接触到的对象不能被选中，如图 3-21 所示。

图 3-21

> **技术要点：**
> 以上从左到右绘制矩形框，或者从右到左绘制矩形框，其结果都是一样的。

04 如果矩形框超出了被选对象的 1/2 范围，则该对象同样会被选中，如图 3-22 所示。

图 3-22

05 下面可以设置一下窗口 / 交叉模式的选择方式，也就是让"从左到右绘制矩形框，或者从右到左绘制矩形框"所起到的作用不一样。在菜单栏执行【自定义】|【首选项】命令，打开【首选项设置】对话框，然后按如图 3-23 所示进行设置。

图 3-23

06 设置完成后，从左到右绘制矩形框即为窗口选择，而从右到左绘制矩形框则为交叉选择。

6. 选择过滤器

使用【选择过滤器】列表，可以限制由选择工具选择的对象的特定类型和组合。例如，如果选择"摄像机"，则使用选择工具只能选择摄像机，其他对象不会响应。在需要选择特定类型的对象时，这是冻结所有其他对象的实用快捷方式。

【选择过滤器】列表如图 3-24 所示。如图 3-25 所示，在【选择过滤器】列表中选择【摄像机】选项，然后在视图中框选所有场景元素，但仅仅是摄像机被选中。

 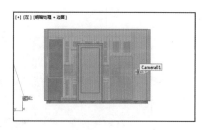

图 3-24　　　　　　　图 3-25

7. 命名选择集

使用【命名选择集】列表可以命名选择集，并重新调用选择以便以后使用。

动手操作——使用【命名选择集】选择对象

01 打开本例模型 3-5.max，如图 3-26 所示。

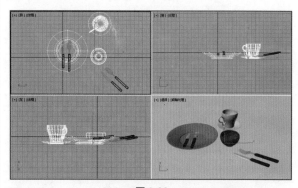

图 3-26

02 首先在透视图中选中水杯和水杯托盘模型，然后在主工具栏中的【创建选择集】文本框中输入"水杯和托盘"并按 Enter 键确认，可以对选择集进行命名，如图 3-27 所示。

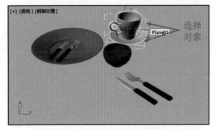

图 3-27

03 在视图中的空白处单击鼠标，取消对象的选中状态。如果还需要选择先前选择的对象，可以在主工具栏中的【创建选择集】下拉列表中选择【水杯和托盘】选项，如图 3-28 所示。

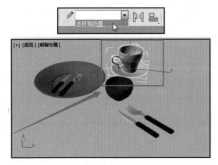

图 3-28

04 在主工具栏中单击【编辑命名选择集】按钮 ，弹出【命名选择集】对话框。通过此对话框，可以进行创建新集、删除新集、添加选定对象、减去选定对象、选择集内的对象、按名称选择对象和高亮显示选定对象等操作，如图 3-29 所示。

图 3-29

3.2 对象的选择变换

对象选择操作是指对已创建好的对象进行移动、旋转和缩放等操作，使对象将其最完美的一面展示给用户，在建模的过程中它们的使用频率相当高。下面对常用的几种对象变换方法进行讲解。

要变换对象，须首先了解 Gizmo 和三轴架的作用。

3.2.1 Gizmo 与三轴架

Gizmo 是三轴架处于变换状态时的图标。当选择状态为【选择对象】时，使用鼠标选择一个对象或多个对象时将显示三轴架，如图 3-30 所示。

图 3-30

当选择变换工具如【选择并移动】【选择并旋转】和【选择并均匀缩放】等命令被激活时，再选择对象将显示不同的变换 Gizmo，如图 3-31 所示。

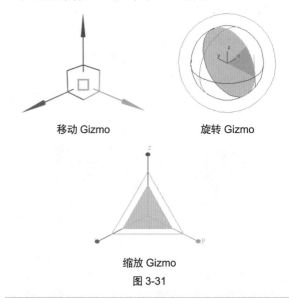

移动 Gizmo   旋转 Gizmo

缩放 Gizmo
图 3-31

技术要点：
　　变换 Gizmo 可以关闭或打开，在菜单栏反复执行【视图】|【显示变换 Gizmo】命令即可。

3.2.2 选择并移动

"移动 Gizmo"表示了 3 个轴向矢量 x、y 和 z，以及平面控制柄。下面说明以下三项内容。

　　✦ 三轴架的方向显示了坐标系的方向。

　　✦ 三条轴线的交点位置指示了变换中心的位置。

　　✦ 高亮显示的黄色轴线指示了约束变换操作的一个或多个轴。例如，如果只有 X 轴线为黄色，则只能沿 X 轴移动对象。

可以选择任意轴控制柄将移动约束到此轴。此外，还可以使用平面控制柄将移动约束到 XY、YZ 或 XZ 平面。选择聚光区位于由平面控制柄形成的方形区域内。

> **技术要点：**
> 可以在【首选项设置】对话框的 Gizmo 标签上更改控制柄的大小与偏移以及其他设置，如图 3-32 所示。

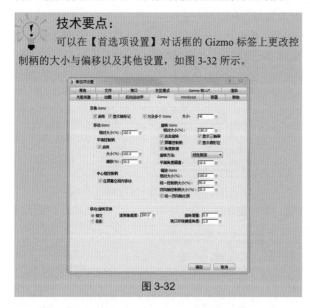

图 3-32

动手操作——选择并移动对象

01 打开本例的练习模型文件 3-6.max。

02 在主工具栏单击【选择并移动】按钮 ✛，然后在透视图中选中椅子模型，显示"移动 Gizmo"，如图 3-33 所示。

03 选中 X 轴，然后拖曳对象到合适位置，如图 3-34 所示。

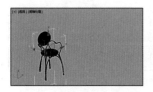

图 3-33　　　　　　　图 3-34

04 选中 Z 轴，移动对象到合适位置，如图 3-35 所示。

图 3-35

05 选中 ZX 平面控制柄，然后拖曳对象在 ZX 平面内任意位置放置，如图 3-36 所示。

图 3-36

> **技术要点：**
> 上述移动对象的误差其实是很大的，如果想要精确控制对象的移动距离，选中要移动的对象后，在【选择并移动】按钮处右击，会弹出【移动变换输入】对话框，如图 3-37 所示。在该对话框中输入 X、Y、Z 的值，即可精确定位。

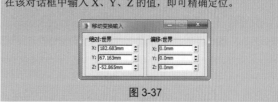

图 3-37

3.2.3　选择并旋转

旋转是指对象沿着自身的某个变换中心点转动。单击主工具栏中的【选择并旋转】按钮 ↻，然后选择需要旋转的对象，即可将其绕它的某个轴进行旋转。可以围绕 X、Y 或 Z 轴或垂直于视图的轴自由旋转对象，如图 3-38 所示。

轴控制柄是围绕轨迹球的圆圈。在任意轴控制柄的任意位置拖曳鼠标，可以围绕该轴旋转对象。当围绕 X、Y 或 Z 轴旋转时，一个透明切片会以直观的方式说明旋转方向和旋转量。如果旋转大于 360°，则该切片会重叠，并且着色会变得越来越不透明。3ds Max 还会显示数字数据，以表示精确的旋转度量。如图 3-39 所示。

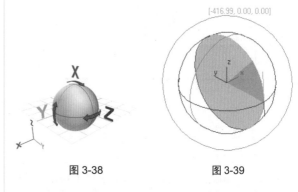

图 3-38　　　　　　　图 3-39

动手操作——选择并旋转对象

01 打开本例的练习模型文件 3-7.max。打开的沙发模型，如图 3-40 所示。

02 在主工具栏单击【选择并移动】按钮 ↻，然后在透视图中选中沙发模型，显示"旋转 Gizmo"。

> **技术要点：**
> 也可以在视图中右击选中四元菜单中的【旋转】命令。

03 将光标放置于红色轴控制柄上，光标由箭头 ↖ 变为 ↻，表示在轴控制柄上只能做旋转运动，如图 3-41 所示。

图 3-40    图 3-41

04 单击拖曳旋转模型，在红色轴控制柄会显示半透明的红色切片，切片以直观的方式说明旋转方向和旋转量，如图 3-42 所示。

05 同理，离开红色轴控制柄后再旋转绿色轴控制柄，旋转效果如图 3-43 所示。

图 3-42   图 3-43

技术要点：

如果旋转角度大于 360°，则该切片会重叠，并且着色会变得越来越不透明。3ds Max 还显示数字数据，以表示精确的旋转度量，如图 3-44 所示。

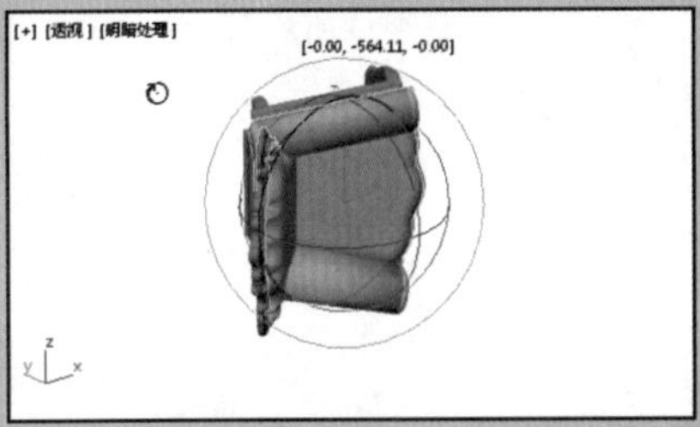

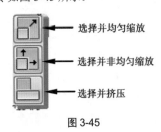

图 3-44

3.2.4 选择并缩放

3ds Max 2016 中包含了 3 种缩放工具，它们分别是【选择并均匀缩放】【选择并非均匀缩放】和【选择并挤压】。3 个按钮命令如图 3-45 所示。

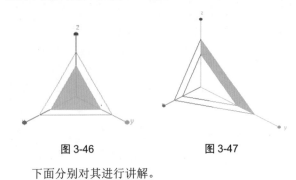

- 选择并均匀缩放
- 选择并非均匀缩放
- 选择并挤压

图 3-45

缩放 Gizmo 包括平面控制柄，以及通过 Gizmo 自身拉伸的缩放反馈。

使用平面控制柄可以执行"均匀"和"非均匀"缩放，

而无须在主工具栏上更改选择。

✦ 要执行"均匀"缩放，可以在 Gizmo 中心处拖曳，如图 3-46 所示。

✦ 要执行"非均匀"缩放，可以在一个轴上拖曳或拖曳平面控制柄，如图 3-47 所示。

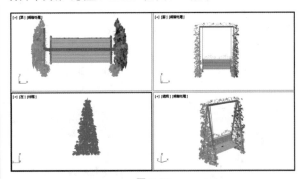

图 3-46   图 3-47

下面分别对其进行讲解。

动手操作——选择并均匀缩放

01 均匀缩放是指所有的方向都成等比进行的缩放。首先，打开本例练习模型 3-8.max，如图 3-48 所示。

图 3-48

02 单击主工具栏中的【选择并均匀缩放】按钮，在透视图中选择摇摆椅，显示"缩放 Gizmo"，如图 3-49 所示。

图 3-49

03 将光标放置于 Gizmo 中心处，然后拖曳对象放大或缩小，向外拖曳是放大，向内拖曳是缩小，如图 3-50 和图 3-51 所示。

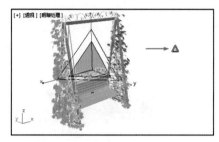

图 3-50

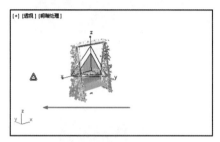

图 3-51

动手操作——选择并非均匀缩放

01 打开本例练习模型 3-9.max，可以不单击【选择并非均匀缩放】按钮 来实现非均匀缩放操作。在【选择并均匀缩放】命令的激活状态下，选中图形显示缩放Gizmo，如图 3-52 所示。

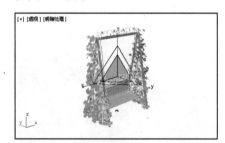

图 3-52

02 将光标放置于 XY 平面的控制柄上，如图 3-53 所示。

图 3-53

03 向内拖曳为单侧缩小对象，向外拖曳为单侧放大对象，如图 3-54 和图 3-55 所示。

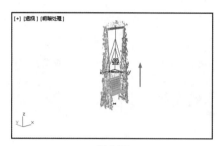

图 3-54

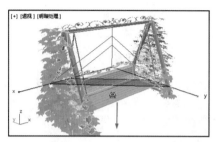

图 3-55

动手操作——选择并挤压

　　【选择并挤压】命令可用于创建卡通片中常见的"挤压和拉伸"样式动画的不同相位。"挤压"按相反方向沿两个轴进行缩放，同时保持对象的原始体积。如图 3-56 所示。

图 3-56

01 打开本例的 3-10.max 练习文件。

02 在主工具栏单击【选择并挤压】按钮 ，首先选中左侧第一本书的模型，然后拖曳 ZY 平面控制柄，放大第一本书，如图 3-57 所示。

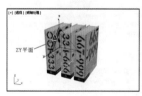 

图 3-57

03 接着选择第二本书的模型，然后拖曳 ZX 平面控制柄向下或向左拖曳，挤压第二本书的模型，如图 3-58 所示。

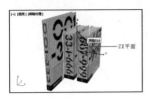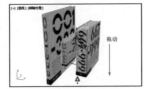

图 3-58

04 最后选择第三本的模型，并向下拖曳 XY 平面控制柄，挤压第三本书的模型，如图 3-59 所示。

05 在第三本书被选中的状态下，向右拖曳 X 轴控制柄，可以改变书的厚度，如图 3-60 所示。

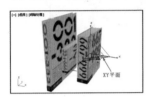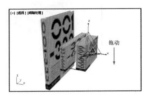

图 3-59

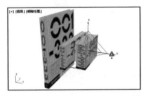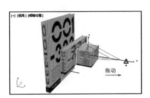

图 3-60

> **技术要点：**
> 可以限制对象围绕 X、Y 或 Z 轴或者任意两个轴的缩放，方法是通过先单击【轴约束】工具栏上的相应按钮，或者直接选择 Z 轴控制柄。

3.2.5　选择并放置

当需要将一个对象放置到曲面对象的任何点上时，可以使用【选择并放置】命令来操作。如图 3-61 所示为将一个人物对象放置到山丘上不同位置点的情形。

图 3-61

动手操作——选择并放置

接下来进行一个操作，把长城模型放置到山岭上，如图 3-62 所示。

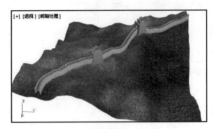

图 3-62

01 从光盘中打开本例的练习源文件 3-11.max，如图 3-63 所示。

图 3-63

02 在主工具栏（或者在【对象放置】标签）中单击【选择并放置】按钮，再选中长城的城楼，然后拖曳到长城模型上（可以参考山岭上的曲线放置），如图 3-64 所示。

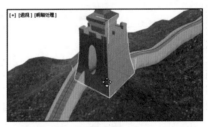

图 3-64

> **技术要点：**
> 由于城墙也是独立的模型，当城楼模型靠近时，光标会自动捕捉到城墙，使城楼模型不能按正确的方位进行放置，暂时先放置在一侧，然后再通过【选择并移动】命令调整位置，如图 3-65 所示。

图 3-65

03 同理，另一个城楼模型也按此方法放置，如图 3-66 和图 3-67 所示。

图 3-66

图 3-67

04 如果城楼与城墙的方位配比不合适，如图 3-68 所示。

图 3-68

05 此时可以单击【选择并旋转】按钮 ⟳，然后选中城楼模型旋转一定角度，调整合适即可，如图 3-69 所示。

图 3-69

💡 **技术要点：**

【选择并旋转】按钮命令与【选择并放置】命令在同一位置。只需要单击【选择并放置】按钮，即可展开【选择并旋转】命令。

06 最后通过【选择并移动】命令调整城楼的位置，如图 3-70 所示。

图 3-70

3.2.6 使用变换中心

变换中心是物体发生变换时的中心，它只影响物体的旋转和缩放变换操作。【变换中心】按钮位于主工具栏上，如图 3-71 所示。下面介绍几种常用的变换中心方式。

图 3-71

1. 使用轴点中心

使用这种方式可以围绕其各自的轴点一次旋转或缩放多个物体。如图 3-72 所示是利用这种方式旋转多个物体的效果。

图 3-72

2. 使用选择中心

使用这种方式，可以围绕其共同的几何中心旋转或缩放一个或多个对象。如果变换多个对象，则系统会计算所有对象的平均几何中心，并将此几何中心作为变换中心，如图 3-73 所示。

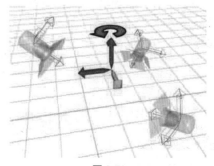

图 3-73

3．使用变换坐标中心

使用这种方式，可以围绕当前坐标系的中心旋转或缩放一个或多个对象。当使用【拾取】功能将其他对象指定为坐标系时，坐标中心是该对象轴的位置，如图 3-74 所示。

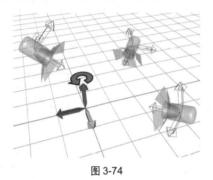

图 3-74

3.2.7　变换工具框

变换工具栏用来操作对象的旋转、缩放、对齐和移动。在菜单栏执行【编辑|【变换工具框】命令，打开如图 3-75 所示的【变换工具框】对话框。

图 3-75

动手操作——旋转操作

对象的旋转操作是绕与视图垂直的轴进行的。

01 打开本例源文件模型 3-12.max，如图 3-76 所示。

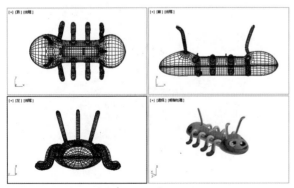

图 3-76

02 在菜单栏执行【编辑】|【变换工具框】命令，打开【变换工具框】对话框。

03 在顶视图中选中模型，如图 3-77 所示。再在【变换工具框】对话框中设置旋转角度为 30°，并单击【逆时针旋转】按钮 ，如图 3-78 所示。

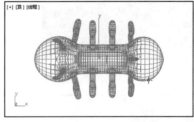

图 3-77　　　　　　　　图 3-78

04 旋转的结果如图 3-79 所示，说明在顶视图中是绕 Z 轴来旋转模型的。

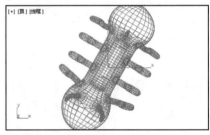

图 3-79

05 在左视图中选中模型，如图 3-80 所示。

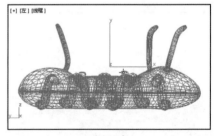

图 3-80

06 再设置旋转角度为 90°，单击【逆时针旋转】按钮 ，如图 3-81 所示。旋转的效果如图 3-82 所示。

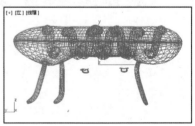

图 3-81　　　　　　　　图 3-82

技术要点：

说明在左视图中，X 轴与视图垂直，那么就是绕 X 轴旋转模型。

07 同理，在前视图中是绕 Y 轴进行旋转的。在透视图中则是绕 X 轴旋转的。

动手操作——大小操作

【变换工具框】中的【大小】选项组用于重新定义对象的大小。

01 新建场景文件。

02 在【基本建模】标签的【创建三维】组中单击【长方体】按钮，或者在右侧【创建】命令面板的【几何体】面板下单击【长方体】按钮 长方体 。

03 在随后弹出的【键盘输入】卷展栏中输入长度 50、高度 20 和宽度 30，再单击卷展栏中的【创建】按钮，创建如图 3-83 所示的长方体。

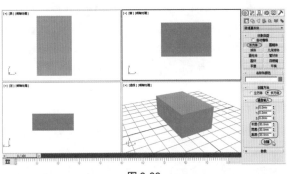

图 3-83

技术要点：

在建立模型之前，需要在菜单栏执行【自定义】|【单位设置】命令，打开【单位设置】对话框设置公制单位为"毫米"。

04 执行【编辑】|【变换工具框】命令，打开【变换工具框】对话框，如图 3-84 所示。

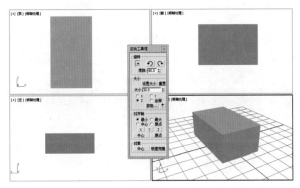

图 3-84

05 先选中长方体模型，然后在【变换工具框】中设置 Z 轴，输入该轴方向的尺寸为 10，并单击【设置大小】按钮确认，变换效果如图 3-85 所示。

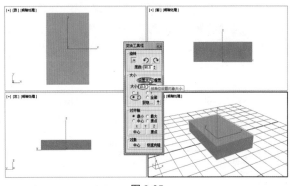

图 3-85

06 接下来在 Y 轴方向上变换，输入尺寸大小为 80，变换效果如图 3-86 所示。

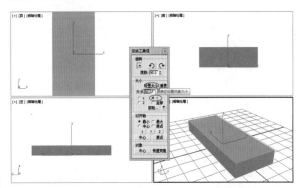

图 3-86

07 最后在 X 轴方向上进行变换，且输入的尺寸大小值为 10，变换效果如图 3-87 所示。

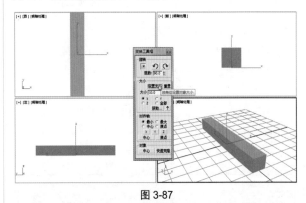

图 3-87

动手操作——对齐操作

对齐轴的作用实际上是调整模型在世界坐标系中的位置。而不是将世界坐标系移动到某一位置，因为世界坐标系是绝对固定不变的。

继续上一案例，进行对齐轴操作。

01 从上一案例操作的结果看，世界坐标系正处于明显的底平面及中心位置，也就是 Z 轴的最小位置上。

02 在【对齐轴】选项组选择【最大】单选按钮，再单击【Z】按钮，模型顶面中心对齐到 Z 轴及世界坐标系的中心位置，如图 3-88 所示。

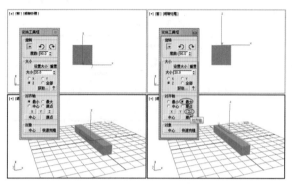

图 3-88

03 采用同样的对齐方法，对齐 X 轴的最小和最大位置，如图 3-89 所示。

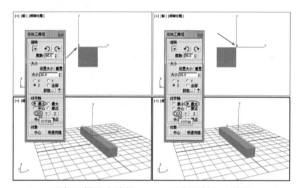

对齐 X 轴最小位置　　对齐 X 轴最大位置

图 3-89

04 采用同样的对齐方法，对齐 Y 轴的最小和最大位置，如图 3-90 所示。

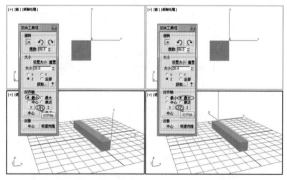

对齐 Y 轴最小位置　　对齐 Y 轴最大位置

图 3-90

05 单击【中心】按钮和【原点】按钮，可使模型底平面中心对齐到坐标系原点，以及使模型的质心对齐到坐标系原点，如图 3-91 所示。

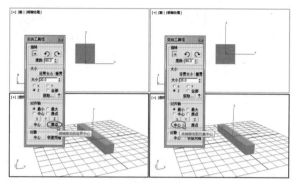

图 3-91

动手操作——对象操作

【对象】组的作用是将对象移动到世界坐标系的中心，可以快速克隆出相同对象。【对象】组的"中心"与【对齐轴】组的"中心"有区别，两者都是通过操作将模型移动到世界坐标系的中心，但前者的工作平面随坐标系 XY 平面一起移动，后者的工作平面是固定的。

继续上一案例。

01 在【对象】组单击【中心】按钮，模型移动到世界坐标系中心，工作平面也随之移动，如图 3-92 所示。

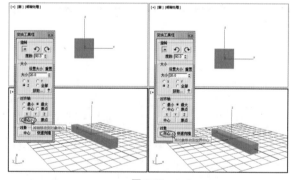

图 3-92

技术要点：
从顶视图看，前后所表达出的世界坐标系与模型的位置关系并没有什么不同，但在透视图中不难发现，【对齐轴】组的"中心"仅仅是模型对齐，工作平面却没有移动，【对象】组的"中心"却使工作平面一同移动。

02 再单击【快速克隆】按钮，快速复制出相同形状及尺寸的长方体，如图 3-93 所示。

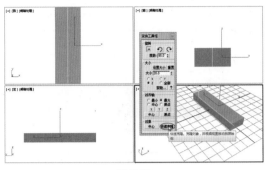

图 3-93

3.3　对象的复制变换

3ds Max 中可以通过系列复制工具创建对象的一个或多个副本。例如一层的楼梯，只需先创建第一级，其余的阵列即可；具有对称结构的模型，可以先创建一半，另一半通过镜像可得。这些工具在主工具栏或【对象放置】标签中，如图 3-94 所示。

图 3-94

3.3.1　阵列

阵列是将对象按一个方向、两个方向或多个方向进行布局式的复制。一个方向上的阵列称为一维阵列（简称 1D），也称为线性阵列；两个方向的阵列称为二维阵列（简称 2D），也称为矩形阵列；三个方向上的阵列称为三维阵列（简称 3D），也称为空间阵列。

选中要阵列的对象，然后在主工具栏或【对象放置】标签的【图案】面板中单击【阵列】按钮，弹出【阵列】对话框，如图 3-95 所示，仅仅对【对象类型】选项组的几个类型进行讲解，其余选项及参数设置将在后面的练习中详解。

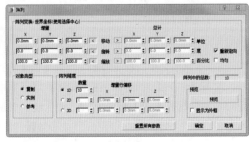

图 3-95

【对象类型】选项组的 3 个类型：

✦ 复制：将选定对象的副本阵列化到指定位置。

✦ 实例：将选定对象的实例阵列化到指定位置。"实例"也就是对象本身所代表的形状及结构。

✦ 参考：将选定对象的参考阵列化到指定位置。

关于这 3 个类型，如果是一个复合的对象（参数不可编辑），很难区分它们之间的区别。要是阵列对象有多个子对象且参数可编辑，那么复制、实例和参考就可以区分了。

如图 3-96 所示，框选多个子对象构成的垂柳模型，然后单击【阵列】按钮打开【阵列】对话框。首先预览一下"复制"类型的阵列效果。

图 3-96

接下来选择【实例】类型进行阵列，预览效果如图 3-97 所示。从这两个类型对比可以看出，复制类型所创建的是一个与原始对象完全无关的克隆对象，当修改一个对象时，不会对另外一个对象产生影响。

图 3-97

而实例类型所创建的阵列对象与原对象是关联的，修改实例对象与修改原对象的效果完全相同。

最后再看一下参考类型的阵列效果图，如图 3-98 所示。从表面上看参考类型与实例类型没有区别，其实区别在于参考类型所阵列的多个对象，与源对象是一对一关联的，也就是如果修改源对象将同时应用到多个阵列对象，但修改其中一个阵列对象，仅仅对源对象产生相同效果，而阵列对象之间是没有任何关联关系的。

图 3-98

下面详解阵列的形式。

1. 线性阵列（1D 阵列）

一维阵列是指将一个对象沿指定的一个方向复制，一维阵列可实现移动、环形、缩放 3 种阵列效果。

移动阵列是将对象沿指定方向移动并复制的操作，操作方法如下。

01 打开本例练习源文件 3-16.max，如图 3-99 所示。

图 3-99

02 选中椅子模型，在功能区的【对象放置】标签的【图案】面板中单击【阵列】按钮，打开【阵列】对话框。

03 在【阵列】对话框中设置 X 增量为 130，设置 1D 数量为 4，其余参数保持默认，如图 3-100 所示。

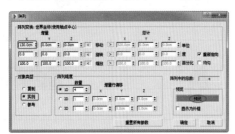

图 3-100

04 单击【预览】按钮，查看阵列效果，如图 3-101 所示。确认无误后单击【确定】按钮完成线性阵列。

图 3-101

环形阵列应用到设计的范例很多，有在单个模型中应用环形阵列创建对象，也有在组合模型中创建阵列。下面用圆形餐桌家具组合的椅子阵列案例进行详解。

01 打开本例练习源文件 3-17.max，如图 3-102 所示。

图 3-102

02 要创建旋转阵列，必须先指定旋转中心。选中椅子对象，再到主工具栏的【参考坐标系】列表中选择【拾取】，并选择圆桌作为参考，自动拾取圆桌中心轴为旋转中心轴，如图 3-103 和图 3-104 所示。

图 3-103

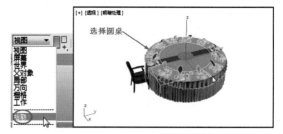

图 3-104

03 此时在【参考坐标系】列表中自动增加了 Cirde 01 坐标中心点，只有坐标系中心点还不够，还要指定该点为椅子对象的旋转中心 A 点。在主工具栏单击【使用变换坐标中心】按钮（此按钮就在【参考坐标系】列表的右侧），即可完成指定，如图 3-105 所示。

图 3-105

04 再次选中家具组合中的椅子对象，然后单击【阵列】按钮，打开【阵列】对话框。在【阵列】对话框中将 X 增量归零，再设置【1D】数量为 12，输入绕 Z 轴旋转的线性增量（椅子之间的间距）为 30，其余参数保持默认，如图 3-106 所示。单击【预览】按钮可查看阵列效果。

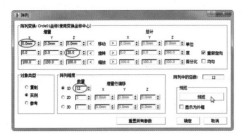

图 3-106

05 阵列效果无误后单击【确定】按钮完成环形阵列，效果如图 3-107 所示。

图 3-107

动手操作——渐进缩放阵列

在进行线性阵列时，可以设置缩放比例，创建具有渐进缩放效果的阵列，如图 3-108 所示。

图 3-108

01 打开本例练习源文件 3-18.max，如图 3-109 所示。

图 3-109

02 选中整个玩具车模型，单击【阵列】按钮，打开【阵列】对话框。

03 在【阵列】对话框中设置 1D 数量为 3，设置 Y 轴移动增量为 400，单击【预览】按钮查看阵列预览，如图 3-110 所示。

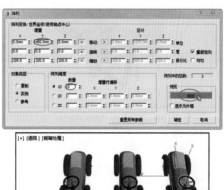

图 3-110　设置线性移动阵列并预览

04 选中【均匀】复选框，接着设置 X 轴缩放增量为 70，最后单击【确定】按钮，如图 3-111 所示。

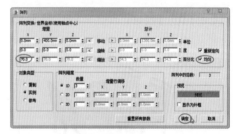

图 3-111

05 缩放阵列完成的效果，如图 3-112 所示。

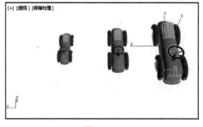

图 3-112

2. 矩形阵列（2D）

矩形阵列也称为二维阵列，是指将对象沿指定的两个方向进行复制。矩形阵列在建筑、室内、园林景观等设计中比较常见。

动手操作——矩形阵列

01 打开本例练习源文件 3-19.max，如图 3-113 所示。

02 选中整个餐椅组合家具中的椅子对象，单击【阵列】按钮，打开【阵列】对话框。

图 3-113

03 在该对话框中设置如图 3-114 所示的阵列参数。

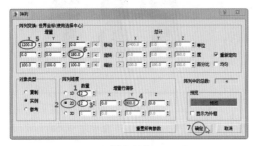

图 3-114

04 最后单击【确定】按钮完成矩形阵列，效果如图 3-115 所示。

图 3-115

3. 空间阵列（3D）

三维空间阵列是指在 X、Y、Z 轴方向上分别进行阵列。

动手操作——空间阵列

01 打开本例练习源文件 3-20.max，如图 3-116 所示。

图 3-116

02 选中酒杯对象，单击【阵列】按钮，打开【阵列】对话框。

03 在该对话框中设置如图 3-117 所示的阵列参数。

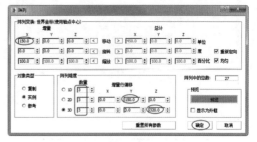

图 3-117

04 最后单击【确定】按钮完成空间阵列，效果如图 3-118 所示。

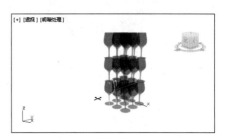

图 3-118

> **技术要点：**
> 由以上几种阵列方式可以看出，一维阵列可进行移动、旋转和缩放变换，而第二次阵列（二维阵列）和第三次阵列（三维阵列）则只能进行移动变换。

虽然二维和三维阵列的操作简便，但由于功能有限，可能不能达到用户所需要的效果，此时用户可多次使用一维阵列来完成。

3.3.2 间隔工具

虽然一维、二维和三维阵列的功能非常强大，但它还是不能将对象沿指定的路径（曲线）任意摆放，而利用 3ds Max 2016 提供的间隔工具则可将对象沿路径任意摆放并复制。

间隔工具也是一种阵列，称为路径阵列。选中要阵列的对象，然后在【对象放置】标签单击【间距】按钮，会弹出如图 3-119 所示的【间隔工具】对话框。

图 3-119

间隔工具（路径阵列）中包括两种路径阵列方法：拾取路径阵列（如图 3-120 所示）和拾取点阵列（如图 3-121 所示）。

图 3-120　　　　　　　　图 3-121

该对话框中的选项含义介绍如下：

✦ 拾取路径：单击此按钮，需要选择一条作为路径的样条曲线。

✦ 拾取点：单击此按钮，需要选择一个参考点作为阵列对象的放置点。

✦ 计数：阵列的项目数。

✦ 间距：阵列成员之间的间距。

✦ 始端偏移：设置第一个阵列成员与路径起点的偏移距离。

✦ 末端偏移：设置最后一个阵列成员与路径终点的偏移距离。

✦ 分布方式：阵列的分布方式可以从下拉列表中选取，如图 3-122 所示。

✦【前后关系】组：用来定义相邻阵列成员之间的位置关系。"边"和"中心"的图解如图 3-123 所示。启用"跟随"选项可将分布对象的轴点与样条线的切线对齐。

图 3-122　　　　　　　　图 3-123

✦【对象类型】组：确定由间隔工具创建的副本的类型，包括复制、实例和参考。含义与【阵列】对话框中的对象类型相同。

动手操作——按"拾取路径"阵列

下面用创建桥梁扶手的案例详解按"拾取路径"进行路径阵列的过程。

01 打开本例练习源文件 3-21.max，如图 3-124 所示。

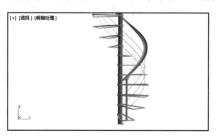

图 3-124

技术要点：

要使用拾取路径进行阵列，就需要建立路径曲线，本例中创建与栏杆扶手相同的螺旋曲线即可。

02 在菜单栏中执行【创建】|【图形】|【螺旋线】命令，在视图右侧显示的【创建】命令面板的【参数】卷展栏中首先输入螺旋线的基本参数，如图 3-125 所示。然后在【键盘输入】卷展栏中输入 Z 轴偏移距离为 630，其他参数相同，完成后单击【创建】按钮即可创建螺旋线，如图 3-126 所示。最后按 Esc 键退出操作。

图 3-125　　　　　　　　图 3-126

技术要点：

Z 轴偏距 630，实际上是与栏杆立柱的工作坐标系的圆心对接。在进行阵列时始终是参考路径曲线进行阵列的。

03 创建螺旋线后，发现螺旋线的起点并未在合理的位置（如图 3-127 所示），需要旋转一定角度。选中螺旋线，单击【旋转】按钮○，然后在状态栏的相对模式变换输入的 Z 文本框内输入 -75，按 Enter 键即可旋转螺旋线，如图 3-128 所示。

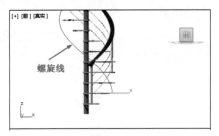

图 3-127

图 3-128

04 选中栏杆的立柱作为阵列对象，如图 3-129 所示。再单击【间距】按钮，打开【间隔工具】对话框。在该对话框中单击【拾取路径】按钮，拾取前面建立的螺旋线作为路径，如图 3-130 所示。

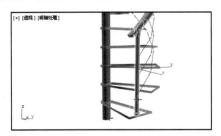

图 3-129

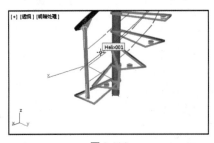

图 3-130

05 在【间隔工具】对话框中设置其余阵列的参数，设置完成后单击【应用】按钮，创建路径阵列，如图 3-131 所示。

图 3-131

3.3.3　镜像

镜像复制是利用【镜像】按钮把所选择对象用镜像的方式复制出来。

操作方法是：在选中需要进行镜像复制的对象后，单击主工具栏中的【镜像】按钮，再在弹出的【镜像：世界坐标】对话框（如图 3-132 所示）中设置相应的镜像参数后，单击【确定】按钮完成镜像复制操作。

图 3-132

【镜像：世界坐标】对话框中包括【变换】和【几何体】两种镜像类型。

✦ 【变换】：是基于世界坐标系的镜像复制操作，如图 3-133 所示。

✦ 【几何体】：是基于对象本身的当前参考坐标系进行镜像操作，如图 3-134 所示。

图 3-133　　　　图 3-134

在【镜像轴】选项组中，左边 X、Y 和 Z 选项用来指定镜像轴；右侧 XY、YZ 和 ZX 选项用来指定镜像平面。

在【镜像】对话框的【克隆当前选择】栏中，有"不克隆""复制""实例"和"参考" 4 个单选按钮，用户可根据需要选择克隆或复制对象的方式，若用户选中"不克隆"选项，则系统将对象镜像后，再将源对象删除，只保留副本对象。

动手操作——镜像餐椅组合家具

01 打开本例练习源文件 3-22.max。

02 在主工具栏坐标系列表中选择【世界】选项，并单击【使用变换坐标中心】按钮，随后的镜像操作将利用世界坐标系进行镜像参考。

03 选中椅子模型，如图 3-135 所示。再单击【镜像】按钮，打开【镜像：世界坐标】对话框。

图 3-135

04 设置该对话框的镜像选项后，可以查看镜像预览，预览情况如图 3-136 所示。

图 3-136

05 预览无误后，单击【确定】按钮，完成镜像，结果如图 3-137 所示。

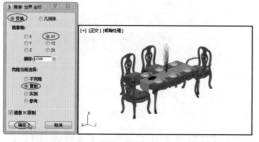

图 3-137

 技术要点：
这个预览是自动的，每设置一个参数都会自动预览。

06 重新选择要镜像的两把椅子，如图 3-138 所示。

图 3-138

07 再次单击【镜像】按钮，打开【镜像：世界坐标】对话框，并设置为与镜像第一把椅子的选项相同，最后单击【确定】按钮完成镜像，如图 3-139 所示。

图 3-139

3.3.4 对齐

对齐对象是经常用到的操作，可以快速将选择对象按指定的方式进行对齐变换。3ds Max 2016 提供了 6 种对齐工具，分别是【对齐】【快速对齐】【法线对齐】【放置高光】【对齐摄像机】和【对齐到视图】工具。

在主工具栏中按住【对齐】按钮，将会弹出扩展工具栏，该工具栏包含了所有的对齐工具，如图 3-140 所示。

图 3-140

1. 【对齐】工具

使用【对齐】工具可以将选定的源对象按照指定的轴和方式与一个目标对象对齐，下面将通过具体操作来学习对齐对象的操作方法。

动手操作——对齐相框

01 打开本例练习源文件 3-23.max，如图 3-141 所示。

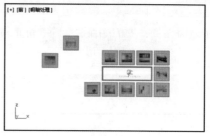

图 3-141

02 首先选中要对齐的源对象，如图 3-142 所示。

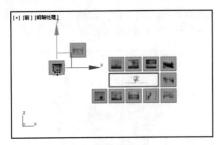

图 3-142

03 在主工具栏单击【对齐】按钮，然后选择要进行对齐的参考，如图 3-143 所示。

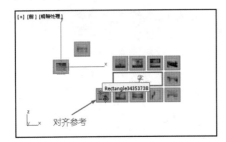

图 3-143

04 随后弹出【对齐当前选择】对话框，设置对齐位置、对齐方向，如图 3-144 所示。

图 3-144

05 单击该对话框中的【确定】按钮，完成第一次对齐，结果如图 3-145 所示。

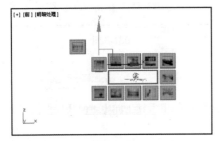

图 3-145

技术要点：

如果需要继续对齐该对象在 Y 轴和 Z 轴方向的操作，可以单击【应用】按钮继续操作。若不需要，可以单击【确定】按钮关闭对话框即可。

06 单击【对齐】按钮并继续选择对齐参考，如图 3-146 所示。

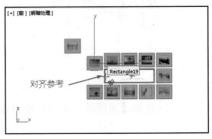

图 3-146

07 在随后弹出的【对齐当前选择】对话框中设置对齐参数，如图 3-147 所示。

图 3-147

08 单击【确定】按钮完成对齐操作，结果如图 3-148 所示。

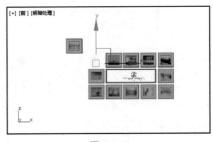

图 3-148

09 对于另一个要对齐的源对象，用相同的操作步骤完成对齐，结果如图 3-149 所示。

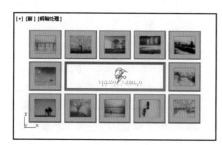

图 3-149

2. 【快速对齐】工具

使用【快速对齐】工具，可以将当前选择对象的位置与目标对象的位置快速对齐。

01 打开本例源文件 3-24.max，如图 3-150 所示。

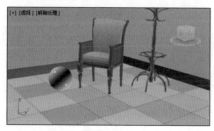

图 3-150

02 选择"球"对象。在主工具栏中的【对齐】按钮上单击拖曳鼠标，在弹出的扩展工具栏中单击【快速对齐】按钮。在"衣帽架"对象上单击，随后系统自动将球对象的轴心与衣帽架对象的轴心点对齐，如图 3-151 所示。

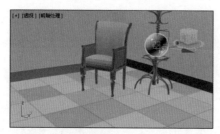

图 3-151

技术要点：
在使用"快速对齐"工具对齐对象时，如果选择对齐的对象是单个对象，那么将以当前对象的轴为基准与目标对象的轴对齐。

03 选择"椅子"群组对象，可以看到该群组对象的轴，执行菜单栏中的【组】|【打开】命令打开组，选择"靠垫 02"对象，如图 3-152 所示。

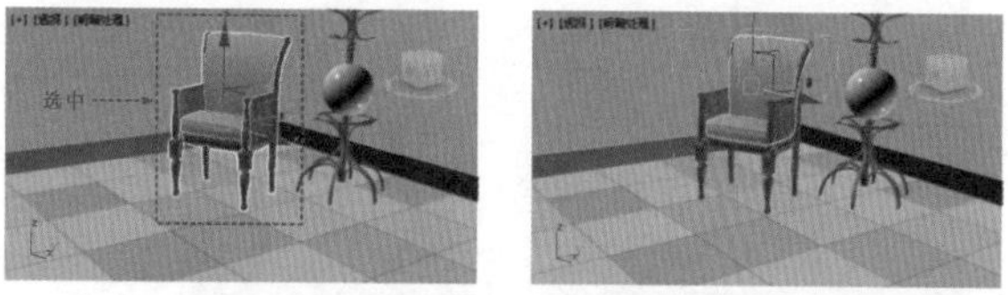

"椅子"对象的轴　　"靠垫 02"对象的轴

图 3-152

技术要点：
"打开"组仅仅是将组中的各元素以个体形式显示，并非分解了组。待"关闭"组后随即恢复组状态。

04 再次执行【组】|【关闭】命令，关闭当前组。

05 选择"球"对象，单击主工具栏中的【快速对齐】工具，然后在"椅子 02"群组对象上单击鼠标，将以球对象的轴为基准对齐到"椅子"群组中对象的轴上，如图 3-153 所示。

选择要对齐的两个对象　　快速对齐到"椅子"组中

图 3-153

技术要点：
在使用"快速对齐"工具对齐对象时，如果选择对齐的对象是群组对象，将以当前对象的轴为基准与指定目标对象的轴进行对齐，而不是与群组对象的轴对齐。

3. 【法线对齐】工具

通过【法线对齐】工具可以根据每个对象面上所选择的法线方向将两个对象对齐。

01 打开本例源文件 3-25.max 文件，如图 3-154 所示。

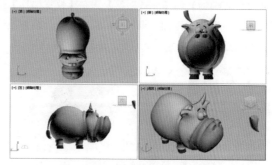

图 3-154

02 激活"透视"视图，选择视图右侧的"牛角 01"对象，在主工具栏中的"对齐"扩展工具栏中选择【法线对齐】

按钮 🖱️，然后在牛角的截面上单击可以看到一条法线，如图 3-155 所示。

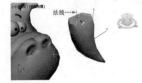

图 3-155

03 接着在"牛"对象的相应位置单击拖曳鼠标，定义目标对象的法线位置，这时可以看到随着鼠标的拖曳，将出现一条绿色的法线，如图 3-156 所示。

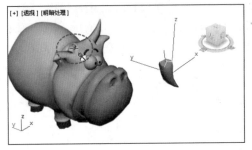

图 3-156

04 在确定目标对象对齐法线的位置后，释放鼠标将弹出【法线对齐】对话框，如图 3-157 所示。

图 3-157

05 在【法线对齐】对话框中，提供了两个选项组，分别是【位置偏移】和【旋转偏移】。在【位置偏移】选项组中，参考三个视图，设置 X、Y 参数值，调整法线对齐的牛角与另一牛角近似对称，如图 3-158 所示。

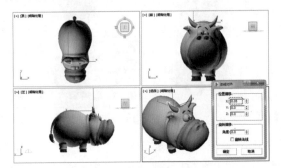

图 3-158

4．【放置高光】工具

【放置高光】对齐方式，可以将灯光或对象对齐到另一对象，以便精确定位其高光和反射。

动手操作——放置高光

01 打开本例源文件 3-26.max，如图 3-159 所示。

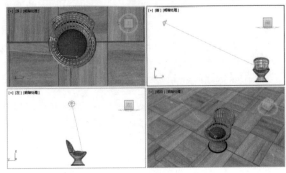

图 3-159

02 在前视图中选择目标聚光灯，在主工具栏中的"对齐"扩展工具栏中单击【放置高光】按钮 🖱️。在透视图中的"垫子"对象上单击拖曳鼠标，控制目标法线，如图 3-160 所示。

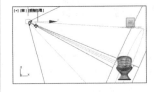

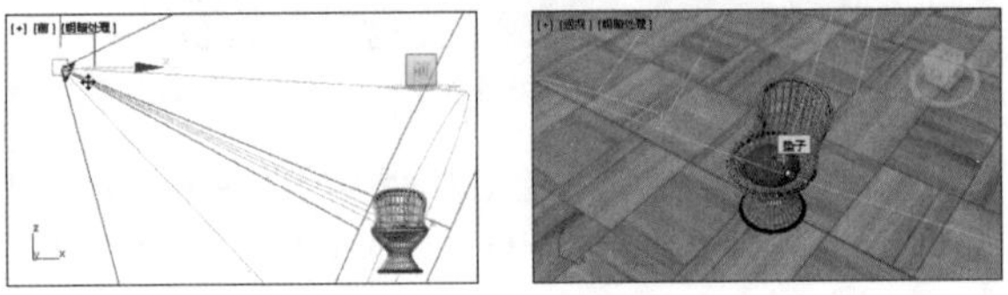

选择目标聚光灯　　　　　　拾取目标对象法线

图 3-160

03 改变后的聚光灯位置与角度，如图 3-161 所示。

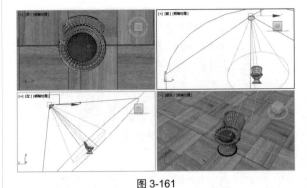

图 3-161

5．【对齐摄像机】工具

通过【对齐摄像机】工具，可以将摄像机与选定对象面的法线对齐。

动手操作——对齐摄像机

01 打开本例源文件 3-27.max，如图 3-162 所示。已经在视图中创建了相机。

图 3-162

02 将 Camera01 相机视图调整为透视图，如图 3-163 所示。

图 3-163

03 在透视图中选择对象——摄像机，如图 3-164 所示。然后在主工具栏中的对齐扩展工具栏中选择【对齐摄像机】按钮 📷。

图 3-164

04 在"透视"视图中的"飞机"对象上单击拖曳鼠标，定义目标对象的法线位置，从而将摄像机与选定面的法线对齐，如图 3-165 所示。

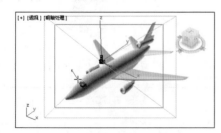

图 3-165

05 释放鼠标后，相机视图中的摄像机位置发生变化，如图 3-166 所示。重新将透视图调整回 Camera01 相机视图查看效果，如图 3-167 所示。

图 3-166

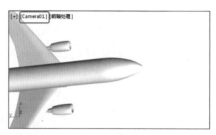

图 3-167

6.【对齐到视图】工具

通过【对齐到视图】工具，可以将对象或子对象选择的局部轴与当前视图对齐。

动手操作——对齐到视图

01 打开本例源文件 3-28.max，如图 3-168 所示。

图 3-168

02 激活顶视图，为了便于观察和理解使用【对齐到视图】工具对齐对象后的效果，将对象的【参考坐标系】设置为【局部】，然后使用【选择并移动】工具，选择【圆规】对象并观察其坐标系，如图 3-169 所示。

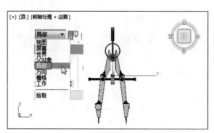

图 3-169

03 保持圆规对象的选中状态，在主工具栏中单击【对齐到视图】按钮，弹出【对齐到视图】对话框，该对话框中默认对齐选项是【对齐 Z】，如图 3-170 所示。

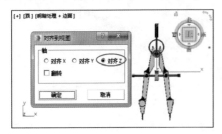

图 3-170

04 在【对齐到视图】对话框的【轴】选项组中，选择【对齐 X】选项，对象将以其局部坐标的 X 轴对齐到视图，如图 3-171 所示。

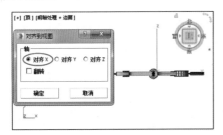

图 3-171

05 在【对齐到视图】对话框的【轴】选项组中，选择【对齐 Y】选项，对象将以其局部坐标的 Y 轴对齐到视图，如图 3-172 所示。

06 选择【对齐 Z】选项，再启用【翻转】复选框，可以翻转对象，如图 3-173 所示。

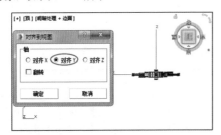

图 3-172

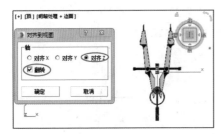

图 3-173

3.4 对象的绘制

通过对象绘制工具，可以在场景中的任何位置或特定对象曲面上徒手绘制对象，也可以用绘制对象来"填充"选定的边。可以用多个对象按照特定顺序或随机顺序进行绘制，并可在绘制时更改缩放比例。应用情形包括对规则曲面功能的应用，如铆钉、植物、列等，甚至包括使用字符来填充场景。

将工作空间切换至【默认 + 增强型菜单】。对象绘制工具在【对象放置】标签的【对象绘制】面板中，如图 3-174 所示。下面介绍这些工具的基本用法。

图 3-174

> **技术要点：**
>
> 使用"对象绘制"添加的对象不会与其他对象组合，也不会互相组合，它们在场景中保留为不连续的对象。因此，可以在创建后用"移动"和"旋转"等标准工具处理它们。但是，每个绘制的对象都是原始对象的实例，因而更改任何绘制的对象（或原始对象）的创建参数和修改器设置等会对它们中的全部进行相同的修改。

3.4.1 绘制对象

使用这些工具可以徒手或沿着选定的边圈，在场景中或特定对象上绘制对象。通过绘制添加到场景中的对象称为绘制对象。下面介绍单个对象和多个对象的绘制。

动手操作——绘制单个对象

01 打开本例源文件 3-29.max，如图 3-175 所示。

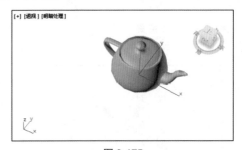

图 3-175

02 先选中透视图中的茶壶对象，然后在【绘制对象】面板中单击【绘制选定对象】按钮。

03 在透视图中的空白区域单击鼠标放置新的对象，可以连续多次单击创建多个对象，如图 3-176 所示。

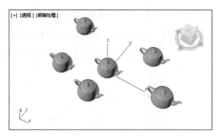

图 3-176

04 绘制对象后，可以使用【绘制对象】面板中的其他命令进行操作，解释如下。

✦ 【编辑对象列表】📝：单击此按钮，打开【绘制对象】对话框。该对话框中将列出作为参考的源对象。单击 添加... 按钮，可以从场景资源管理器中添加对象，也可以单击 拾取 按钮从各视图中拾取对象进入列表中，拾取的对象同时也显示在绘制规则列表中，如图 3-177 所示。

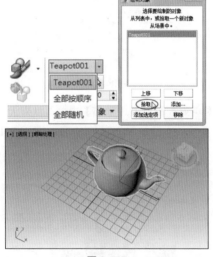

图 3-177

✦ 【拾取对象】🔲：除了从【绘制对象】对话框中拾取对象外，还可以单击【拾取对象】按钮🔲直接从视图中拾取对象作为源对象。

> 💡 **技术要点：**
> 　　【编辑对象列表】操作和【拾取对象】操作都是为【绘制列表中的对象】而准备的，如图 3-178 所示。
>
>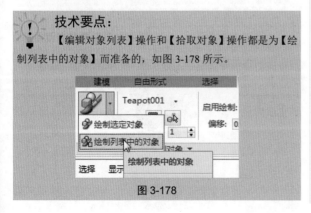
>
> 图 3-178

✦ 【启用绘制】：此选项用来控制绘制对象时的放置方式。包括【栅格】【选定对象】和【场景】3 种方式，如图 3-179 所示。【栅格】方式表示在活动栅格平面放置绘制对象；【选定对象】方式是在场景资源管理器中选定的对象上放置，如图 3-180 所示；【场景】方式表示可以在场景中任何对象上放置，如图 3-181 所示。

图 3-179

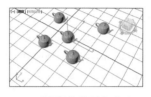 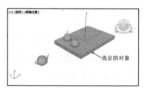

【栅格】放置方式　　　　【选定对象】放置方式

图 3-180

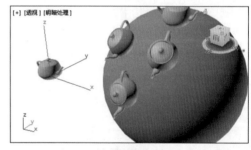

图 3-181

✦ 【偏移】：此偏移值是指按【选定对象】方式或【场景】方式放置绘制对象后与放置面的偏距。0 表示在放置面上，输入正值则绘制对象将向 Z 方向平移，输入负值则绘制对象将向 -Z 方向平移，如图 3-182 所示。

偏移：正值　　　　　偏移：0　　　　　偏移：负值

图 3-182

动手操作——绘制多个对象

01 打开本例源文件 3-30.max，源文件中包含一个水壶和一个球体，如图 3-183 所示。

图 3-183

02 在【对象绘制】标签的【绘制对象】面板中选择【全部按顺序】选项，如图 3-184 所示。

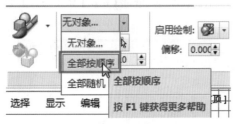

图 3-184

03 在场景资源管理器中按 Ctrl 键选中两个对象，再单击【绘制对象】面板的【绘制选定对象】按钮，然后在栅格中单击鼠标依次放置对象，如图 3-185 所示。

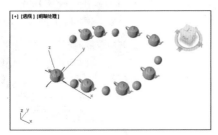

图 3-185

04 如果选择【全部随机】规则，将创建出如图 3-186 所示的对象。

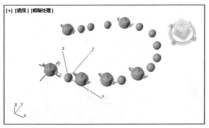

图 3-186

3.4.2 笔刷设置

在【笔刷设置】面板中的工具，用来设置绘制对象的对齐方式、间距和缩放等。下面以案例说明笔刷设置工具的具体应用。

动手操作——设置笔刷为别墅创建森林

01 打开本例源文件 3-31.max，如图 3-187 所示。

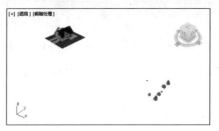

图 3-187

02 选中除别墅模型外的所有植物对象，然后在【绘制对象】面板中选择【全部随机】规则，并单击【绘制选定对象】按钮。

03 紧接着在【笔刷设置】面板中设置【散布设置】的 U、V 参数，如图 3-188 所示。

图 3-188

技术要点：

输入参数后不要按 Enter 键进行确认，否则参数会归零。

04 在顶视图中按住鼠标键不放，拖曳鼠标来绘制对象。通过多次绘制，完成如图 3-189 所示的效果。

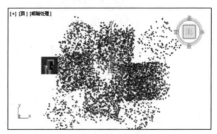

图 3-189

05 利用【移动】命令将别墅模型平移到绘制对象中，如图 3-190 所示。

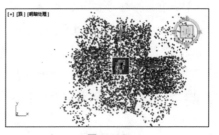

图 3-190

06 最终创建完成的森林效果图，如图 3-191 所示。

图 3-191

3.5　综合应用：制作凉椅

本节将制作凉椅，通过案例制作来巩固用户对对象选择、对象变换和对象复制的理解。要制作的凉椅，如图 3-192 所示。

图 3-192

具体制作步骤如下。

01 新建 3ds Max 2016 场景文件。在主工具栏选择【世界】作为参考坐标系，并单击【使用变换坐标中心】按钮。

02 在【创建】|【几何体】命令面板中，选择【扩展基本体】类型，单击 C-Ext 按钮，然后在【键盘输入】卷展栏设置 C 型模型参数，如图 3-193 所示。设置后单击【创建】按钮完成 C 型模型的创建，如图 3-194 所示。最后按 Esc 键结束当前操作。

图 3-193

图 3-194

03 在【创建】命令面板的【几何体】区域中，选择【标准基本体】类型，单击 长方体 按钮，然后在【键盘输入】卷展栏中设置长方体参数并单击【创建】按钮进行创建，如图 3-195 所示。创建模型的结果，如图 3-196 所示。

图 3-195　　　　　　　　　图 3-196

04 下面对创建的两个实体模型进行对齐操作。选择长方体作为对齐对象，单击【对象放置】标签【图案】组的【对齐】按钮，然后再选择 C 型模型作为对齐参考，如图 3-197 所示。

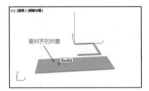

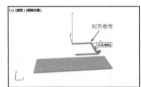

图 3-197

05 在打开的【对齐当前选择】对话框中设置选项，对齐的效果如图 3-198 所示。

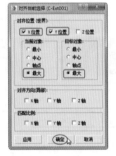

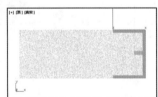

图 3-198

06 右击，选择四元菜单中的【转换为】|【可编辑多边形】命令，将长方体模型转换为可编辑多边形，如图 3-199 所示。

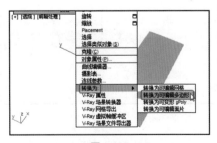

图 3-199

07 在弹出的【修改】命令面板的【选择】卷展栏中单击【多边形】按钮■，如图 3-200 所示。

图 3-200

08 按 Ctrl 键选择如图 3-201 所示的上下两个面，在【修改】命令面板的【编辑多边形】卷展栏中单击 插入 按钮后的【设置】小按钮■，在活动视图弹出的【插入】助手界面中设置插入量，如图 3-202 所示。

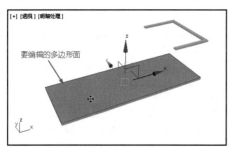

图 3-201

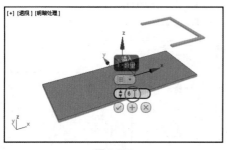

图 3-202

09 单击插入助手的【确定】按钮⊘，完成多边形的插入，效果如图 3-203 所示。

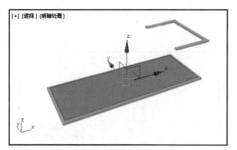

图 3-203

10 按 Delete 键删除选中的面，最终效果如图 3-204 所示。

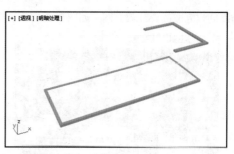

图 3-204

> **技术要点：**
> 插入是指执行没有高度的倒角操作，即在选定多边形的平面内执行该操作。单击此按钮，然后垂直拖曳任何多边形，以便将其插入。

11 在【选择】卷展栏中单击【边界】按钮◉，按 Ctrl 键选择如图 3-205 所示的上下边界，再单击【编辑边界】卷展栏中的 桥 按钮。创建桥接曲面的效果，如图 3-206 所示。

图 3-205

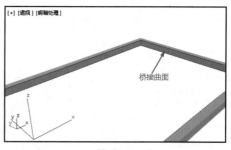

图 3-206

12 单击【长方体】按钮，重新创建一个长方体模型，参数设置与创建效果，如图 3-207 所示。

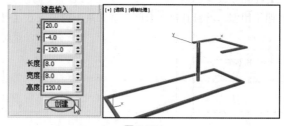

图 3-207

13 将上步骤创建的长方体进行矩形阵列。选中长方体
模型，再单击【对象放置】标签中的【阵列】按钮，弹
出【阵列】对话框。设置【阵列】对话框的参数如图 3-208
所示。阵列的效果如图 3-209 所示。

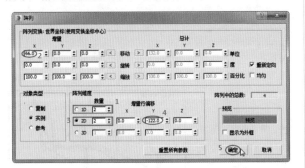

图 3-208

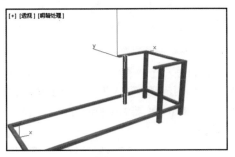

图 3-209

14 同理，继续单击【长方体】按钮，创建如图 3-210 所
示的长方体。

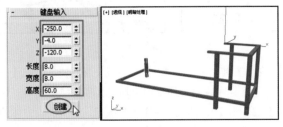

图 3-210

15 将上步骤创建的长方体进行 1D 阵列，阵列参数及阵
列结果如图 3-211 和图 3-212 所示。

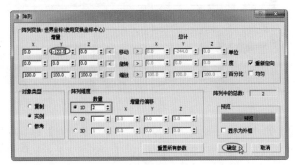

图 3-211

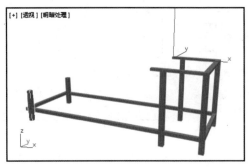

图 3-212

16 重复步骤 14 和步骤 15，再创建出长方体并进行 1D
阵列，最终完成结果如图 3-213~ 图 3-215 所示。

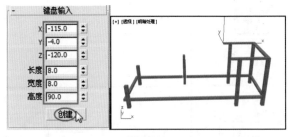

图 3-213

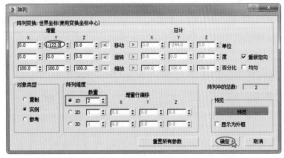

图 3-214

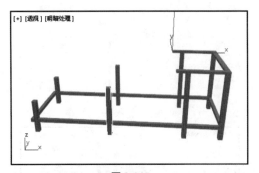

图 3-215

17 下面来制作椅面模型。在【创建】命令面板的【图形】
区域，选择**样条线**类型，单击 **线** 按钮，分别在【创建
方法】卷展栏和【拖曳类型】卷展栏中设置【平滑】选项，
然后在前视图中创建一条样条曲线，如图 3-216 所示。

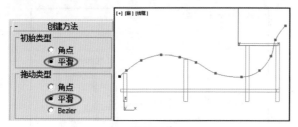

图 3-216

18 选择原始曲线，在【渲染】卷展栏中选中 ☑ 在渲染中启用 和 ☑ 在视口中启用 复选框，并设置参数，如图 3-217 所示，编辑后的模型效果如图 3-218 所示。

图 3-217

图 3-218

19 先将模型向 Y 方向移动距离 –4，如图 3-219 所示。

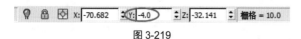

图 3-219

20 将模型进行阵列复制，实例数量为 3，阵列效果如图 3-220 所示。

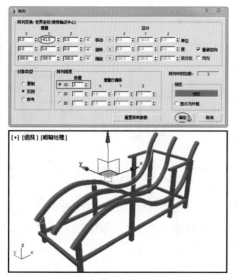

图 3-220

21 选中中间阵列的模型，在【修改】命令面板中首先单击【使唯一】按钮 ☑，然后取消选中【渲染】卷展栏中【在视图中启用】复选框，最终此模型返回到样条曲线状态，如图 3-221 所示。

图 3-221

22 下面通过间隔工具来制作椅面模型。在主工具栏单击【使用轴点中心】按钮 ☑。在【创建】命令面板的【几何体】区域，选择 标准基本体 类型，单击 长方体 按钮，创建一个长方体模型，如图 3-222 所示。

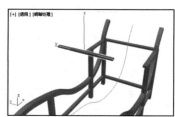

图 3-222

23 在主工具栏中单击【选择并移动】按钮 ✛，再在【捕捉】工具栏中设置【捕捉中点切换】和【捕捉到端点切换】，单击【3D 捕捉开关】按钮 ³⌐ 后，捕捉到长方体的中点，将其拖曳到样条曲线的端点上放置，结果如图 3-223 所示。

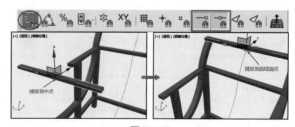

图 3-223

24 选中移动后的长方体模型，在【对象放置】标签中单击【间距】按钮 ▦，在弹出的【间隔工具】对话框中设置参数，如图 3-224 所示。单击 拾取路径 按钮，在场景中拾取复制的曲线，如图 3-225 所示。

图 3-224

图 3-226

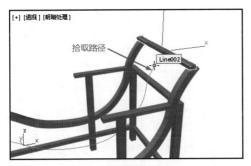

图 3-225

25 单击【应用】按钮，完成间隔阵列，效果如图 3-226 所示。最后把作为间隔阵列参考的原长方体模型删除。

技术要点：

　　可以使用包含多个样条线的复合图形作为分布对象的样条线路径。在创建图形之前，要禁用"创建"面板上的"开始新图形"，然后再创建图形。3ds Max 可将每个样条线添加到当前图形中，直至重新启用"开始新图形"。如果选择复合图形以便间隔工具可以将它用作路径，则对象会沿复合图形的所有样条线进行分布。例如，沿着单独样条线定义的路径为灯光标准设置间隔时，可能会发现此功能非常有用。

第 4 章源文件

第 4 章视频文件

第 4 章结果文件

第 4 章

踏出 3ds Max 2016 的第三步

4.1 创建副本、实例和参考

创建副本、实例和参考是 3ds Max 中最有效且使用简单的模型变换操作工具，3ds Max 提供了以下几种复制或重复对象的方法，克隆是此过程的通用术语。

- ✦ 克隆
- ✦ Shift｜克隆
- ✦ 快照
- ✦ 阵列
- ✦ 镜像
- ✦ 间隔工具
- ✦ 克隆并对齐工具
- ✦ 复制 / 粘贴（场景资源管理器）

其中，阵列、镜像、间隔工具等已经在前一章中详细地给大家讲解了，本节继续介绍其余几种克隆工具。

4.1.1 克隆

【克隆】工具等同于剪贴板的复制、粘贴工具，其快捷键为 Ctrl+V。选中一个要克隆的对象后，在菜单栏执行【编辑】|【克隆】命令，或者按快捷键 Ctrl+V 可打开【克隆选项】对话框，如图 4-1 所示。当选中要克隆的对象并按住 Shift 键进行平移❖、旋转❍或缩放▦操作时，会弹出如图 4-2 所示的【克隆选项】对话框。

该对话框中各选项的含义如下。

图 4-1

图 4-2

> **技术要点：**
> 这两种复制方法中，前一种是在原位复制、粘贴，后一种可以通过移动、旋转和缩放等操作在其他位置上复制、粘贴。因此我们常用的克隆方式就是采用"Shift+ 移动 / 旋转 / 缩放"的方式。

【对象】选项组：

- ✦ 复制：将选定对象的副本放置到指定位置。
- ✦ 实例：将选定对象的实例放置到指定位置。
- ✦ 参考：将选定对象的参考放置到指定位置。

> **技术要点：**
> "复制"得到的两个物体是独立的，就是修改任何一个对象都不影响另外一个；"实例"得到的两个物体是相关联的，修改其中任何一个，另一个也会相应改变；"参考"得到的两个物体有主次关系，修改源物体会影响复制体，而修改复制体则不会影响源物体。

【控制器】选项组：用于选择以复制和实例化原始对象的子对象的"变换控制器"。仅当克隆的选定对象包含两个或多个"层次链接的对象"时，该选项才可用。

技术要点：

3ds Max 中的所有动画均通过动画控制器执行。最常用的动画控制器，即用于移动（定位）、旋转和缩放的动画控制器，称为"变换控制器"。"层次连接"是指使用家族树来描述层次中相互链接在一起的对象之间的关系。

✦ 复制：复制克隆对象的变换控制器。

✦ 实例：实例化克隆层次顶级下面的克隆对象的变换控制器。使用实例化的变换控制器，可以更改一组链接子对象的变换动画，并且使更改自动影响任何克隆集。

✦ 副本数：复制的对象个数。

【名称】文本框内显示克隆对象的名称，可以保持默认，也可以自定义该名称。

动手操作——制作装饰品

01 打开本例素材源文件 4-1.max，如图 4-3 所示。

图 4-3

02 首先选中较大的鱼造型对象，单击【选择并移动】按钮 ✥，开启顶点、端点等捕捉约束，如图 4-4 所示。

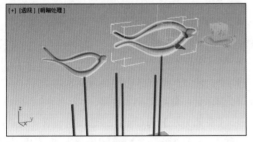

图 4-4

03 按住 Shift 键，拖曳模型的活动坐标系并采用捕捉支撑杆顶点的方法放置到新位置上，如图 4-5 所示。随后弹出【克隆选项】对话框，选择【复制】选项，设置副本数为 1，单击【确定】按钮完成克隆，如图 4-6 所示。

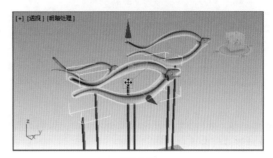

图 4-5

图 4-6

04 启用【在捕捉中启用轴约束切换】 ✕，在前视图中拖曳新对象的活动坐标系 Z 轴，向上移动一定的距离，使新对象底部接触支撑杆顶部，如图 4-7 所示。

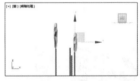 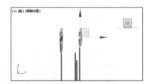

图 4-7

05 采用同样的方法，复制较小的鱼造型，如图 4-8 所示。

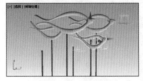 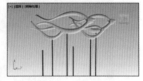

图 4-8

06 选择较大的鱼造型，单击【选择并均匀缩放】按钮 ▣，按住 Shift 键缩放对象，释放鼠标后弹出【克隆选项】对话框，设置复制选项并单击【确定】按钮完成克隆，如图 4-9 所示。

图 4-9

07 将缩放克隆得到的对象平移至短支撑杆顶部，如图 4-10 所示。

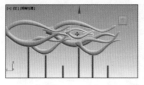 

图 4-10

08 最后按 Shift 键平移并克隆最小（上一步复制的对象）的鱼对象，如图 4-11 所示。

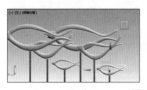 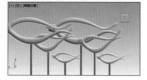

图 4-11

09 单击【保存】按钮 □ 保存结果。

4.1.2 快照

3ds Max 中的【快照】功能可以在动画轨迹中克隆出某一个时间点（帧）的动画对象，例如，汽车在行驶过程中，利用【快照】工具克隆出一系列沿轨迹运动的汽车，如图 4-12 所示。再例如沿路径设置了动画的圆锥形冰淇淋杯，【快照】可以创建一系列圆锥体，如图 4-13 所示。

图 4-12

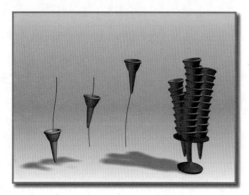

图 4-13

当然，如果场景没有创建动画，也可以使用【快照】命令创建副本对象，功能与【克隆】相同。

利用【快照】工具可以制作出精美的动态效果，下面举例说明。

动手操作——制作小汽车的单一快照

01 打开本例源文件 4-2.max，如图 4-14 所示。

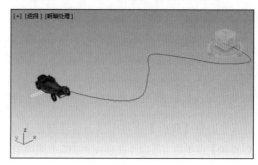

图 4-14

02 选中小汽车模型，再执行菜单栏中的【工具】|【快照】命令，打开【快照】对话框，如图 4-15 所示。该对话框提供两种快照模式——"单一"和"范围"。

图 4-15

＋ "单一"模式：只能在原位置创建一个副本。

＋ "范围"模式：可以在整个动画帧时间段上填充多个副本。

＋ 从：从动画帧的某帧开始。

＋ 到：输入帧数在其范围内复制副本。

＋ 副本数：复制的副本数量。

＋ 【克隆方法】选项组：该选项组包含 4 种克隆方式。前面 3 种与【克隆选项】对话框的克隆方式相同。【网格】方式在粒子系统之外创建网格几何体，适用于所有类型的粒子。

03 选择【单一】复选项，选择【实例】克隆方式，单击【确定】按钮完成小汽车模型的快照复制。由于是在原位置上进行的复制，所以还要通过移动将复制的副本平移到新位置上，如图 4-16 所示。

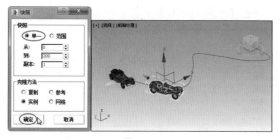

图 4-16

技术要点：

　　虽然是平移，但由于创建了动画运动轨迹，也只能在路径轨迹上移动，不会偏离轨迹。

动手操作——创建范围快照

01 打开本例源文件 4-3.max。

02 选中要创建快照的参考对象——小汽车，再执行菜单栏中的【工具】|【快照】命令，打开【快照】对话框。

03 选择【范围】选项，设置副本数为 4，选择克隆方式为"实例"，单击【确定】按钮完成范围快照的创建，如图 4-17 所示。

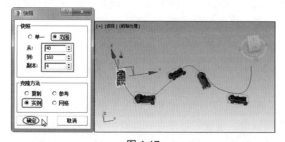

图 4-17

技术要点：

　　如果不设置"从"参数和"到"参数，那么第一个副本将和源对象位置重叠，如图 4-18 所示。

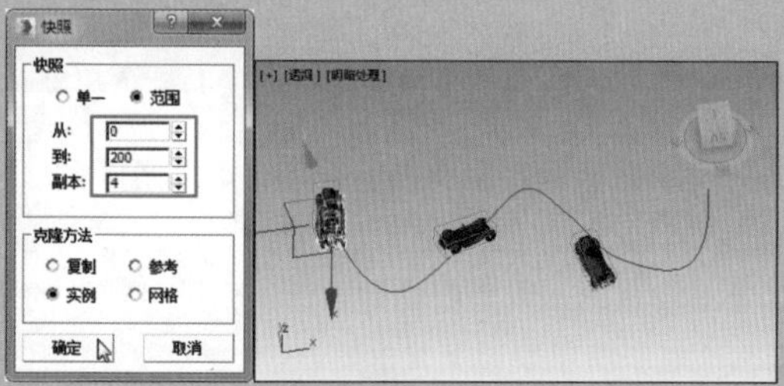

图 4-18

4.1.3　克隆并对齐

　　前一章我们学习了【对齐】工具的基本使用方法，【对齐】工具只能是对当前现有的对象进行对齐操作。但【克

隆并对齐】工具集合了【克隆】工具和【对齐】工具的功能，可以基于当前选择的对象将源对象分布（克隆）到目标对象（参考对象）的多个选择位置上。

　　选中一个对象，在菜单栏执行【工具】|【对齐】|【克隆并对齐】命令，弹出【克隆并对齐】对话框，如图 4-19 所示。

图 4-19

　　该对话框中各选项参数分别与【克隆选项】对话框和【对齐参数】对话框中的同名参数的含义相同，这里就不再赘述了。

动手操作——克隆并对齐

01 打开本例源文件 4-4.max，如图 4-20 所示。

图 4-20

02 选中摇椅脚支架对象作为要克隆并对齐的源对象，如图 4-21 所示。在菜单栏执行【工具】|【对齐】|【克隆并对齐】命令，打开【克隆并对齐】对话框。

图 4-21

03 单击该对话框中的 <u>拾取</u> 按钮，然后在透视图中选择一个目标对象（摇椅木架），如图 4-22 所示。

图 4-22

技术要点：

根据实际情况，目标对象可以增加至多个，这有助于副本定位。

04 随后自动产生副本预览，如图 4-23 所示。

图 4-23

05 根据视图中 3 个视图的副本位置情况，调整其位置，如图 4-24 所示。

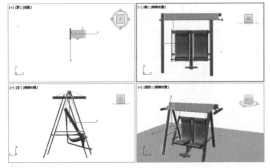

图 4-24

06 调整【克隆并对齐】对话框中的【对齐参数】卷展栏中的参数，如图 4-25 所示。

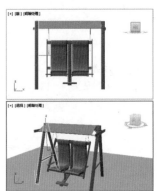

图 4-25

技术要点：

对齐参数是靠微调得到的，并非一次就可以调整好的。

07 最后单击该对话框中的【应用】按钮完成克隆并对齐操作，最后保存结果。

4.2 精确控制并绘制对象

3ds Max 中一组相互关联的工具，可以对场景中对象的缩放、放置和移动进行精确控制。对于那些以真实的测量单位构建的精确模型来说，这些是特别重要的工具。这些工具包括单位、栅格、对象对齐、对象捕捉、辅助对象等，其中单位、对象对齐、辅助对象（对象检验工具）在前面章节中已经讲述过，下面介绍其他精确控制辅助绘图工具的使用方法。

4.2.1 使用栅格捕捉

要使用栅格捕捉就要先了解什么是"栅格"。接触过 Autodesks 公司其他产品的使用者，对软件界面中的"栅格"会比较熟悉，因为栅格是界面风格不可或缺的构成元素，这对于新手来说尤其重要。

3ds Max 中的栅格分为主栅格和用户栅格。主栅格就是视图中的、经由世界坐标系 X、Y、Z 轴定义的网格线。用户栅格是在建模中用作辅助参考的自定义网格对象。

栅格是由水平和竖直线构成的，间距为软件默认，通常为 10mm。下面介绍设置栅格、使用栅格捕捉进行绘图的步骤。

动手操作——设置栅格

01 新建 3ds Max 场景文件。

02 默认的工作界面中（3 个视图中）已经显示了栅格，如图 4-26 所示。

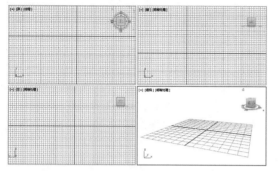

图 4-26

03 在菜单栏执行【工具】|【栅格和捕捉】|【栅格和捕捉设置】命令，或者在主工具栏捕捉开关按钮上右击，弹出【栅格和捕捉设置】对话框。我们要进行栅格设置的选项在【主栅格】标签和【用户栅格】标签下，如图 4-27 所示。

【主栅格】标签　　　　　　【用户栅格】标签

图 4-27

【主栅格】标签和【用户栅格】标签下各选项含义如下：

✦ 栅格间距：此文本框显示【动态更新】选项组下【活动视图】或者【所有视图】的栅格间距值，可以重新设定间距值。

✦ 每 N 条栅格线有一条主线：此值控制栅格中主线与主线之间包含的栅格线数量。

✦ 透视图栅格范围：在透视图中显示的栅格范围为主线到主线之间的栅格线数量，默认为 7 条。

✦ 禁止低于栅格间距的栅格细分：选中此选项，不能再将栅格以低于设置间距的值进行再次划分。

✦ 禁止透视图栅格调整大小：选中此选项，将以"透视图栅格范围"的值显示，否则将显示全部栅格。

✦ 动态更新：控制栅格设置后更新的视图区域，【活动区域】仅对当前活动的视图进行栅格设置，【所有视图】

是对所有视图中的栅格进行更改。

✦ 【用户栅格】标签：该标签是用来设置用户创建的栅格的，要创建栅格，可以在菜单栏执行【创建】|【辅助对象】|【栅格】命令，然后通过命令面板定义间距、定义栅格大小，从而绘制用户栅格，如图 4-28 所示。

图 4-28

✦ 创建栅格时自动将其激活：选中此复选框，创建用户栅格后自动激活用户栅格，无须在菜单栏执行【工具】|【栅格和捕捉】|【激活栅格对象】命令。用户栅格是可以删除的。

04 除了显示主栅格、创建用户栅格外，还可以在创建几何体时自动创建栅格，这种方式其实也是用户栅格的一种。在【创建】|【几何体】命令面板中单击 长方体 按钮，在【对象类型】卷展栏中选中【自动栅格】复选框，随后在视图中创建长方体时会自动创建用户栅格，如图 4-29 所示。

 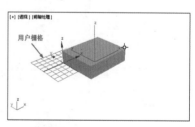

图 4-29

技术要点：

当几何体创建完成后，自动栅格也随之消失。也就是说自动栅格的作用就是辅助显示工作平面，不会起捕捉约束的作用。

动手操作——启用栅格捕捉绘制对象

01 下面以创建一个长方体为例，长方体的长宽高分别为 40、60、30。主栅格的间距设置为 10 即可。

02 要启用栅格捕捉，须在主工具栏开启 捕捉开关，以及在【捕捉】工具条中单击【捕捉到栅格点切换】按钮 。

03 开启栅格捕捉后，可以将光标在栅格中移动，以查看捕捉栅格点的效果，移动过程中，光标只能在栅格点停留，如图 4-30 所示。

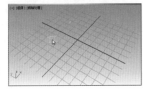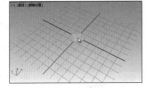

图 4-30

04 在【创建】|【几何体】命令面板中单击 长方体 按钮，在透视图中主线交点位置单击，以确定长方体起点，单击拖曳光标向 -X 方向移动 6 格、向 -Y 方向移动 4 格，以确定长方体底平面的对角点，如图 4-31 所示。

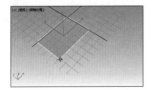

图 4-31

05 释放鼠标后再向 Z 方向移动 3 格（虽然竖直方向上没有栅格，但设置了栅格间距后移动光标过程中每一格会停顿一下），单击鼠标即可完成长方体的绘制，同时命令面板的【参数】卷展栏中也相应地显示了长方体的长、宽、高参数，如图 4-32 所示。

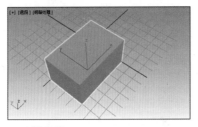

图 4-32

4.2.2 使用对象捕捉

在利用点、线及面工具绘制二维或三维对象时，须开启捕捉功能才能精确地创建对象。3ds Max 中提供了捕捉开关和捕捉约束工具。下面介绍设置捕捉和开启捕捉方法与步骤。

1. 设置捕捉

在主工具栏的 捕捉开关按钮上右击，弹出【栅格和捕捉设置】对话框，在【捕捉】标签和【选项】标签下可以设置捕捉约束、设置捕捉约束的默认值，如图 4-33 所示。

【捕捉】标签　　　　　　　【选项】标签

图 4-33

【捕捉】标签中可以设置如下几种类型的捕捉约束。

✦ Standard（标准捕捉）：标准捕捉可以捕捉到网格（包括活动栅格）和图形对象。具体的捕捉内容见下方的复选选项。这些捕捉约束是不能自动开启使用的，需要开启捕捉开关（后面详解）。较为常用的标准捕捉约束可以从【捕捉】工具条中找到并启用，如图 4-34 所示。

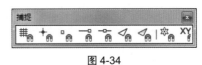

图 4-34

✦ Body Snaps（实体捕捉）：利用实体对象捕捉，可以捕捉到实体对象的几何体，如图 4-35 所示。这些实体捕捉约束也包含在标准捕捉约束中。

图 4-35

✦ NURBS（有理样条曲线、曲面捕捉）：通过 NURBS 捕捉（如图 4-36 所示），可以捕捉到 NURBS 模型中的对象或子对象。NURBS 模型是使用【创建】|【图形】命令面板中【NURBS 曲线】工具来绘制的二维及三维对象。

图 4-36

✦ Point Cloud Objects（点云捕捉）：通过点云顶点捕捉，可以捕捉到点云对象中的点（如图 4-37 所示）。使用此功能创建与点云对象形状一致的几何体。

图 4-37

✦ 禁用覆盖：此选项默认是灰显的，不能更改，意味着在原有捕捉约束开启的状态下，可以切换新的捕捉去覆盖原有捕捉。例如，在【捕捉】工具条中单击【捕捉到顶点切换】按钮，此时可以捕捉对象中的顶点，如图 4-38 所示。按住 Shift 键在视图中右击弹出捕捉四元菜单，在【捕捉覆盖】菜单中选择【Standard】|【中点】命令，即可启用新捕捉约束，如图 4-39 和图 4-40 所示。

图 4-38

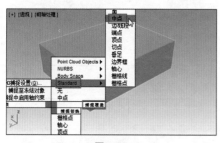

图 4-39

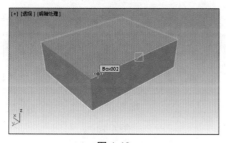

图 4-40

2．捕捉开关

设置了捕捉后，要想使用约束还必须在主工具栏中打开捕捉开关，主要有四种类型的捕捉开关，如图 4-41 所示。

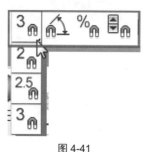

图 4-41

四种捕捉开关分别为控制 2D 捕捉、2.5 D 捕捉和 3D 捕捉的平面及空间捕捉，包括点、线和面。此类捕捉开关的应用在前面的栅格捕捉操作实例中已经演示过。

> **技术要点：**
> "2D 捕捉"表示仅捕捉活动构造栅格，包括该栅格平面上的任何几何体；"2.5D 捕捉"表示仅捕捉活动栅格上对象投影的顶点或边缘；"3D 捕捉"表示光标直接捕捉到 3D 空间中的任何几何体。

接下来用案例来说明后三种捕捉开关的应用方法：角度捕捉切换、百分百捕捉切换和微调器捕捉切换。

动手操作——角度捕捉切换

"角度捕捉切换"确定多数功能的增量旋转，包括标准"旋转"变换，也影响摇移 / 环游摄像机控件、FOV 和侧滚摄像机，以及聚光区 / 衰减区聚光灯角度。

01 打开本例源文件 4-6.max，如图 4-42 所示。

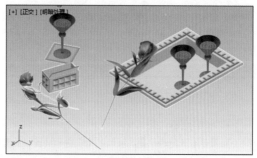

图 4-42

02 开启【角度捕捉切换】开关，再单击【选择并旋转】按钮，选中透视图中的盘子对象，显示旋转 Gizmo 三维控件，如图 4-43 所示。

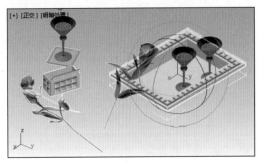

图 4-43

03 拖曳黄色控制柄绕 Z 轴旋转，可以看见，旋转是以每 5°进行锁定的，如图 4-44 所示。向右拖曳那个旋转控制柄至 90°位置，完成盘子对象的旋转变换，如图 4-45 所示。

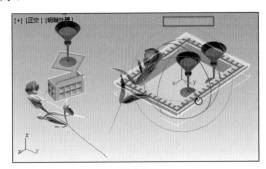

图 4-44

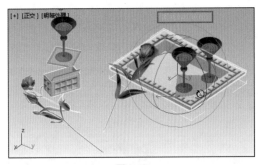

图 4-45

动手操作——百分比捕捉切换

【百分比捕捉切换】捕捉开关用于缩放变换，按默认的缩放比增量进行缩放。

01 打开本例源文件 4-7.max，如图 4-46 所示。

图 4-46

02 在主工具栏开启【百分比捕捉切换】捕捉开关，再单击【选择并均匀缩放】按钮，在透视图中选择要缩放的对象，如图 4-47 所示。

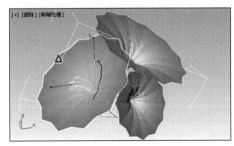

图 4-47

03 拖曳缩放控制柄缩小对象，可以看见对象以每次 10% 的增量进行缩放，如图 4-48 所示。

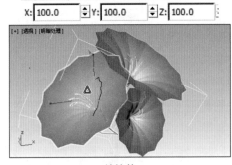

缩放前

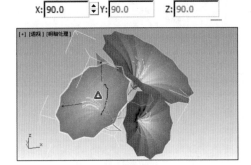

均匀缩放后

图 4-48

04 将对象缩放到 60%，效果如图 4-49 所示。

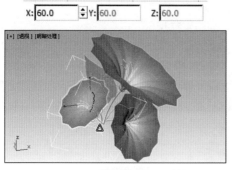

图 4-49

💡 **技术要点:**

可以通过在【栅格和捕捉设置】对话框的【选项】标签中设置【百分百】值，即可控制百分比增量。

动手操作——微调器捕捉切换

【微调器捕捉切换】开关用于那些可以通过微调得到参数或者修改参数的面板、对话框中的微调器。

01 打开本例源文件 4-8.max。

02 在主工具栏单击【微调器捕捉切换】🖱打开捕捉开关。选中任意视图中的对象模型，在【修改】命令面板的【参数】卷展栏上展开该对象的创建参数面板，如图 4-50 所示。

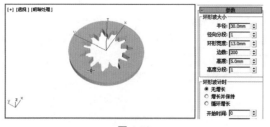

图 4-50

03 调节【参数】卷展栏的【半径】微调器（单击▲或▼），系统将以默认的微调值 "1" 进行微调，如图 4-51 所示。

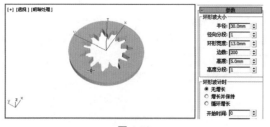

图 4-51

04 如果要设置微调器精度，可以在【微调器捕捉切换】按钮位置右击，打开【首选项设置】对话框，在【常规】标签下设置【微调器】选项组中的【捕捉】参数即可，如图 4-52 所示。

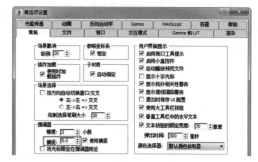

图 4-52

05 设置微调器后再重新在【创建】修改面板中微调半径，会发现微调器只能每次以 "5" 增加或减少，如图 4-53 所示。

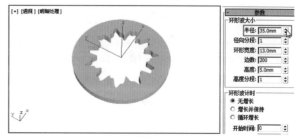

图 4-53

💡 **技术要点:**

微调器捕捉仅影响单击微调器上、下箭头的结果，它不会影响在数值框中输入数值的结果，也不会影响拖曳微调器箭头的结果。

4.3　图层管理

3ds Max 的图层管理器可以方便管理复杂模型场景中大量的元素构件，用法与 AutoCAD 的图层管理器类似，同样有图层命名、隐藏图层、冻结图层、修改图层颜色等功能。

图层工具在【层】工具条中，如图 4-54 所示。

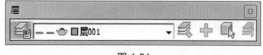

图 4-54

下面用简单的案例来说明图层的创建与管理方法，当然在实际设计中不会这么简单，仅针对图层的用法和管理足以。

一般来说，创建图层可按照不同用途、性质、结构等进行。例如建筑设计，按结构可以将平面图图纸、墙体、楼板、结构柱、结构梁、楼梯、栏杆、屋顶、阳台等构件分别建立图层，这便于各部分构件的管理。如图 4-55 所示为图层的示意图。

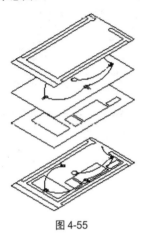

图 4-55

动手操作——图层建立与管理

01 打开本例源文件 4-9.max，整个场景中包括篮子、香蕉和苹果 3 种对象，如图 4-56 所示。

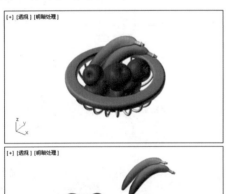

图 4-56

02 根据 3 种不同的对象，可以建立 3 个图层来分别管理。创建图层的途径有两种：一种是单击【层】工具条中的【新建层】按钮建立新图层；另一种是单击【切换图层管理器】按钮，打开【场景资源管理器 - 层资源管理器】面板来创建。

03 在【场景资源管理器 - 层资源管理器】面板中单击

【新建层】按钮，将基于默认层"0"层来创建"层001"，如图 4-57 所示。

图 4-57

04 可以为层重新命名，例如命名为"苹果"。同样，再单击【新建层】按钮，新建命名为"香蕉"的图层，以及重命名为"篮子"的图层，如图 4-58 所示。

图 4-58

> **技术要点：**
> 在基于前一图层来新建图层时，一定要保证参考图层的图标被选中，才会创建出同级别的图层。如果激活的是图层名，将创建比原参考图层级别低的嵌套图层。

05 由于苹果有 6 个，每个苹果又由多个图形对象组合而成，因此可在"苹果"层中创建嵌套层，也就是子层。创建嵌套层，必须选中"苹果"图层名，再单击【新建层】按钮即可，如图 4-59 所示。

图 4-59

> **技术要点：**
> 注意，不能激活嵌套层的层名，避免创建比当前嵌套层还要低一级的子层。

06 同理，在"香蕉"层中再新建两个嵌套层，如图 4-60 所示。

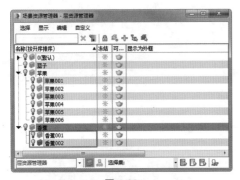

图 4-60

> **技术要点：**
> 假设当前场景中没有任何对象，可以先激活某个图层或嵌套层，后续创建的图形对象将完全属于激活的图层。在本例场景中已经有了苹果、香蕉和篮子对象，所以接下来就是将默认层"0"层的各种东西分别指派给命名的新图层。

07 关闭层资源管理器，在【层】工具条的层列表中可以看见我们创建的图层，如图 4-61 所示。

图 4-61

08 在层列表中选择"苹果 001"嵌套层，使其成为当前被激活的图层。接着在视图中选择一个苹果对象（是一个组对象），然后在【层】工具条中单击【将当前选择添加到当前层】按钮 ，将所选苹果对象从默认层转移到"苹果 001"嵌套层中，如图 4-62 所示。

图 4-62

09 按此方式，依次将其余 5 个苹果对象分别添加到"苹果 002""苹果 003""苹果 004"和"苹果 005"中，如图 4-63 所示。

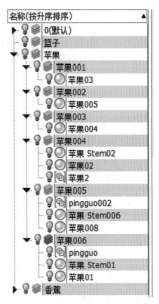

图 4-63

10 同样，将香蕉和篮子对象分别转移到各自相同命名的嵌套图层中，如图 4-64 所示。

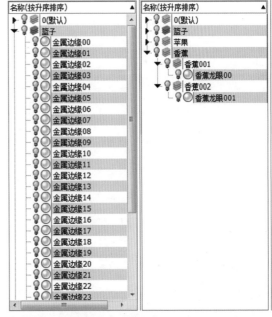

图 4-64

11 在层资源管理器、层列表或场景资源管理器中，都可以对层进行管理，例如单击亮显的 符号，可以隐藏该层中的所有对象，如图 4-65 所示。反之，要取消隐藏，再次单击灰显的 符号恢复图层中对象的显示。

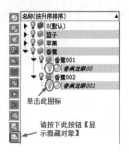

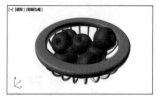

图 4-65

单击此图标

请按下此按钮【显示隐藏对象】

12 若单击亮显的茶壶符号 ，此图层的对象可以进行渲染，反之该图层中的对象不能进行渲染。

13 若单击灰显的雪花符号 ，此图层将被冻结，冻结的图层是不能进行变换操作、渲染及其他编辑工作的。反之取消图层冻结。

14 当创建图层后，单击【层】工具条中的【选择当前层中的对象】按钮 ，可以快速选择嵌套层中的对象，父级图层是不能通过此按钮选择的，要想快速选择父级图层中的所有对象，可以在场景资源管理器中的父级图层上右击，在弹出的四元菜单中执行【选择子节点】命令即可，如图 4-66 所示。

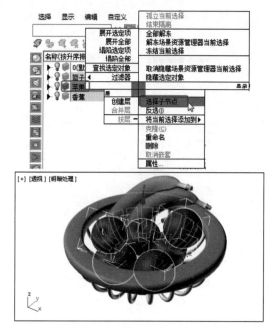

图 4-66

15 最后保存文件。

5.1　二维曲线概述

曲线是构成曲面、实体的基础，尤其是曲面造型必需的过程。在 3ds Max 中可以创建直线、圆弧、圆、圆环、星形、矩形、多边形、文本、螺旋线、卵形等一般的样条曲线，也可以创建点曲线、CV 曲线等规律的样条曲线，还可以创建墙矩形、通道、角度、T 形等扩展样条曲线，如图 5-1 所示。

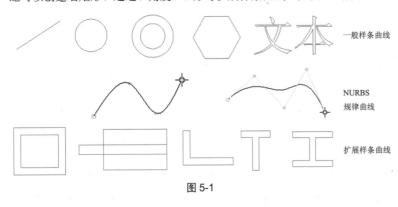

一般样条曲线

NURBS
规律曲线

扩展样条曲线

图 5-1

5.1.1　认识曲线

曲线可看作是一个点在空间中连续运动的轨迹。按点的运动轨迹是否在同一平面，曲线可分为平面曲线和空间曲线。按点的运动有无一定规律，曲线又可分为规则曲线和不规则曲线。

1. 曲线的投影性质

因为曲线是点的集合，将绘制曲线上的一系列点投影，并将各点的同面投影依次光滑连接，就可得到该曲线的投影，这是绘制曲线投影的一般方法。若能绘制出曲线上一些特殊点（如最高点、最低点、最左点、最右点、最前点及最后点等），则可更确切地表示曲线。

曲线的投影一般仍为曲线，如图 5-2 所示的曲线 L，当它向投影面进行投射时，形成一个投射柱面，该柱面与投影平面的交线必为一曲线，故曲线的投影仍为曲线；属于曲线的点，它的投影属于该曲线在同一投影面上的投影，如图中的点 D 属于曲线 L，则它的投影 d 必属于曲线的投影 l；属于曲线某点的切线，它的投影与该曲线在同一投影面的投影仍相切于切点的投影。

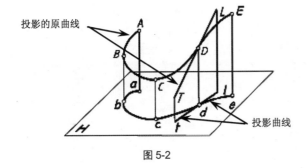

投影的原曲线

投影曲线

图 5-2

第 5 章视频文件

第 5 章结果文件

2．曲线的阶次

由不同幂指数变量组成的表达式称为多项式。多项式中最大指数称为多项式的阶次。例如：$5X^3+6X^2-8X=10$（阶次为 3 阶）、$5X^4+6X^2-8X=10$（阶次为 4 阶）。

曲线的阶次用于判断曲线的复杂程度，而不是精确程度。简单来说，曲线的阶次越高，曲线就越复杂，计算量就越大。使用低阶曲线更加灵活，更加靠近它们的极点，使后续操作（显示、加工、分析等）运行速度更快，便于与其他 CAD 系统进行数据交换，因为许多 CAD 系统只接受 3 次曲线。

使用高阶曲线常会带来一些弊端：灵活性差，可能引起不可预知的曲率波动，造成与其他 CAD 系统数据交换时的信息丢失，使后续操作（显示、加工、分析等）运行速度变慢。一般来讲，最好使用低阶多项式，这就是为什么在 UG、Pro/E 等 CAD 软件中默认的阶次都为低阶的原因。

3．规则曲线

规则曲线顾名思义就是按照一定规则分布的曲线。规则曲线根据结构分布特点可分为平面和空间规则曲线。曲线上所有的点都属于同一平面，则该曲线称为平面曲线，常见的圆、椭圆、抛物线和双曲线等都属于平面曲线。凡是曲线上有任意 4 个连续的点不属于同一平面，则称该曲线为空间曲线。常见的规则空间曲线有圆柱螺旋线和圆锥螺旋线，如图 5-3 所示。

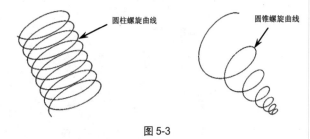

图 5-3

4．不规则曲线

不规则曲线又称自由曲线，是指形状比较复杂、不能用二次方程准确描述的曲线。自由曲线广泛用于汽车、飞机、轮船等的计算机辅助设计中。涉及的问题有两个方面：其一是由已知的离散点确定曲线，多是利用样条曲线和草绘曲线获得，如图 5-4 所示为在曲面上绘制样条曲线；其二是对已知自由曲线利用交互方式予以修改，使其满足设计者的要求，即是对样条曲线或草绘曲线进行编辑获得的自由曲线。

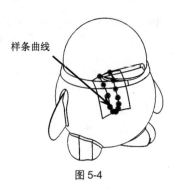

图 5-4

5.1.2　3ds Max 二维曲线工具

二维曲线绘制工具集中在功能区【基本建模】标签的【创建二维】面板中（如图 5-5 所示）、【创建】|【图形】命令面板中（如图 5-6 所示）、菜单栏的【创建】|【图形】【NURBS】和【扩展图形】子菜单中（如图 5-7 所示）。

图 5-5　　　　　　　图 5-6

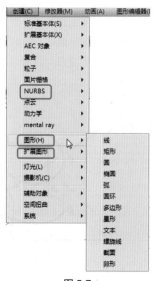

图 5-7

5.2　二维曲线【图形】命令面板

在绘制二维曲线之前，可先了解一下【创建】|【图形】命令面板中的各卷展栏参数使用和设置的方法。这有助于绘制曲线时得到一些意想不到的效果。

【对象类型】卷展栏列出了可建立样条线工具类型，其中【开始新图形】复选选项控制视图中所绘制的多种样条线是否附加成组合。选中将不附加，反之则附加。

当执行某个曲线命令后，【图形】命令面板中显示卷展栏。不同的曲线命令会有不同的卷展栏，如图 5-8 所示为线卷展栏、如图 5-9 所示为矩形卷展栏。

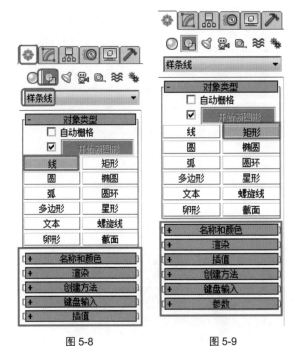

图 5-8　　　　　图 5-9

不同命令的卷展栏，多数是通用的，选项设置也是相同的。因此下面仅对通用的卷展栏进行讲解。

1.【名称和颜色】卷展栏

【名称和颜色】卷展栏用于设置曲线的名称和颜色，例如绘制直线，将自动生成的默认名称为 Line001，默认颜色为白色，如图 5-10 所示。可以修改默认名称。

图 5-10

单击色块，可以打开【对象颜色】对话框并为绘制的曲线重新指定颜色，如图 5-11 所示。

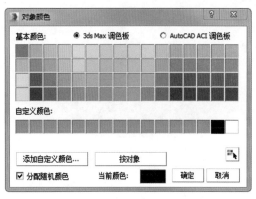

图 5-11

2.【渲染】卷展栏

此卷展栏的作用是将曲线进行渲染，这里的【渲染】并不是像图片那样渲染，而是将曲线渲染成 3D 网格模型，还可以生成贴图坐标。这个渲染功能可以帮助用户进行一些快速、有效的造型设计。【渲染】卷展栏如图 5-12 所示。

图 5-12

各选项含义如下：

✦ 在渲染中启用：选中此复选框，在渲染模式下将显示有截面的 3D 网格模型。

✦ 在视图中启用：选中此复选框，在非渲染模式的视图中将显示有截面的 3D 网格模型。

✦ 在视图中设置：选中【在视图中启用】选项后，可在下面的【视口】选项区域内设置截面形状和大小，如图 5-13 所示。不选中此复选框，下面的【视图】选项将不可使用。

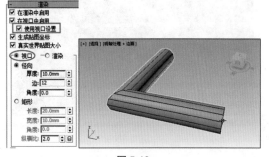

图 5-13

✦ 生成贴图坐标：选中此复选框，将生成贴图坐标，有助于渲染图像时贴图。贴图坐标在如图 5-14 所示的曲面中，为 U 坐标和 V 坐标。

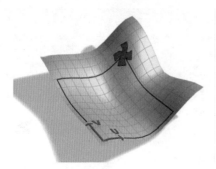

图 5-14

✦ 真实世界的贴图大小：仅当选中【生成贴图坐标】复选框后该选项才可用，控制应用于该对象的纹理贴图材质所使用的缩放方法。同样也是渲染图像时可以设置真实世界的贴图比例值。

✦ 视图：仅当前面的【使用视图设置】复选框被选中时，才可以设置 3D 网格截面的形状和尺寸，并将 3D 网格模型显示在视图中，如图 5-15 所示。

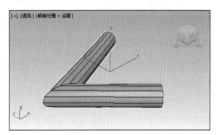

图 5-15

✦ 渲染：选中此选项，创建的 3D 网格模型在渲染时显示在场景中，如图 5-16 所示。

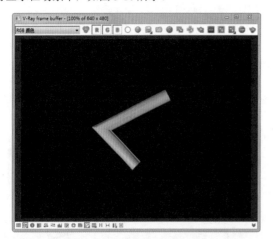

图 5-16

技术要点：
其实，只要选中了【在渲染中启用】和【在视图中启用】复选框时，无论是在【视图】下，还是在【渲染】下设置的 3D 网格模型都会在视图和渲染模式下显示。

✦ 径向：可以创建截面为多边形的 3D 网格模型。

✦ 厚度：也是直径值。

✦ 边：边数从 3 到 100。越接近 100 的边数，越接近于圆。边数为 100 时，截面为正圆，如图 5-17 所示。

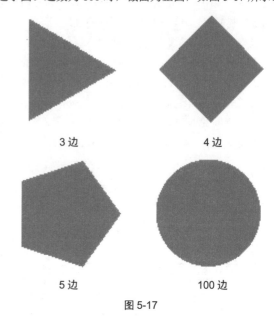

| 3 边 | 4 边 |
| 5 边 | 100 边 |

图 5-17

✦ 角度：指多边形截面的旋转角度。上图为默认的 0°，如图 5-18 所示为 3 边形、4 边形和 5 边形角度为 45°的状态。

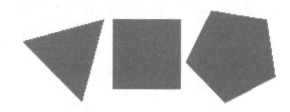

图 5-18

技术要点：
输入正值为逆时针旋转，输入负值为顺时针旋转。

✦ 矩形：可以创建截面为矩形的 3D 网格模型。

✦ 长度：设定矩形的长度。

✦ 宽度：设定矩形的宽度。

✦ 角度：设定矩形截面的旋转角度。

✦ 纵横比：设置长宽比。

3. 【插值】卷展栏

【插值】卷展栏（如图 5-19 所示）用于控制曲线生成平滑样条曲线时的平滑度。仅当使用【直线】命令绘制直线时，且【创建方法】为【平滑】时有效。

图 5-19

✦ 步数：渲染直线（3D 网格）起点与终点之间划分线的数量。例如，步数为 4，那么划分的段数就是 5 段，如图 5-20 所示。

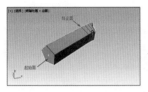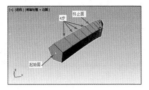

图 5-20

✦ 优化：启用此选项后，可以从样条线的直线线段中删除不需要的步数，默认设置为启用。需要优化时，可在【步数】文本框内输入新的步数，按 Enter 键即可。如图 5-21 所示，前者步数为 10，后者步数为 3。

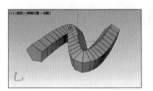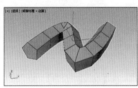

图 5-21

✦ 自适应：启用此选项后，自适应设置每个样条线的步数，以生成平滑曲线。直线线段始终为 0 步长。如图 5-22 所示为手工优化和自适应后的样条步数的区别。

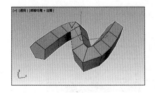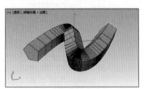

手工优化　　　　　　　　自适应后

图 5-22

动手操作——利用【直线】命令绘制有理样条曲线

01 新建场景文件。

02 在【创建】|【图形】命令面板中单击　线　按钮，在【创建方法】卷展栏中设置【初始类型】为【平滑】，【拖曳类型】为【平滑】，如图 5-23 所示。

03 在【插值】卷展栏选中【优化】复选框，并设置【步数】为 10，使其在直线与直线之间自动平滑，如图 5-24 所示。

图 5-23　　　　　　　　　　　　图 5-24

04 在视图中确定几个点，绘制直线。由于设置了平滑和插值，自动转化为有理样条曲线，如图 5-25 所示。

设置平滑前的直线　　　　设置平滑后的直线

图 5-25

3．【创建方法】卷展栏

【创建方法】卷展栏有三种形式，第一种是【直线】命令的（如图 5-23 所示）；第二种是【弧】命令的卷展栏，如图 5-26 所示；第三种是其他命令的【创建方法】卷展栏，如图 5-27 所示。

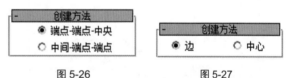

图 5-26　　　　　　　　　　图 5-27

【直线】命令的【创建方法】卷展栏中各选项含义如下：

✦ 【初始类型】组：当单击顶点位置时设置所创建顶点的类型。

✦ 角点：将产生尖端形式，直线与直线连接形式就是这种形式（图 5-21 中的上图）。

✦ 平滑：通过顶点产生一条平滑、不可调整的有理样条曲线（图 5-21 中的下图）。由顶点的间距来设置曲率的数量。

✦ 【拖曳类型】组：当拖曳顶点位置时设置所创建顶点的类型。顶点位于第一次单击的光标所在位置。拖曳的方向和距离仅在创建 Bezier 顶点时产生作用。

✦ 角点：产生一个尖端。样条线在顶点的任意一边都是线性的。

✦ 平滑：通过顶点产生一条平滑、不可调整的有理样条曲线（也称 B 样条曲线）。由顶点的间距来设置曲率的数量。

◆ Bezier：通过顶点产生一条平滑、可调整的曲线。通过在每个顶点拖曳鼠标来设置曲率的值和曲线的方向。

【弧】命令的【创建方法】卷展栏各选项含义如下：

◆ 端点 - 端点 - 中央：拖曳并释放鼠标以设置弧形的两个端点，然后拖曳并单击以指定两个端点之间的第三个点，如图 5-28 所示。

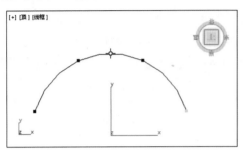
图 5-28

◆ 中间 - 端点 - 端点：拖曳并释放鼠标以指定弧形的半径和一个端点，然后拖曳并单击以指定弧形的另一个端点，如图 5-29 所示。

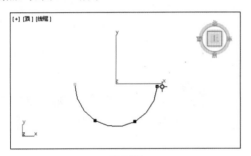
图 5-29

其他命令的【创建方法】卷展栏各选项含义如下：

◆ 边：通过图形的边或角点来绘制图线，例如绘制圆，以【边】来绘制，如图 5-30 所示。

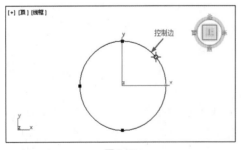
图 5-30

◆ 中心：通过先定义图形的中心再拖曳半径或角点来绘制图线。例如绘制圆，以【中心】来绘制，如图 5-31 所示。

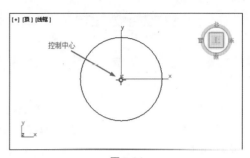
图 5-31

5.3 二维曲线的绘制

二维曲线的绘制本身是很简单的，本节主要用多个实例来说明一般样条曲线命令在造型设计中的具体应用方法。

动手操作——制作陈设柜

01 新建场景文件。

02 在【创建】|【图形】|【样条线】命令面板中单击 矩形 按钮，在【渲染】卷展栏设置如图 5-32 所示的选项及参数。

03 在【创建方法】卷展栏中选中【中心】选项，如图 5-33 所示。

图 5-32

图 5-33

04 在【键盘输入】卷展栏中设置矩形中心坐标以及矩形长、宽和角半径，单击【创建】按钮，如图 5-34 所示。

图 5-34

05 单击【键盘输入】卷展栏中的【创建】按钮后，创建第一个矩形，如图 5-35 所示。

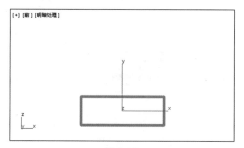

图 5-35

06 在【键盘输入】卷展栏输入第二个矩形的中心坐标以及长、宽和角半径，单击 创建 按钮创建第二个矩形，如图 5-36 所示。

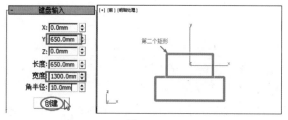

图 5-36

07 同理，在【键盘输入】卷展栏输入矩形参数后，再单击 创建 按钮创建第三个矩形，如图 5-37 所示。

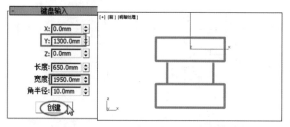

图 5-37

08 在【键盘输入】卷展栏输入矩形参数后，再单击 创建 按钮创建第四个矩形，如图 5-38 所示。

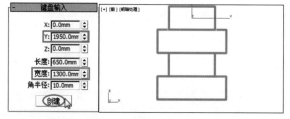

图 5-38

09 在【键盘输入】卷展栏输入矩形参数，再单击 创建 按钮创建第五个矩形，如图 5-39 所示。

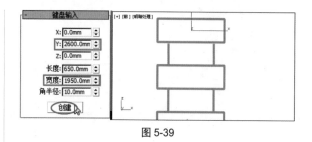

图 5-39

10 在较长的 3 个矩形中要创建均匀的分隔板（均分成 3 份），用直线绘制比较难于精确定位，此时还是采用绘制一个矩形的方法解决。在第 5 个矩形中，创建如图 5-40 所示的矩形，形成均匀分隔。

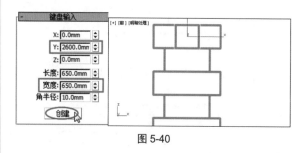

图 5-40

11 在第 3 个较长矩形中，也创建相同参数的矩形，如图 5-41 所示。

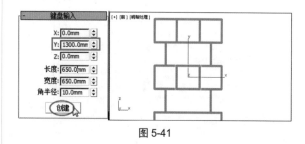

图 5-41

12 同理，在第一个较长矩形中也创建如图 5-42 所示参数的矩形，完成矩形的创建后按 Esc 键退出矩形的绘制。

图 5-42

13 在【创建】|【图形】|【样条线】命令面板中单击 线 按钮，在【渲染】卷展栏中设置与绘制矩形时相同的渲染参数，并开启捕捉开关和【捕捉】工具条中的【捕捉到中点切换】。在第二个矩形中以对边中点为起始点和终止点绘制直线，如图 5-43 所示。完成一段直线的绘制后须按 Esc 键退出。

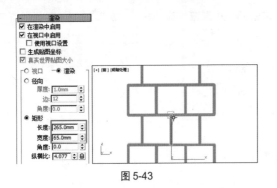

图 5-43

14 接着再绘制第四个矩形中的中点直线，如图 5-44 所示。

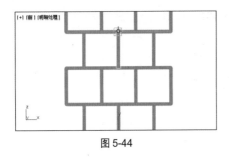

图 5-44

15 创建完成的陈设柜效果，如图 5-45 所示。

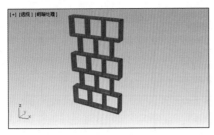

图 5-45

动手操作——制作儿童滑梯

本例要制作的儿童滑梯，实际上采用了螺旋线、直线和扫描等方法创建而成。制作效果如图 5-46 所示。

图 5-46

01 新建场景文件。

02 在【创建】|【图形】|【样条线】命令面板中单击 线 按钮，并设置【渲染】卷展栏参数，如图 5-47 所示。

图 5-47

技术要点：
最好设置在【视图】中渲染，以此可以利用【键盘输入】精确地控制模型的建立。

03 在【键盘输入】卷展栏设置起点坐标并单击 添加点 按钮确定起点位置，如图 5-48 所示。接着输入终点坐标并单击 添加点 按钮确定终点位置，如图 5-49 所示。

图 5-48　　　　图 5-49

技术要点：
利用坐标输入控制模型，必须是在透视图中进行的，不要在其余 3 个视图中输入坐标建立模型，因为每个视图都会被系统默认为 XY 平面。

04 建立的直线 3D 网格模型，如图 5-50 所示。

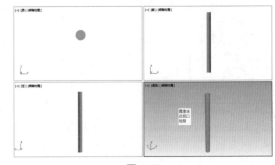

图 5-50

05 继续绘制直线。设置【渲染】卷展栏的参数如图 5-51 所示。在【键盘输入】卷展栏设置直线起点坐标，如图 5-52 所示。再设置直线的终点坐标，如图 5-53 所示。

图 5-51

图 5-52

图 5-53

06 绘制的直线 3D 网格模型，如图 5-54 所示。

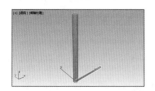

图 5-54

07 继续绘制直线。取消在【渲染】卷展栏中的所有设置。在【键盘输入】卷展栏设置起点坐标、第二点坐标、第三点坐标、第四点坐标和第五点坐标，如图 5-55 所示。

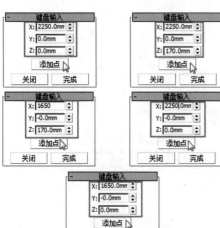

图 5-55

08 在命令面板单击 ____弧____ 按钮，在【创建方法】卷展栏选择【端点 - 端点 - 中央】选项。开启 3D 捕捉开关和【捕捉】工具条中的【捕捉到端点切换】 捕捉约束，然后在前视图中捕捉直线的第一个端点，拖曳光标至第二个端点释放，再在两端点之间捕捉一点以确定弧顶位置，如图 5-56 所示。

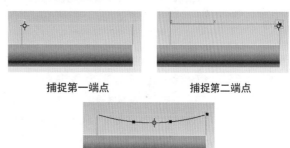

捕捉第一端点　　　　　　捕捉第二端点

确定圆弧顶点

图 5-56

09 选中前面绘制的连续直线，然后在【修改】命令面板堆栈中单击【线段】子节点，如图 5-57 所示。

图 5-57

10 选中前视图中要删除的一段直线，如图 5-58 所示。

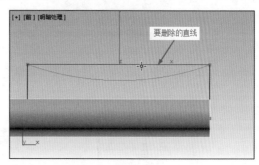

要删除的直线

图 5-58

11 最后单击【修改】命令面板的【几何体】卷展栏中的 ____删除____ 按钮，删除被选中的直线，如图 5-59 所示。

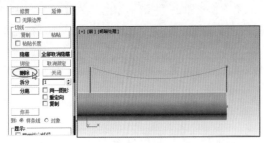

图 5-59

12 接下来需要对两样条线（在【样条线】类型下绘制的曲线统称为"样条线"）进行合并。首先选中其中一条样条线，右击在四元菜单中选择【变换】|【转换为】|【转换为可编辑样条线】命令，如图 5-60 所示。同样，对另一样条线也进行如此操作。

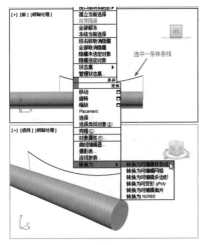

图 5-60

13 选中其中一条样条线，在弹出的【创建】命令面板的【几何体】卷展栏中单击【附加】按钮，接着选择另一样条线进行附加，如图 5-61 所示。

图 5-61

技术要点：
【附加】命令可使选定对象成为现有组的一部分。

14 选中附加后的样条线组，并在功能区【基本建模】标签的【从图形创建三维】面板中单击【挤出】按钮 挤出，但却发现创建的是曲面片，其内部是空的，并非想要的 3D 模型，如图 5-62 所示。

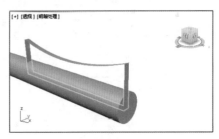

图 5-62

技术要点：
此问题说明附加的样条线连接出现问题，需要再将附加的样条线组中所有的端点焊接。

15 选择附加的样条线，在【修改】命令面板的堆栈中单击【顶点】子节点，视图中显示所有的样条线端点和控制点，如图 5-63 所示。

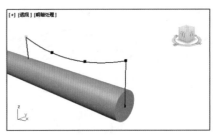

图 5-63

16 框选选中视图中所有的端点、控制点，然后右击在四元菜单中选择【工具 2】|【焊接顶点】命令，焊接样条线连接处的端点，如图 5-64 所示。

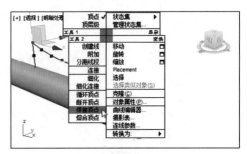

图 5-64

17 单击 挤出 按钮，在【修改】命令面板的【参数】卷展栏中设置【数量】为 25，按 Enter 键即可创建 3D 模型，如图 5-65 所示。

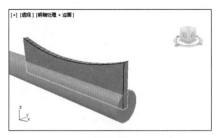

图 5-65

18 选中挤出对象，单击主工具栏中的【镜像】按钮，在弹出的【镜像：世界坐标】对话框中设置如图 5-66 所示的选项，单击【确定】按钮完成镜像。

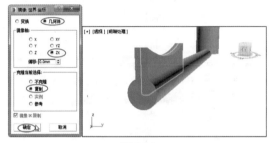

图 5-66

19 选中直线渲染模型、挤出模型和镜像模型并创建组，将组重命名为"支撑骨架"，如图 5-67 所示。

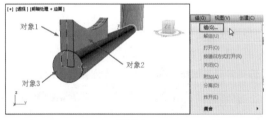

图 5-67

20 激活透视图，在【创建】|【图形】|【样条线】命令面板下单击 螺旋线 按钮，在【键盘输入】卷展栏输入螺旋线的半径 1 为 1950、半径 2 为 1950、高度为 4000，单击【创建】按钮即可创建螺旋线，如图 5-68 所示。

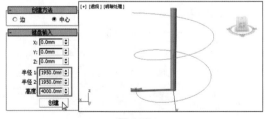

图 5-68

21 单击 弧 按钮，在前视图中绘制如图 5-69 所示的曲线（没有具体参数，可随意绘制）。

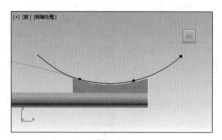

图 5-69

22 单击 线 按钮，在圆弧顶点绘制水平的直线，然后进行克隆，并将克隆后的直线移动至圆弧的另一端点上，如图 5-70 所示。

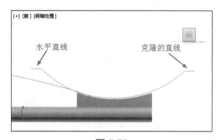

图 5-70

技术要点：

要绘制水平直线，须按下 Shift 键辅助绘制。

23 将圆弧和直线附加。选中附加后的样条线，单击【基本建模】标签中【编辑样条曲线工具】面板的 圆角 按钮，再单击【修改】命令面板的【几何体】卷展栏中的【圆角】按钮，并在直线与圆弧交点上单击拖曳鼠标，然后在卷展栏中设置圆角为 10 并按 Enter 键，随即创建圆弧，如图 5-71 所示。同理另一端也创建圆角。

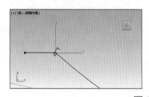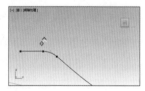

图 5-71

技术要点：

非常值得注意的是，附加后相交线的点一定要用【移动】命令拖曳交点，查看两线是否连接在一起，如果是单独被移动，则必须重新对相交点进行【焊接顶点】操作（框选所有点，右击，选择四元菜单命令），如图 5-72 所示。

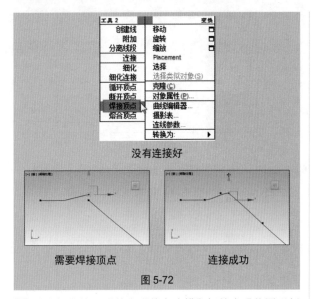

图 5-72

24 选中螺旋线，再单击【基本建模】标签中【从图形创建三维】面板的【扫描】按钮，在【修改】面板的【截面类型】卷展栏中选择【使用自定义截面】选项，单击【拾取】按钮，拾取上一步附加的圆弧和直线作为扫描截面，随后在视图中显示扫描预览，如图 5-73 所示。

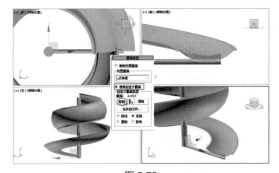

图 5-73

25 扫描预览的效果差强人意，需要进一步设置。在【扫描参数】卷展栏设置如图 5-74 所示的参数。预览效果如图 5-75 所示。按 Esc 键退出扫描操作。

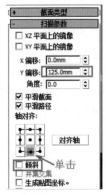

图 5-74

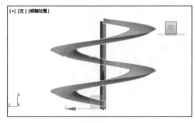

图 5-75

26 选中扫描曲面，再单击【基本建模】标签中【修改】面板的【壳】按钮，然后在【修改】命令面板的【参数】卷展栏中设置壳体【内部量】参数为 20，按 Enter 键后即可创建加厚的壳体，如图 5-76 所示。

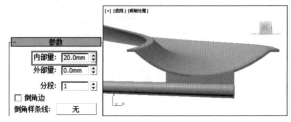

图 5-76

27 在场景资源管理器中单击按钮暂时将滑板（加厚的壳体）隐藏。最后要做的工作就是将骨架支撑进行阵列并向上平移，首先是阵列，阵列前在主工具栏的坐标系列表选择【拾取】选项，选中最大的直线 3D 网格模型后自动拾取中心作为新坐标系原点，再单击【使用变换坐标中心】按钮。

28 选择骨架支撑作为阵列对象，阵列设置如图 5-77 所示。

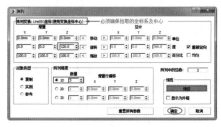

图 5-77

29 单击【确定】按钮完成阵列，阵列效果如图 5-78 所示。

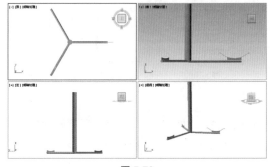

图 5-78

30 显示滑梯板，利用【移动】工具将 3 个支撑骨架向上移动，接触到滑梯板底部，如图 5-79 所示。

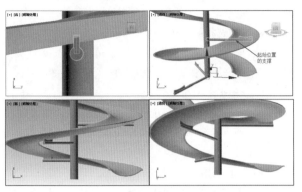

图 5-79

31 选中 3 根支撑骨架并建立组。选中组，并按下 Shift 键向上移动并复制组，完成复制后，微调支撑与滑板底部接触距离，最终效果如图 5-80 所示。

图 5-80

> **技术要点：**
> 如果有个别骨架超出了底部面，可以解组后单独进行旋转操作。

32 至此，儿童滑梯的主要零部件设计完成，其余操作暂不详解。

5.4　二维曲线的编辑

有时曲线命令绘制的图形不会完全符合设计需求，需要利用一些辅助的工具进行完善，如利用【延伸】【圆角】【轮廓】【反转】【修剪】【焊接顶点】等工具对样条线进行延伸、创建圆角、进行修剪及连接曲线等操作。

5.4.1　曲线辅助选择工具

当绘制图形后，图形中可以编辑的对象就包括有顶点、线段和样条线，例如拾取所有点进行焊接、拾取线段进行修剪、拾取样条线创建圆角及附加等。为了方便用户选择要编辑的点、线段或样条线对象，软件提供了专用的拾取工具。

1. 选择

绘制图形后选中图形，将激活【基本建模】标签中【直接编辑二维】面板和【编辑样条线工具】面板中所有的工具命令，如图 5-81 所示。同时，也激活了【修改】命令面板中该图形的修改器，如图 5-82 所示。在【修改】命令面板下的【选择】卷展栏中列出了更为详细的对象拾取选项，如图 5-83 所示。

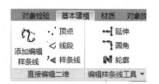

图 5-81

图 5-82　　　　　　　图 5-83

> **技术要点：**
> 有些样条线对象（如圆弧）选中后没有显示修改器，或者说该对象还不能进行编辑。如果想被编辑，可以在【直接编辑二维】面板中单击【添加编辑样条线】按钮🔧，或者右击显示四元菜单，并选择四元菜单中的【变换】|【转换为】|【转换为可编辑样条曲线】命令。

在功能区【基本建模】标签的【直接编辑二维】面板、对象修改器及【选择】卷展栏中，均有 3 个辅助拾取工具：顶点⋮、分段✓和样条线⌒。

> **技术要点：**
> 任意位置启用这几个工具都有相同的效果。

✦ 【顶点】⋮：使用此工具，在视图中框选所有对象，可以过滤出图形中全部的点（包括顶点、中点、样条曲线控制点等），如图 5-84 所示。

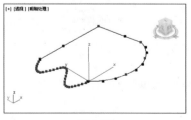

图 5-84

✦ 【分段】∿：（在功能区中称线段）使用此工具，在视图中可拾取对象直线、圆弧、B 样条曲线等线段，如图 5-85 所示。当然，可以连续选择线段，还可以框选所有的线段。

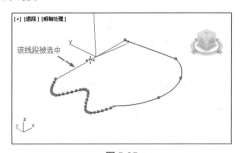

图 5-85

✦ 【样条线】⌒：使用此工具，将拾取整个图形的所有曲线（分线段的组合）。

接下来介绍【选择】卷展栏。【选择】卷展栏中的选项针对点、分段和样条线。当【顶点】∷工具启用时，所有选项都被激活。

✦ 复制：将命名选择放置到复制缓冲区。

✦ 粘贴：从复制缓冲区中粘贴命名选择。

✦ 锁定控制柄：通常，每次只能变换一个顶点的切线控制柄，如图 5-86 所示。如果选中【锁定控制柄】复选框后，按下 Ctrl 键可同时变换多个点的控制柄，如图 5-87 所示。

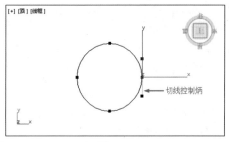

图 5-86

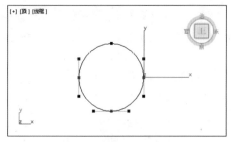

图 5-87

✦ 相似：拖曳传入向量的控制柄时，所选顶点的所有传入向量将同时移动。同样，移动某个顶点上的传出切线控制柄将移动所有所选顶点的传出切线控制柄。

✦ 全部：移动的任何控制柄将影响选中的所有控制柄，无论它们是否已断裂。处理单个顶点并且想要移动两个控制柄时，可以使用此选项。

✦ 区域选择：允许自动选择所单击顶点的特定半径中的所有顶点。在顶点子对象层级，启用【区域选择】选项，然后使用【区域选择】复选框右侧的微调器设置半径。

✦ 线段端点：通过单击线段选择顶点。在顶点子对象中，启用并选择接近要选择的顶点的线段。如果有大量重叠的顶点并且想要选择特定线段上的顶点时，可以使用此选项。

✦ 选择方式：选择所选样条线或线段上的顶点。首先在子对象样条线或线段中选择一个样条线或线段，然后启用【顶点子对象】选项，单击【选择方式】按钮，然后选择样条线或线段。将选择所选样条线或线段上的所有顶点，然后可以编辑这些顶点。

✦ 显示顶点编号：选中该复选框，将显示所选顶点的编号，如图 5-88 所示。

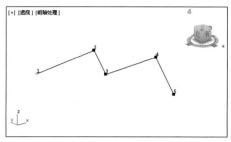

图 5-88

✦ 仅选定：选中此复选框，仅显示被选中顶点的编号，无论选中哪个顶点，所选顶点的编号都不会更改，如图 5-89 所示。

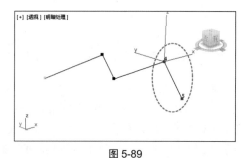

图 5-89

2. 软选择

软选择是针对编辑网络模型的节点来说的。软选择的最大作用就是过渡自然。如果不使用软选择，模型过渡会比较突兀，达不到想要的效果就要改用其他的命令对模型进行圆滑，那样会增加模型的复杂度。

技术要点：

【软选择】可用于 NURBS、网格、多边形、面片和样条线对象。

【软选择】卷展栏中的选项，如图 5-90 所示。

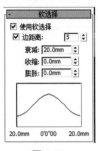

图 5-90

动手操作——使用软选择变形曲面

01 新建场景文件。

02 在【创建】|【图形】命令面板中选择【NURBS 曲线】类型，单击 点曲线 按钮，然后在前视图中绘制曲线，如图 5-91 所示。

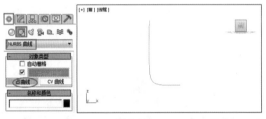

图 5-91

03 在【基本建模】标签的【从图形创建三维】面板中单击 车削 按钮，在【修改】命令面板下的【参数】卷展栏中单击 最大 按钮即可创建旋转曲面模型，如图 5-92 所示。

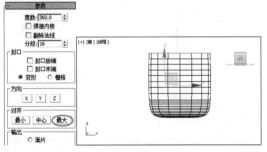

图 5-92

04 选中旋转曲面模型，然后在功能区单击【直接编辑三维】面板中的【添加编辑多边形】按钮，在【修改】命令面板下添加【编辑多边形】修改器，如图 5-93 所示。

图 5-93

05 展开【编辑多边形】修改器，单击【顶点】节点，曲面模型显示所有的多边形端点，如图 5-94 所示。

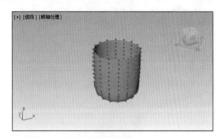

图 5-94

06 首先单击主工具栏的【选择并移动】按钮，选中曲面多边形的一个端点，显示移动 Gizmo。向左拖曳 Gizmo 平移，查看变形效果，如图 5-95 所示。

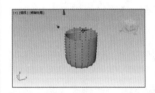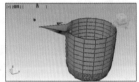

图 5-95

07 从变形效果看，只是所选端点产生平移，而且和周边的曲面连接不平滑，实用性不高。接下来使用【软选择】看看效果如何。

08 按 Ctrl 键返回变形前的状态，先处理下多边形的平滑度问题。在【编辑多边形】修改器中选择【多边形】节点，然后框选所有曲面多边形。在【编辑几何体】卷展栏中，单击 网格平滑 按钮，平滑多边形网格，如图 5-96 所示。

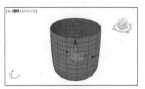

图 5-96

09 在修改器中选择【顶点】节点，在【软选择】卷展栏中选中【使用软选择】复选框。再选中【影响背面】

复选框，并设置【衰减】参数为5，如图5-97所示。

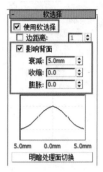

图 5-97

10 同样选中那个多边形端点，向左平移，效果如图5-98所示。

图 5-98

11 从变形效果看，要比没有使用软选择的变形效果好，如果要更精细化，在【编辑几何体】卷展栏中单击【细化】按钮细分网格即可。

5.4.2　曲线编辑工具

二维样条线的编辑分顶点编辑、线段编辑和样条线编辑。在【基本建模】标签的【编辑样条线工具】面板中的曲线编辑工具，是针对样条线对象的编辑工具，是简便的直接编辑工具，包括延伸、圆角、轮廓、反转、修剪、焊接顶点、切角顶点、附加及附加多个等，如图5-99所示。

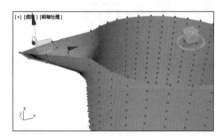

图 5-99

在【修改器】命令面板的【几何体】卷展栏中的选项包含了样条线内部元素的编辑工具，如顶点、线段和样条线等，如图5-100所示。

图 5-100

技术要点：

【编辑样条线工具】面板中的曲线编辑工具在【几何体】卷展栏中全部能找到，并且执行效果都是一样的。

下面重点介绍【几何体】卷展栏中的选项。

1. 编辑顶点

在编辑样条线修改器的堆栈中选择【顶点】，【几何体】卷展栏亮显编辑顶点的相关选项，如图5-101所示。

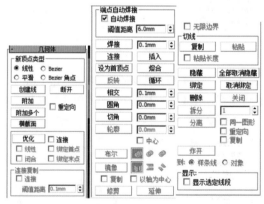

图 5-101

各选项含义如下：

✦ 【新顶点类型】选项组：可使用此组中的单选按钮确定在按住 Shift 键的同时克隆线段或样条线时创建的新顶点的切线。如果之后使用【连接复制】，则对于将原始线段或样条线与新线段或样条线相连的样条线，其上的顶点在此组中具有指定的类型。

✦ 线性：新顶点将具有线性切线。

✦ 平滑：新顶点将具有平滑切线。选中此选项之后，会自动焊接覆盖的新顶点。

◆ Bezier：新顶点将具有 Bezier 切线。

◆ Bezier 角点：新顶点将具有 Bezier 角点切线。

◆ 创建线：将更多样条线添加到所选样条线。这些线是独立的样条线子对象；创建它们的方式与创建线形样条线的方式相同。要退出线的创建，可以右击或单击以禁用【创建线】选项。

◆ 断开：在选定的一个或多个顶点上拆分样条线，如图 5-102 所示。

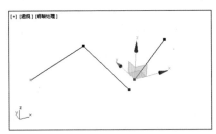

图 5-102

◆ 附加：单击此按钮，将多条独立的样条线合并为完整的样条线组合。

> **技术要点：**
> 要附加的对象与源对象都必须是样条线。

◆ 附加多个：单击此按钮，可以从打开的【附加多个】对话框中选择多个要附加的样条线进行附加操作，如图 5-103 所示。

图 5-103

◆ 重定向：启用后，旋转附加的样条线，使它的创建局部坐标系与所选样条线的创建局部坐标系对齐。

◆ 横截面：在横截面形状外面创建样条线框架。

◆ 优化：这是最重要的工具之一，可以在样条线上添加顶点，且不更改样条线的曲率值，如图 5-104 所示。

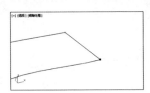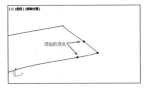

图 5-104

◆ 连接：启用该选项时，通过连接新顶点可以创建一个新的样条线子对象。使用【优化】工具添加顶点后，【连接】选项会为每个新顶点创建一个单独的副本，然后将所有副本与一条新样条线相连。

◆ 线性：启用该选项后，通过使用【角点】顶点可以使新样条直线中的所有线段成为线性。

◆ 绑定首点：启用该选项后，可以使在优化操作中创建的第一个顶点绑定到所选线段的中心。

◆ 闭合：如果启用该选项，将连接新样条线中的第一个和最后一个顶点，以创建一个闭合的样条线；如果关闭该选项，【连接】选项将始终创建一个开口样条线。

◆ 绑定末点：启用该选项后，可以使在优化操作中创建的最后一个顶点绑定到所选线段的中心。

◆ 【端点自动焊接】选项组：该选项组用于自动焊接样条线的端点。

◆ 自动焊接：启用该选项后，会自动焊接在与同一样条线的另一个端点的阈值距离内放置和移动的端点顶点。

◆ 阈值距离：用于控制在自动焊接顶点之前，顶点可以与另一个顶点接近的程度。

◆ 焊接：这是最重要的工具之一，可以将两个端点顶点或同一样条线中的两个相邻顶点转化为一个顶点。

◆ 连接：连接两个端点顶点以生成一条线性线段。

◆ 插入：插入一个或多个顶点，以创建其他线段。

◆ 设为首顶点：指定所选样条线中的哪个顶点为第一个顶点。

◆ 熔合：将所有选定顶点移至它们的平均中心位置，如图 5-105 所示。

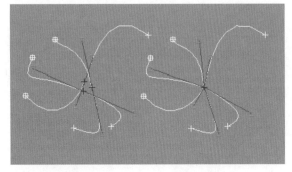

三个所选顶点（左）　　　　熔合的顶点（右）

图 5-105

◆ 循环：选择顶点以后，单击该按钮可以循环选择同一条样条线上的顶点。

◆ 相交：在属于同一个样条线对象的两条样条线的相交处添加顶点。

✦ 圆角：在线段会合的地方设置圆角，以添加新的控制点，如图 5-106 所示。

图 5-106

✦ 切角：用于设置形状角部的倒角，如图 5-107 所示。

图 5-107

✦【切线】选项组：使用此组中的工具可以将一个顶点的控制柄复制并粘贴到另一个顶点。

✦ 复制：启用此按钮，然后选择一个控制柄。此操作将把所选控制柄切线复制到缓冲区。

✦ 粘贴：启用此按钮，然后单击一个控制柄。此操作将把控制柄切线粘贴到所选顶点。

✦ 粘贴长度：启用此按钮后，还会复制控制柄长度。如果禁用此按钮，则只考虑控制柄角度，而不改变控制柄长度。

✦ 隐藏：隐藏所选顶点和任何相连的线段。

✦ 全部取消隐藏：显示任何隐藏的子对象。

✦ 绑定：允许创建绑定顶点。

✦ 取消绑定：允许断开绑定顶点与所附加线段的连接。

✦ 删除：在【顶点】级别下，可以删除所选的一个或多个顶点，以及与每个要删除的顶点相连的那条线段；在【线段】级别下，可以删除当前形状中任何选定的线段。

2. 编辑线段

在修改器堆栈中选择【线段】节点，在【几何体】卷展栏中将显示所有可用于编辑线段的选项，部分选项与编辑顶点时是共用的，下面不再重复介绍。

✦ 拆分：通过添加由指定的顶点数来细分所选线段。

✦ 分离：允许选择不同样条线中的几条线段，然后拆分（或复制）它们，以构成一个新图形。

✦ 同一图形：启用该选项后，将关闭【重定向】功能，并且【分离】操作将使分离的线段保留为形状的一部分（而不是生成一个新形状）。如果还启用了【复制】选项，则可以结束在同一位置进行的线段的分离副本。

✦ 重定向：移动和旋转新的分离对象，以便对局部坐标系进行重定向。

✦ 复制：复制分离线段，而不是移动它。

✦ 显示选定线段：启用该选项后，与所选顶点子对象相连的任何线段将显示为红色。

3. 编辑样条线

在修改器堆栈中选择【样条线】节点，【几何体】卷展栏中将显示所有可用于编辑样条线的选项，部分选项与编辑顶点、线段时是共用的，下面仅介绍不同的选项。

✦ 中心：如果关闭该选项，原始样条线将保持静止，而仅一侧的轮廓偏移到【轮廓】工具指定的距离；如果启用该选项，原始样条线和轮廓将从一个不可见的中心线向外移动由【轮廓】工具指定的距离。

✦ 布尔：对两条样条线进行 2D 布尔运算。

✦ 并集：将两条重叠样条线组合成一条样条线。在该样条线中，重叠的部分会被删除，而保留两条样条线不重叠的部分，构成一条样条线。

✦ 差集：从第 1 条样条线中减去与第 2 条样条线重叠的部分，并删除第 2 条样条线中剩余的部分。

✦ 交集：仅保留两条样条线的重叠部分，并且会删除两者的不重叠部分。

✦ 镜像：对样条线进行相应的镜像操作。

✦ 水平镜像：沿水平方向镜像样条线。

✦ 垂直镜像：沿垂直方向镜像样条线。

✦ 双向镜像：沿对角线方向镜像样条线。

✦ 复制：启用该选项后，可以在镜像样条线时复制（而不是移动）样条线。

✦ 以轴为中心：启用该选项后，可以以样条线对象的轴点为中心镜像样条线。

✦ 修剪：清理形状中的重叠部分，使端点接合在一个点上。

✦ 延伸：清理形状中的开口部分，使端点接合在一个点上。

✦ 无限边界：为了计算相交，启用该选项可以将开口样条线视为无穷长。

✦ 关闭：通过将所选样条线的端点顶点与新线段相

连，以关闭该样条线。

✦ 炸开：通过将每条线段转化为一个独立的样条线或对象来分裂任何所选样条线。

✦ 到：设置炸开样条线的方式，包含【样条线】和【对象】两种。

动手操作——利用曲线编辑工具制作简易桌子

利用矩形工具、移动 / 旋转复制功能、可编辑样条线的顶点与线段调节，制作简易桌子，如图 5-108 所示。操作方法如下。

图 5-108

01 新建场景文件。

02 在【基本建模】标签的【创建二维】面板中单击【矩形】命令按钮□□□□，在顶视图中绘制一个矩形，在【参数】卷展栏下设置【长度】和【宽度】为 100mm、【角半径】为 20mm，具体参数设置及矩形效果如图 5-109 所示。

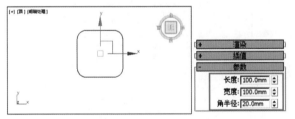

图 5-109

03 选择样条线（矩形），在【渲染】卷展栏中选中【在渲染中启用】和【在视图中启用】选项，接着选中【矩形】选项，最后设置【长度】为 20mm、【宽度】为 8mm，具体参数设置及模型效果如图 5-110 所示。

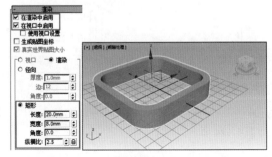

图 5-110

04 渲染模型在激活状态下，使用【阵列】工具 ，设置矩形阵列参数，如图 5-111 所示。创建的矩形阵列如图 5-112 所示。

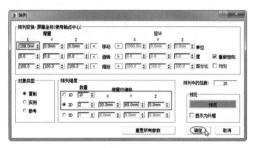

图 5-111

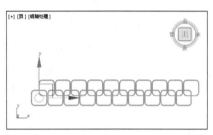

图 5-112

05 选择左下角的第一个矩形模型，然后在【直接编辑二维】面板中单击【添加编辑样条线】按钮 ，或者右击，接着在弹出的四元菜单中选择【转换为】|【转换为可编辑样条线】命令，如图 5-113 所示。

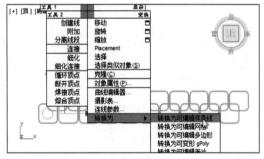

图 5-113

06 在【选择】卷展栏下单击【顶点】按钮 ，然后选择如图 5-114 所示的两个顶点，接着按 Delete 键删除所选顶点，效果如图 5-115 所示。

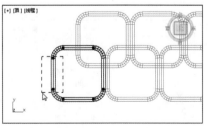

图 5-114

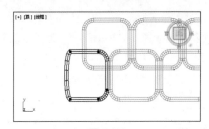

图 5-115

07 选择左侧的两个顶点，然后右击，接着在弹出的菜单中选择【角点】命令，如图 5-116 所示，变换效果如图 5-117 所示。

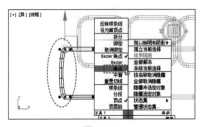

图 5-116

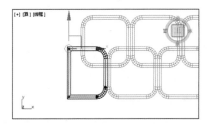

图 5-117

08 选择【选择并移动】工具，同时打开捕捉开关与点、轴的约束。将两个顶点向右拖曳到如图 5-118 所示的位置。

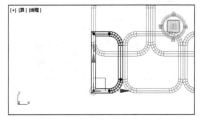

图 5-118

09 采用相同的方法处理好右上角的矩形，完成后的效果如图 5-119 所示。

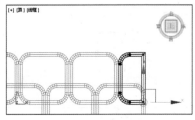

图 5-119

10 按 Ctrl+A 快捷键全选场景中的所有矩形，然后使用【阵列】工具在顶视图中阵列复制 9 组模型，阵列参数如图 5-120 所示。阵列效果如图 5-121 所示。

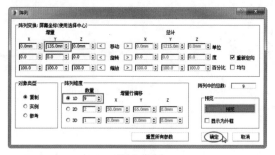

图 5-120

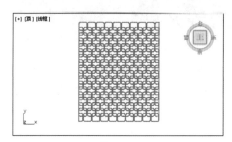

图 5-121

11 选择第一排的 9 个对象，然后按 Delete 键将其删除，效果如图 5-122 所示。

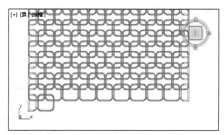

图 5-122

12 选择第一个半边矩形模型，然后编辑其顶点，并删除多余分段，效果如图 5-123 所示。

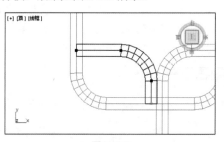

图 5-123

13 编辑第二个矩形模型的顶点，并删除多余分段，效果如图 5-124 所示。

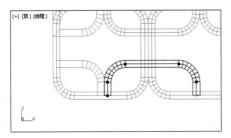

图 5-124

14 选中第二个编辑后的矩形模型进行阵列，阵列参数如图 5-125 所示。阵列结果如图 5-126 所示。

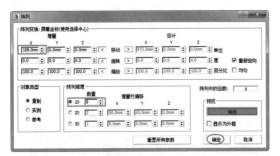

图 5-125

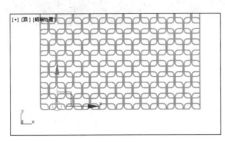

图 5-126

15 采用相同的方法处理好顶部的模型，完成后的效果如图 5-127 所示。

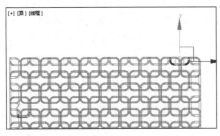

图 5-127

16 按 Ctrl+A 快捷键全选场景中所有的对象，在菜单栏执行【组】命令创建组。

17 在【修改】命令面板中单击 ▭线▭ 按钮，在【渲染】卷展栏中设置选项及参数，如图 5-128 所示。

18 在【键盘输入】卷展栏输入直线起点坐标和终点坐标，创建直线渲染模型，如图 5-129 所示。

图 5-128　　　　　　图 5-129

19 在顶视图中将直线渲染模型平移，或者在状态栏的【绝对模式变换输入】文本框内输入模型的位置，如图 5-130 所示。

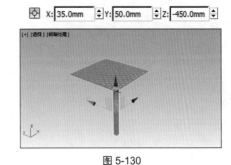

图 5-130

20 将直线渲染模型进行阵列，阵列参数设置如图 5-131 所示。阵列效果如图 5-132 所示。

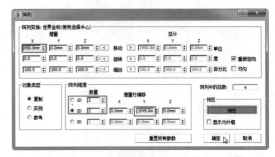

图 5-131

图 5-132

6.1　3ds Max 建模概述

在制作模型前，首先要明白建模的重要性、建模的思路，以及建模的常用方法等。只有掌握了这些最基本的知识，才能在创建模型时得心应手。

3ds Max【建模】是指在场景中创建二维或三维造型。三维建模是三维设计的第一步，是三维世界的核心和基础。没有一个好的模型，其他什么好的效果都难以表现。3ds Max 具有多种建模手段，除了内置的几何体模型、对图形的挤压、车削、放样建模，以及复合物体等基础建模方法外，还有多边形建模、面片建模、细分建模、NURBS 建模等高级建模方法。

6.1.1　3ds Max 建模方式

使用 3ds Max 制作作品时，一般都遵循"建模→材质→灯光→渲染"这 4 个基本流程。建模是一幅作品的基础，没有模型，材质和灯光就是无稽之谈，如图 6-1 所示是两幅非常优秀的建模作品。

图 6-1

3ds Max 中的建模总体分成 3 种方式。

✦ 多边形建模：这是最常用的，在三维动画产生初期就存在的一种建模方式，也是最成熟的建模方式。特别是细分建模方法的出现，让这一方法蓬勃发展，而且几乎所有的建模类软件都支持这种建模方式。

✦ 面片网格体建模：由多边形建模发展出来的曲面线框建模方式，这种建模方式曾经在国内非常流行，它是以线条控制曲面来制作模型的。理论上可以制作出任何模型，但是效率低下，制作起来非常费时。随着多边形细分建模方法的出现，现在这种方法使用得越来越少了。

✦ NURBS 建模：NURBS 是相当专业的建模方式，但是 3ds Max 对于 NURBS 的支持实在不好，基本上很难用它来完成复杂模型。就连国外权威的 3ds Max 教材《inside max》中，对于 NURBS 建模也是一带而过，但并不是说这种方法不好，只是不适合大家使用。

6.1.2　三维建模分析

一个复杂的模型，总是由一些简单的特征经过一定的方式组合而成的，可以称为"组合体"。组合体按其组成方式可分为叠加、切割和相交 3 种基本形式，分别如图 6-2 所示。

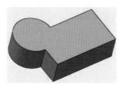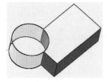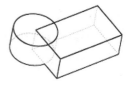

图 6-2

对于一个复杂的模型，其由许多个简单基本体叠加而成。在进行建模之前，先对其进行结构分析是非常重要的。首先要明确模型中各个基本体之间的关系，找出模型的基本轮廓作为第一个样条线轮廓，然后根据基本体之间的主次关系，理清建模的顺序。

同一个模型，不同的设计者可能用不同的方法实现模型的创建。但是，对于最终的模型，要保证其体现设计思想、加工工艺思想和模型本身的鲁棒性，使模型不仅易于修改，而且在修改时产生的关联错误也能快速修复。

总之，三维软件建模的主体思路可以划分为特征分割法和特征合成法两大类。

✦ 特征合成法：系统允许设计人员加或减特征进行设计。首先通过一定的规划和过程定义一般特征，建立一般特征库，然后对一般特征实例化。并对特征实例进行修改、复制、删除生成实体模型，导出特定的参数值操作，建立产品模型。如图 6-3 所示为利用特征合成法设计的建模作品。

图 6-3

✦ 特征分割法：在一个毛坯模型上用特征进行布尔减操作，从而建立零件模型。类似于产品的实际生产加工过程。如图 6-4 所示为利用特征分割法进行建模的作品。

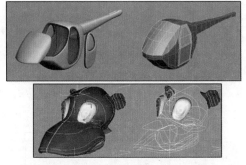

图 6-4

6.1.3　3ds Max 几何基本体建模工具

3ds Max 的几何基本体包括标准基本体和扩展基本体。创建标准基本体和扩展基本体的工具在【创建】|【几

何体】命令面板的【对象类型】卷展栏中，如图 6-5 所示为标准基本体的工具。

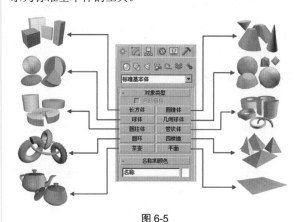

图 6-5

创建扩展基本体的建模工具，如图 6-6 所示。

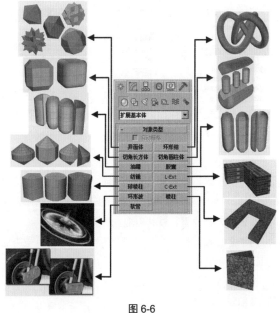

图 6-6

6.2　标准基本体

10 种标准几何体非常易于建立，只需单击拖曳鼠标，交替几次即可完成，大多数几何体还可通过键盘输入来创建。

每一种几何体都有多个参数，以控制产生不同形态的几何体，如锥体工具就可以产生圆锥、棱锥、圆台和棱台等。

通过参数的变换和各种修改工具，可以将标准几何体编辑成各种复杂的形体。

6.2.1 长方体

长方体是最简单的内置模型，广泛应用于建模过程，可用来制作墙壁、地面或桌面等简单的模型，主要由长、宽和高 3 个参数确定，它的特殊形状是正方体。

动手操作——创建长方体

01 新建场景文件。

02 在【创建】命令面板中单击【几何体】按钮 ◎，在几何体类型列表中选择【标准基本体】类型，命令面板中显示【对象类型】卷展栏。展开卷展栏列出标准基本体的建模工具。

03 单击 长方体 按钮，命令面板中会显示创建长方体的【创建方法】【键盘输入】和【参数】等卷展栏，如图 6-7 所示。

图 6-7

04 【创建方法】卷展栏中包括两种创建方法：立方体和长方体。通过选择不同的创建方法，可以创建出立方体模型和长方体模型，默认创建长方体。

05 【键盘输入】卷展栏是在视图中精确控制模型方位的创建方法，其中：

✦ X、Y、Z：文本框允许输入长方体底面起点位置的坐标。

✦ 长度、宽度、高度：设置长方体对象的长度、宽度和高度。在拖曳长方体的侧面时，这些字段也作为读数，默认值为 0、0、0。

✦ 【创建】按钮：单击此按钮，将按键盘输入的参数来建立长方体模型。

06 【参数】卷展栏是在视图中任意位置开始创建模型的。其中：

✦ 长度、宽度、高度：设置长方体对象的长度、宽度和高度。在拖曳长方体的侧面时，这些字段也作为读数，默认值为 0、0、0。

✦ 长度分段、宽度分段、高度分段：设置沿着对象每个轴的分段数量，在创建前后设置均可。默认情况下，长方体的每个侧面是单个分段的，当设置这些值时，新

值将成为绘画期间的默认值。默认设置为 1、1、1。

✦ 生成贴图坐标：生成将贴图材质应用于长方体的坐标，默认设置为启用状态。

✦ 真实世界贴图大小：控制应用与该对象的纹理贴图材质所使用的缩放方法。缩放值由位于应用材质的【坐标】卷展栏中的【使用真实世界比例】控制，默认设置为禁用状态。

07 在【创建方法】卷展栏选择【立方体】方法。然后在【键盘输入】卷展栏中输入参数，单击【创建】按钮，创建正方体模型，如图 6-8 所示。

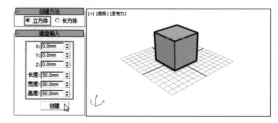

图 6-8

08 在【创建方法】卷展栏选择【长方体】方法，并在【参数】卷展栏输入长度分段、宽度分段和高度分段的段数，然后在透视图中先拾取一点作为起点，然后水平拖曳鼠标创建底面矩形，向 Z 方向拖曳鼠标创建长方体高度，创建的长方体如图 6-9 所示。

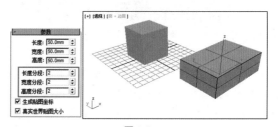

图 6-9

> **技术要点：**
> 拖曳长方体底部时按住 Ctrl 键，将保持长度和宽度一致，即可创建具有方形底部的长方体。按住 Ctrl 键对高度没有任何影响。

09 在【参数】卷展栏中修改长方体的长度、宽度和高度值，按 Enter 键即可修改长方体的尺寸，如图 6-10 所示。

图 6-10

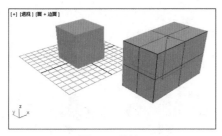

图 6-10（续）

10 最后按 Esc 键结束创建操作。

6.2.2　圆锥体

圆锥体在现实生活中经常看到，如冰激凌的外壳、吊坠等。创建圆锥体的【创建方法】【键盘输入】卷展栏和【参数】卷展栏如图 6-11 所示。

图 6-11

【创建方法】卷展栏选项含义如下：

+ 边：以两点确定底圆边位置的方式。
+ 中心：以圆心确定底圆中心位置的方式。

【键盘输入】卷展栏选项含义如下：

+ 半径 1、2：设置圆锥体的第 1 个半径和第 2 个半径，两个半径的最小值都是 0。
+ 高度：设置沿着中心轴的维度。负值将在构造平面下面创建圆锥体。
+ 【创建】按钮：单击此按钮创建模型。

【参数】卷展栏选项含义如下（与【键盘输入】卷展栏相同选项除外）：

+ 高度分段：设置沿着圆锥体主轴的分段数。
+ 端面分段：设置围绕圆锥体顶部和底部中心的同心分段数。
+ 边数：设置圆锥体周围的边数。
+ 平滑：混合圆锥体的面，从而在渲染视图中创建平滑的外观。
+ 启用切片：控制是否开启【切片】功能。
+ 切片起始 / 结束位置：设置从局部 X 轴的零点开始围绕局部 Z 轴的度数。

利用【圆锥】工具可以创建圆柱体、圆锥体、锥台和圆台。

动手操作——创建圆锥体

01 新建场景文件。

02 在【创建】|【几何体】命令面板的【对象类型】卷展栏中单击　圆锥体　按钮，然后在【创建方法】卷展栏选择【中心】方法。

03 在【键盘输入】卷展栏中设置圆锥体参数，并单击　创建　按钮创建圆锥体模型，如图 6-12 所示。

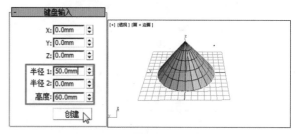

图 6-12

04 重新在【键盘输入】卷展栏中设置圆锥体参数，创建圆台，如图 6-13 所示。

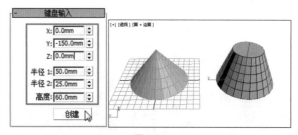

图 6-13

技术要点：

半径 1 和半径 2 相等，则创建为圆柱体；半径 1 与半径 2 不相等则创建为圆台；半径 1 与半径 2 的其中一个参数为 0，另一个赋值，则创建为圆锥体。

05 在【参数】卷展栏设置选项及参数修改圆台，如图 6-14 所示。

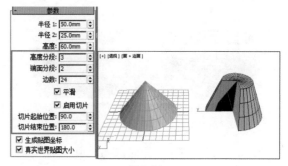

图 6-14

06 若在视图中利用鼠标拖曳来创建任意参数的圆锥体，然后在【参数】卷展栏中将【半径1】和【半径2】的值设为相等，那么将创建圆柱体，如图 6-15 所示。

图 6-15

07 最后按下 Esc 键完成模型的创建。

6.2.3 球体与几何球体

球体也是现实生活中最常见的物体。在 3ds Max 中，可以创建完整的球体，也可以创建半球体或球体的其他部分，其参数设置选项如图 6-16 所示。

图 6-16

几何球体是多面体的统称，也包括球体。例如四面体、八面体、32 面体等。几何球体与球体的判定在于【分段】的段数。段数越多的几何球体就越接近于球体。球体与几何球体所不同的是：球体由四角面构成，几何球体由三角面构成。如图 6-17 所示。

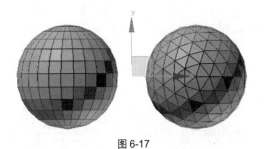

图 6-17

下面介绍球体与几何球体的参数选项：

✦ 半径：指定球体的半径。

✦ 分段：设置球体多边形分段的数目。分段越多，球体越圆滑，反之则越粗糙，如图 6-18 所示为【分段】值分别为 8 和 32 时的球体对比。

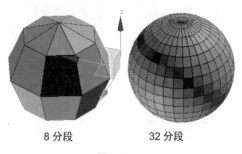

8 分段   32 分段

图 6-18

✦ 平滑：混合球体的面，从而在渲染视图中创建平滑的外观。

✦ 半球：该值过大将从底部【切断】球体，以创建部分球体，取值范围为 0～1。值为 0 可以生成完整的球体；值为 0.5 可以生成半球，如图 6-19 所示；值为 1 会使球体消失。

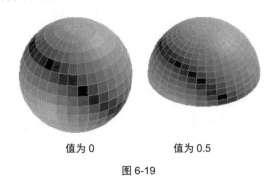

值为 0   值为 0.5

图 6-19

✦ 切除：通过在半球断开时将球体中的顶点数和面数切除，从而减少它们的数量，如图 6-20 所示。

✦ 挤压：保持原始球体中的顶点数和面数，将几何体向着球体的顶部挤压为越来越小的体积，如图 6-21 所示。

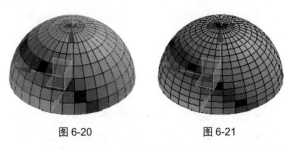

图 6-20   图 6-21

✦ 轴心在底部：在默认情况下，轴点位于球体中心的构造平面上，如图 6-22 所示。如果选中【轴心在底部】选项，则会将球体沿着其局部 Z 轴向上移动，使轴点位于其底部，如图 6-23 所示。

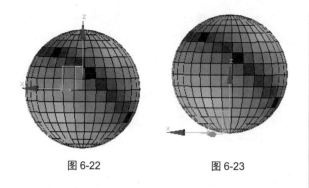

图 6-22　　　　　　　　图 6-23

01 新建场景文件。

02 在【修改】|【几何体】命令面板的【对象类型】卷展栏中单击 [球体] 按钮，然后在透视图的视图中拖曳鼠标创建球体，如图 6-24 所示。

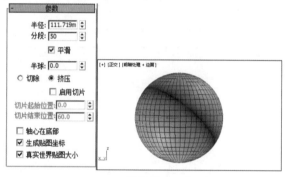

图 6-24

03 在【参数】卷展栏输入【半径】值为100，选中【启用切片】复选框，并设置起始位置和结束位置，其余选项不变，按 Enter 键后修改球体，结果如图 6-25 所示。

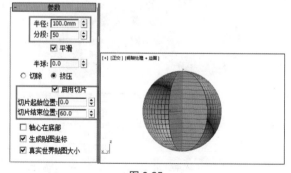

图 6-25

04 最后按下 Esc 键完成模型的创建。

6.2.4　圆柱体和管状体

圆柱体在现实中很常见，例如玻璃杯和桌腿等。制作由圆柱体构成的物体时，可以先将圆柱体转换成可编辑多边形，然后对细节进行调整。圆柱体的参数，如图 6-26 所示。

图 6-26

管状体的外形与圆柱体相似，不过管状体是空心的，因此管状体有两个半径，即外径（半径1）和内径（半径2）。管状体的参数，如图 6-27 所示。

图 6-27

圆柱体选项及参数介绍如下：

✦ 半径：设置圆柱体的半径。

✦ 高度：设置沿着中心轴的维度。输入负值将在构造平面下面创建圆柱体。

✦ 高度分段：设置沿着圆柱体主轴的分段数量。

✦ 端面分段：设置围绕圆柱体顶部和底部中心的同心分段数量。

✦ 边数：设置圆柱体周围的边数。

管状体选项及参数介绍如下：

✦ 半径1/半径2：【半径1】是指管状体的外径；【半径2】是指管状体的内径。

✦ 高度：设置沿着中心轴的维度。输入负值将在构造平面的下面创建管状体。

✦ 高度分段：设置沿着管状体主轴的分段数量。

✦ 端面分段：设置围绕管状体顶部和底部中心的同心分段数量。

✦ 边数：设置管状体周围边数，边数控制着管状体的形状。如图 6-28 所示分别为 3 边、4 边、5 边及 18 边的效果。

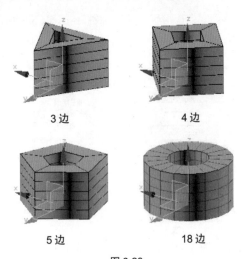

3 边　　　　　　　4 边

5 边　　　　　　　18 边

图 6-28

动手操作——创建圆柱体

01 新建场景文件。

02 在【修改】|【几何体】命令面板的【对象类型】卷展栏中单击 圆柱体 按钮，然后在【键盘输入】卷展栏中输入圆柱体参数，单击【创建】按钮创建第一个圆柱体，在【参数】卷展栏修改参数，如图 6-29 所示。

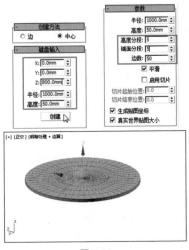

图 6-29

03 继续在【键盘输入】卷展栏中设置第二个圆柱体参数，单击【创建】按钮完成创建，如图 6-30 所示。

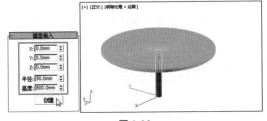

图 6-30

04 继续在【键盘输入】卷展栏中设置第三个圆柱体的参数，单击【创建】按钮完成创建，如图 6-31 所示。

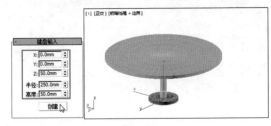

图 6-31

05 最后在【键盘输入】卷展栏中设置第四个圆柱体参数，单击【创建】按钮完成创建，如图 6-32 所示。

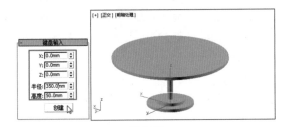

图 6-32

06 最后按下 Esc 键完成模型的创建。

6.2.5　圆环

　　圆环可生成一个具有圆形横截面的环，有时称为"圆环"。可以将平滑选项与旋转和扭曲设置组合使用，以创建复杂的变体。圆环的示例及参数设置如图 6-33 所示。

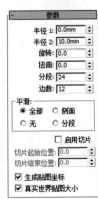
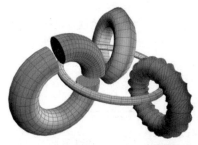

图 6-33

参数选项含义如下：

✦　半径 1（主半径）：设置从环形的中心到横截面圆形中心的距离，这是环形环的半径。

✦　半径 2（次半径）：设置横截面圆形的半径，如图 6-34 所示。

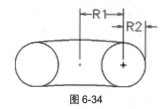

图 6-34

✦　旋转：设置旋转的度数，顶点将围绕通过环形环中心的圆形非均匀旋转，如图 6-35 所示。

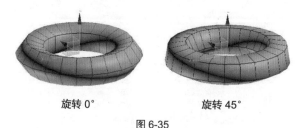

旋转 0°　　　　　　旋转 45°

图 6-35

✦　扭曲：设置扭曲的度数，横截面将围绕通过环形中心的圆形逐渐旋转，如图 6-36 所示。

扭曲为 0　　　　　　扭曲为 720

图 6-36

✦　分段：设置围绕环形的分段数目。通过减小该数值，可以创建多边形环，而不是圆形。

✦　边数：设置环形横截面圆形的边数。通过减小该数值，可以创建类似于棱锥的横截面，而不是圆形。

动手操作——创建圆环体

01 新建场景文件。

02 在【修改】|【几何体】命令面板的【对象类型】卷展栏中单击 **管状体** 按钮，在【参数】卷展栏设置参数，然后在【键盘输入】卷展栏输入参数，单击【确定】按钮创建管状体，如图 6-37 所示。

03 在【对象类型】卷展栏单击 **圆柱体** 按钮，在【键盘输入】卷展栏输入参数后单击【创建】按钮，在圆环体底部创建圆柱体，以此封闭底部缺口，如图 6-38 所示。

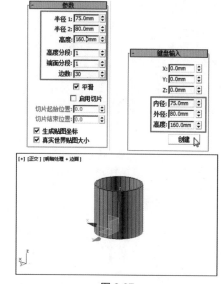

图 6-37

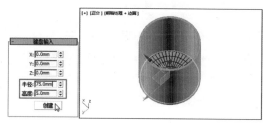

图 6-38

04 在【对象类型】卷展栏单击 **圆环** 按钮，在【参数】卷展栏设置分段和边数，然后在【键盘输入】卷展栏输入圆环参数，单击【创建】按钮完成圆环体的创建，如图 6-39 所示。

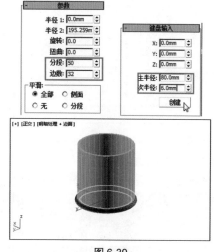

图 6-39

05 在【键盘输入】卷展栏输入新的圆环参数，单击【创建】按钮完成圆环体的创建，如图 6-40 所示。

图 6-40

06 激活左视图。手动绘制一个圆环，然后在【参数】卷展栏中修改参数，如图 6-41 所示。

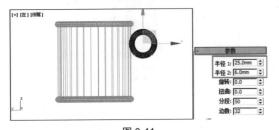

图 6-41

07 按下 Shift 键拖曳上一步创建的圆环，复制该圆环体，如图 6-42 所示。同时修改副本圆环体的参数，并拖曳至合适位置，如图 6-43 所示。

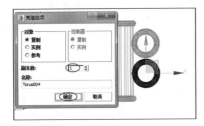

图 6-42

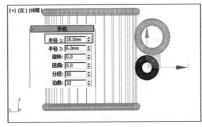

图 6-43

08 最终效果如图 6-44 所示。

图 6-44

6.2.6 四棱锥

四棱锥基本体拥有方形或矩形底部和三角形侧面。常见的四棱锥示例模型，如图 6-45 所示。

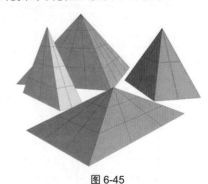

图 6-45

四棱锥的参数与选项设置，如图 6-46 所示。

图 6-46

✦ 基点 / 顶点：以四棱锥底部的四边形某个顶点或基点来创建。

✦ 中心：以四棱锥底部的四边形重心为参考来创建。

✦ 宽度、深度和高度：设置四棱锥对应面的维度。

✦ 宽度、深度和高度分段：设置四棱锥对应面的分段数。

动手操作——创建四棱锥

01 新建场景文件。

02 在【修改】|【几何体】命令面板的【对象类型】卷展栏中单击 **四棱锥** 按钮，以【基点 / 顶点】的创建方法，在透视图中拾取一点作为基点，单击拖曳创建矩形，并向 Z 方向拖曳鼠标确定高度，释放鼠标创建四棱锥，如图 6-47 所示。

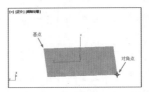

图 6-47

03 在【参数】卷展栏中修改四棱锥参数，按 Enter 键将修改应用于当前模型，如图 6-48 所示。

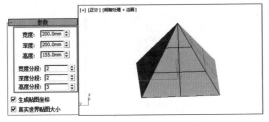

图 6-48

04 最后按下 Esc 键完成模型的创建。

6.2.7　茶壶

3ds Max 中的茶壶基本体源自 1975 年 Martin Newell 所开发的原始数据。从放在他书桌上的茶壶网格纸素描开始，Newell 通过计算立方体 Bezier 样条线创建了线框模型。此时，犹他州大学的 James Blinn 使用此模型制作了具有出色质量的早期渲染。

茶壶至此成为计算机图形中的经典图形。其复杂的曲线和相交曲面非常适用于测试现实世界对象上不同种类的材质贴图和渲染设置。

3ds Max 的茶壶基本体是由壶盖、壶身、壶柄、壶嘴组成的合成对象，如图 6-49 所示。

图 6-49

茶壶的参数与选项设置，如图 6-50 所示。

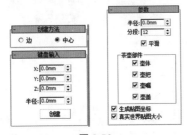

图 6-50

参数含义如下：

✦ 半径：设置茶壶的半径。

✦ 分段：设置茶壶或其单独部件的分段数。

✦ 平滑：混合茶壶的面，从而在渲染视图中创建平滑的外观。

✦ 茶壶部件：选择要创建的茶壶的部件，包含【壶体】【壶把】【壶嘴】和【壶盖】4 个部件。

茶壶的创建很简单，设置壶体的半径即可，并设置是否创建茶壶的各个部件。

6.2.8　平面

【平面】对象是特殊类型的平面多边形网格，可在渲染时无限放大，可以放大分段的大小和 / 或数量。使用【平面】对象来创建大型地平面并不会妨碍在视图中工作。可以将任何类型的修改器应用于【平面】对象（如置换），以模拟陡峭的地形。

创建平面的参数与选项设置，如图 6-51 所示。

图 6-51

✦ 长度、宽度：设置平面对象的长度和宽度。在拖曳长方体的侧面时，这些字段也作为读数。可以修改这些值，默认值为 0.0、0.0。

✦ 长度分段、宽度分段：设置沿着对象每个轴的分段数量。在创建前后设置均可。默认情况下，平面的每个面都拥有 4 个分段。当重置这些值时，新值将成为会话期间的默认值。

✦ 缩放：指定长度和宽度在渲染时的倍增因子，将从中心向外执行缩放。

✦ 密度：指定长度和宽度分段数在渲染时的倍增因子。

在默认情况下创建出来的平面是没有厚度的，如果要让平面产生厚度，需要为平面加载【壳】修改器，然后适当调整【内部量】和【外部量】数值即可，如图 6-52所示。关于修改器的用法将在后面的章节中进行详解。

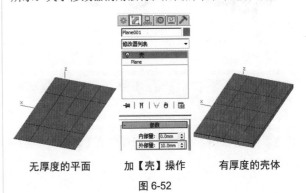

无厚度的平面　　加【壳】操作　　有厚度的壳体

图 6-52

6.3 扩展基本体

【扩展基本体】是基于【标准基本体】的一种扩展物体，共有 13 种，分别是异面体、环形结、切角长方体、切角圆柱体、油罐、胶囊、纺锤、L-Ext、球棱柱、C-Ext、环形波、软管和棱柱，如图 6-53 所示。

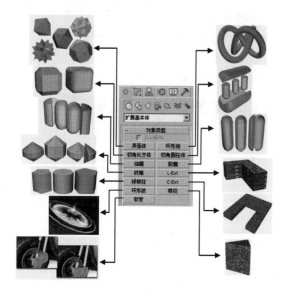

图 6-53

这 13 种扩展几何体所创建的几何体要比标准几何体更复杂，同时它们也是比较常用的建模工具，通过改变参数还可以创建出许多形状奇异的几何体。

对于同一种几何体，设定不同的参数，得到多种形态各异的形体，如图 6-54 所示。

图 6-54

6.3.1 异面体

异面体是一种很典型的扩展基本体，可以用它来创建四面体、立方体和星形等。异面体的【参数】卷展栏如图 6-55 所示。

图 6-55

各选项含义如下：

✦ 【系列】选项组：创建异面体的 5 种类型可供选择。如图 6-56 所示为 5 种异面体效果。

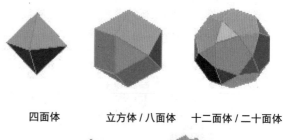

| 四面体 | 立方体 / 八面体 | 十二面体 / 二十面体 |

星形 1　　　　　星形 2

图 6-56

> **技术要点：**
> 可以在异面体类型之间设置动画。启用【自动关键点】按钮，转到任意帧，然后更改【系列】复选框。类型之间没有插值。模型只是从一个星形跳转到立方体或四面体，如此而已。

✦ 【系列参数】选项组：通过设置 P 和 Q 在顶点和面之间来回更改几何体，例如 P 为 1 时（Q 自动为 0），为四面体；当 P、Q 均为 0.5 时，自动更改为十二面体；当 P、Q 均为 0.1 时，得到新型异面体，如图 6-57 所示。

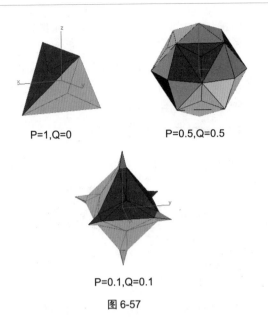

P=1,Q=0　　　　P=0.5,Q=0.5

P=0.1,Q=0.1

图 6-57

技术要点：

通俗地讲，【系列参数】组的 P 和 Q，实际上是四面体 6 个顶点扩展为面的纵横方向，也可以理解为扩展面的边，最大边长值就是 1，将与四面体中原有的面等边长。最小为 0，即为点，如图 6-58 所示。

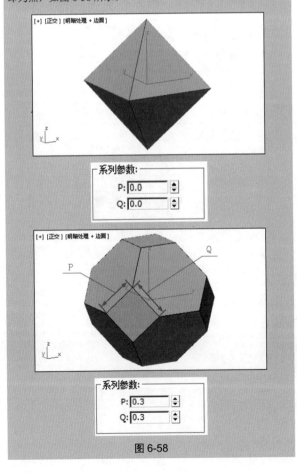

图 6-58

✦　【轴向比率】选项组：多面体可以拥有多达 3 种多面体的面，如三角形、方形或五角形。P、Q 和 R 为多面体中单个面上的法向轴，这里的 P、Q 与【系列参数】选项组的 P、Q 含义是不同的。其中，P 为扩展面的法向轴，Q 与 R 为原多面体面上的法向轴，如图 6-59 所示。

✦　【顶点】选项组：【顶点】组中的参数决定多面体每个面的内部几何体。【中心】和【中心和边】会增加对象中的顶点数，因此增加面数。这些参数不可设置动画。

✦　半径：多面体的半径。

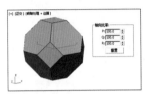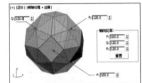

图 6-59

动手操作——利用【异面体】制作足球

01 新建场景文件。

02 在【修改】|【几何体】命令面板中选择【扩展基本体】类型，然后在【对象类型】卷展栏单击　异面体　按钮。

03 在【参数】卷展栏的【系列】选项组中选择【十二面体 / 二十面体】选项，然后在透视图中单击放置多面体的基点，拖曳鼠标确定半径创建十二面体。

04 在【系列参数】选项组输入 P 值为 0.4，在卷展栏底部的【半径】文本框输入半径为 150mm，修改后的结果如图 6-60 所示。

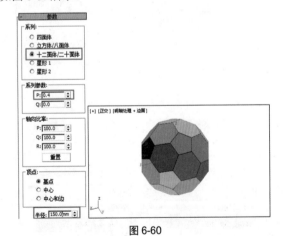

图 6-60

05 由于现在的状态是实体，要编辑就要转换成网格或多边形形式。选中模型并右击，在弹出的四元菜单中选择【变换】|【转换为】|【转换为可编辑网格】命令，如图 6-61 所示。

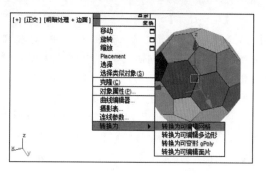

图 6-61

06 在【修改】命令面板的修改器堆栈中展开【可编辑网格】选项，选中【多边形】节点，如图 6-62 所示。

图 6-62

07 在透视图中框选所有网格多边形，然后在【修改】命令面板的【编辑几何体】卷展栏中选中【元素】选项，再单击【炸开】按钮，将网格模型网格炸开成独立的多边形面片，便于后期处理，如图 6-63 所示。

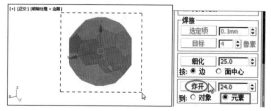

图 6-63

08 在堆栈中选择【可编辑网格】层级选项，然后在此基础上的【修改器列表】中添加【网格平滑】修改器，如图 6-64 所示。

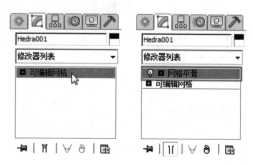

图 6-64

09 在【细分方法】卷展栏中选择【四边形输出】细分方法，迭代次数设为 2，如图 6-65 所示。

10 在【网格平滑】修改器基础上，再添加【球形化】修改器，如图 6-66 所示。无须在此修改器上修改参数，保留默认即可。

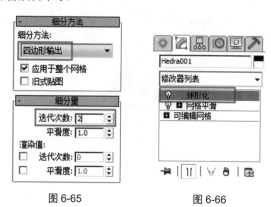

图 6-65　　　　图 6-66

11 在【球形化】修改器基础上添加【体积选择】修改器。在【参数】卷展栏的【堆栈选择层级】选项组中选择【面】选项，所有面被自动选中，如图 6-67 所示。

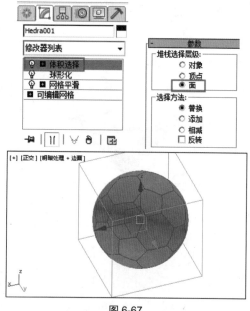

图 6-67

12 在此修改器的基础上，继续添加【面挤出】修改器。设置挤出量为 1，选中【从中心挤出】复选框，如图 6-68 所示。

图 6-68

13 最后添加【网格平滑】修改器，设置细分方法为【四边形输出】，其余参数及选项保持默认，如图 6-69 所示。

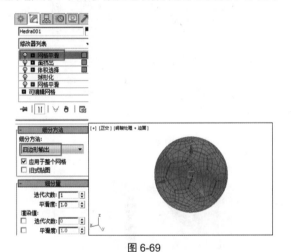

图 6-69

14 至此，足球模型创建完成。最终效果如图 6-70 所示。

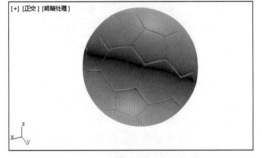

图 6-70

6.3.2　环形结

环形结是一种形状较为复杂、形态较为柔美的参数化三维形体，由于其创建参数比较多，因而可以生成多种形态各异的三维形体，如图 6-71 所示。

图 6-71

环形结的【参数】卷展栏由【基础曲线】【横截面】【平滑】和【贴图坐标】4 个选项组组成，如图 6-72 所示。

图 6-72

其中【贴图坐标】选项组用于设置贴图坐标。下面主要对前 3 个选项组中参数选项的用法进行介绍。

✦ 【基础曲线】选项组：该选项组可控制有关环绕曲线的参数。这种环形结造型也可以理解为截面在曲线路径上放样获得的造型，这里就包括针对曲线路径的参数控制。

✦ 【圆】：选择该单选按钮，可生成普通的圆环，如图 6-73 所示。

图 6-73

✦ P、Q：在【结】单选按钮的选中状态下，该参数可控制曲线路径缠绕的圈数，如图 6-74 所示。

图 6-74

✦【扭曲数】【扭曲高度】：在【圆】单选按钮为选中状态时，这两个参数可控制在曲线路径上产生的弯曲数目和弯曲的高度，如图 6-75 所示。

图 6-75

✦【横截面】选项组：通过截面图形的参数控制来产生形态各异的造型，如图 6-76 所示。该选项组用于对缠绕成环形结的圆柱体截面进行设置。

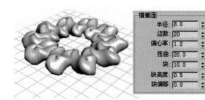

图 6-76

✦【平滑】选项组：将环形结设置成初始状态下所建立的形体，然后依次选择【平滑】选项组中的 3 个单选按钮，从而观察模型【全部光滑】【侧面】和【无】时的效果，如图 6-77 所示。

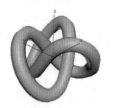

全部光滑　　　　　侧面（仅边光滑）

无（边和截面都不光滑）

图 6-77

动手操作——制作剪纸灯笼

01 新建场景文件。

02 在【修改】|【几何体】命令面板中选择【扩展基本体】类型，然后在【对象类型】卷展栏单击 环形结 按钮。

03 在【参数】卷展栏的【基础曲线】选项组中选择【圆】选项，然后在透视图中绘制任意形状的环形结（圆）。绘制后返回到【修改】命令面板修改参数，如图 6-78 所示。

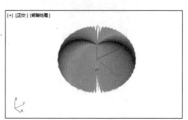

图 6-78

04 创建环形结并修改参数，如图 6-79 所示。

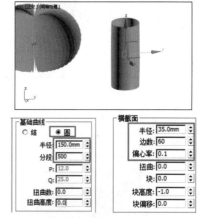

图 6-79

05 利用【选择并移动】工具，将第二个环形结模型移动至第一个环形结的中心（分别在顶视图和前视图中移动），如图 6-80 所示。

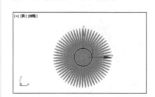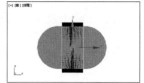

图 6-80

06 利用【环形结】工具，创建第 3 个环形结，如图 6-81
所示。

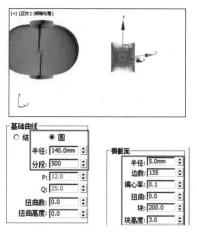

图 6-81

07 利用【选择并移动】工具，将第三个环形结模型移
动至第一个环形结中心（分别在顶视图和前视图中移动），
如图 6-82 所示。

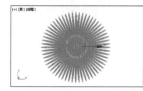 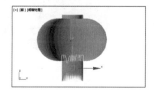

图 6-82

08 至此完成了剪纸灯笼的创建，最终效果如图 6-83
所示。

图 6-83

6.3.3 切角长方体

切角长方体是长方体的扩展物体，可以快速创建
出带圆角效果的长方体。切角长方体的参数，如图 6-84
所示。

图 6-84

各选项含义如下：

◆ 长度、宽度、高度：用来设置切角长方体的长度、
宽度和高度。

◆ 圆角：切开倒角长方体的边，以创建圆角效果，
如图 6-85 所示为长度、宽度和高度相等，而【圆角】值
分别为 1mm、5mm、10mm 时的切角长方体效果。

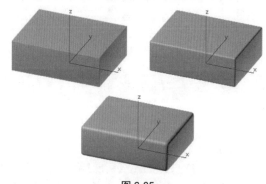

图 6-85

◆ 长度分段、宽度分段、高度分段：设置沿着相应
轴的分段数量。

◆ 圆角分段：设置切角长方体圆角边时的分段数。

动手操作——制作简易餐桌

01 新建场景。

02 在【修改】|【几何体】命令面板中选择【扩展基本体】
类型，然后在【对象类型】卷展栏单击 切角长方体 按钮。

03 在透视图中任意创建一个切角长方体，然后在【修改】
命令面板的【参数】卷展栏中修改参数，如图 6-86 所示。

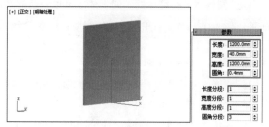

图 6-86

04 按 A 键激活【角度捕捉切换】工具🔩，然后按 E 键选择【选择并旋转】工具↻，接着按住 Shift 键在透视图中沿 Z 轴旋转 90°，在弹出的【克隆选项】对话框中设置【对象】为【复制】，最后单击【确定】按钮完成旋转复制，如图 6-87 所示。

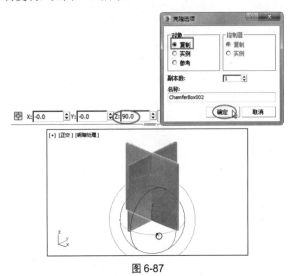

图 6-87

> **技术要点：**
> 旋转后可以输入旋转参数来精确控制旋转的角度。

05 继续使用【切角长方体】工具，在场景中创建一个切角长方体，在【参数】卷展栏下设置【长度】为 1300mm、【宽度】为 1300mm、【高度】为 40mm、【圆角】为 1mm、【圆角分段】为 3，创建后利用【选择并移动】工具移动到视图中的某个位置上，如图 6-88 所示。

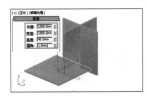

图 6-88

06 完成简易餐桌的制作，单击【保存】按钮💾保存结果。

6.3.4 切角圆柱体

切角圆柱体是圆柱体的扩展物体，可以快速创建出带圆角效果的圆柱体。切角圆柱体的参数如图 6-84 所示。

各选项含义如下：

✦ 半径：设置切角圆柱体的半径。

✦ 高度：设置沿着中心轴的维度。输入负值将在构造平面下面创建切角圆柱体。

✦ 圆角：斜切切角圆柱体的顶部和底部封口边。

✦ 高度分段：设置沿着相应轴的分段数量。

✦ 圆角分段：设置切角圆柱体圆角边时的分段数。

✦ 边数：设置切角圆柱体周围的边数。

✦ 端面分段：设置沿着切角圆柱体顶部和底部的中心和同心分段的数量。

动手操作——制作简约茶几

01 新建场景文件。

02 在【修改】|【几何体】命令面板中选择【扩展基本体】类型，然后在【对象类型】卷展栏单击 切角圆柱体 按钮。

03 在场景中创建一个切角圆柱体，然后在【参数】卷展栏中设置【半径】为 500mm、【高度】为 200mm、【圆角】为 10mm、【高度分段】为 1、【圆角分段】为 1、【边数】为 50、【端面分段】为 1，具体参数设置及模型效果如图 6-89 所示。

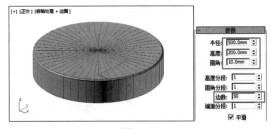

图 6-89

04 下面创建支架模型。在【创建】命令面板中设置几何体类型为【标准基本体】，然后使用【管状体】工具在桌面的上边缘创建一个管状体，接着在【参数】卷展栏下设置【半径 1】为 505mm、【半径 2】为 480mm、【高度】为 16mm、【高度分段】为 5、【端面分段】为 1、【边数】为 50，再选中【启用切片】选项，最后设置【切片起始位置】为 -180、【切片结束位置】为 73，具体参数设置及模型位置如图 6-90 所示。

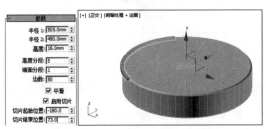

图 6-90

05 使用【切角长方体】工具再在管状体末端创建一个切角长方体，然后在【参数】卷展栏下设置【长度】为 20mm、【宽度】为 20mm、【高度】为 300mm、【圆角】为 2mm、【圆角分段】为 3，具体参数设置及模型位置如图 6-91 所示。

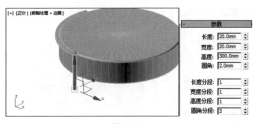

图 6-91

06 利用【选择并移动】工具➕选择上一步创建的切角长方体，然后按住 Shift 键的同时移动复制一个切角长方体到如图 6-92 所示的位置，再利用【选择并旋转】工具⟳，稍微旋转一下复制的切角长方体。

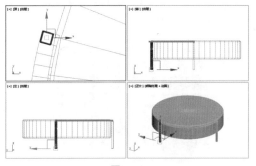

图 6-92

07 使用【选择并移动】工具➕选择管状体，然后按住 Shift 键在左视图中向下移动复制一个管状体到如图 6-93 所示的位置。

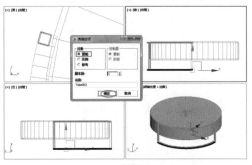

图 6-93

08 选择复制出来的管状体，然后在【参数】卷展栏中将【切片起始位置】修改为 73、【切片结束位置】修改为 180，最终效果如图 6-94 所示。

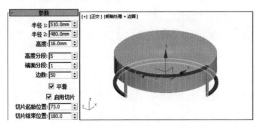

图 6-94

6.3.5　其他扩展基本体

前面所讲的扩展基本体都是常用的工具，接下来的扩展基本体工具有一定的特殊性，可以创建不规则的形状，它们是油罐、胶囊、纺锤、L-EXT、球棱柱、C-EXT、环形波、软管及棱柱等。

动手操作——创建油罐

使用【油罐】工具可创建带有凸面封口的圆柱体，如图 6-95 所示。

图 6-95

01 新建场景文件。

02 在【修改】|【几何体】命令面板的【扩展基本】类型【对象类型】卷展栏中单击 油罐 按钮，设置油罐的【参数】卷展栏如图 6-96 所示。

图 6-96

✦ 半径：设置油罐的半径。

✦ 高度：设置沿着中心轴的维度。负数值将在构造平面下面创建油罐。

✦ 封口高度：设置凸面封口的高度。最小值是【半径】设置的 2.5%。除非【高度】设置的绝对值小于两倍【半径】（在这种情况下，封口高度不能超过【高度】设置绝对值的 49.5%），否则最大值为【半径】设置的 99%。

✦ 总体、中心：决定【高度】值指定的内容。【总体】是对象的总体高度；【中心】是圆柱体中部的高度，不包括其凸面封口。

✦ 混合：大于 0 时将在封口的边缘创建倒角。

✦ 边数：设置油罐周围的边数。要创建平滑的圆角对象，可以使用较大的边数，并启用【平滑】选项。要创建带有平面的油罐，可以使用较小的边数，并禁用【平滑】选项。

✦ 高度分段：设置沿着油罐主轴的分段数量。

✦ 平滑：混合油罐的面，从而在渲染视图中创建平滑的外观。

03 在【参数】卷展栏中修改油罐的参数，修改效果如图 6-97 所示。

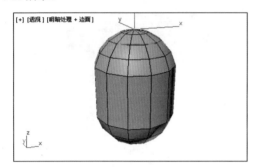

图 6-97

04 在视图中单击拖曳到适当位置释放，确定油罐的半径，接着拖曳鼠标并单击，确定油罐的高度，然后继续拖曳鼠标并单击，确定油罐的封口高度，右击结束创建油罐，创建的油罐如图 6-98 所示。

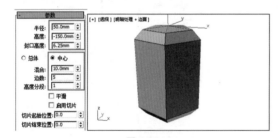

图 6-98

05 在【参数】卷展栏修改油罐的参数，得到如图 6-99 所示的修改效果。

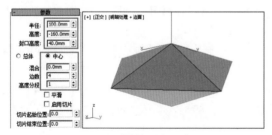

图 6-99

06 在【参数】卷展栏修改油罐的参数，得到如图 6-100 所示的修改效果。

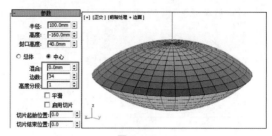

图 6-100

07 保存创建的油罐模型。

动手操作——创建胶囊

使用【胶囊】工具可创建带有半球状端点封口的圆柱体，如图 6-101 所示。

图 6-101

01 新建场景文件。

02 在【修改】|【几何体】命令面板的【扩展基本】类型【对象类型】卷展栏中单击 胶囊 按钮，设置胶囊的【参数】卷展栏如图 6-102 所示。

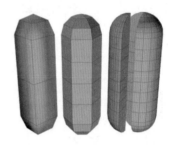

图 6-102

✦ 半径：设置胶囊的半径。

✦ 高度：设置沿着中心轴的高度。负数值将在构造平面下面创建胶囊。

✦ 总体、中心：决定【高度】值指定的内容。【总体】指定对象的总体高度；【中心】指定圆柱体中部的高度，不包括其圆顶封口。

✦ 边数：设置胶囊周围的边数。启用【平滑】时，较大的数值将着色和渲染为真正的圆；禁用【平滑】时，较小的数值将创建规则的多边形对象。

✦ 高度分段：设置沿着胶囊主轴的分段数量。

03 在视图中单击拖曳到适当位置释放鼠标，确定胶囊的半径，接着移动鼠标并单击，确定胶囊的高度，创建的胶囊如图 6-103 所示。

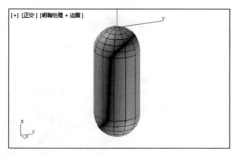

图 6-103

04 在【参数】卷展栏修改胶囊的参数，修改效果如图 6-104 所示。

图 6-104

05 在【参数】卷展栏修改胶囊的参数，得到如图 6-105 所示的修改效果。

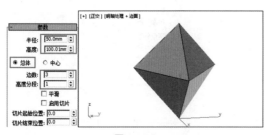

图 6-105

06 在【参数】卷展栏修改胶囊的参数，得到如图 6-106 所示的修改效果。

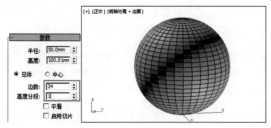

图 6-106

07 保存创建的胶囊模型。

动手操作——创建纺锤

使用【纺锤】工具可创建带有圆锥形封口的圆柱体，如图 6-107 所示。

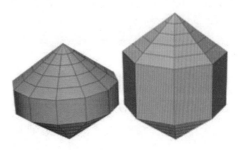

图 6-107

01 新建场景文件。

02 在【修改】|【几何体】命令面板的【扩展基本】类型【对象类型】卷展栏中单击 纺锤 按钮，设置纺锤的【参数】卷展栏如图 6-108 所示。

图 6-108

✦ 半径：设置纺锤的半径。

✦ 高度：设置沿着中心轴的高度。负数值将在构造平面下面创建纺锤。

✦ 封口高度：设置圆锥形封口的高度。最小值为0.1；最大值是【高度】设置绝对值的50%。

✦ 总体、中心：决定【高度】值指定的内容。【总体】指定对象的总体高度；【中心】指定圆柱体中部的高度，不包括其圆顶封口。

✦ 混合：大于 0 时将在纺锤主体与封口的会合处创建圆角。

✦ 边数：设置纺锤周围的边数。启用【平滑】时，较大的数值将着色和渲染为真正的圆；禁用【平滑】时，较小的数值将创建规则的多边形对象。

✦ 端面分段：设置沿着纺锤顶部和底部的中心，同心分段的数量。

✦ 高度分段：设置沿着纺锤主轴的分段数量。

03 在视图中单击拖曳到适当位置释放鼠标，确定纺锤的半径，接着移动鼠标并单击，确定纺锤的高度，然后继续移动鼠标并单击，确定纺锤的封口高度，创建的纺锤如图 6-109 所示。

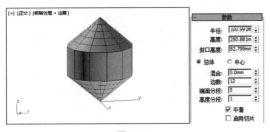

图 6-109

04 在【参数】卷展栏修改纺锤的参数，修改效果如图 6-110 所示。

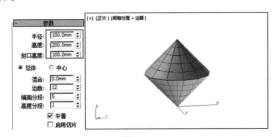

图 6-110

05 在【参数】卷展栏修改纺锤的参数，得到如图 6-111 所示的修改效果。

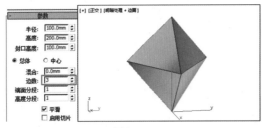

图 6-111

06 在【参数】卷展栏修改纺锤的参数，得到如图 6-112 所示的修改效果。

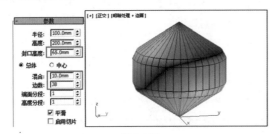

图 6-112

07 保存创建的纺锤模型。

动手操作——创建 L-EXT（L 形挤出）

使用【L-EXT】工具可创建挤出的 L 形对象，如图 6-113 所示。

图 6-113

01 新建场景文件。

02 在【修改】|【几何体】命令面板的【扩展基本】类型【对象类型】卷展栏中单击 ┃ L-Ext ┃ 按钮，设置 L 形对象的【参数】卷展栏，如图 6-114 所示。

图 6-114

✦ 侧面 / 前面长度：指定 L 每个"脚"的长度。

✦ 侧面 / 前面宽度：指定 L 每个"脚"的宽度。

✦ 高度：指定对象的高度。

✦ 侧面 / 前面分段：指定该对象特定"脚"的分段数。

✦ 宽度 / 高度分段：指定整个宽度和高度的分段数。

> 💡 **技术要点：**
> 就好像在顶视图或透视图中创建对象，并从世界空间的前方观看它一样，将标记对象的维度（后、侧、前）。

03 在视图中按住鼠标左键左右拖曳，确定【L 形挤出】的侧面长度与前面长度，接着向上拖曳鼠标并单击，确定【L 形挤出】的高度，最后再左右拖曳鼠标确定侧面宽度与前面宽度，创建的【L 形挤出】如图 6-115 所示。

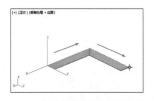

1. 确定侧面长度与前面长度

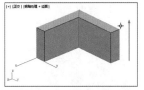

2. 确定高度

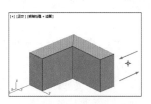

3. 确定侧面宽度和前面宽度

创建的默认参数

图 6-115

04 在【参数】卷展栏修改【L 形挤出】的参数，修改效果如图 6-116 所示。

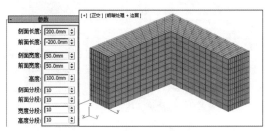

图 6-116

05 保存创建的【L 形挤出】模型。

动手操作——创建球棱柱

使用【球棱柱】工具可以利用可选的圆角面边创建挤出的规则面多边形，如图 6-117 所示。

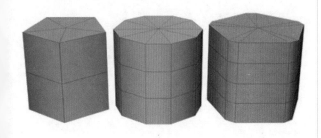

图 6-117

01 新建场景文件。

02 在【修改】|【几何体】命令面板的【扩展基本】类型【对象类型】卷展栏中单击 球棱柱 按钮，设置球棱柱的【参数】卷展栏如图 6-118 所示。

图 6-118

✦ 边数：设置球棱柱周围的边数。启用【平滑】时，较大的数值将着色和渲染为真正的圆；禁用【平滑】时，较小的数值将创建规则的多边形对象。

✦ 半径：设置球棱柱的半径。

✦ 圆角：设置切角化角的宽度。

技术要点：

在【参数】卷展栏中，增加【圆角分段】可将切角化的角变为圆角。

✦ 高度：设置沿着中心轴的维度。负数值将在构造平面下面创建球棱柱。

✦ 侧面分段：设置球棱柱周围的分段数量。

✦ 高度分段：设置沿着球棱柱主轴的分段数量。

✦ 圆角分段：设置边圆角的分段数量。提高该参数将生成圆角，而不是切角。

03 在视图中单击拖曳确定球棱柱的半径，接着向上拖曳鼠标并单击确定球棱柱的高度，最后再左右拖曳鼠标确定球棱柱的圆角尺寸，创建的球棱柱如图 6-119 所示。

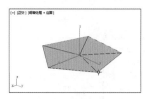

1. 确定半径

2. 确定高度

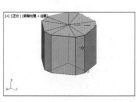

3. 确定圆角

默认参数

图 6-119

04 在【参数】卷展栏修改球棱柱的参数，修改效果如图 6-120 所示。

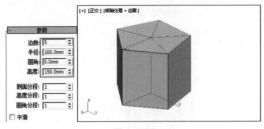

图 6-120

05 保存创建的球棱柱模型。

动手操作——创建 C-EXT（C 形挤出）

使用【C-EXT】工具可创建挤出的 C 形对象，如图 6-121 所示。

图 6-121

01 新建场景文件。

02 在【修改】|【几何体】命令面板的【扩展基本】类型【对象类型】卷展栏中单击 <u>C-Ext</u> 按钮，设置 C 形对象的【参数】卷展栏，如图 6-122 所示。

图 6-122

✦ 背面 / 侧面 / 前面长度：指定 3 个侧面的长度。

✦ 背面 / 侧面 / 前面宽度：指定 3 个侧面的宽度。

✦ 高度：指定对象的总体高度。

✦ 背面 / 侧面 / 前面分段：指定对象特定侧面的分段数。

> **技术要点：**
> 就好像在顶视图或透视图中创建对象，并从世界空间的前方观看它一样，将标记对象的维度（后、侧、前）。

✦ 宽度 / 高度分段：设置该分段以指定对象的整个宽度和高度的分段数。

03 在视图中按住鼠标左键左右拖曳，确定【C 形对象】的背面、侧面与前面的长度，接着向上拖曳鼠标并单击，确定【C 形对象】的高度，最后再左右拖曳鼠标确定背面、侧面与前面宽度，创建的【C 形对象】如图 6-123 所示。

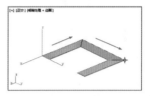

1. 确定背面、侧面与前面长度　　2. 确定高度

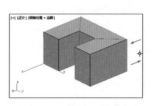

3. 确定背面、侧面和前面宽度　　创建的参数

图 6-123

04 在【参数】卷展栏修改【C 形挤出】的参数，修改效果如图 6-124 所示。

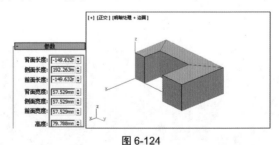

图 6-124

05 保存创建的【C 形挤出】模型。

动手操作——创建环形波

使用【环形波】工具来创建一个环形，可选项是不规则的内部和外部边，它的图形可以设置为动画，也可以设置环形波对象增长动画，还可以使用关键帧来设置所有数值制作动画，得到各种特效动画的【环形波】，例如，要描述由星球爆炸产生的冲击波，如图 6-125 所示。

图 6-125

01 新建场景文件。

02 在【修改】|【几何体】命令面板的【扩展基本】类型【对象类型】卷展栏中单击 环形波 按钮，设置C形对象的【参数】卷展栏，如图 6-126 所示。

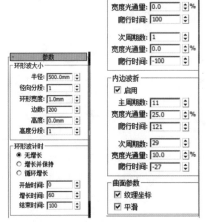

图 6-126

✦ 【环形波大小】选项组：使用这些设置来更改环形波的基本参数。

✦ 半径：设置圆环形波的外半径。

✦ 径向分段：沿半径方向设置内外曲面之间的分段数目。

✦ 环形宽度：设置环形宽度，从外半径向内测量。

✦ 边数：为内、外和末端（封口）曲面沿圆周方向设置分段数目。

✦ 高度：沿主轴设置环形波的高度。

> **技术要点：**
>
> 如果在【高度】为0时离开将会产生类似冲击波的效果，这需要应用两面的材质来使环形可从两侧查看。

✦ 高度分段：沿高度方向设置分段数目。

✦ 【环形波计时】选项组：在环形波从零增加到其最大尺寸时，使用这些环形波动画的设置。

✦ 无增长：设置一个静态环形波，它在【开始时间】显示，在【结束时间】消失。

✦ 增长并保持：设置单个增长周期。环形波在【开始时间】开始增长，并在【开始时间】及【增长时间】处达到最大尺寸。

✦ 循环增长：环形波从【开始时间】到【开始时间】及【增长时间】重复增长。例如，如果设置【开始时间】为 0，【增长时间】为 25，保留【结束时间】的默认值 100，并选择【循环增长】，则在动画期间，环形波将从零增长到其最大尺寸 4 次。

✦ 开始时间：如果选择【增长并保持】或【循环增长】，则环形波出现帧数并开始增长。

✦ 增长时间：从【开始时间】后环形波达到其最大尺寸所需的帧数。【增长时间】仅在选中【增长并保持】或【循环增长】时可用。

✦ 结束时间：环形波消失的帧数。

✦ 【外边波折】选项组：使用这些设置来更改环形波外部边的形状。

> **技术要点：**
>
> 为获得类似冲击波的效果，通常，环形波在外部边上波峰很小或没有波峰，但在内部边上有大量的波峰。

✦ 启用：启用外部边上的波峰。仅在启用此选项时，此组中的参数处于活动状态。默认设置为禁用。

✦ 主周期数：设置围绕外部边的主波数。

✦ 宽度光通量：设置主波的大小，以调整宽度的百分比表示。

✦ 爬行时间：设置每个主波绕【环形波】外周长移动一周所需的帧数。

✦ 次周期数：在每个主周期中设置随机尺寸次波的数目。

✦ 宽度光通量：设置小波的平均大小，以调整宽度的百分比表示。

✦ 爬行时间：设置每个次波绕其主波移动一周所需的帧数。

✦ 【内边波折】选项组：使用这些设置来更改环形波内部边的形状。

✦ 启用：启用内部边上的波峰。仅启用此选项时，此组中的参数处于可用状态。默认设置为启用。

✦ 主周期数：设置围绕内边的主波数目。

✦ 宽度光通量：设置主波的大小，以调整宽度的百分比表示。

    ✦ 爬行时间：设置每个主波绕【环形波】内周长移动一周所需的帧数。

    ✦ 次周期数：在每个主周期中设置随机尺寸次波的数目。

    ✦ 宽度光通量：设置小波的平均大小，以调整宽度的百分比表示。

    ✦ 爬行时间：设置每个次波绕其主波移动一周所需的帧数。

> **技术要点：**
> 【爬行时间】参数中的负值将更改波的方向。要产生干涉效果，使用【爬行时间】给主和次波设置相反符号，但与【宽度光通量】和【周期】设置类似。

> **技术要点：**
> 要产生最佳【随机】结果，给主和次周期使用素数，这不同于乘以 2 或 4 的数。例如，主波周期为 11 或 17 使用宽度光通量 50 与周期为 23 或 31 使用 10~20 之间的宽度光通量合并，将产生效果很好的随机显示边。

    ✦ 【曲面参数】选项组：定义环形波曲面参数。

    ✦ 纹理坐标：设置将贴图材质应用于对象时所需的坐标。默认设置为启用。

    ✦ 平滑：通过将所有多边形设置为平滑组 1，将平滑应用到对象上。默认设置为启用。

03 在视图中单击确定圆心，拖曳鼠标并单击，确定环形波的半径，接着向内拖曳鼠标并单击，确定环形宽度，创建的环形波如图 6-127 所示。

1. 确定圆心　　　　2. 确定半径

3. 确定环形宽度　　　创建的默认参数

图 6-127

04 在【参数】卷展栏修改环形波的参数，修改效果如图 6-128 所示。

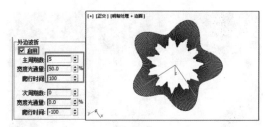

图 6-128

05 继续修改环形波的外边波折次周期参数，修改效果如图 6-129 所示。

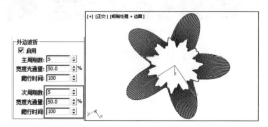

图 6-129

06 继续修改环形波的内边波折主周期参数和次周期参数，修改效果如图 6-130 所示。

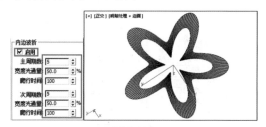

图 6-130

07 修改环形波的高度值，修改效果如图 6-131 所示。

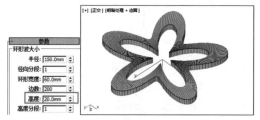

图 6-131

08 修改环形波内边波折的主周期和次周期，得到新的效果如图 6-132 所示。

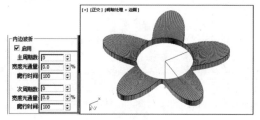

图 6-132

09 最后再修改外边波折和内边波折参数，得到最终效果，如图 6-133 所示。

图 6-133

10 保存创建的环形波模型。

动手操作——创建软管

【软管】工具可以创建出风箱、打气泵、油管、橡胶管等形状的模型。创建软管的【软管参数】卷展栏，如图 6-134 所示。

图 6-134

各选项组及其选项含义如下。

✦ 自由软管：只是将软管用作一个简单的对象，而不绑定到其他对象上，如图 6-135 所示。

图 6-135

✦ 绑定到对象轴：如果使用【绑定对象】组中的按钮将软管绑定到两个对象，则选择此选项。如图 6-136 所示为绑定到对象轴的软管。

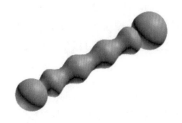

图 6-136

✦ 【绑定对象】选项组：仅当在【端点方法】选项组选择了【绑定到对象轴】选项后才可用。

✦ 顶部（标签）：显示【顶】绑定对象的名称。

✦ 拾取顶部对象：单击该按钮，然后选择【顶】对象。

✦ 张力：确定当软管靠近底部对象时顶部对象附近的软管曲线的张力。减小张力，则顶部对象附近将产生弯曲；增大张力，则远离顶部对象的地方将产生弯曲。默认值为 100。

✦ 底部（标签）：显示【底】绑定对象的名称。

✦ 拾取底部对象：单击该按钮，然后选择【底】对象，如图 6-137 所示。

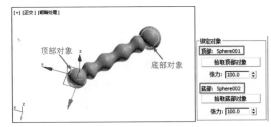

图 6-137

✦ 张力：确定当软管靠近顶部对象时底部对象附近的软管曲线的张力。减小张力，则底部对象附近将产生弯曲；增大张力，则远离底部对象的地方将产生弯曲。默认值为 100。

✦ 高度：此参数用于设置软管未绑定时的垂直高度或长度，但不一定等于软管的实际长度。仅当选择了【自由软管】时，此选项才可用。

✦ 分段：软管长度中的总分段数。当软管弯曲时，增大该数值可使曲线更平滑。默认设置为 45。

✦ 启用柔体截面：如果启用，则可以为软管的中心柔体截面设置以下 4 个参数。如果禁用，则软管的直径沿软管长度不变。

✦ 起始位置：从软管的始端到柔体截面开始处占软管长度的百分比。默认情况下，软管的始端指对象轴出现的一端。默认设置为10%。

　　◆ 末端：从软管的末端到柔体截面结束处占软管长度的百分比。默认情况下，软管的末端指与对象轴出现的一端相反的一端。默认设置为90%。

　　◆ 周期数：柔体截面中的起伏数目。可见周期的数目受限于分段的数目。如果分段值不够大，不足以支持周期数目，则不会显示所有周期。默认设置为5。

> **技术要点：**
> 要设置合适的分段数目，首先应设置周期，然后增大分段数目，直至可见周期停止变化。

　　◆ 直径：周期【外部】的相对宽度。如果设置为负值，则比总的软管直径要小。如果设置为正值，则比总的软管直径要大。默认设置为-20%。范围设置为-50%～500%。

　　◆ 【平滑】选项组：定义要进行平滑处理的几何体。默认设置为【全部】：

　　◆ 全部：对整个软管进行平滑处理。

　　◆ 侧面：沿软管的轴向，而不是周向进行平滑。

　　◆ 无：未应用平滑。

　　◆ 分段：仅对软管的内截面进行平滑处理。

　　◆ 可渲染：如果启用，则使用指定的设置对软管进行渲染；如果禁用，则不对软管进行渲染。默认设置为启用。

　　◆ 生成贴图坐标：设置所需的坐标，以对软管应用贴图材质。默认设置为启用。

　　◆ 【软管形状】选项组：设置软管横截面的形状。包括圆形软管、长方形软管和D截面软管。

　　操作步骤如下。

01 新建场景文件。

02 在场景中创建两个球体，如图6-138所示。

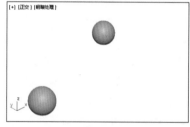

图6-138

03 在【修改】|【几何体】命令面板的【扩展基本】类型【对象类型】卷展栏中单击 软管 按钮。然后在透视图中拖曳鼠标定义【软管】截面的半径，释放鼠标后向上或向下移动鼠标至合适位置后单击，确定软管的高度。创建好的软管如图6-139所示。

04 在【端点方法】选项组中选择【绑定到对象轴】单选按钮，这样才能够使用【绑定对象】选项组中的参数选项。

05 单击【拾取顶部对象】按钮，在视图中拾取一个球体；单击【拾取底部对象】按钮，拾取另一个球体，从而将球体连接起来，如图6-140所示。

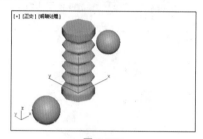

图6-139

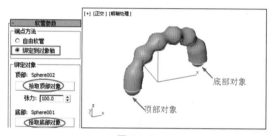

图6-140

> **技术要点：**
> 从上图可以看出，固定软管的两端会分别连接在指定物体的轴心处。默认情况下，球体的轴心位于球中心，因而上图中的固定软管会连接在球体的中心。用户可以通过调整球体的轴心位置来改变软管的连接位置。【张力】参数决定软管连接处的弯曲度。参数值越大，软管弯曲的程度越高；参数值越小，软管弯曲的程度越低。

06 将软管的两个【张力】参数均设置为0，软管会变为一根直管，如图6-141所示。

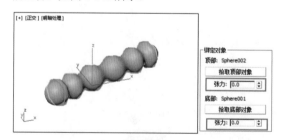

图6-141

> **技术要点：**
> 将软管设置为固定连接后，只要将【端点方法】选项组中的选项改为【自由软管】单选按钮，即可将软管恢复为自由状态。

07 当取消选中【启用柔体截面】复选框时，将变成直通圆柱体管道，如图 6-142 所示。

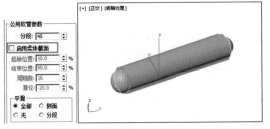

图 6-142

08 启用柔体截面，再将软管的端点方法改为【自由软管】，然后将两个球体删除。选择软管设置不同的【高度】参数，可在视图中观察到自由状态软管的高度变化，如图 6-143 所示。

图 6-143

09 在【公用软管参数】选项组中的【周期数】值为 10 时，将【分段】参数设置为 30，然后再将分段参数设置为 100，观察两次设置软管的光滑程度，如图 6-144 所示。

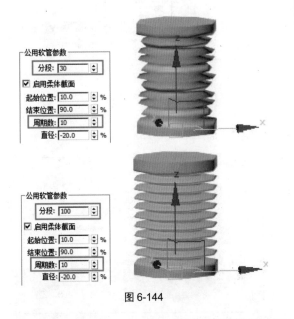

图 6-144

技术要点：

【分段】参数用于设置软管的分段数，分段数越多，软管会越光滑，同时管体的褶皱也会更细腻。

10 默认情况下【启用柔体截面】复选框为启用状态，

表示对软管应用褶皱效果。对公用软管参数进行设置，软管呈现出如图 6-145 所示的形体效果。

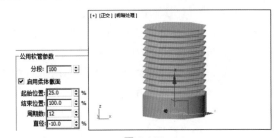

图 6-145

11 最后保存结果。

动手操作——创建棱柱

使用【棱柱】工具可创建带有独立分段面的三面棱柱，如图 6-146 所示。

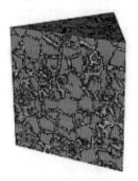

图 6-146

01 新建场景文件。

02 在【修改】|【几何体】命令面板的【扩展基本】类型【对象类型】卷展栏中单击 棱柱 按钮，设置棱柱的【参数】卷展栏如图 6-147 所示。

图 6-147

✦ 二等边：绘制将等腰三角形作为底部的棱柱体。

✦ 基点 / 顶点：绘制底部为不等边三角形或钝角三角形的棱柱体。

✦ 侧面 1、2、3 长度：设置三角形对应面的长度，以及三角形的角度。

✦ 高度：设置棱柱休中心轴的维度。

✦ 侧面 1、2、3 分段：指定棱柱体每个侧面的分段数。

✦ 高度分段：设置沿着棱柱体主轴的分段数量。

✦ 生成贴图坐标：设置将贴图材质应用于棱柱体时所需的坐标。默认设置为禁用状态。

03 在视图中单击拖曳确定棱柱的侧面 1 的长度，接着拖曳鼠标并单击确定棱柱的侧面 2 和侧面 3 的长度，最后再向上拖曳鼠标确定棱柱高度，创建的棱柱如图 6-148 所示。

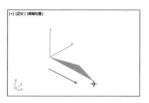
1. 确定侧面 1 长度

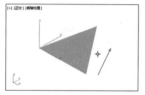
2. 确定侧面 2、3 长度

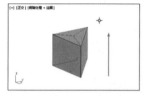
3. 确定棱柱高度

默认参数

图 6-148

技术要点：
要将底部约束为等边三角形，可以在执行此步骤之前先按下 Ctrl 键。

04 在【参数】卷展栏修改棱柱的参数，修改效果如图 6-149 所示。

图 6-149

05 保存创建的棱柱模型。

6.4 综合案例

本节中的综合范例涉及多个工具的结合使用，目的是让大家清楚 3ds Max 几何基体建模功能的强大。

动手操作——制作排球

本例要制作的排球如图 6-151 所示。

01 新建 3ds Max 场景文件。

02 在【创建】|【几何体】|【标准基本体】下，单击【对象类型】卷展栏中的 长方体 按钮，然后在透视图中创建长、宽、高相等的立方体，如图 6-150 所示。

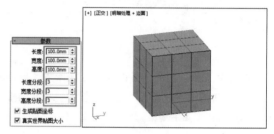

图 6-150

技术要点：
可以按下 Ctrl 键拖曳鼠标来创建立方体。

03 将立方体转换成可编辑网格，如图 6-151 所示。

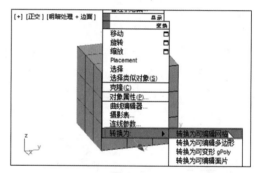

图 6-151

04 在【修改】命令面板的修改器堆栈中选中【多边形】节点，然后按 Ctrl 键选择立方体的部分面，如图 6-152 所示。

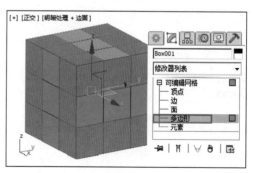

图 6-152

05 在【编辑几何体】卷展栏中单击【炸开】按钮，炸开所选的立方体面，如图 6-153 所示。

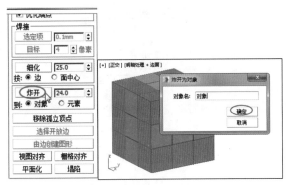

图 6-153

06 在菜单栏执行【编辑】|【选择方式】|【名称】命令，或者按 H 键，弹出【从场景选择】对话框。按快捷键 Ctrl+A 全部选中对象（不要释放快捷键），再单击【确定】按钮，如图 6-154 所示。

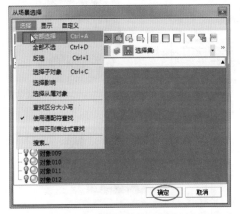

图 6-154

07 在修改器列表中添加【编辑网格】修改器，如图 6-155 所示。在此修改器基础上再添加【网格平滑】修改器，如图 6-156 所示。

图 6-155　　　　图 6-156

08 在【网格平滑】修改器的【细分量】卷展栏中设置【迭代次数】为 2，如图 6-157 所示。再添加【球形化】修改器，如图 6-158 所示。

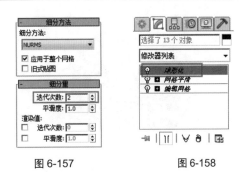

图 6-157　　　　图 6-158

09 在【球形化】修改器基础上添加【编辑网格】修改器，设置【多边形】层级，并选择所有多边形，如图 6-159 所示。

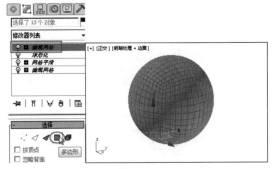

图 6-159

10 添加【面挤出】修改器，并设置面挤出参数，如图 6-160 所示。

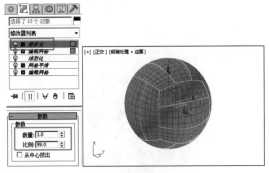

图 6-160

11 面挤出后再添加【网格平滑】修改器，再设置细分方法和迭代次数，如图 6-161 所示。

图 6-161

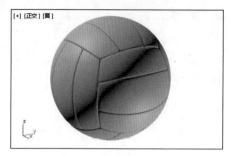

图 6-161

12 最后选择不同的面并修改其颜色，得到最终的排球效果，如图 6-162 所示。

图 6-162

动手操作——制作卡通爵士乐老布

本例要制作的卡通角色——爵士乐老布如图 6-163 所示。

图 6-163

01 新建场景文件。

02 在【创建】|【几何体】|【标准基本体】命令面板中，利用【圆柱体】工具，在左视图创建圆柱体，参数设置如图 6-164 所示。

图 6-164

03 在【创建】|【几何体】|【扩展基本体】命令面板中，利用【胶囊】工具，在左视图创建胶囊，如图 6-165 所示。

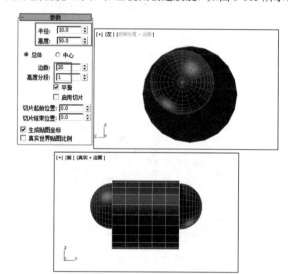

图 6-165

04 利用【标准基本体】类型中的【管状体】工具创建如图 6-166 所示的管状体模型，并调整位置。

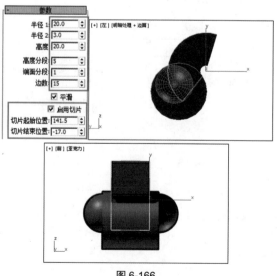

图 6-166

05 以上创建的几何体为卡通人物的脸部和头部。脸部和头部创建完毕后，创建卡通的五官。利用【圆柱体】命令，在顶视图中创建圆柱体对象，作为卡通人物的上嘴唇，如图 6-167 所示。

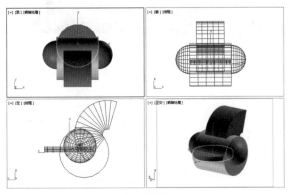

图 6-167

06 在左视图中，使用【选择并移动】工具选择新创建的圆柱体对象，然后按住 Shift 键沿 Y 轴向下拖曳对象，释放鼠标后将弹出【克隆选项】对话框，如图 6-168 所示。单击【确定】按钮，可复制出卡通的下嘴唇。

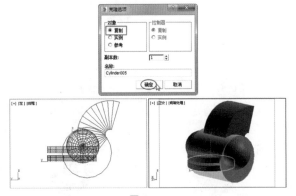

图 6-168

07 在【标准基本体】类型下利用【四棱锥】工具，在前视图中创建棱锥模型，然后调整模型的角度和位置，创建出鼻子模型，如图 6-169 所示。

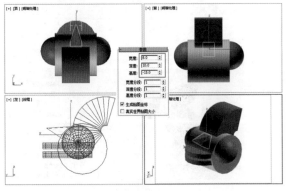

图 6-169

08 利用【球体】工具，在左视图中创建卡通人物的眼球，如图 6-170 所示。

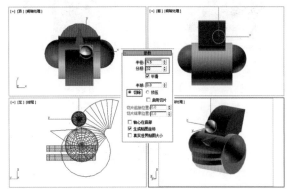

图 6-170

09 使用【选择并均匀缩放】工具选择创建的球体，按住 Shift 键对球体进行缩放复制操作。保持复制出的球体为选中状态，在【修改】命令面板中对该对象的创建参数进行调整，制作出卡通人物的眼皮，如图 6-171 所示。

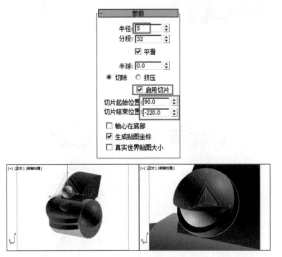

图 6-171

10 通过【球体】创建命令，参照如图 6-172 所示再创建出卡通的瞳孔模型。

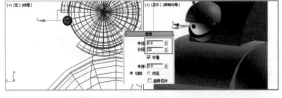

图 6-172

11 在顶视图中将创建的【眼皮】【眼球】和【瞳孔】模型同时选中，参照前面移动复制对象的方法，在顶视图中复制出另外一只眼睛，并对两只眼睛的位置稍作调整，如图 6-173 所示。

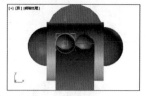

图 6-173

12 在【标准基本体】创建面板中，通过【长方体】创建命令在视图中创建出卡通的眉毛，并分别调整对象的角度和位置，如图 6-174 所示。

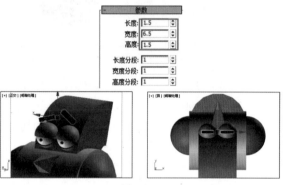

图 6-174

13 通过【圆柱体】命令创建出卡通人物的脖子，如图 6-175 所示。

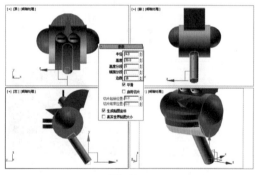

图 6-175

14 使用【球体】工具，在圆柱体的下方创建出半球体，如图 6-176 所示。

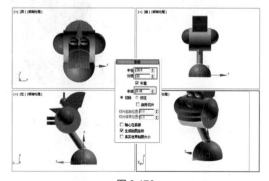

图 6-176

15 下面来创建帽子和烟斗模型。将顶视图切换为底视图，通过【茶壶】创建命令在底视图中创建茶壶，如图 6-177 所示。

图 6-177

16 保持修改后的茶壶模型为选中状态，在【选择并均匀缩放】按钮上右击，弹出【缩放变换输入】对话框，参照如图 6-178 所示设置参数，对茶壶模型进行缩放。

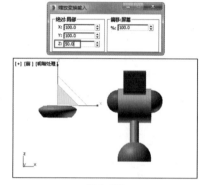

图 6-178

17 利用【选择并移动】和【选择并旋转】工具，调整茶壶模型的角度和位置至卡通人物头部的上方，如图 6-179 所示。

图 6-179

18 通过【圆环】创建命令，在帽子的上方创建圆环体，并为其应用【切片】效果，制作出帽子的装饰，如图 6-180 所示。

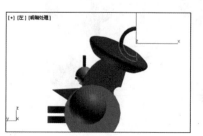

图 6-180

19 再次通过【圆环】创建命令，在卡通的嘴部创建出烟斗柄模型，然后调整模型的角度和位置，如图 6-181 所示。

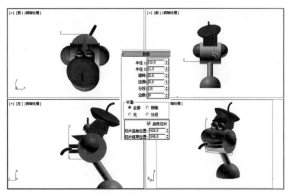

图 6-181

20 在【标准基本体】创建面板中，通过【管状体】创建工具，在烟斗柄的顶端创建出烟斗模型，如图 6-182 所示。

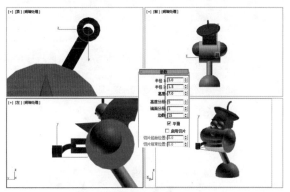

图 6-182

21 最后通过【圆环】创建工具，创建出烟圈，如图 6-183 所示。

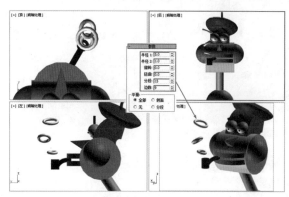

图 6-183

22 至此整个卡通模型已经创建完毕，为模型指定颜色和材质，并为场景添加灯光后的效果如图 6-184 所示。

图 6-184

151

第7章

复杂对象建模

第 7 章源文件

第 7 章视频文件

第 7 章结果文件

7.1 基于二维图形的建模方法

目前市场上流行的三维建模软件都会有一些建模原埋基本相同的建模工具，只是建模方法会有所不同，3ds Max 中的这些建模工具就是基于二维图形（其他软件称"基于草图"）的三维建模工具，在功能区【基本建模】标签的【从图形创建三维】面板中，如图 7-1 所示。

图 7-1

下面详解这些建模工具的建模流程与技巧。要使用基于图像的三维建模工具，前提是必须先绘制二维图形。

> **技术要点：**
>
> 其实基于二维图形的三维建模工具，在 3ds Max 中被称为"对象空间修改器"工具，修改器也就是对基础模型（二维和三维）进行常规和非常规的形状、尺寸等的修改，在下一章中我们会详细阐述。由于基于二维图形的建模是建模时最常用的建模方式，所以会单独放在本章中介绍。

7.1.1 挤出

使用【挤出】工具可对二维图形在某个方向上添加一定的深度，成为具有体积和参数属性的三维几何体模型或曲面模型，也可以理解为，将绘制的截面（图形）沿指定的挤出方向挤出一定的深度，从而生成几何体或曲面，如图 7-2 所示。

图 7-2

利用样条线类型的任意工具，绘制样条线，【从图形创建三维】面板中的工具亮显变为可用。单击 **挤出** 按钮，【修改】命令面板的堆栈中自动添加【挤出】修改器，并显示挤出【参数】卷展栏，如图 7-3 所示。

图 7-3

【参数】卷展栏中各选项含义如下：

✦ 数量：在此文本框输入挤出的深度值，如图 7-4 所示为两种挤出深度值的效果对比。

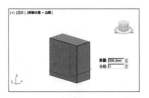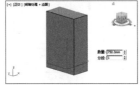

图 7-4

技术要点：

 可以输入负值，将向 -Z 方向挤出。

✦ 分段：将模型的表面（在挤出深度方向）进行分段，实际上就是分割表面得到分割线，如图 7-5 所示为将挤出深度上的面分割成 5 段与分割成 2 段的对比。

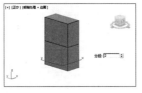

图 7-5

✦ 封口始端：选中此复选框，将从图形挤出的起始位置创建封闭曲面以封闭挤出曲面，反之则不创建封闭曲面。

技术要点：

如果不选中该选项，创建的挤出对象为曲面。【封口始端】与【封口末端】同时选中，将创建挤出实体。

✦ 封口末端：选中此复选框，将从图形挤出的末端位置创建封闭曲面以封闭挤出曲面，如图 7-6 所示。

　□ 封口末端　　　　　☑ 封口末端

图 7-6

✦ 变形：使用此选项时，将以可预测、可重复的方式来排列封口面，便于使用【变形】修改器进行变形。此方法将产生细长的面。

✦ 栅格：使用此选项，在图形边界上的方形修剪栅格中排列封口面。此方法将产生一个由大小相等的面构成的表面。

✦ 【输出】选项组：该选项组可以设置输出的模型类型，包括面片（单个片体）、网格和 NURBS 曲面。每种类型都可以在修改器中进行编辑。

✦ 生成贴图坐标：将贴图坐标应用到挤出对象中。默认设置为禁用状态。启用此选项时，"生成贴图坐标"将独立贴图坐标应用到末端封口中，并在每一个封口上放置一个 1×1 的平铺图案。

✦ 真实世界贴图大小：控制应用于该对象的纹理贴图材质所使用的缩放方法。缩放值由位于应用材质的【坐标】卷展栏中的【使用真实世界比例】属性控制。默认设置为启用。

✦ 生成材质 ID：将不同的材质 ID 指定给挤出对象的侧面与封口。特别是侧面 ID 为 3，封口 ID 为 1 和 2 的。

✦ 当创建一个挤出对象时，启用此复选框是默认设置，但如果从 MAX 文件中加载一个挤出对象，将禁用此复选框，保持该对象在 R1.x 中指定的材质 ID 不变。

✦ 使用图形 ID：将材质 ID 指定给在挤出产生的样条线中的线段，或指定给在挤出 NURBS 产生的曲线子对象。

✦ 平滑：将平滑应用于挤出图形。

动手操作——创建轴承座零件

01 新建场景文件。

02 在【创建】|【图形】命令面板的【样条线】类型中利用【矩形】工具，在前视图中绘制如图 7-7 所示的矩形。

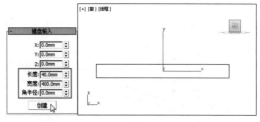

图 7-7

03 接着再绘制第二个矩形，创建方法相同，如图 7-8 所示。按 Esc 键结束绘制。

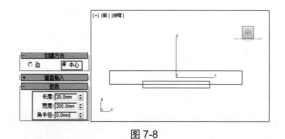

图 7-8

技术要点：

在绘制第二个矩形时，可以关闭【对象类型】卷展栏中的【开始新图形】复选框。同时，开启 2D 捕捉开关，并开启【捕捉到中点切换】约束。

04 在功能区【基本建模】标签的【编辑样条线工具】面板中单击 修剪 按钮（需要展开面板）修剪矩形，结果如图 7-9 所示。

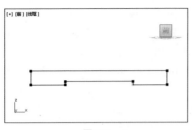

图 7-9

05 在视图中框选所有的点，然后右击在四元菜单中执行【工具 2】|【焊接顶点】命令，将图形中的顶点进行焊接，使其成为封闭的图形，如图 7-10 所示。

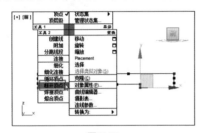

图 7-10

06 图形被自动激活的状态下，在【从图形创建三维】面板中单击 挤出 按钮，自动建立挤出模型，然后修改【参数】卷展栏中的【数量】为 150，结果如图 7-11 所示。

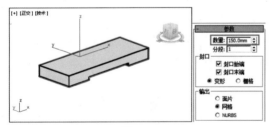

图 7-11

07 在前视图中绘制半径为 70 的圆（用键盘输入视图坐标模式下的坐标值，非绝对坐标），如图 7-12 所示。绘制圆后按 Esc 键退出操作。

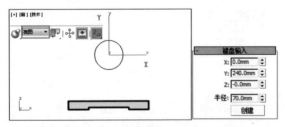

图 7-12

08 在主工具栏开启 2D 捕捉开关，并右击【捕捉开关】，

在弹出的【栅格和捕捉设置】对话框中打开【端点】、【切点】捕捉约束工具，如图 7-13 所示。

图 7-13

09 在圆被激活的状态下，单击【几何体】|【图形】命令面板中的 线 按钮，继续绘制直线，键盘输入直线起点坐标为（0,20,155），终点坐标为（0,20,-155），如图 7-14 所示。

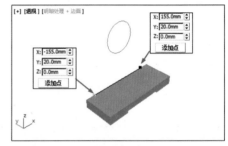

图 7-14

10 选中【开始新图形】复选框，并在前视图中首先捕捉直线端点，然后捕捉圆上的象限点，绘制一条直线，如图 7-15 所示。

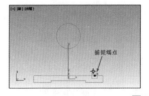 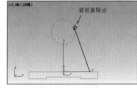

图 7-15

11 同理，在另一侧也捕捉直线端点和圆切点来绘制直线，如图 7-16 所示。

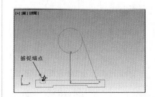 

图 7-16

12 单击【弧】按钮，利用"端点 - 端点 - 中央"的创建方法，拾取上一步绘制的两条切线的端点来绘制圆弧，如图 7-17 所示。删除先前绘制的圆。

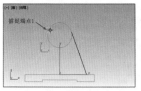

1. 捕捉端点 1

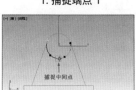

2. 捕捉端点 2

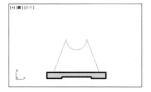

3. 捕捉端点 3　　　　4. 删除圆

图 7-17

13 选中一条切线，并在其【修改】命令面板的【几何体】卷展栏中单击【附加】按钮，再拾取其余直线和圆弧进行附加，如图 7-18 所示。

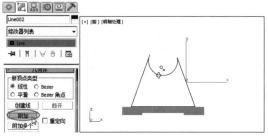

图 7-18

14 在堆栈中选择【顶点】层级，然后框选视图中所有的顶点，在四元菜单中执行【工具 2】|【焊接顶点】命令，如图 7-19 所示。

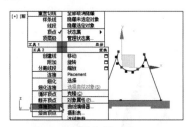

图 7-19

15 单击【挤出】按钮 ，创建挤出【数量】为 30 的模型，如图 7-20 所示。

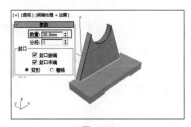

图 7-20

16 取消选中【开始新图形】复选框，在前视图中绘制两个同心圆形，如图 7-21 所示。

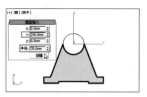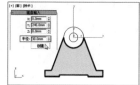

图 7-21

17 单击 按钮，创建挤出模型，如图 7-22 所示。

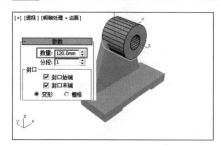

图 7-22

18 激活左视图，在主工具栏中右击【选择并移动】工具，弹出【移动变换输入】对话框，输入相对偏移值，将上一步创建的挤出模型向 X 轴平移 -22mm，如图 7-23 所示。

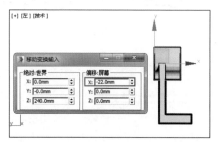

图 7-23

> **技术要点：**
> 也可在状态栏的【绝对模式变换输入】的 X、Y、Z 文本框内输入。注意，仅在原来的绝对坐标值上增加值即可。

19 激活左视图。开启【2.5D】捕捉开关，并打开【捕捉到端点切换】约束和【捕捉到边 / 线段切换】，利用【线】工具绘制如图 7-24 所示的封闭图形。

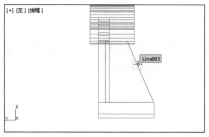

图 7-24

155

技术要点：

开启 2.5D 捕捉开关，可以捕捉模型的边作为绘制直线的参考。但不能开启【3D 捕捉】开关，否则将绘制空间直线，而不是平面直线。

20 单击 挤出 按钮，将机械零件的加强筋挤出，如图 7-25 所示。

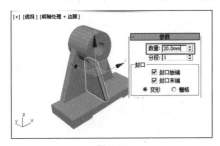

图 7-25

21 激活前视图，将加强筋模型向 X 轴平移 10，最终零件设计完成的结果，如图 7-26 所示。

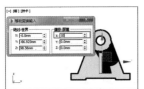

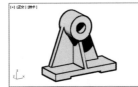

图 7-26

7.1.2 车削

【车削】工具能够使二维图形和 NURBS 曲线沿一个中心轴旋转，生成三维几何体，是常用的二维形建模工具之一。【车削】常用于制作轴对称几何体，如啤酒瓶、高脚杯、陶瓷罐等，如图 7-27 所示。

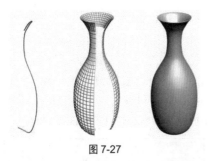

图 7-27

技术要点：

图形轮廓或曲线可以是开放的，也可以是封闭的。开放的曲线或轮廓将创建曲面，封闭的轮廓将创建几何体模型。

当绘制二维图形后，在功能区【基本建模】的标签【从二维创建三维】面板中单击 车削 按钮，【修改】命令面板显示车削【参数】卷展栏，如图 7-28 所示。

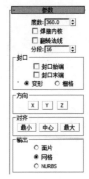

图 7-28

【参数】卷展栏中各选项含义介绍如下。

✦ 度数：确定对象绕轴旋转的角度，360° 为完整的环形，小于 360° 为不完整的扇形，如图 7-29 所示。

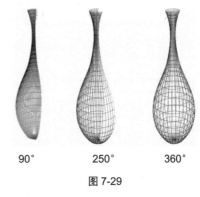

90°　　250°　　360°

图 7-29

✦ 焊接内核：通过将旋转轴中的顶点焊接来简化网格，得到结构更精确、精简和平滑无缝的模型。如果要创建一个变形对象，禁用该选项。

✦ 翻转法线：将模型表面的法线方向反转，如图 7-30 所示为翻转法线前、后的效果。

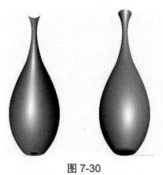

图 7-30

✦ 分段：设置旋转圆上的分段数目。如果要对旋转生成物体变形，则应根据变形需要，适当增大分段数值。

✦【封口】选项组：如果设置的车削对象的【度数】小于 360°，可控制是否在车削对象内部创建封口。

✦ 封口始端：封闭设置的度数小于 360° 的车削对象的始点，并形成闭合图形。

✦ 封口末端：封闭设置的度数小于 360°的车削对象的终点，并形成闭合图形。如图 7-31 所示为启用【封口始端】、启用【封口末端】和两者都启用时的车削对象。

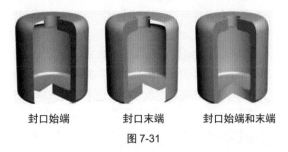

封口始端　　　封口末端　　封口始端和末端

图 7-31

✦ 变形：不进行面的精简计算，以便用于变形动画的制作。

✦ 栅格：进行面的精简计算，不能用于变形动画的制作。

✦ 【方向】选项组：在该选项组中设置旋转中心轴的方向。

✦ X/Y/Z：分别设置不同的轴向。

✦ 【对齐】选项组：设置图形与中心轴的对齐方式。

✦ 最小 / 中心 / 最大：分别将曲线的内边界、中心和外边界与中心轴对齐，如图 7-32 所示。

图形　　　　　　最小

中心　　　　　　最大

图 7-32

✦ 输出：该选项组可用来设置旋转特体的类型，包括【面片】【网格】和【NURBS】单选按钮。

✦ 面片 / 网格 /NURBS：分别生成面片、网格、NURBS 类型的物体。

动手操作——创建轴零件

01 新建场景文件。

02 激活前视图。在【创建】|【图形】命令面板中单击 线 按钮，在【键盘输入】卷展栏依次输入坐标

来添加系列点，起点到终点的坐标值分别是（0,0,0）、（0,37.5,0）、（40,37.5,0）、（40,45,0）、（90,45,0）、（90,60,0）、（240,60,0）、（240,45,0）、（290,45,0）、（290,37.5,0）、（490,37.5,0）、（490,0,0）、（0,0,0），单击【完成】按钮完成图形的绘制，如图 7-33 所示。

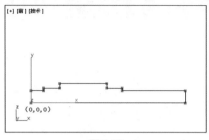

图 7-33

03 单击 车削 按钮，在【参数】卷展栏的【方向】选项组中单击 x 按钮，创建如图 7-34 所示的车削几何体。

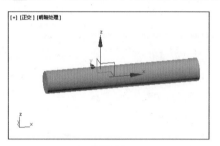

图 7-34

技术要点：

但从结果看，创建车削模型并非是我们想要的具有阶梯状的外观模型，这是由于旋转轴是图形中心的 X 轴，正确的旋转轴应该是图形底部的水平线。

04 在【修改】命令面板的堆栈中展开【车削】修改器选项，选择【轴】层级，然后激活前视图，并拖曳 Y 轴竖直向下移动，直到移动到图形起点的水平线上，如图 7-35 所示。

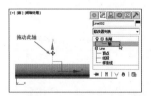 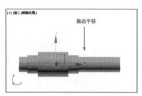

图 7-35

使用【扫描】工具，可以沿绘制的路径样条线扫掠内置截面或用户绘制的截面图形而生成几何体，如图 7-36 所示。

图 7-36

当绘制了二维样条线（作为路径）和扫描截面图形（也可以不绘制）后，单击【从二维创建三维】面板中的 扫描 按钮，【修改】命令面板堆栈中自动添加【扫描】修改器。【扫描】修改器包括【截面类型】、【插值】、【参数】和【扫描参数】卷展栏，其中【插值】卷展栏与其他修改器的【插值】卷展栏相同，不再介绍。

【截面类型】卷展栏（如图 7-37 所示）各选项含义如下。

✦ 使用内置截面：选择此选项，将使用 3ds Max 系统提供的扫描截面形状。

✦ 【内置截面】列表：此列表中列出了可用的扫描截面形状，如图 7-38 所示。

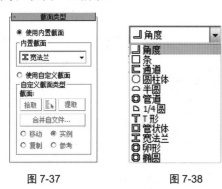

图 7-37   图 7-38

✦ 使用自定义截面：使用此选项，用户可以自定义（绘制）扫描截面形状，如图 7-39 所示。

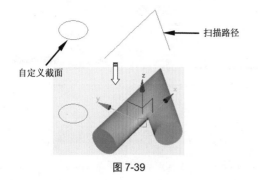

图 7-39

✦ 【自定义截面类型】选项组：提供自定义截面的定义方法。

✦ 拾取 ：单击【拾取】按钮，拾取用户绘制的样条线作为扫描截面。

✦ 拾取图形 ：单击此按钮，可以通过【拾取图形】对话框在场景资源浏览器中选择图形（包括单条样条线或多条样条线附加的图形）。

✦ 提取 ：【提取】功能用于恢复从场景中删除的自定义横截面。只要场景中有一个将删除的图形作为自定义横截面的扫描对象，就可以单击【提取】按钮将该图形还原到场景。如图 7-40 所示为【提取图形】对话框。

图 7-40

✦ 合并自文件... ：单击此按钮，可以从用户保存文件的系统路径中打开图形文件，并合并到当前场景中，作为扫描截面，如图 7-41 所示。

图 7-41

✦ 【移动】/【实例】/【复制】/【参考】：选择 4 个单选选项之一，被拾取的自定义截面移动到扫描几何体中（【移动】）、自定义截面将被删除（【实例】）、自定义截面被复制（【复制】）、自定义截面仅作为参考不被删除（【参考】）。

【参数】卷展栏中显示的是【使用内置截面】后的参数。例如，当使用 ∟角度 内置截面类型时，其【参数】

卷展栏选项如图 7-42 所示。当使用 宽法兰 内置截面类型时，其【参数】卷展栏选项如图 7-43 所示。

图 7-42

图 7-43

【扫描参数】卷展栏（如图 7-44 所示）中各选项含义介绍如下。

图 7-44

✦ 【XZ 平面上的镜像】：选中此选项，将创建基于 XZ 平面的镜像几何体，如图 7-45 所示。

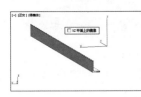 
图 7-45

✦ 【XY 平面上的镜像】：选中此选项，将创建基于 XY 平面的镜像几何体，如图 7-46 所示。

 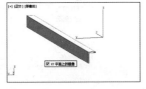
图 7-46

✦ X 偏移 /Y 偏移：指定基于 X 轴向或 Y 轴向的偏移距离，如图 7-47 所示为向 X 轴偏移 200mm 的前后效果对比。

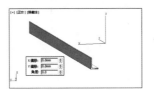 
图 7-47

✦ 【角度】：设置基于当前坐标系的 X 轴旋转角度，如图 7-48 所示。

✦ 【平滑截面】：提供平滑曲面，该曲面环绕着沿基本样条线扫描的截面的周界。

✦ 【平滑路径】：沿着基本样条线的长度提供平滑曲面。对曲线路径这类平滑十分有用。默认设置为禁用。

✦ 【轴对齐】：提供帮助将截面与基本样条线路径对齐的 2D 栅格。选择 9 个按钮之一来围绕样条线路径移动截面的轴。选择不同的点位，可以变换扫描几何体的位置，如图 7-49 所示。

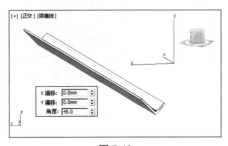
图 7-48

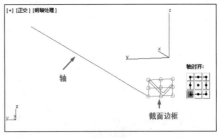
图 7-49

✦ 【倾斜】：启用该选项后，只要路径弯曲并改变其局部 Z 轴的高度，截面便围绕样条线路径旋转。如果样条线路径为 2D，则忽略倾斜。如果禁用，则图形在穿越 3D 路径时不会围绕其 Z 轴旋转。默认设置为启用。

✦ 【并集交集】：如果使用多个交叉样条线，例如栅格，那么启用该开关可以生成清晰且更真实的交叉点。

动手操作——创建扫描几何体

01 新建场景文件。

02 首先利用【创建】|【图形】命令面板中【样条线】类型下的【线】工具，在前视图中绘制如图 7-50 所示的图形。

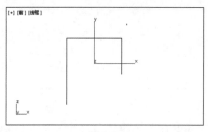

图 7-50

需要精确的尺寸，这里仅仅创建扫描几何体作为演示。
要绘制水平和竖直的直线，绘制过程中须按下 Shift 键。

03 进入【修改】命令面板，在堆栈中选择 Line 直线的【顶点】层级，然后框选所有顶点进行焊接，如图 7-51 所示。

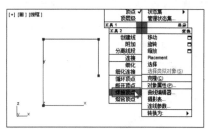

图 7-51

04 选中图形中右上角的一个顶点，然后在【几何体】卷展栏中单击【圆角】按钮，拖曳顶点创建圆角效果，如图 7-52 所示。

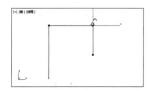 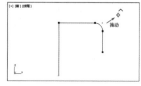

图 7-52

05 在【创建】|【图形】命令面板的【样条线】类型中单击【星形】按钮，在顶视图中绘制如图 7-53 所示的星形。

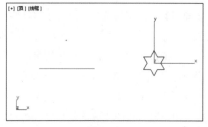

图 7-53

06 选中前面绘制的直线并圆角的图形作为扫描路径，单击 [扫描] 按钮，在【截面类型】卷展栏中选择【使用自定义截面】选项，单击【拾取】按钮，拾取星形作为扫描截面，并自动创建扫描几何体，如图 7-54 所示。

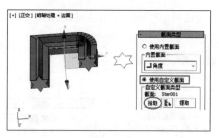

图 7-54

7.1.4 倒角

　　【倒角】编辑修改器与【挤出】编辑修改器的工作原理基本相同，但该修改器除了能够将图形挤压生成三维形体外，还可以使三维形体生成带有斜面的倒角效果，如图 7-55 所示。

图 7-55

　　该编辑修改器经常用于创建古典的倒角文字和标志。【倒角】修改器可以对任意形状的二维图形进行倒角操作，以二维图形作为基面挤压生成三维几何体。用户可以在基面的基础上挤压出 3 个层级，并设置每层的轮廓数值。

二维图形可以是封闭的，也可以是开放的。

　　在绘制样条线后，单击 [倒角] 按钮，在【修改】命令面板中添加【倒角】修改器。其【参数】卷展栏和【倒角值】卷展栏如图 7-56 所示。

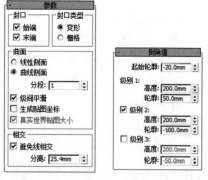

图 7-56

　　【参数】卷展栏选项介绍如下（已知的选项不做介绍）。

◆ 【封口类型】选项组：选择【变形】以为变形创建适合的封口面，或选择【栅格】以在栅格图案中创建封口面。【栅格】选项的变形和渲染要比【变形】封装的效果好。

◆ 【曲面】选项组：控制曲面侧面的曲率、平滑度和贴图。选项组中的两个单选按钮用来设置级别之间使用的插值方法。

◆ 线性侧面：选择该单选按钮后，级别之间会沿着一条直线进行分段插值。

◆ 曲线侧面：选择该单选按钮后，级别之间会沿着一条 Bezier 曲线进行分段插值。对于可见曲率，使用曲线侧面的多个分段。如图 7-57 所示，上图为线性侧面倒角；下图为曲线侧面倒角。

图 7-57

◆ 分段：在每个级别之间设置中级分段的数量。如图 7-58 所示，上图为 1 个分段的倒角；下图为 3 个分段的倒角。

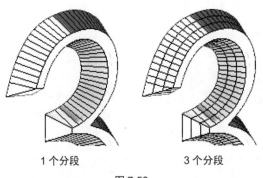

1 个分段　　　　3 个分段

图 7-58

◆ 级间平滑：倒角分 3 级（3 层，每层都有高度）。对倒角对象的侧面进行平滑处理，但总保持封口不被平滑。如图 7-59 所示，上图为无级间平滑倒角；下图为级间平滑的倒角。

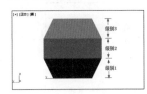

图 7-59

◆ 【相交】选项组：防止从重叠的临近边产生锐角。

◆ 避免线相交：防止轮廓彼此相交，通过在轮廓中插入额外的顶点，并用一条平直的线段覆盖锐角来实现，如图 7-60 所示。

相交　　　　未相交

图 7-60

◆ 分离：设置边之间所保持的距离，图 7-60 中右图所示为设置分离值后的效果。

【倒角值】卷展栏各选项介绍如下。

◆ 【倒角值】：该卷展栏中包含设置高度和 4 个级别的倒角量的参数。

技术要点：
倒角对象需要两个级别的最小值——起始值和结束值。用户也可添加更多的级别来改变倒角从开始到结束的量和方向。

◆ 起始轮廓：原始图形边缘向外偏移的宽度（平面填充），如图 7-61 所示。

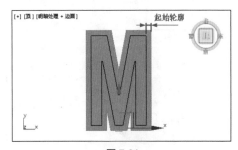

图 7-61

◆ 级别 1/2/3：倒角级别就如我们日常生活中所看到的蛋糕一样，起始轮廓位于蛋糕底部，级别 1 的参数定义了第一层的高度和大小；启用级别 2 或级别 3 对倒角对象添加另一层，将高度和轮廓指定为前一级别的改变量。

◆ 高度：此高度是要进行倒角的几何体模型的厚度。

◆ 倒角轮廓：设置原始图形轮廓至倒角边的宽度（偏移距离），如图 7-62 所示。

技术要点：
实际上就是直角三角形的底边长度。

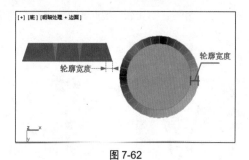

图 7-62

动手操作——创建倒角几何体

01 新建场景文件。

02 利用【基本建模】标签中【创建二维】面板的 ⊙圆 工具，在透视图中绘制半径为 100 的圆形，如图 7-63 所示。

03 单击 ● 倒角 按钮，在【修改】命令面板的【倒角值】卷展栏中设置如图 7-64 所示的【级别 1】的参数。

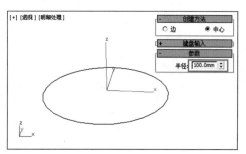

图 7-63

图 7-64

04 设置【级别 2】的参数，效果如图 7-65 所示。

05 最后设置【级别 3】的参数，修改如图 7-66 所示。

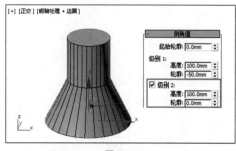

图 7-65

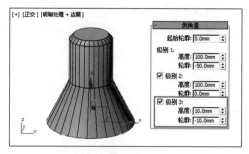

图 7-66

06 至此，完成倒角几何体的创建。

7.1.5 倒角剖面

与【倒角】修改器相比，【倒角剖面】修改器具有编辑方法更为灵活的特点。【倒角剖面】修改器使用另一个图形路径作为"倒角截剖面"来挤出一个图形，如图 7-67 所示。

图 7-67

技术要点：

制作成型后，作为倒角剖面的轮廓线不能删除，删除后，则倒角剖面失败。"倒角剖面"与提供图形的放样对象不同，它只是一个简单的修改器。

动手操作——利用【倒角剖面】设计门框

01 打开本例源文件"随书光盘 \ 动手操作 \ 源文件 \Ch07\7-5.max"。

02 源文件场景中包括绘制的剖面轮廓和倒角轮廓如图 7-68 所示。绘制时要取消选中【开始新图形】复选框。

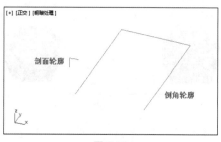

图 7-68

03 选中倒角轮廓，单击 **倒角剖面** 按钮，在【修改】命令面板中显示倒角剖面几何体的【参数】卷展栏，如图 7-69 所示。

图 7-69

04 单击【参数】卷展栏中的【拾取剖面】按钮，然后在视图中选择剖面轮廓，随后自动创建倒角剖面几何体，如图 7-70 所示。

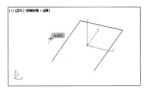

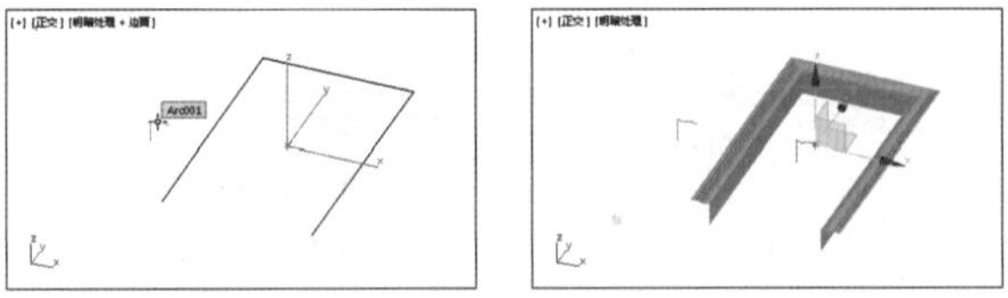

图 7-70

> **技术要点：**
> 倒角剖面几何体的剖面轮廓图形既可以是开放的，也可以是闭合的，如图 7-71 所示。 
>
> 图 7-71

7.1.6　补洞

【补洞】修改器可以将封闭的二维图形进行填充，从而构建平面或曲面，如图 7-72 所示。

图 7-72

动手操作——创建封口

01 打开本例源文件 7-6.max。在透视图中设置为【边面】显示，如图 7-73 所示。

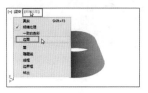

图 7-73

02 选中曲面模型，再单击 **补洞** 按钮将自动创建补洞面，默认参数设置为【平滑新面】，如图 7-74 所示。

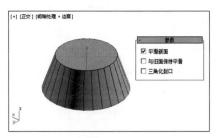

图 7-74

03 选中【与旧面保持平滑】复选框，补洞面将与旧面进行平滑连接，如图 7-75 所示。

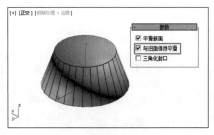

图 7-75

04 选中【三角化封口】复选框，可使新曲面中的所有边变为可见，如图 7-76 所示。

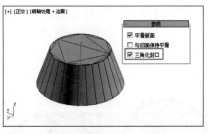

图 7-76

7.2　创建复合对象

创建复合对象的工具在【创建】|【几何体】命令面

板的【复合对象】类型中，如图 7-77 所示。也可以从菜单栏的【创建】|【复合】子菜单下执行复合对象命令，如图 7-78 所示。

图 7-77　　　　　图 7-78

7.2.1　变形

变形是一种与 2D 动画中的中间动画类似的动画技术。变形对象可以合并两个或多个对象，方法是插补第一个对象的顶点，使其与另一个对象的顶点位置相符。执行这项插补操作会生成变形动画，如图 7-79 所示。

原始对象称为种子或基础对象。种子对象变形成的对象称为目标对象。可以对一个种子对象执行变形操作，使其成为多个目标。此时，种子对象的形式会发生连续更改，以符合播放动画时目标对象的形式。

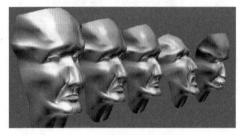

图 7-79

在创建变形之前，种子对象和目标对象必须满足下列条件。

✦ 必须有两个或两个以上的模型，变形前的对象为源对象；变形后的对象为目标对象，如图 7-80 所示。

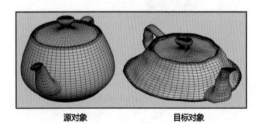

源对象　　　　　目标对象

图 7-80

✦ 这两个对象必须是网格、面片或多边形对象。
✦ 这两个对象必须包含相同的顶点数。

技术要点：

如果不满足上述条件，将无法使用【变形】功能。只要目标对象是与种子对象的顶点数相同的网格，就可以将各种对象用作变形目标对象，包括动画对象或其他变形对象。

在创建要进行变形的几何体模型后，在【创建】|【几何体】命令面板中选择【复合对象】类型，并在【对象类型】卷展栏中单击 变形 按钮，下方显示变形复合对象的【拾取目标】和【当前对象】卷展栏，如图 7-81 所示。

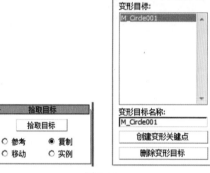

图 7-81

【拾取目标】卷展栏选项的含义如下：

✦ 拾取目标：单击【拾取目标】按钮，可以指定目标对象或所需的对象。

✦ 参考/复制/移动/实例：用于指定目标对象传输至复合对象的方式。它可以作为参考、副本或实例进行传输，也可以进行移动。进行移动时，不会留下原始图形。

技术要点：

需要重复使用目标几何体，以在场景中作为其他用途时，使用【复制】方式。使用【实例】方式，可以使具有动画更改的变形与原始目标对象同步。如果已经创建目标几何体使其作为唯一的变形目标，且尚未作为他用，则使用【移动】方式。

【当前对象】卷展栏选项的含义如下：

✦ 变形目标：显示一组当前的变形目标。
✦ 变形目标名称：可以在该文本框中更改选定变形目标的名称。
✦ 创建变形关键点：在当前帧处添加选定目标的变形关键点。
✦ 删除变形目标：删除当前高亮显示的变形目标。如果变形关键点参考的是删除的目标，则会删除这些关键点。

动手操作——制作树弯曲变形动画

01 打开本例源文件 7-7.max，场景中包括两棵树，左边的树是源对象，右边弯曲的树是变形目标对象，如图 7-82 所示。

图 7-82

02 选中左边的源对象，然后单击 变形 按钮，此时先将视图底部的时间滑块拖至 100/100 处，如图 7-83 所示。

图 7-83

03 单击【拾取目标】卷展栏中的 拾取目标 按钮，再拾取透视图中右边弯曲的树作为变形目标，随后源对象树自动生成变形为目标对象的弯曲状态，如图 7-84 所示。

图 7-84

04 在状态栏的创建和播放动画区域单击【播放动画】按钮 ▶，播放树变形的动画，如图 7-85 所示。

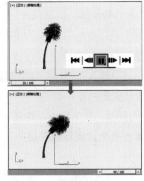

图 7-85

7.2.2　散布

散布是复合对象的一种形式，将所选的源对象散布为阵列，或散布到分布对象的表面，如图 7-86 所示。

图 7-86

创建要散布的对象后，单击 散布 按钮，显示散布复合对象的【拾取分布对象】和【散布对象】卷展栏，如图 7-87 所示。

图 7-87

【拾取分布对象】卷展栏选项的含义如下：

✦ 对象：显示使用【拾取目标对象】按钮选择的分布对象的名称。

✦ 拾取分布对象：单击【拾取分布对象】按钮，并在场景中单击一个对象，将其指定为分布对象。

✦ 参考 / 复制 / 移动 / 实例：用于指定将分布对象转换为散布对象的方式。

【散布对象】卷展栏选项含义如下：

✦ 使用分布对象：根据分布对象的几何体来散布源对象。

✦ 仅使用变换：如果启用，则无须分布对象，而是使用【变换】卷展栏上的偏移值来定位源对象的重复项。如果所有变换偏移值均保持为 0，则看不到阵列，这是因为重复项都位于同一个位置。

◆ 列表框：在列表框中单击选择对象，以便能在堆栈中访问该对象。

◆ 源名：用于重命名散布复合对象中的源对象。

◆ 重复数：指定散布的源对象的重复项数目。

◆ 技术要点：默认情况下，【重复数】设置为1，但是，如果要设置重复项数目的动画，则可以将该值设置为0。注意，如果使用【面中心】或【顶点】分布重复项，则【重复数】将被忽略。此时，重复项被放置于每个顶点或面中心。

◆ 基础比例：改变源对象的比例，同样也影响到每个重复项。该比例作用于其他任何变换之前。

◆ 顶点混乱度：对源对象的顶点应用随机扰动。

◆ 动画偏移：用于指定每个源对象重复项的动画偏移前一个重复项的帧数。可以使用此参数来生成波形动画。默认设置为0时，所有重复项将一起移动。

◆ 垂直：如果启用，则每个重复对象垂直于分布对象中的关联面、顶点或边；如果禁用，则重复项与源对象保持相同的方向。

◆ 仅使用选定面：如果启用，则将分布限制在所选的面内。或许最简单的方式是在拾取分布对象时使用【实例化】选项，然后对原始对象应用【网格选择】修改器，并只选择要用于分布重复项的面。

◆ 分布方式：用于指定分布对象几何体确定源对象分布的方式。如果不使用分布对象，则这些选项将被忽略。

◆ 区域：在分布对象的整个表面区域上均匀地分布重复对象。此时，物体是分布在球体表面的一个球体对象，如图7-88所示。

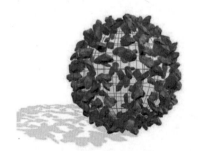

图 7-88

◆ 偶校验：用分布对象中的面数除以重复项数目，并在放置重复项时跳过分布对象中相邻的面数。

◆ 跳过 N 个：指定在放置下一个重复项之前要跳过的面数。如果设置为0，则不跳过任何面；如果设置为1，则跳过相邻的面，依此类推。

◆ 随机面：在分布对象的表面随机放置重复项。

◆ 沿边：沿着分布对象的边随机放置重复项。

◆ 所有顶点：在分布对象的每个顶点放置一个重复对象，【重复数】的值将被忽略。

◆ 所有边的中点：在每个分段边的中点放置一个重复项。

◆ 所有面的中心：在分布对象上每个三角形面的中心放置一个重复项，【重复数】的值将被忽略。

◆ 体积：遍及分布对象的体积散布对象。其他所有选项都将分布限制在表面。启用该选项时，可以考虑启用【显示】卷展栏中的【隐藏分布对象】。此时，物体充满一个球形的体积，如图7-89所示。

图 7-89

【变换】卷展栏（如图7-90所示）、【显示】卷展栏和【加载 / 保存预设】卷展栏（如图7-91所示）的选项含义如下。

图 7-90　　　　图 7-91

【变换】卷展栏：

◆ X、Y、Z度：输入希望围绕每个重复项的局部X、Y或Z轴旋转的最大随机旋转偏移。

◆ 使用最大范围：如果启用，则强制所有3个设置匹配最大值。其他两个设置将被禁用，只启用包含最大值的设置。

◆ X、Y、Z：输入希望沿每个重复项的X、Y或Z

轴平移的最大随机移动量。

✦ 使用最大范围：如果启用，则强制所有 3 个设置匹配最大值。其他两个设置将被禁用，只启用包含最大值的设置。

✦ A、B、N：前两项设置指定面的表面上的重心坐标；N 指定沿面法线的偏移。如果不使用分布对象，则这些设置不起作用。

✦ 使用最大范围：如果启用，则强制所有 3 个设置匹配最大值。其他两个设置将被禁用，只启用包含最大值的设置。

✦ X、Y、Z：指定沿每个重复项的 X、Y 或 Z 轴的随机缩放百分比。

✦ 使用最大范围：如果启用，则强制所有 3 个设置匹配最大值。其他两个设置将被禁用，只启用包含最大值的设置。

✦ 锁定纵横比：如果启用，则保留源对象的原始纵横比。通常，这为重复项提供了统一的缩放。如果禁用，且任意 X、Y 和 Z 设置中包含大于 0 的值，那么，由于该值表示正向或负向两个方向的随机缩放偏移，所以结果重复项产生不一样的缩放。

【显示】卷展栏：

✦ 代理：将源重复项显示为简单的楔子，在处理复杂的散布对象时可加速视图的重画。该选项对于始终显示网格重复项的渲染图像没有影响。

✦ 网格：显示重复项的完整几何体。

✦ 显示 %：指定视图中所显示的所有重复对象的百分比，该选项不会影响渲染场景。

✦ 隐藏分布对象：隐藏分布对象。隐藏对象不会显示在视图或渲染场景中。

✦ 新建：生成新的随机种子数目。

✦ 种子：设置种子数目。

【加载 / 保存预设】卷展栏：

✦ 预设名：用于定义设置的名称。单击【保存】按钮，将当前设置保存在该预设名下。

✦ 保存预设：包含已保存的预设名的列表框。

✦ 加载：加载保存预设列表中当前高亮显示的预设。

✦ 保存：保存【预设名】文本框中的当前名称并放入【保存预设】列表框中。

✦ 删除：删除【保存预设】列表框中的选定项。

技术要点：

源对象必须是网格对象或可以转换为网格对象的对象。如果当前所选的对象无效，则【散布】按钮不可用。

动手操作——创建散布复合对象

01 打开本例源文件 7-8.max，如图 7-92 所示。

图 7-92

02 选中场景中的树对象，再单击 散布 按钮，在【拾取分布对象】卷展栏中单击【拾取分布对象】按钮，并拾取草皮对象，如图 7-93 所示。

图 7-93

03 在【散布对象】卷展栏的【源对象参数】选项组中设置【重复数】为 48，随后自动将树对象均匀地散布在草皮上，如图 7-94 所示。

图 7-94

7.2.3　一致

一致对象是一种复合对象，通过将某个对象（称为"包裹器"）的顶点投影至另一个对象（称为"包裹对象"）的表面而创建。例如，将道路投影到山丘地形中，如图 7-95 所示。

图 7-95

在创建了包裹器和包裹对象后，选中作为"包裹器"的那个对象，然后单击 一致 按钮，【修改】命令面板中显示修改及创建一致复合对象的【拾取包裹到对象】卷展栏和【参数】卷展栏，如图 7-96 所示。

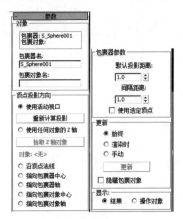

图 7-96

技术要点：

包裹器不能超出包裹对象范围，否则不能正确创建一致复合对象。

【参数】卷展栏中各选项含义如下。

✦ 对象列表框：列出包裹器和包裹对象。在列表框中单击选择对象，以便能在修改器堆栈中访问该对象。

✦ 包裹器名：用于重命名一致复合对象中的包裹器对象。

✦ 包裹对象名：用于重命名包裹对象。

【顶点投影方向】选项组：确定顶点的投影方向。

✦ 使用活动视图：远离活动视图投影顶点。

✦ 重新计算投影：重新计算当前活动视图的投影方向。由于最初方向是在拾取包裹对象时指定的，因此，如果要在指定后更改视图，可单击此按钮根据新的活动视图重新计算方向。

✦ 使用任何对象的 Z 轴：使用场景中任何对象的局部 Z 轴作为方向。指定对象之后，可以通过旋转对象来改变顶点投影的方向。

✦ 拾取 Z 轴对象：单击此按钮，并单击要用于指示投影源方向的对象。

✦ 对象：显示方向对象的名称。

✦ 沿顶点法线：沿顶点法线的相反方向向内投影包裹对象的顶点。顶点法线是通过对该顶点连接的所有面的法线求平均值所产生的向量。如果包裹器对象将包裹对象包围在内，则包裹器将呈现包裹对象的形式。

✦ 指向包裹器中心：向包裹器对象的边界中心投影顶点。

✦ 指向包裹器轴：向包裹器对象的原始轴心投影顶点。

✦ 指向包裹对象中心：向包裹对象的边界中心投影顶点。

✦ 指向包裹对象轴：向包裹对象的轴心投影顶点。

技术要点：

可以通过在复合对象与之前生成的原始包裹器对象的副本之间进行变形来设置一致效果的动画。不过，要这样做，首先在【更新】组启用【隐藏包裹对象】选项，以使原始对象和复合对象具有相同数量的顶点，从而可以在两个具有不同数量顶点的对象之间进行有效的变形。

✦ 【包裹器参数】选项组：用于设置顶点投影距离。

✦ 默认投影距离：设置包裹器对象中的顶点在未与包裹对象相交的情况下与其原始位置的距离。

✦ 间隔距离：设置包裹器对象的顶点与包裹对象表面之间保持的距离。

✦ 使用选定顶点：如果启用，则仅推动选定的包裹器对象的顶点子对象；如果禁用，则忽略修改器堆栈选择而推动对象中的所有顶点。要访问包裹器对象的修改器堆栈，在列表框中选择包裹器对象，打开修改器堆栈并选择基础对象名称。此时，可以应用【网格选择】修改器，并选择要对之进行操作的顶点。

✦ 【更新】选项组：用于确定何时重新计算复合对象的投影。由于复杂的复合对象会降低性能，因此可以使用以下选项避免计算常量。

✦ 始终：对象将始终更新。

✦ 渲染时：仅在染场景时才重新计算对象。

✦ 手动：激活【更新】按钮，手动重新计算。

✦ 更新：重新计算投影。

✦ 隐藏包裹对象：启用该选项，将隐藏包裹对象。

【显示】选项组：确定是否显示形状操作对象。

✦ 结果：显示操作结果。

✦ 操作对象：显示操作对象。

动手操作——制作山间公路

01 打开本例素材源文件 7-9.max，如图 7-97 所示。

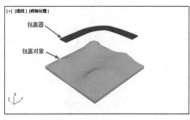

图 7-97

02 选中包裹器几何体，单击 一致 按钮，并在【拾取包裹到对象】卷展栏中单击【拾取包裹对象】按钮，再拾取包裹对象几何体，如图 7-98 所示。

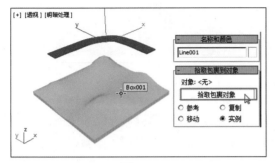

图 7-98

03 激活顶视图，在【参数】卷展栏中选择【使用活动视图】选项，并单击【重新计算投影】按钮，包裹器自动投影到包裹对象上，如图 7-99 所示。

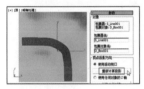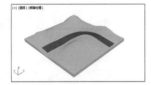

图 7-99

7.2.4 连接

用于将两个或多个对象在对应的删除面之间建立封闭的表面，将它们连接在一起形成一个新的复合对象。要执行此操作，需要先删除各个对象要连接处的面，在其表面创建一个或多个洞，并使洞与洞之间面对面，然后应用【连接】命令。

如图 7-100 所示为连接两个几何体的范例。

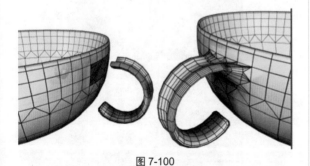

图 7-100

当创建要用于连接的两个几何体对象并选中其中一个对象后，单击 连接 按钮，【修改】命令面板中显示【拾取操作对象】、【参数】和【显示/更新】卷展栏，如图 7-101 所示。

图 7-101

> **技术要点：**
> 可以对具有多组洞的对象应用【连接】。连接将尽可能地匹配两个对象之间的洞。指定给两个原始对象的贴图坐标也将尽可能保持。根据两组原始贴图坐标和几何体类型的复杂程度与差距的不同，在桥区域中可能会存在不规则内容。

【拾取操作对象】卷展栏：

✦ 拾取操作对象：单击此按钮将另一个操作对象与原始对象相连。例如，可以采用一个包含两个洞的对象作为原始对象，并安排另外两个对象，每个对象均包含一个洞并位于洞的外部。单击【拾取操作对象】按钮，选择其中一个对象，连接该对象，然后再次单击【拾取操作对象】按钮，选择另一个对象，连接该对象。这两个连接的对象均被添加至操作对象列表中。

✦ 参考/复制/移动/实例：用于指定将操作对象转换为复合对象的方式。

【参数】卷展栏：

✦ 操作对象列表：显示当前的操作对象。在列表中单击操作对象，即可选中该对象，以进行重命名、删除或提取操作。

✦ 名称：重命名所选的操作对象。输入新的名称，然后按 Tab 键或 Enter 键。

✦ 删除操作对象：将所选操作对象从列表中删除。

✦ 提取操作对象：提取所选操作对象的副本或实例。在列表中选择一个操作对象即可启用此按钮。

> **技术要点：**
> 【提取操作对象】按钮仅在【修改】面板中可用。如果当前为【创建】面板，则无法提取操作对象。

✦ 实例/复制：指定提取操作对象的方式。

✦ 分段：设置连接桥中的分段数目。

✦ 张力：控制连接桥的曲率。值为 0 表示无曲率，值越高，匹配连接桥两端的表面法线的曲线越平滑。【分段】设置为 0 时，无明显变化。

◆ 桥：在连接桥的面之间应用平滑。

◆ 末端：在和连接桥新旧表面接连的面与原始对象之间应用平滑。

◆ 技术要点：如果同时启用【桥】和【末端】选项，但原始对象不包含【平滑】组，则平滑将指定给桥，以及与桥接连的面。

◆ 显示：确定是否显示形状操作对象。

◆ 结果：显示操作结果。

◆ 操作对象：显示操作对象。

◆ 更新：用于确定何时重新计算复合对象的投影。由于复杂的复合对象会降低性能，因此可以使用以下选项避免计算常量。

◆ 始终：对象将始终更新。

◆ 渲染时：仅当渲染场景时才重新计算对象。

◆ 手动：激活【更新】按钮，手动重新计算。

◆ 更新：重新计算投影。

动手操作——创建连接复合对象

01 打开本例源文件 7-10.max，场景中为两个圆柱曲面，如图 7-102 所示。

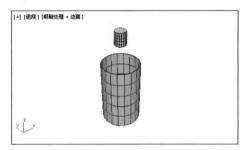

图 7-102

02 选中较大的圆柱曲面，接着单击 连接 按钮，在【拾取操作对象】卷展栏中单击【拾取操作对象】按钮，再选择较小的圆柱曲面，如图 7-103 所示。

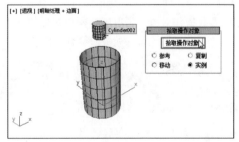

图 7-103

03 随后自动创建连接曲面，如图 7-104 所示。默认状态下连接曲面同时与两端的圆柱曲面 G0 连续，也就是相接连续。

图 7-104

04 在【平滑】卷展栏中选中【桥】和【末端】选项，并在【插值】卷展栏设置【分段】和【张力】，可以创建相切连续的连接曲面，如图 7-105 所示。

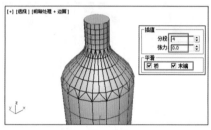

图 7-105

7.2.5 水滴网格

水滴网格复合对象可以通过几何体或粒子创建一组球体，还可以将球体连接起来，就好像这些球体是由柔软的液态物质构成的一样。如果球体在离另外一个球体的一定范围内移动，它们就会连接在一起。如果这些球体相互移开，将会重新显示球体的形状，如图 7-106 所示。

图 7-106

在 3D 行业，采用水滴网格复合对象方式操作的球体的一般术语是"变形球"，这种方式可以根据场景中的指定对象生成变形球。此后，这些变形球会形成一种网格效果，即水滴网格。在设置动画期间，模拟移动和流动的厚重液体和柔软物质，理想的方法是使用水滴网格。

> **技术要点：**
> 变形球是一种用连接曲面将自身连接到其他对象的对象类型。当一个变形球对象在距离另一对象一定距离的范围内移动时，这两个对象之间就会形成连接曲面。变形球非常适合于模拟液体和厚而黏的物质，如泥、软的食品或熔化的金属。

单击 水滴网格 按钮，水滴网格的【参数】卷展栏如图 7-107 所示，【粒子流参数】卷展栏如图 7-108 所示。

图 7-107　　　　　图 7-108

【参数】卷展栏：

✦ 大小：对象（而不是粒子）的每个变形球的半径。对于粒子，每个变形球的大小由粒子的大小决定。粒子的大小是根据粒子系统中的参数设置的，默认设置为 20。

> **技术要点：**
> 变形球的大小显然受【张力】的影响。如果将【张力】设置为允许的最小值，则每个变形球的半径可以精确地反映【大小】的设置。如果【张力】设置得较高，将会使曲面变松，还会使变形球缩小。

✦ 张力：用于确定曲面的松紧程度。该值越小，曲面就越松，取值范围为 0.01 ～ 1.0，默认设置为 1.0。

✦ 计算粗糙度：设置生成水滴网格的粗糙度或密度。禁用【相对粗糙度】时，可以使用【渲染】和【视图】值设置水滴网格面的高度和宽度，还可以使用较小的值创建较为密集的网格。启用【相对粗糙度】时，水滴网格面的高度和宽度由变形球大小与该值的比来确定。在这种情况下，值越高，创建的网格就越密集。【渲染】默认值是 3.0，而【视图】默认值是 6.0。

✦ 相对粗糙度：确定如何使用粗糙度值。如果禁用

该选项，则【渲染粗糙度】和【相对粗糙度】值是绝对值，其中，水滴网格中每个面的高度和宽度始终等于粗糙度值。这表示，水滴网格面将保留固定大小，即便变形球的大小发生更改，也是如此。如果启用该选项，则每个水滴网格面的大小由变形球大小与粗糙度的比来确定。因此，随着变形球变大或变小，水滴网格面的大小会随之变化。默认设置为禁用状态。

✦ 大型数据优化：该选项提供了计算和显示水滴网格的另一种方法。只有存在大量变形球（如 2000 或更多）时，这种方法才比默认的方法高效。只有使用粒子系统或生成大量变形球的其他对象时，才能使用该选项。默认设置为禁用状态。

✦ 在视图内关闭：禁止在视图中显示水滴网格。水滴网格将仍然显示在渲染中。默认设置为禁用状态。

✦ 使用软选择：如果已经对添加到水滴网格的几何体使用软选择，启用该选项时，可以使软选择应用于变形球的大小和位置。

> **技术要点：**
> 变形球位于选定顶点处，其大小由【大小】参数决定。对于位于几何体的【软选择】卷展栏中设置的衰减范围内的顶点，将会放置较小的变形球。对于衰减范围之外的顶点，不会放置任何变形球。只有该几何体的【顶点】子对象层级仍然处于激活状态，且该几何体的【软选择】卷展栏中的【使用软选择】处于启用状态时，该选项才能生效。如果对水滴网格或几何体禁用【使用软选择】，变形球将会位于该几何体的所有顶点处。默认设置为禁用状态。

✦ 最小大小：启用【使用软选择】时设置衰减范围内变形球的最小尺寸。默认设置为 10.0。

✦ 拾取：允许从屏幕中拾取对象或粒子系统，以添加到水滴网格。

✦ 添加：显示选择对话框。可以在其中选择要添加到水滴网格中的对象或粒子系统。

✦ 删除：从水滴网格中删除对象或粒子系统。

【粒子流参数】卷展栏：如果已经向水滴网格中添加【粒子流】系统，且只需在发生特定事件时生成变形球，即可使用该卷展栏。可以在该卷展栏中指定事件之前，向【参数】卷展栏中的水滴网格中添加【粒子流】系统。

✦ 所有粒子流事件：启用时，所有粒子流事件将会生成变形球；禁用时，只有【粒子流事件】列表中指定的粒子流事件才能生成变形球。

✦ 添加：显示场景中的粒子流事件列表，以便拾取所需的事件，从而添加到【粒子流事件】列表框中。

✦ 移除：从【粒子流事件】列表框中删除选定的事件。

动手操作——制作茶壶倒水的水滴效果

01 打开本例的素材场景文件 7-11.max，如图 7-109 所示。

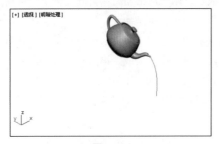

图 7-109

02 单击 水滴网格 按钮，并在透视图中单击，创建水滴网格几何体，如图 7-110 所示。

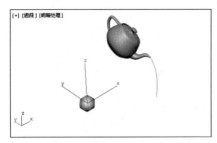

图 7-110

03 按 Esc 键退出创建，重新选中水滴网格返回到水滴网格几何体的编辑状态，在【参数】卷展栏的【水滴对象】选项组中单击【拾取】按钮，然后拾取与茶壶嘴相连的样条线，如图 7-111 所示。

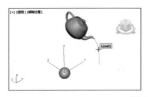 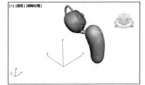

图 7-111

04 接着设置参数如图 7-112 所示。

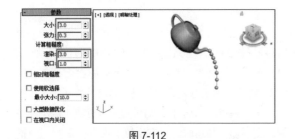

图 7-112

7.2.6 图形合并

图形合并是将网格对象与一个或多个图形合成复合

对象的操作方法。它是将图形投影到三维对象表面，产生相交或相减的效果，经常用于在对象表面产生镂空或浮雕文字、花纹等效果。

选中要合并的图形对象，在【修改】|【几何体】命令面板的【复合对象】类型中单击 图形合并 按钮，显示【拾取操作对象】和【显示 / 更新】卷展栏，如图 7-113 所示。

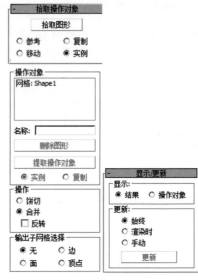

图 7-113

【拾取操作对象】卷展栏：

✦ 拾取图形：单击【拾取图形】按钮，并单击要嵌入网格对象中的图形。此图形沿图形局部负 Z 轴方向投影到网格对象上。例如，创建一个长方体，然后在顶视图中创建一个图形，此图形将投影到长方体顶部。可以重复此过程来添加图形，图形可沿不同方向投影，方法是再次单击【拾取图形】按钮，然后拾取另一个图形。

✦ 参考 / 复制 / 移动 / 实例：指定如何将图形传输到复合对象中。

✦ 操作对象：列出复合对象中的所有操作对象。第一个操作对象是网格对象，以下是任意数目的基于图形的操作对象。

✦ 删除图形：从复合对象中删除选中图形。

✦ 提取操作对象：提取选中操作对象的副本或实例。在列表窗口中选择操作对象时，此按钮可用。

✦ 实例 / 复制：指定如何提取操作对象。

✦ 【操作】选项组：决定如何将图形应用于网格中。

✦ 饼切：切去网格对象曲面外部的图形。

✦ 合并：将图形与网格对象曲面合并。

✦ 反转：反转【饼切】或【合并】效果。选中【饼切】单选按钮时，此效果明显；禁用【反转】时，图形在网格对象中是一个孔洞；启用【反转】时，图形是实心的，

而网格消失；选中【合并】单选按钮时，启用【反转】
将反转选中的子对象网格。例如，合并一个圆并应用【面
提取】，当禁用【反转】时，提取圆环区域，当启用【反
转】时，提取除圆环区域之外的所有图形。

✦【输出子网格选择】选项组：指定将哪个选择级
别传送到堆栈中。使用【图形合并】对象保存所有选择
级别，使用其可以将对象与合并图形的顶点、面和边一
起保存。因此，如果使用作用在指定级别上的修改器跟
随【图形合并】，修改器会更好地工作。

✦　无：输出整个对象。

✦　面：输出合并图形内的面。

✦　边：输出合并图形的边。

✦　顶点：输出由图形样条线定义的顶点。

【显示 / 更新】卷展栏：

✦【显示】选项组：确定是否显示图形操作对象。

✦　结果：显示操作结果。

✦　操作对象：显示操作对象。

✦【更新】选项组：指定何时更新显示。通常，在
设置合并图形操作对象动画，且视图中显示很慢时，使
用这些选项。

✦　始终：始终更新显示。

✦　渲染完成后：仅在场景渲染后更新显示。

✦　手动：仅在单击【更新】后更新显示。

✦　更新：当选中除【始终】之外的任意选项时更新
显示。

动手操作——创建图形合并

01 打开本例的素材场景文件 7-12.max，如图 7-114 所示。

图 7-114

02 首先选中一个合并主体（即茶壶），再单击
图形合并 按钮，所选的主体模型被自动收集到【参数】
卷展栏的【操作对象】选项组中，如图 7-115 所示。

图 7-115

03 单击【拾取图形】按钮，并拾取场景中的文字作为
图形合并的另一个操作对象，如图 7-116 所示。

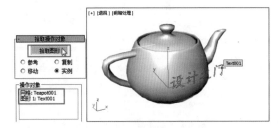

图 7-116

04 此刻，文字已经投影到茶壶几何体上并与之合并了，
由于模型显示样式的原因，暂时看不出来，可设置视图
显示样式为【隐藏线】，即可看见合并后的文字与茶壶
几何体的状态，如图 7-117 所示。

图 7-117

05 接下来创建面挤出，突出显示合并的文字图形。按
Esc 键退出图形合并操作。选中图形合并对象，在【修改】
命令面板的修改器列表中添加【面挤出】修改器，设置
挤出【数量】为 5，效果如图 7-118 所示。

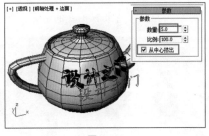

图 7-118

7.2.7 布尔运算

【布尔】复合对象工具是通过对两个或两个以上几何对象进行并集、差集、交集的运算，从而得到复合对象。实际上是执行布尔运算指令。

选择要进行布尔运算的一个对象后，单击 布尔 按钮，显示【拾取布尔】【参数】及【显示/更新】等卷展栏，如图 7-119 所示。

图 7-119

下面主要介绍【参数】卷展栏中的 5 种操作方法。

✦ 并集：该类型的布尔操作包含两个操作对象的体积，将两对象重叠的部分移除，如图 7-120 所示。

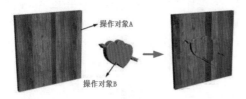

图 7-120

✦ 交集：该类型布尔操作只包含两个操作对象复叠的部分，如图 7-121 所示。

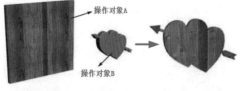

图 7-121

✦ 差集（A-B）：该类型布尔操作从操作对象 A 上减去操作对象 A 与操作对象 B 重叠的部分，如图 7-122 所示。

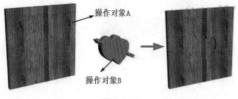

图 7-122

✦ 差集（B-A）：该类型布尔操作与"差集（A-B）"类型相反，如图 7-123 所示。

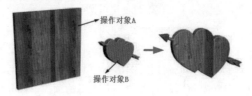

图 7-123

✦ 切割：包括"优化""分割""移除内部"和"移除外部" 4 种类型。"优化"类型在操作对象 B 与操作对象 A 面的相交处添加新的顶点和边；"分割"类型类似于"优化"类型，只是新产生顶点和边与源对象属于同一个网格的两个元素；"移除内部"类型可以删除位于操作对象 B 内部的操作对象 A 的所有面；"移除内部"类型可以删除位于操作对象 B 外部的操作对象 A 的所有面，如图 7-124 所示。

优化　　　　　　　　分割

移除内部　　　　　　移除外部

图 7-124

动手操作——创建布尔复合对象

01 打开本例的素材场景文件 7-13.max，如图 7-125 所示。

02 首先选中操作对象 A——茶壶，单击 布尔 按钮，并单击【拾取布尔】卷展栏中的【拾取操作对象 B】按钮，再拾取场景中的"福"字形几何体，如图 7-126 所示。

图 7-125

图 7-126

03 在【操作】选项组中选择【并集】方法，茶壶几何体与福字形几何体布尔求和运算后合并成整体，如图 7-127 所示。

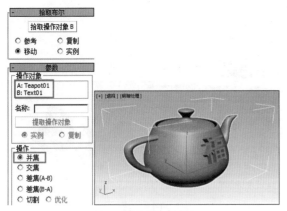

图 7-127

7.2.8　地形

　　主要用于创建地形对象。通过【地形】命令，可以在不同高度表述地形的轮廓线之间形成过渡连接，从而创建出不同形式的三维地形模型，如图 7-128 所示。

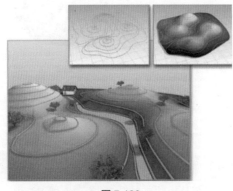

图 7-128

　　绘制要创建地形的样条线后，单击 ___地形___ 按钮，显示【拾取操作对象】【参数】【简化】及【按海拔上色】等卷展栏，如图 7-129 所示。

图 7-129

动手操作——制作地形

01 新建场景文件。

02 在【修改】|【图形】命令面板的【样条线】类型中单击【线】按钮（同时选中【开始新图形】复选框），在【创建方法】卷展栏中设置【初始类型】和【拖动类型】均为【平滑】，如图 7-130 所示。

图 7-130

03 在顶视图中绘制第一段封闭的样条线，如图 7-131 所示。

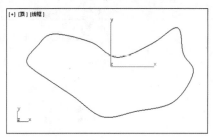

图 7-131

04 单击【线】按钮，接着绘制第二段封闭的样条曲线，如图 7-132 所示。

05 单击【线】按钮，接着绘制第三段封闭的样条曲线，如图 7-133 所示。

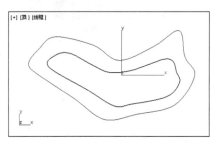

图 7-132

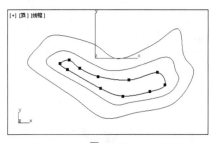

图 7-133

06 单击【线】按钮，接着绘制第四段封闭的样条曲线，如图 7-134 所示。按 Esc 键退出样条线的绘制。

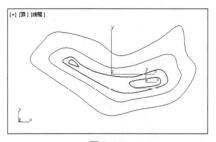

图 7-134

技术要点：

绘制第四段封闭样条线的其中一部分样条线后，同时取消选中【开始新图形】复选框，继续绘制另一部分样条线。

07 利用【选择并移动】工具，依次将第二段、第三段

和第四段封闭样条线在前视图中竖直向上均匀平移，如图 7-135 所示。

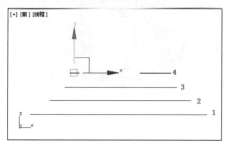

图 7-135

08 选择第一段封闭样条线，单击 <u>地形</u> 按钮，接着单击【拾取操作对象】按钮，接着依次将第二段、第三段及第四段样条线，将它们添加到【操作对象】列表中，同时自动创建地形几何体，如图 7-136 所示。

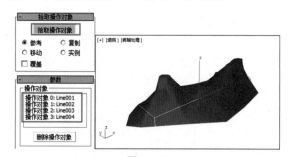

图 7-136

09 在【按海拔上色】卷展栏中单击【创建默认值】按钮，系统自动为地形几何体上色，如图 7-137 所示。

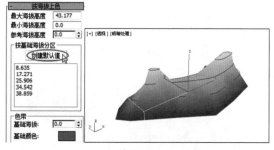

图 7-137

10 最后给地形添加【网格平滑】修改器，可以使地形特征变得平滑。

7.2.9 放样

放样对象是通过一个路径组合一个或多个截面来创建复合对象几何体，路径型相似于船的龙骨，而截面型相似于沿龙骨排列的船肋，如图 7-138 所示。它相对于其他复合对象具有更复杂的创建参数，从而可以创建出更为精细的模型。

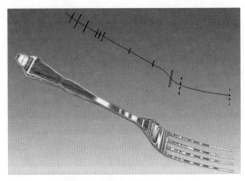

图 7-138

绘制放样的路径和截面后，单击 放样 按钮，显示参数设置卷展栏，如图 7-139 所示。

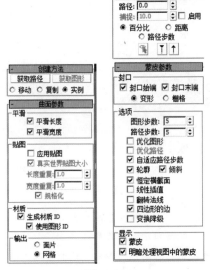

图 7-139

下面仅仅介绍放样复合对象的新选项。【创建方法】卷展栏含义介绍如下。

✦ 获取路径：将路径指定给选定图形或更改当前指定的路径。

✦ 获取图形：将图形指定给选定路径或更改当前指定的图形。

技术要点：

获取图形时按 Ctrl 键可反转图形的 Z 轴方向。

✦ 移动 / 复制 / 实例：用于指定路径或图形转换为放样对象的方式。

【曲面参数】卷展栏选项含义介绍如下。

【平滑】选项组：

✦ 平滑长度：沿着路径的长度提供平滑曲面。当路径曲线或路径上的图形更改大小时，这类平滑非常有用。默认设置为启用。

✦ 平滑宽度：围绕截面图形的周界提供平滑曲面。当图形更改顶点数或更改外形时，这类平滑非常有用。默认设置为启用。如图 7-140 所示为放样几何体的平滑长度和平滑宽度。

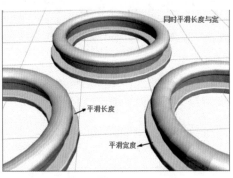

图 7-140

【路径参数】卷展栏：可以控制沿着放样对象路径在不同间隔期间的多个图形位置。

✦ 路径：设置路径的级别。如果【捕捉】处于启用状态，该值将变为上一个捕捉的增量。该路径值依赖于所选择的测量方法，更改测量方法将改变路径值。如图 7-141 所示为在路径的不同位置插入不同形状的图形。

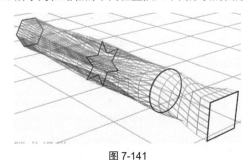

图 7-141

✦ 捕捉：用于设置沿着路径图形之间的恒定距离。该捕捉值依赖于所选择的测量方法。更改测量方法也会更改捕捉值，以保持捕捉间距不变。

✦ 启用：当启用【启用】选项时，【捕捉】处于活动状态。默认设置为禁用状态。

✦ 百分比：将路径级别表示为路径总长度的百分比。

✦ 距离：将路径级别表示为路径第一个顶点的绝对距离。

✦ 路径步数：将图形置于路径步数和顶点上，而不是作为沿着路径的一个百分比或距离。

✦ 拾取图形：将路径上的所有图形设置为当前级别。当在路径上拾取一个图形时，将禁用【捕捉】，且路径设置为拾取图形的级别，会出现黄色的 X。【拾取图形】仅在【修改】面板中可用。

【蒙皮参数】卷展栏选项含义介绍如下。

【封口】选项组：

✦ 封口始端：如果启用，则路径第一个顶点处的放样端被封口；如果禁用，则放样端为开放或不封口状态。默认设置为启用。

✦ 封底末端：如果启用，则路径最后一个顶点处的放样端被封口；如果禁用，则放样端为开放或不封口状态。默认设置为启用。如图 7-142 所示为禁用和启用封口时的放样模型。

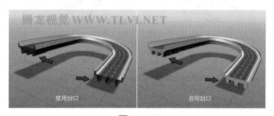

图 7-142

✦ 变形：按照创建变形目标所需的可预见且可重复的模式排列封口面。变形封口能产生细长的面，与采用栅格封口创建的面相同，这些面也不进行渲染或变形。

✦ 栅格：在图形边界处修剪矩形栅格中排列封口面。此方法将产生一个由大小均等的面构成的表面，其他修改器可以很容易地变形这些面。

【选项】选项组：

✦ 图形步数：设置横截面图形的每个顶点之间的步数。该值会影响围绕放样周界的边的数目，如图 7-143 所示。

✦ 路径步数：设置路径的每个主分段之间的步数。该值会影响沿放样长度方向的分段数目，如图 7-144 所示。

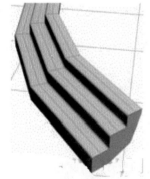

图 7-143

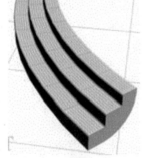

图 7-144

✦ 优化图形：如果启用，则对于横截面图形的直分

段，忽略【图形步数】。如果路径上有多个图形，则只优化在所有图形上都匹配的直分段。默认设置为禁用，如图 7-145 所示。

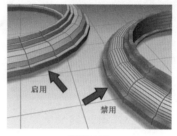

图 7-145

✦ 优化路径：如果启用，则对于路径的直分段，忽略【路径步数】。【路径步数】设置仅适用于弯曲截面。仅在【路径步数】模式下才可用，默认设置为禁用，如图 7-146 所示。

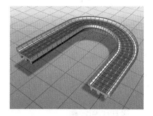

禁用"优化路径"时　　　　启用"优化路径"时

图 7-146

✦ 自适应路径步数：如果启用，则分析放样，并调整路径分段的数目，以生成最佳蒙皮。主分段将沿路径出现在路径顶点、图形位置和变形曲线顶点处。如果禁用，则主分段将沿路径只出现在路径顶点处。默认设置为启用。

✦ 轮廓：如果启用，则每个图形都将遵循路径的曲率。每个图形的正 Z 轴与形状层级中路径的切线对齐；如果禁用，则图形保持平行，且与放置在层级 0 中的图形保持相同的方向。默认设置为启用，如图 7-147 所示。

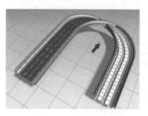

禁用"轮廓"时放样路线　　启用"轮廓"时放样的路线

图 7-147

✦ 倾斜：如果启用，则只要路径弯曲并改变其局部 Z 轴的高度，图形便围绕路径旋转。倾斜量由 3ds Max 控制。如果是 2D 路径，则忽略该选项；如果禁用，则

图形在穿越 3D 路径时不会围绕其 Z 轴旋转。默认设置为启用，如图 7-148 所示。

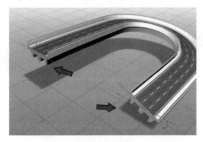

图 7-148

✦ 恒定横截面：如果启用，则在路径中的角落处缩放横截面，以保持路径的宽度一致；如果禁用，则横截面保持其原来的局部尺寸，从而在路径角处产生收缩，如图 7-149 所示。

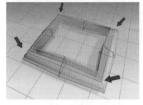 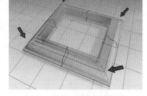

禁用"恒定横截面"时放样　　启用"恒定横截面"时放样
　　　　的帧　　　　　　　　　　　的帧

图 7-149

✦ 线性插值：如果启用，则使用每个图形之间的直边生成放样蒙皮；如果禁用，则使用每个图形之间的平滑曲线生成放样蒙皮。默认设置为禁用，如图 7-150 所示。

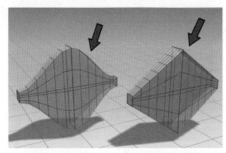

左：禁用"线性插值"　　右：启用"线性插值"

图 7-150

✦ 翻转法线：如果启用，则将法线翻转 180°。可使用此选项来修正内部外翻的对象。默认设置为禁用。

✦ 四边形的边：如果启用该选项，且放样对象的两部分具有相同数目的边，则两部分缝合到一起的面将显示为四方形。具有不同边数的两部分之间的边将不受影响，仍与三角形连接。默认设置为禁用。

✦ 变换降级：使放样蒙皮在子对象图形 / 路径变换

过程中消失。例如，移动路径上的顶点使放样消失。如果禁用，则在子对象变换过程中可以看到蒙皮。默认设置为禁用。

【显示】选项组：

✦ 蒙皮：如果启用，则使用任意着色层在所有视图中显示放样的蒙皮，并忽略【着色视图中的蒙皮】的设置；如果禁用，则只显示放样子对象。默认设置为启用。

✦ 明暗处理视图中的蒙皮：如果启用，则忽略【蒙皮】设置，在着色视图中显示放样的蒙皮；如果禁用，则根据【蒙皮】设置来控制蒙皮的显示。默认设置为启用。

动手操作——制作麻花钻

01 打开本例素材场景文件 7-15.max，如图 7-151 所示。

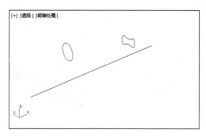

图 7-151

02 选择直线作为放样路径，单击 放样 按钮，在【创建方法】卷展栏中单击【获取图形】按钮，再拾取圆形作为第一放样截面，如图 7-152 所示。

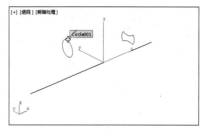

图 7-152

03 随后自动创建放样几何体，如图 7-153 所示。

图 7-153

04 按 Esc 键退出放样操作。重新选择放样几何体，在【修改】面板下修改放样几何体。在【路径参数】卷展栏设置路径参数，然后再拾取圆形截面，随后自动在放样几何体 25% 处重新放样，如图 7-154 所示。

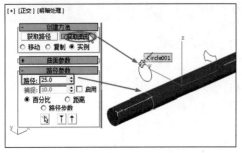

图 7-154

05 在【路径参数】卷展栏修改路径参数为"28"，按 Enter 键后再单击【获取图形】按钮，并拾取另一个图形作为放样的第二截面，随后自动创建新的放样几何体，如图 7-155 所示。

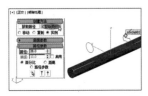

图 7-155

06 在【变形】卷展栏中单击【缩放】按钮，并在随后弹出的【缩放变形（X）】对话框中单击【插入角点】按钮在轮廓曲线靠近最右侧的位置添加一个角点，如图 7-156 所示。

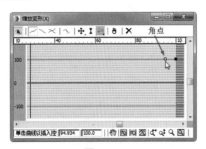

图 7-156

07 单击【移动控制点】按钮，拖曳（垂直拖曳）轮廓曲线最右端的端点到中轴上，以此可改变放样几何体的轮廓形状，如图 7-157 所示。

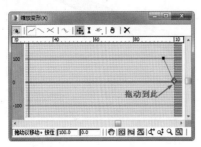

图 7-157

08 被改变轮廓形状的放样几何体前后的效果对例如图 7-158 所示。完成后关闭此对话框。

图 7-158

09 在【变形】卷展栏单击【扭曲】按钮，随后弹出【扭曲变形】对话框。同样操作是在中轴线上先添加角点，然后移动中轴线最右端的端点，以此扭曲放样几何体，如图 7-159 所示。

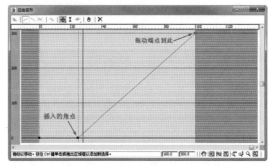

图 7-159

技术要点：

插入的角点就是起始扭曲位置点，移动中轴端点实际上就是设置扭曲的角度和周期。100 表示扭转一周；200 表示扭转两周；300 表示扭转三周。

10 扭曲后的效果如图 7-160 所示。创建完成的麻花钻如图 7-161 所示。

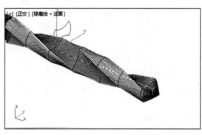

图 7-160

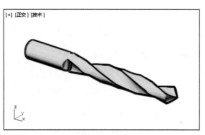

图 7-161

7.2.10 网格化

操作主要针对粒子系统设计，经过【网格化】变形后的粒子可以方便地使用多种变形器进行变形处理，例如弯曲或应用 UVW 贴图等。它可以应用于任何类型的对象。

动手操作——创建网格化复合对象

01 打开本例素材场景文件 7-16.max，场景中已经创建了粒子系统，单击【播放动画】按钮 ▶，可以播放下雪的模拟场景，如图 7-162 所示。

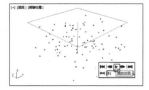

图 7-162

02 在【创建】|【几何体】命令面板的【复合对象】类型中单击 网格化 按钮，在透视图中拖曳创建一个 Mesher 物体。注意保持与粒子系统的方向一致，如图 7-163 所示。按 Esc 键退出操作。

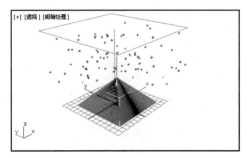

图 7-163

03 进入【修改】面板，在【参数】卷展栏中单击【拾取对象】按钮，然后选择粒子系统，如图 7-164 所示。

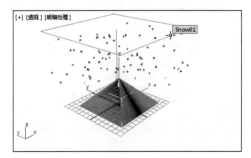

图 7-164

04 拖曳时间滑块，可发现粒子系统和网格都有下雪的动画，如图 7-165 所示。

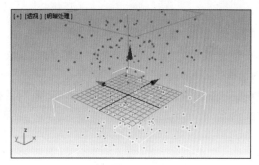

图 7-165

05 如果设置时间偏移为 50，那么网格中的动画将从整个动画的 50% 位置开始播放，其余 50% 的动画只有粒子系统的效果，如图 7-166 所示。

图 7-166

06 接下来为网格对象指定一个【扭曲】修改器。在修改器列表中添加【扭曲】修改器，并在【参数】卷展栏中设置扭曲角度和偏移，如图 7-167 所示。

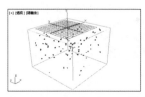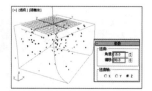

图 7-167

技术要点：

可以使用任何对象作为一个边界框，这通常能够最快地使用粒子系统。移动到需要大小的粒子系统所在位置的帧，然后拾取它。

7.2.11 ProBoolean（超级布尔）

ProBoolean 是一种类似于布尔操作的建模方法，但其功能更为强大，ProBoolean 将大量功能添加到传统的 3ds Max 布尔对象中，如每次使用不同的布尔运算，可以组合多个对象。ProBoolean 还可以自动将布尔结果细分为四边形面，这样，在使用 MeshSmooth 修改器时，能够形成光滑的圆角边，这在不使用 ProBoolean 时是很难实现的。

因此 ProBoolean 建模方法比较适合于创建对精确度或细节处理要求较高的模型，例如工业造型等。在本实例中，将指导读者制作一个象棋子，在模型完成时，边缘为锐利的直角边，细节部分处理不到位，但由于使用了 ProBoolean 建模方法，在应用 MeshSmooth 修改器后，模型边缘形成了光滑的圆角边。

动手操作——制作象棋子

01 打开本例素材场景文件 7-17.max，如图 7-168 所示。

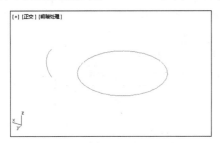

图 7-168

02 选择圆形，并在功能区【基本建模】标签的【从图形创建三维】面板中单击【倒角剖面】按钮 ，进入【倒角剖面】修改器面板。

03 单击【参数】卷展栏中的【拾取剖面】按钮，拾取圆弧作为倒角剖面，如图 7-169 所示。

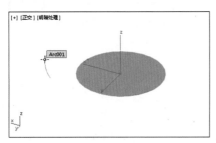

图 7-169

04 随后自动创建倒角剖面几何体对象，如图 7-170 所示。

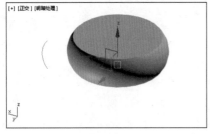

图 7-170

05 利用功能区【基本建模】标签中【创建二维】面板的【文本】工具，在顶视图中绘制"帅"的文本，字体为"隶书"，如图 7-171 所示。

图 7-171

06 在前视图中将文字向上平移 25mm，如图 7-172 所示。

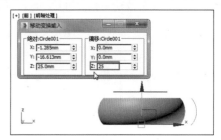

图 7-172

07 选择文字，单击【挤出】按钮 ，创建挤出对象，如图 7-173 所示。

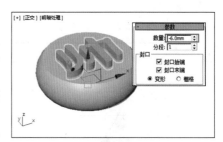

图 7-173

08 选中倒角剖面几何体作为布尔运算的主体对象，并在【创建】|【几何体】命令面板的【复合对象】类型中单击 ProBoolean 按钮，单击【开始拾取】按钮，拾取挤出对象作为差集对象，如图 7-174 所示。

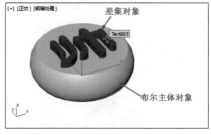

图 7-174

09 确保【参数】卷展栏中【运算】选项组的【差集】运算被选中，系统会自动进行布尔差集运算，得到如图 7-175 所示的结果。

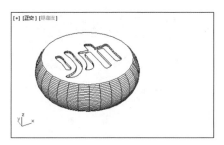

图 7-175

7.2.12 ProCutter（超级切割）

ProCutter（超级切割）是一种特殊的布尔运算，它可以利用一个实体或曲面对象作为剪切器，将某个对象断开为可编辑网格元素或单独对象，剪切器可以多次使用，连续切割一个或多个对象，一个对象上也可以使用多个剪切器。

下面以案例说明 ProCutter（超级切割）工具的用法。

动手操作——制作数字、汉字拼图

01 新建场景文件。

02 利用扩展基本体类型中的【长方体】工具，创建如图 7-176 所示的长方体。

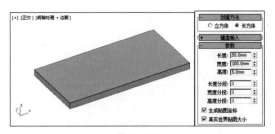

图 7-176

03 在顶视图中分别绘制数字和汉字，如图 7-177 所示。

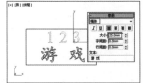

图 7-177

04 利用【挤出】 工具，分别创建数字的挤出对象和汉字的挤出对象，如图 7-178 所示。

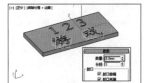

图 7-178

05 选择数字挤出对象（会被自动拾取为切割器），单击 ProCutter 按钮，接着在【切割器拾取参数】卷展栏中单击【拾取原料对象】按钮，随后选择长方体作为原料对象，如图 7-179 所示。

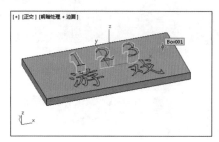

图 7-179

06 选中【切割器拾取参数】卷展栏中的【自动提取网格】复选框，以及【切割器参数】卷展栏中的【被切割对象在切割器对象之外】复选框，如图 7-180 所示。其余选项保持默认，按 Esc 键退出。

07 利用【选择并移动】工具，将切割出来的数字几何

图 7-180

体移开，可以看出长方体中被切割出数字形状的空腔体，如图 7-181 所示。

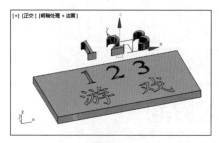

图 7-181

08 同理，将汉字挤出对象从长方体中切割出来，如图 7-182 所示。

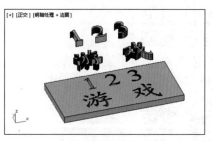

图 7-182

第 8 章

建筑对象建模

第 8 章源文件

第 8 章视频文件

第 8 章结果文件

8.1 建筑墙体及门窗设计

墙、门和窗是建筑设计中最基本的 3 个构成要素。3ds Max 行业应用十分广泛，因此建筑设计工具使用起来也是比较简单的，下面重点介绍墙、门和窗的设计过程。

8.1.1 墙

3ds Max 中的"墙"是由一系列的矩形体组合而成的，"墙"由三大要素构成：顶点、分段和剖面，可以对其三大要素进行编辑，从而得到想要的墙体形状。

【墙】工具在【创建】|【几何体】命令面板的【AEC 扩展】类型中，AEC（Architecture、Engineering 和 Construction) 是国外对"建筑工程"的简称。

下面通过建筑墙体的创建，说明【墙】工具的应用方法。

动手操作——创建建筑墙体

01 新建场景文件。

02 在软件标题栏的快速访问工具条上单击【打开文件】按钮 ，弹出【打开文件】对话框。将文件类型设置为【所有文件（*.*）】，然后将本章源文件夹中的 8-1.dwg，AutoCAD 文件打开，如图 8-1 所示。

图 8-1

03 随后弹出【AutoCAD DWG/DXF 导入选项】对话框，保留该对话框的默认设置，单击【确定】按钮，将建筑平面图导入到 3ds Max 场景中，如图 8-2 所示。

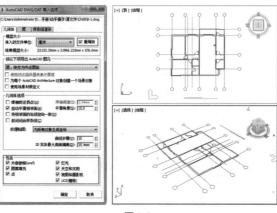

图 8-2

技术要点：

设置导入选项时，必须选中【重缩放】复选框，并选择【毫米】选项，保证导入的文件单位与场景中的单位一致。另外导入文件时，也可以在菜单浏览器中执行【导入】|【链接 AutoCAD】命令，然后导入 AutoCAD 文件，如图 8-3 所示。

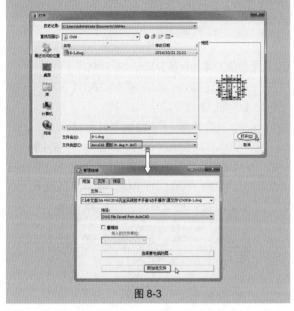

图 8-3

04 打开的建筑平面图中包括轴线、轴线编号和墙体、门和窗等元素，如图 8-4 所示。由于导入的 AutoCAD 图纸中文字不匹配，所有在 3ds Max 场景没有显示轴线编号和图纸比例等文字。

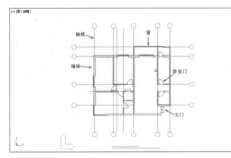

图 8-4

05 开启 2D 捕捉开关，同时打开【捕捉到端点切换】约束。

06 由于 3ds Max 中没有捕捉两线交点的捕捉功能，因此需要对轴线进行修剪。选中导入的几何图形（建筑平面图），在功能区【基本建模】标签【编辑样条线工具】面板中单击 ▣修剪 按钮，依次修剪相交的轴线，结果如图 8-5 所示。

07 建筑平面图中的墙体分为 3 种规格：240mm 墙、180mm 墙和 120mm 墙。首先创建 240mm 的墙体。在【创建】|【几何体】命令面板的【AEC 扩展】类型下单击 ▭墙▭ 按钮，捕捉到轴线，在 240mm 墙体位置开始

绘制墙几何体，并修改墙体参数，如图 8-6 所示。

图 8-5

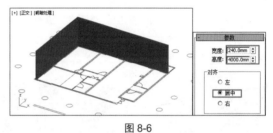

图 8-6

08 同理，创建 180mm 宽、4000mm 高的墙体，如图 8-7 所示。需要重新单击【墙】按钮。

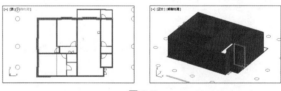

图 8-7

09 最后创建 120mm 宽、4000mm 高的墙体。如图 8-8 所示。

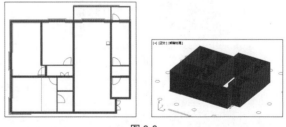

图 8-8

10 利用【布尔】复合对象工具，将所有墙体并集成整体。最后隐藏导入的建筑平面图形，最终结果如图 8-9 所示。

技术要点：

合并墙体还可以在编辑墙体时，在【编辑对象】卷展栏中单击【附加】按钮进行附加。

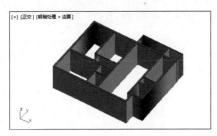

图 8-9

8.1.2 门

门、窗、楼梯、栏杆等与墙体都属于 AEC 对象。【门】工具可以创建 3 种类型的门：

✦ 枢轴门：这种门是大家最熟悉的，仅在一侧装有铰链的门，如图 8-10 所示。

✦ 折叠门：门的铰链装在中间及侧端，就像许多壁橱的门那样。你也可以将此类型的门设置为一组双门，如图 8-11 所示。

图 8-10

图 8-11

✦ 推拉门：有一半固定，另一半可以推拉，如图 8-12 所示。

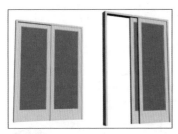

图 8-12

通常，枢轴门和折叠门用于大门设计，推拉门一般设计成阳台门、厨房门，有时也用于卫生间；折叠门也主要用于大门、卫生间、阳台；枢轴门则主要用于大门、卧室、卫生间等。

枢轴门、折叠门和推拉门的参数设置基本相同，下面以实例操作来分别说明。

动手操作——创建枢轴门

01 打开本例素材场景文件 8-2.max，如图 8-13 所示。

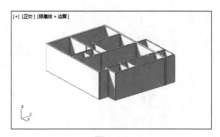

图 8-13

02 在【创建】|【几何体】命令面板中选择【门】类型，然后单击 枢轴门 按钮，或者在菜单栏执行【创建】|【AEC 对象】|【枢轴门】命令。

03 开启 2D 捕捉开关，打开【捕捉到边 / 线段切换】约束。在顶视图中以"宽度 / 深度 / 高度"的创建方法，首先第 1 点确定铰链位置，第 2 点确定门的宽度（单击拖曳来确定）和第 3 点确定门的深度，如图 8-14 所示。

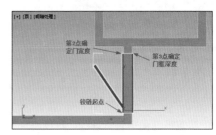

图 8-14

04 在前视图中向上拖曳，在合适位置单击（第 4 点）确定门的高度，如图 8-15 所示。

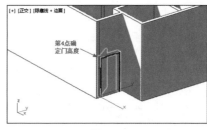

图 8-15

05 按 Esc 键退出操作，进入【修改】命令面板，编辑门的参数。设置门的高度为 2100mm、宽度为 1000mm、深度为 180mm，如图 8-16 所示。

图 8-16

门的【创建方法】卷展栏和部分【参数】卷展栏选项含义介绍。

◆ 宽度 / 深度 / 高度：前两个点定义门的宽度和门脚的角度。通过在视图中拖曳来设置这些点，如创建门的第 1 步中所述。第一个点（在拖曳之前单击并按住的点）定义单枢轴门和折叠门（两个侧柱在双门上都有铰链，而推拉门没有铰链）的铰链上的点。第二个点（在拖曳后在其上释放鼠标按键的点）定义门的宽度以及从一个侧柱到另一个侧柱的方向。这样，即可在放置门时使其与墙或开口对齐。第三个点（移动鼠标后单击的点）指定门框的深度，第四个点（再次移动鼠标后单击的点）指定门的高度。

◆ 宽度 / 高度 / 深度：与"宽度 / 高度 / 深度"选项的作用方式相似，只是最后两个点首先创建高度，然后创建深度。

技术要点：

使用此方法时，深度与由前三个点设置的平面垂直。这样，如果在顶或透视图中绘制门，门将平躺在活动栅格上。

◆ 允许侧柱倾斜：允许创建倾斜门。设置捕捉以定义构造平面之外的点。

◆ 双门：选中此复选框，将创建双开门。

◆ 翻转转动方向：更改门转动的方向，如图 8-17 所示。

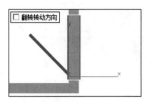
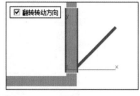

图 8-17

◆ 翻转转枢：在与门面相对的位置上放置门转枢，如图 8-18 所示。此选项不可用于双门。

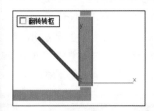
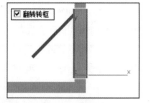

图 8-18

◆ 打开：输入门绕枢轴的旋转角度，如图 8-19 所示。

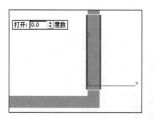
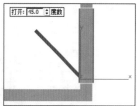

图 8-19

06　利用【选择并移动】工具，在顶视图调整门的位置，一般门框距离墙 100mm，即墙垛的尺寸为 100mm×180mm（墙厚），如图 8-20 所示。

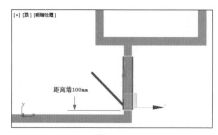

图 8-20

07　为了能看清门在编辑中的变化过程，先切剪出门洞。方法是：在门位置创建与门参数相同或稍大的长方体，如图 8-21 所示。

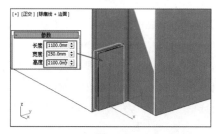

图 8-21

08　选中墙体，单击【复合对象】类型中的 ProBoolean 按钮，设置为【差集】运算，然后拾取长方体作为布尔对象，随后自动创建门洞，如图 8-22 所示。

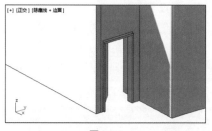

图 8-22

09　选中门对象，进入【修改】命令面板。修改门【打开】的度数为 0。在选中【创建门框】复选框后，保留门框的宽度、深度和门偏移默认参数。在【镶板】选项组中选择【有倒角】选项，然后设置倒角参数和窗格数、镶板间距等，如图 8-23 所示。

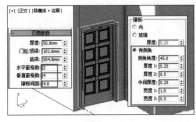

图 8-23

部分【参数】和【页扇参数】卷展栏中的各选项介绍如下。

【门框】选项组：

✦ 创建门框：选中此复选框将创建门框，默认设置是选中的。这是门组合必不可少的组件。

✦ 宽度：设置门框与墙平行的宽度，仅当启用了【创建门框】选项时可用。

✦ 深度：设置门框从墙投影的深度，仅当启用了【创建门框】选项时可用。

✦ 门偏移：设置门相对于门框的位置。在 0.0 时，门与修剪的一个边平齐。请注意，此处设置的值可以是正数，也可以是负数。仅当启用了【创建门框】选项时可用。

【页扇参数】卷展栏：

✦ 厚度：设置门的厚度。

✦ 门挺 / 顶梁：设置顶部和两侧的面板框的宽度。仅当门是面板类型时，才会显示此设置。

✦ 底梁：设置门脚处面板框的宽度。仅当门是面板类型时，才会显示此设置。

✦ 水平窗格数：设置面板沿水平轴划分的数量。

✦ 垂直窗格数：设置面板沿垂直轴划分的数量。

✦ 镶板间距：设置面板之间的间隔宽度。

【镶板】选项组：

✦ 无：门没有面板。

✦ 玻璃：创建不带倒角的玻璃面板。

✦ 厚度：设置玻璃面板的厚度。

✦ 有倒角：选择此选项可以具有倒角面板，其余的微调器影响面板的倒角。

✦ 倒角角度：指定门的外部平面和面板平面之间的倒角角度。

✦ 厚度 1：设置面板的外部厚度。

✦ 厚度 2：设置倒角从该处开始的厚度。

✦ 中间厚度：设置面板内面部分的厚度。

✦ 宽度 1：设置倒角从该处开始的宽度。

✦ 宽度 2：设置面板的内面部分的宽度。

动手操作——创建折叠门

01 参考建筑平面图纸找到卫生间所在位置，如图 8-24 所示。

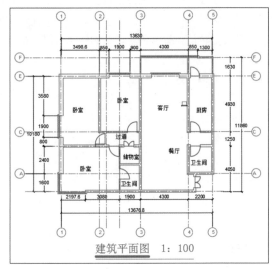

图 8-24

02 打开本例素材场景文件 8-3.max，如图 8-25 所示。本例仅设计在主卧的卫生间门，折叠门尺寸为 700mm（门宽）×2100mm（门高）。

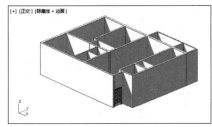

图 8-25

03 在【创建】|【几何体】命令面板中选择【门】类型，然后单击 折叠门 按钮，或者在菜单栏执行【创建】|【AEC 对象】|【折叠门】命令。

04 开启 2D 捕捉开关，打开【捕捉到边 / 线段切换】约束。在顶视图中以"宽度 / 深度 / 高度"的创建方法，首先第 1 点确定铰链位置、第 2 点确定门的宽度（单击拖曳来确定）和第 3 点确定门的深度，如图 8-26 所示。

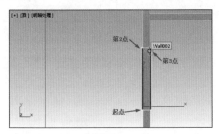

图 8-26

05 在前视图中向上拖曳，在合适位置单击（第 4 点）确定门的高度，如图 8-27 所示。

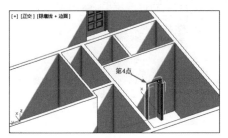

图 8-27

06 按 Esc 键退出操作，进入【修改】命令面板，编辑门参数。设置门的高度为 2100mm、宽度为 700mm、深度为 120mm，如图 8-28 所示。

图 8-28

07 利用【选择并移动】工具，在顶视图调整门的位置，此门在卫生间墙的中间，可以参考图纸来确定门框与墙的距离，如图 8-29 所示。

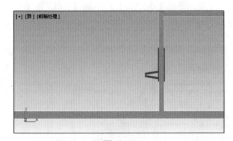

图 8-29

08 为了能看清门在编辑中的变化过程，先切剪出门洞。方法是：在门位置创建与门参数相同或稍大的长方体，如图 8-30 所示。

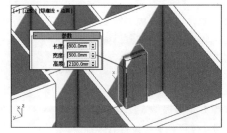

图 8-30

09 选中墙体，单击【复合对象】类型中的 ProBoolean 按钮，

设置为【差集】运算，然后拾取长方体作为布尔对象，随后自动创建门洞，如图 8-31 所示。

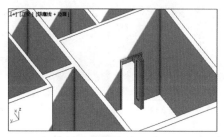

图 8-31

10 选中门对象，进入【修改】命令面板。修改门打开的度数为 0°。在选中【创建门框】复选框后，保留门框的宽度、深度和门偏移的默认参数。在【镶板】选项组中选择【有倒角】选项，然后设置倒角参数和窗格数、镶板间距等，如图 8-32 所示。

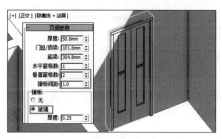

图 8-32

动手操作——创建推拉门

01 打开本例素材景文件 8-4.max，如图 8-33 所示。本次设计的推拉门在客厅与阳台的外墙上，推拉门尺寸为宽 2800mm、高 2300mm。

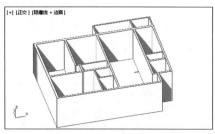

图 8-33

02 在【创建】|【几何体】命令面板中选择【门】类型，然后单击 推拉门 按钮，或者在菜单栏执行【创建】|【AEC 对象】|【折叠门】命令。

03 开启 2D 捕捉开关，打开【捕捉到边 / 线段切换】约束。在顶视图中以"宽度 / 深度 / 高度"的创建方法，首先第 1 点确定铰链位置、第 2 点确定门的宽度（单击拖曳来确定）、第 3 点确定门的深度，如图 8-34 所示。

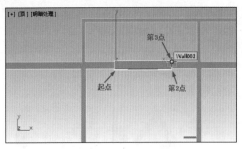

图 8-34

04 在前视图中向上拖曳，在合适位置单击（第 4 点）确定门的高度，如图 8-35 所示。

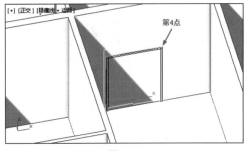

图 8-35

05 按 Esc 键退出操作，进入【修改】命令面板，编辑门参数。设置门的高度为 2300mm、宽度为 2800mm、深度为 240mm，如图 8-36 所示。

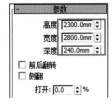

图 8-36

06 利用【选择并移动】工具，在顶视图调整门的位置，此门在卫生间墙中间，可以参考图纸来确定门框与墙的距离，如图 8-37 所示。

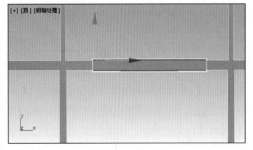

图 8-37

07 创建长方体以切剪出门洞，如图 8-38 所示。

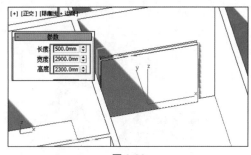

图 8-38

08 选中墙体，单击【复合对象】类型的 ProBoolean 按钮，设置为【差集】运算，然后拾取长方体作为布尔对象，随后自动创建出门洞，如图 8-39 所示。

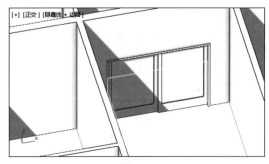

图 8-39

09 选中门对象，进入【修改】命令面板。在选中【创建门框】复选框后，保留门框的宽度、深度和门偏移的默认参数。在【镶板】选项组中选择【有倒角】选项，然后设置倒角参数和窗格数、镶板间距等，如图 8-40 所示。

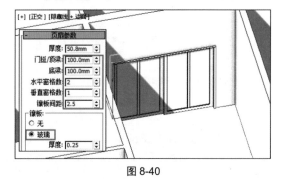

图 8-40

10 至此，完成了推拉门的创建。

8.1.3　窗

"窗"的创建与"门"雷同，也可以将窗设置为打开、部分打开或关闭，以及随时打开的动画。

【窗】工具提供 6 种类型的窗，各类窗的创建过程基本相同，仅仅是参数设置有区别。

✦ 遮蓬式窗：遮蓬式窗具有一个或多个可在顶部转枢的窗框，遮蓬式窗的参数选项如图 8-41 所示。

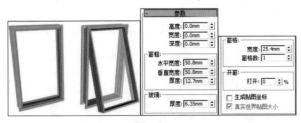

图 8-41

✦ 平开窗：平开窗具有一个或两个可在侧面转枢的窗框，平开窗口的参数面板，如图 8-42 所示。

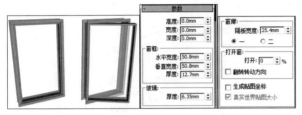

图 8-42

✦ 固定窗：固定窗不能打开，因此没有打开窗口的控件。除了标准窗口对象的参数之外，固定窗口还为细分窗口提供了设置【窗格】的区域，如图 8-43 所示。

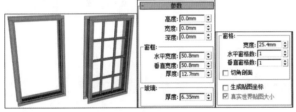

图 8-43

✦ 旋开窗：旋开窗只具有一个窗框，中间通过窗框面用铰链接合起来，其可以垂直或水平旋转打开。旋开窗的参数面板，如图 8-44 所示。

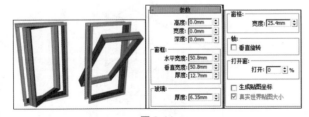

图 8-44

✦ 伸出式窗：伸出式窗具有 3 个窗框：顶部窗框不能移动，底部的两个窗框像遮篷式窗那样旋转打开，但是却以相反的方向。伸出式窗的参数面板如图 8-45 所示。

✦ 推拉窗：推拉窗具有两个窗框：一个固定的窗框，一个可移动的窗框，可以垂直移动或水平移动。推拉窗的参数面板，如图 8-46 所示。

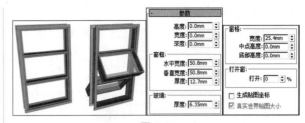

图 8-45

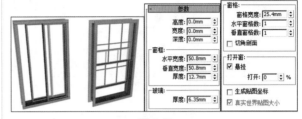

图 8-46

动手操作——创建推拉窗

01 打开本例素材景文件 8-5.max，如图 8-47 所示。设计的推拉窗在客厅隔壁的卧室外墙上，推拉窗尺寸为宽 1500mm、高 1200mm。

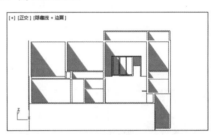

图 8-47

02 在【创建】|【几何体】命令面板中选择【窗】类型，然后单击 推拉窗 按钮，或者在菜单栏执行【创建】|【AEC 对象】|【推拉窗】命令。

03 开启 2D 捕捉开关，打开【捕捉到边 / 线段切换】约束。在顶视图中以"宽度 / 深度 / 高度"来创建方法，首先第 1 点确定窗框位置、第 2 点确定窗的宽度（单击拖曳来确定）、第 3 点确定窗的深度，如图 8-48 所示。

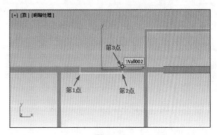

图 8-48

04 在前视图中向上拖曳，在合适位置单击（第 4 点）

确定窗的高度，如图 8-49 所示。

05 按 Esc 键退出操作，进入【修改】命令面板，编辑门参数。设置窗的高度为 1200mm、宽度为 1500mm、深度为 240mm，如图 8-50 所示。

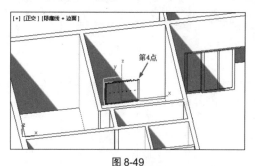

图 8-49

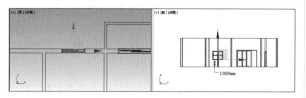

图 8-50

06 利用【选择并移动】工具，在顶视图调整窗的位置，此窗在卧室墙中间，对于住宅窗台的高度，依据建筑标准设置最低为 1000mm，如图 8-51 所示。

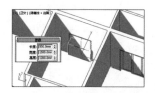

图 8-51

07 创建长方体并平移长方体，与窗高度和位置相同，如图 8-52 所示。

图 8-52

08 选中墙体，单击【复合对象】类型的 ProBoolean 按钮，设置为【差集】运算，然后拾取长方体作为布尔对象，随后自动创建窗洞，如图 8-53 所示。

09 选中窗对象，进入【修改】命令面板。在选中【打开窗】复选框后，保留门框的宽度、深度和门偏移的默认参数。在【参数】卷展栏的【打开窗】选项组中取消选中【悬挂】

复选框，然后设置【窗格】选项组的参数，如图 8-54 所示。

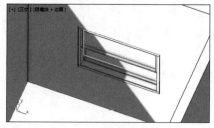

图 8-53

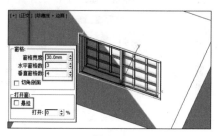

图 8-54

10 至此，完成了推拉窗的创建。

8.2 建筑楼梯与栏杆设计

8.1 节介绍了建筑设计中的墙、门和窗的设计方法，本节继续讲解同是建筑设计构件的楼梯和栏杆。

8.2.1 楼梯设计

1. 楼梯组成结构

楼梯一般由楼梯段、平台和栏杆扶手三部分组成，如图 8-55 所示。

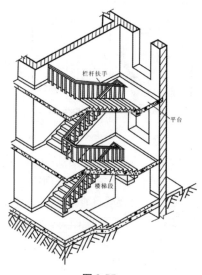

图 8-55

✦ 楼梯段：设有踏步和梯段板（或斜梁）、供层间上下行走的通道构件称为楼梯段。踏步又由踏面和踢面组成；楼梯段的坡度由踏步的高宽比确定。

✦ 平台：平台是供人们上下楼梯时缓解疲劳和转换方向的水平面，故也称缓台或休息平台。平台有楼层平台和中间平台之分，与楼层标高一致的平台称为楼层平台，介于上下两楼层之间的平台称为中间平台。

✦ 栏杆（或栏板）扶手：栏杆扶手是设在楼梯段及平台临空边缘的安全保护构件，以保证人们在楼梯处通行时的安全。栏杆扶手必须坚固可靠，并保证有足够的安全高度。扶手是设在栏杆（或栏板）顶部供人们上下楼梯倚扶用的连续配件。

在建筑物中，布置楼梯的房间称为楼梯间。楼梯间有开敞式、封闭式和防烟楼梯间之分，如图 8-56 所示。

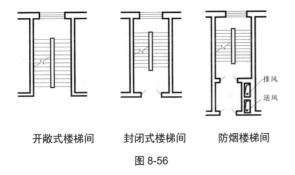

开敞式楼梯间　　封闭式楼梯间　　防烟楼梯间

图 8-56

2. 楼梯尺寸与设计要求

（1）楼梯设计要求。

✦ 楼梯的设计应严格遵守《民用建筑设计通则》《建筑设计防火规范》《高层建筑设计防火规范》等规定。

✦ 楼梯在建筑中的位置应方便到达，并有明显的标志。

✦ 楼梯一般均应设置直接对外的出口，并与建筑入口关系密切、连接方便。

✦ 建筑物中设置的多部楼梯应有足够的通行宽度、合适的坡度和疏散能力，符合防火疏散和人流通行要求。

✦ 由于采光和通风的要求，通常楼梯沿外墙设置，可布置在朝向较差的一侧。

✦ 在建筑剖面设计中，要注意楼梯坡度和建筑层高、进深的相互关系，也要安排好人们在楼梯下出入或错层搭接时的平台标高。

（2）楼梯设计尺寸。

✦ 楼梯坡度：楼梯坡度一般为 20°～45°，其中以 30° 左右较为常用。楼梯坡度的大小由踏步的高宽比确定。

✦ 踏步尺寸：通常踏步尺寸按如图 8-57 所示的经验公式确定。

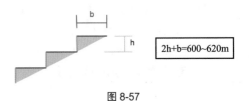

$$2h+b=600\sim620m$$

图 8-57

✦ 楼梯间各尺寸计算参考示意图如图 8-58 所示。

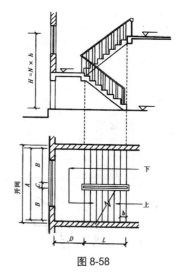

图 8-58

A- 楼梯间开间宽度　B- 梯段宽度　C- 梯井宽度　D- 楼梯平台宽度　H- 层高　L- 楼梯段水平投影长度　N- 踏步级数　h- 踏步高 b- 踏步宽

✦ 在设计踏步尺寸时，由于楼梯间进深所限，当踏步宽度较小时，可采用踏面挑出或踢面倾斜（角度一般为 1°～3°）的办法，以增加踏步宽度，如图 8-59 所示。

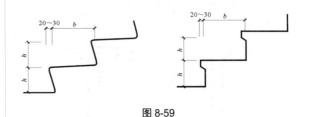

图 8-59

表 8-1 为各种类型的建筑常用的适宜踏步尺寸。

表 8-1　适宜踏步尺寸

每股人流量宽度为 550mm+（0~150mm）		
类别	梯段宽	备注
单人通过	≥900	满足单人携带物品通过
双人通过	1100~1400	
多人通过	1650~2100	

梯井：两个梯段之间的空隙称为梯井。公共建筑的梯井宽度应不小于150mm。

✦ 梯段尺寸：梯段宽度是指梯段外边缘到墙边的距离，它取决于同时通过的人流股数和消防要求。有关的规范一般限定其下限，见表8-2和图8-60所示。

表8-2　楼梯梯段宽度设计依据

楼梯类型	住宅	学校、办公楼	影剧院、会堂	医院	幼儿园
踏步高（mm）	156～175	140～160	120～150	150	120～150
踢面深（mm）	300～260	340～280	350～300	300	280～260

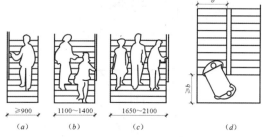

（a）单人通过；（b）双人通过；（c）多人通过；（d）特殊需要

图 8-60

✦ 平台宽度：楼梯平台有中间平台和楼层平台之分。为保证正常情况下人流通行和非正常情况下的安全疏散，以及搬运家具设备的方便，中间平台和楼层平台的宽度均应等于或大于楼梯段的宽度。在开敞式楼梯中，楼层平台宽度可利用走廊或过厅的宽度，但为防止走廊上的人流与从楼梯上下的人流发生拥挤或干扰，楼层平台应有一个缓冲空间，其宽度不得小于500mm，如图8-61所示。

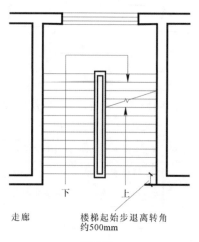

走廊　　　楼梯起始步退离转角约500mm

图 8-61

✦ 栏杆扶手高度：扶手高度是指踏步前缘线至扶手顶面之间的垂直距离。扶手高度应与人体重心高度协调，避免人们倚靠栏杆扶手时因重心外移发生意外，一般为900mm。供儿童使用的楼梯扶手高度多取500~600mm，如图8-62所示。

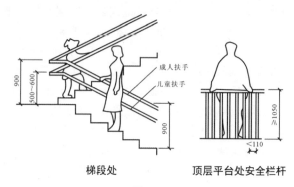

梯段处　　　　顶层平台处安全栏杆

图 8-62

✦ 楼梯的净空高度：楼梯的净空高度是指平台下或梯段下通行人时的竖向净高。平台下净高是指平台或地面到顶棚下表面最低点的垂直距离；梯段下净高是指踏步前缘线至梯段下表面的铅垂距离。平台下净高应与房间最小净高一致，即平台下净高不应小于2000mm；梯段下净高由于楼梯坡度不同而有所不同，其净高不应小于2200mm，如图8-63所示。

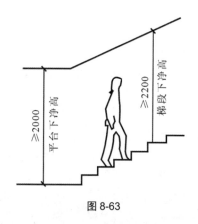

图 8-63

技术要点：

当在底层平台下做通道或设出入口，楼梯平台下净空高度不能满足2000mm的要求时，可采用以下办法解决。

- 将底层第一跑梯段加长，底层形成踏步级数不等的长短跑梯段，如图8-64（a）所示。
- 各梯段长度不变，将室外台阶内移，降低楼梯间入口处的地面标高，如图8-64（b）所示。
- 将上述两种方法结合起来，如图8-64（c）所示。
- 底层采用直跑梯段，直达二楼，如图8-64（d）所示。

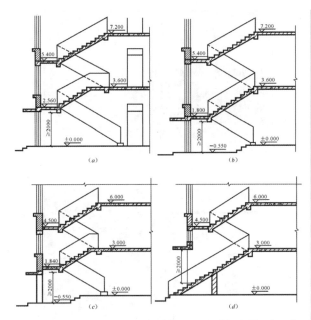

（a）将双跑梯段设计成"长短跑"；（b）降低底层平台下室
内地面标高；（c）前两种方式相结合；
（d）底层采用直跑梯段

图 8-64

3．3ds Max 楼梯设计

在 3ds Max 中可以创建 4 种类型的楼梯：L 型楼梯、
U 型楼梯、直线楼梯和螺旋楼梯。

✦ L 型楼梯：使用 L 型楼梯对象可以创建带有彼此
成直角的两段楼梯，如图 8-65 所示。

图 8-65

✦ U 型楼梯：使用 U 型楼梯对象可以创建一个两
段的楼梯，这两段彼此平行并且它们之间有一个平台，
如图 8-66 所示。

图 8-66

✦ 直线楼梯：使用直线楼梯对象可以创建一个简单
的楼梯，有侧弦、支撑梁和扶手可选，如图 8-67 所示。

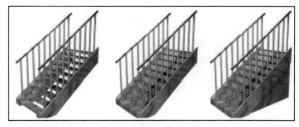

图 8-67

✦ 螺旋楼梯：使用螺旋楼梯对象可以指定旋转的半
径和数量，添加侧弦和中柱，甚至更多，如图 8-68 所示。

图 8-68

下面实际动手操作完成各种楼梯的创建。

动手操作——创建室外直线楼梯

01 打开本例素材场景文件 8-7.max，如图 8-69 所示。

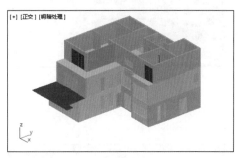

图 8-69

💡 **技术要点：**

一般情况下，直线楼梯是设计在空间足够大的室外或
者大堂内，例如直电梯就是这种情况。本例楼梯是设计在室外
的，与房屋前面的二楼平台相接。楼层标高是 3500mm，可以
设计楼梯的梯步数为 20 步，每步高 17.5mm。从俯视角度看，
20 梯步则踢面数为 19，每个踢面的进深深度为 280mm。

02 为了精准地捕捉边或者线来创建楼梯，可以先绘制
一个距离作为参考，这个矩形代表了整个楼梯空间的总
长度（20 个踢面深度）和宽度（为 1100mm）。利用【矩
形】工具在顶视图绘制矩形，如图 8-70 所示。

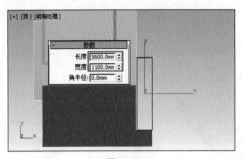

图 8-70

技术要点：

为什么矩形要 20 个踢面深度呢？这是因为 3ds Max 中会自动缩进一步（1 个踢面深度）来创建实际的踢面。

03 在【创建】|【几何体】命令面板的【楼梯】类型中单击 直线楼梯 按钮，或者在菜单栏执行【创建】|【AEC 对象】|【直线楼梯】命令，开始创建楼梯。

04 开启 2D 捕捉开关，并打开【捕捉到顶点切换】约束。首先在矩形的角点处单击以确定楼梯总长度的起点，如图 8-71 所示。

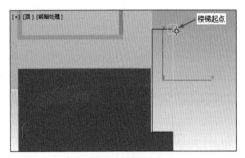

图 8-71

05 拖曳鼠标到矩形的另一角点处单击，以确定楼梯总长度的终点，如图 8-72 所示。

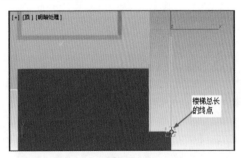

图 8-72

06 捕捉到矩形的第 3 个角点以确定楼梯宽度，如图 8-73 所示。

07 在右视图（将默认的左视图切换为右视图）中向下拖曳以确定楼梯总高度，在合适位置单击放置楼梯，如图 8-74 所示。

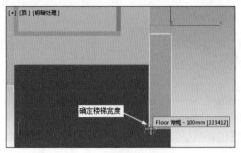

图 8-73

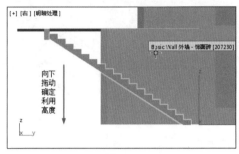

图 8-74

08 在【参数】卷展栏中设置楼梯类型和布局，如图 8-75 所示。

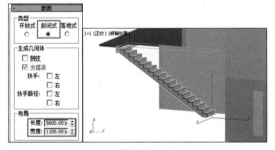

图 8-75

09 在【梯级】选项组中首先设置总高为 3500，竖板高为 175，竖板数为 20，如图 8-76 所示。

图 8-76

技术要点：

在设置某一项时需要单击其他项的按钮，因为当前项的按钮默认是按下的，但文本框灰则不能修改。首先设置竖板数，然后再编辑"总高"或"竖板高"。

10 由于在【生成几何体】选项组中没有使用【侧弦】【扶手】【扶手路径】选项，所以【栏杆】和【侧弦】卷展栏中的选项是灰显的。又因为采用了"封闭式"的楼梯类型，故没有【支撑梁】卷展栏的设置。仅当采用"开放式"类型时，【支撑梁】卷展栏才可以进行设置。如图 8-77 所示为"开放式"楼梯。

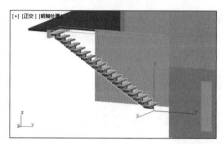

图 8-77

11 在【类型】选项组中选择【落地式】类型，楼梯则变为"落地式"，如图 8-78 所示。

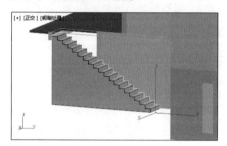

图 8-78

12 对于这种室外的楼梯，根据材质和功能性不同，可以采用合适的楼梯结构类型。就 3 种类型而言，如果是钢质的，可以设计为开放式的；如果是木质的，最好设计成落地式的；如果是混凝土材质的，最好设计成封闭式的。本例建筑物是钢筋混凝土结构的别墅，所以采用"封闭式"楼梯是最合理的，如图 8-79 所示。

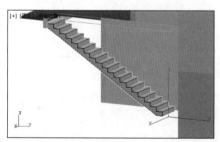

图 8-79

动手操作——创建室内直线楼梯

在室内设计楼梯，就要考虑室内空间（即楼梯间）的限制。一般来说，室内直线楼梯并非像前例的"直线"形式，而是分上跑和下跑两部分，中间需要设计楼梯平台作为过渡，如图 8-80 所示。

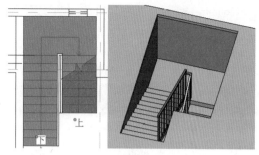

图 8-80

那么在 3ds Max 中就需要先设计中间的楼梯平台，楼梯平台既是上跑楼梯的总高度位置，同时也是下跑楼梯的地面位置（起始位置）。

设计过程如下。

01 打开本例的素材场景文件 8-7.max，即楼梯间在整个楼层的位置示意图，如图 8-81 所示。

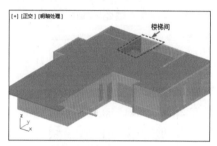

图 8-81

> **技术要点：**
> 楼梯间的室内楼层标高为 3300mm，楼梯间长为 4500mm–240mm（墙厚）=4260mm，宽度为 2600mm–240mm（墙厚）=2360mm。下面计算一下，如何得到楼梯的其他重要尺寸。

（1）根据楼层标高，先做假设：3300mm 标高可以设计 20 层踏步，每层踏步高应该是 165mm。

（2）再假设踏步的宽度，根据表 8-1 的数据参考，别墅属于住宅，踏步高为 156mm~175mm 是合理的，我们假设的踏步高为 165mm 是最佳的。那么，踏步宽度先假设为 280mm（也可假定 300mm），也是取中间值。

（3）最后假设下楼梯平台进深度。楼梯平台除了供人休息外，还有一个作用就是缓冲楼梯踏步的深度问题，为什么如此说呢？因为首先要确保楼梯踏步宽度，最后余下的空间能做多大的平台就做多大。虽然这么说，但在实际设计时，平台深度是不会小于楼梯宽度的，至少是相等。这里先假设平台深度等于楼梯踏步的宽度。踏步的宽度由楼梯间宽度决定，梯井至少设计为 150mm，此刻我们假设梯井为 160mm（这里参考了楼梯间宽度为 2360，想得到一个整数），那么楼梯踏步的宽度为（2360mm-160mm）÷2=1100mm。好了，刚才说了平台进深应大于或等于楼梯踏步宽度，假设平台深度此时为1100mm，由于楼梯间长度为4260mm，完整半跑的踏步面总深度大致为4260mm－1100mm=3160mm，那么以总深3160mm÷单步踏步面深度为280mm进行计算，得到一个近似值11.2857，这意味着除平台外的空间只能设计11个踏步面（也就是12层踏步）。另外半跑也就只能设计7个踏步面（8层踏步）。这是假设平台与踏步宽度相等情况下的假设尺寸，如果想加大平台深度（多一步踏面的深度），与之相对的是完整半跑楼梯的踢面数也相应减少（减少一步踏面深度）。

（4）经过以上假设，最终确定楼梯各项参数为：总梯步数为20步，每步高度为165mm、进深深度为280mm、宽度为1100mm，平台深度为4260mm－（280mm×11）=1177mm。完整半跑理论上应当设计在下楼处，另半跑设计在上楼处，如图8-82所示。

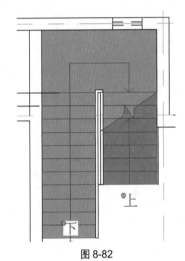

图 8-82

02 由以上计算得知，中间的楼梯平台尺寸应该是2360mm（楼梯间宽度）×1177mm（平台深度）。需要设计平台梁，梁尺寸为250mm（高）×150mm（宽），平台的厚度值就是钢筋混凝土楼板的厚度值为100mm。利用标准基本体的【长方体】工具，在顶视图中的楼梯间内创建长方体，如图8-83所示。

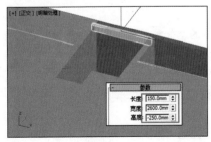

图 8-83

03 右击【选择并移动】按钮⊕，弹出【移动变换输入】对话框。输入长方体的偏移值，移动长方体（平台梁）到合理的位置，如图8-84所示。

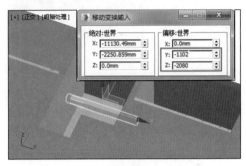

图 8-84

04 同理，在顶视图中创建长方体（作为平台楼板），如图8-85所示。

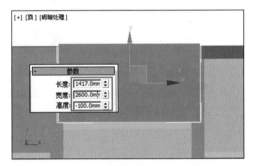

图 8-85

05 开启2.5D捕捉开关，并打开【捕捉到中点切换】约束。拖曳平台楼板底边中点与梁外侧边中点对齐，如图8-86所示。

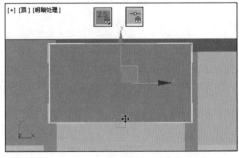

图 8-86

06 右击【选择并移动】按钮⊕，弹出【移动变换输入】对话框。输入平台楼板的偏移值，移动到平台梁上，如图8-87所示。

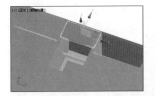 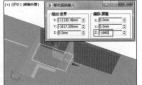

图 8-87

07 为了精准捕捉边或者线来创建上跑楼梯，先绘制一个矩形作为参考，这个矩形代表了上跑楼梯空间的总长度（8 个踢面深度）和宽度（为 1100mm）。利用【矩形】工具在顶视图绘制矩形，如图 8-88 所示。绘制后利用【选择并平移】工具以【捕捉到边 / 线段】约束来调整矩形的位置。

08 单击 直线楼梯 按钮，在顶视图中确定直线楼梯的第 1 点、第 2 点和第 3 点，如图 8-89 所示。

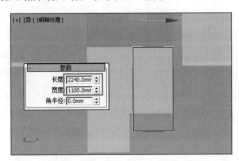

图 8-88

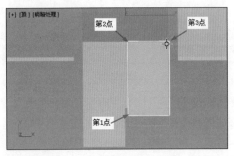

图 8-89

09 在确定楼梯高度（第 4 点）时，可将光标移到视图外的面板中，如图 8-90 所示。

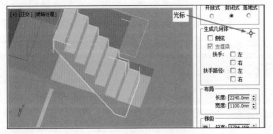

图 8-90

10 在【参数】卷展栏中设置楼梯参数，如图 8-91 所示。

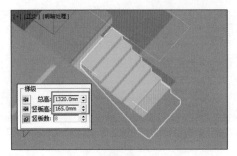

图 8-91

技术要点：
> 首先设置竖板数，然后再编辑"总高"或"竖板高"。

11 在左视图中可以看出楼梯梯步没有与平台连接，需要利用【选择并移动】工具进行对齐，如图 8-92 所示。

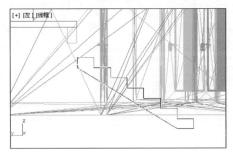

图 8-92

12 开启 2.5D 捕捉开关，同时打开【捕捉到顶点切换】约束，捕捉楼梯的顶点与平台顶点对齐，如图 8-93 所示。

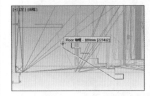 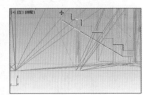

图 8-93

13 右击 ✥ 按钮，输入楼梯的偏移值，完成楼梯的平移操作，如图 8-94 所示。

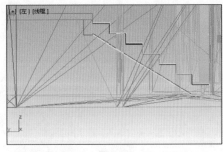

图 8-94

14 同样在顶视图中绘制矩形，用作下跑楼梯的参考，如图 8-95 所示。

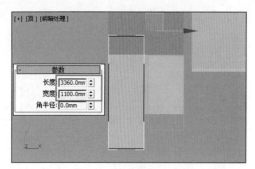

图 8-95

15 单击 直线楼梯 按钮，在顶视图中确定下跑直线楼梯的第1点、第2点和第3点，如图 8-96 所示。

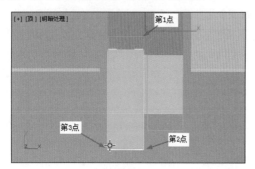

图 8-96

16 在确定楼梯高度（第4点）时，可将光标移到视图外的面板中，如图 8-97 所示。

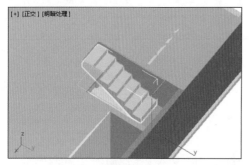

图 8-97

17 在【参数】卷展栏中设置楼梯参数，如图 8-98 所示。

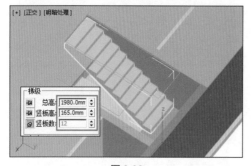

图 8-98

18 在正交视图中可以看出楼梯梯步没有与一楼楼板连接，需要利用【选择并移动】工具将楼梯向楼板内平移一步，如图 8-99 所示。

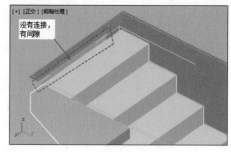

图 8-99

19 右击 按钮，输入楼梯的偏移值，完成楼梯的平移操作，如图 8-100 所示。

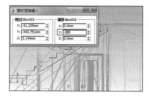 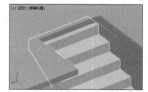

图 8-100

20 修改楼梯的参数，如图 8-101 所示。

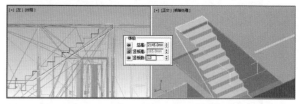

图 8-101

21 最后利用 ProBoolean 工具，将楼梯的各部件并集。至此，完成了室外直线楼梯的设计。

动手操作——创建 L 型楼梯

01 打开本例场景源文件 8-8.max，图中为一座别墅建筑，要设计的 L 型楼梯在建筑物外。利用【卷尺】工具测量一下从楼梯踏步起点到走廊的高度，以此确定整部楼梯的高度，如图 8-102 所示。

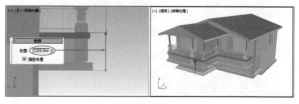

图 8-102

　　创建 L 型楼梯的方法与前面直线楼梯的方法类似，也是从楼梯踏步开始到楼梯顶部（也就是楼层标高）截止。从测量的高度可以看出，1335mm 高度按正常值计算差不多可以创建 8 或 9 步。如果是创建 8 步，每步高约为 167mm，稍高了些。如果是创建 9 步，每步高约 143.33mm，接近 150mm，是比较合理的。每步的踢面深度可以设计为 280mm~320mm，建议 300mm 是比较平缓的。

02　在前视图中利用【卷尺】测量走廊上两个石柱间的距离，以此获得楼梯宽度，如图 8-103 所示。

图 8-103

　　测量两石柱之间距离为 1341mm，那么楼梯宽度只能少于这个数值，由于需要设计楼梯栏杆，所以石柱之间还要预留楼梯两侧栏杆的位置，最终确定楼梯宽度为 1100mm。这样整个楼梯设计的数据都清晰了，中间转角位置的平台尺寸肯定是 1100mm，加下半跑楼梯（设计 4 步，有 3 个踢面）的总深度为 900mm，加上半跑楼梯的总深度为（设计为 4 步，有 3 个踢面）900mm。

03　需要在顶视图中，利用【矩形】工具绘制长 2000mm、宽 2600mm 的矩形，如图 8-104 所示。

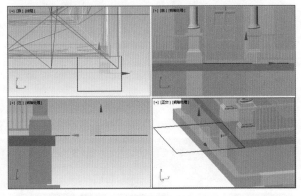

图 8-104

04　开启 2.5D 捕捉开关。单击 L 型楼梯 按钮，并在顶视图中参考矩形来放置 L 型楼梯，如图 8-105 所示。

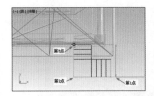
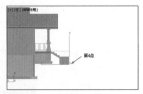

图 8-105

05　在【参数】卷展栏中设置布局和梯级参数，如图 8-106 所示。

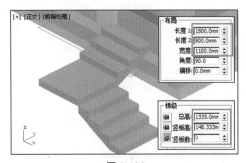

图 8-106

06　在左视图中先利用【移动】工具将 L 型楼梯顶部移动到与走廊平面对齐，如图 8-107 所示。

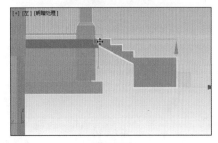

图 8-107

　　◆ 长度 1：为上半跑的总长度，不包括平台（走上平台的半跑为"上半跑"，下到平台的半跑楼梯为"下半跑"）。

　　◆ 长度 2：为下半跑的长度，不包括平台。

　　◆ 角度：L 型楼梯上、下半跑楼梯形成的角度。

　　◆ 偏移：楼梯顶部的梯步距离楼梯的值。

07　通过移动变换输入的方式，将楼梯向 Y 轴移动 −148.33，如图 8-108 所示。

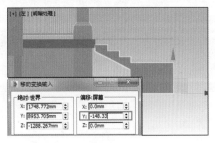

图 8-108

08 最后再向 X 轴方向平移 –120，最终完成楼梯的设计，如图 8-109 所示。

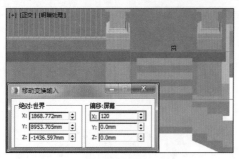

图 8-109

动手操作——创建 U 型楼梯

前面用【直线楼梯】工具在室内设计了一部 U 型楼梯。本例用【U 型楼梯】工具来设计，对比一下哪种方法设计的楼梯既精确又快速。

01 打开本例素材场景文件 8-9.max，如图 8-110 所示。

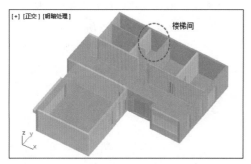

图 8-110

> **技术要点：**
> 楼梯间标高为 3300mm，按每层梯步高度为 165mm，可以设计 20 层。梯步宽度设计为 1100mm，深度为 280mm。

02 利用【矩形】命令，在顶视图中的楼梯间内绘制一个参考矩形，如图 8-111 所示。

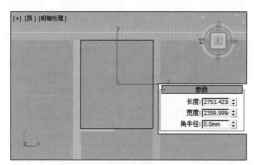

图 8-111

> **技术要点：**
> 从绘制的矩形尺寸可以看出，楼梯间的长宽分别为 2753mm、2360mm，既然设计为 20 层楼梯，下半跑楼梯基本上是固定的，上半跑楼梯有延展的空间。假设平台留 1000mm 宽，那么只剩下（2753－1000）1753mm 的空间来容纳下半跑的踢面总深度。因此，下半跑楼梯只能设计 1753/280≈6.260，也就是 6 个踢面（7 层梯步），上半跑楼梯为 12 个踢面（13 层梯步）。

事实上，这个矩形仅仅是楼梯间大小的参考，如果要作为 U 型楼梯的创建参考，还要修改这个矩形的尺寸。

03 修改矩形的尺寸，如图 8-112 所示，并且对齐矩形与楼梯间的位置。

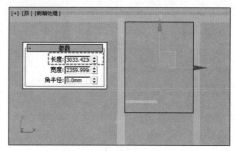

图 8-112

04 单击 U 型楼梯 按钮，在顶视图绘制的矩形上拾取创建楼梯的第 1 点和第 2 点，如图 8-113 所示。

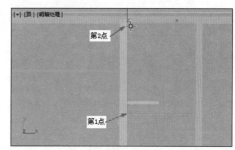

图 8-113

> **技术要点：**
> 拾取第 1 点后拖曳鼠标再拾取第 2 点。

05 拾取第 3 点时无须拖曳鼠标，第 4 点确定整个楼梯的高度，如图 8-114 所示。

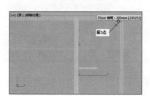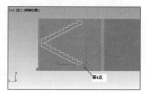

图 8-114

06 在【参数】面板中设置参数，如图 8-115 所示。

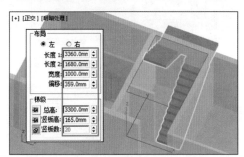

图 8-115

+ 左：下半跑楼梯在楼梯间左侧。
+ 右：下半跑楼梯在楼梯间右侧。
+ 长度 1：上半跑楼梯的踢面总深度。
+ 长度 2：下半跑楼梯的踢面总深度。
+ 宽度：梯步宽度。
+ 偏移：中间楼梯井的宽度。

07 利用【移动】工具将 U 型楼梯平移，先对齐平台外侧与墙体内侧，如图 8-116 所示。

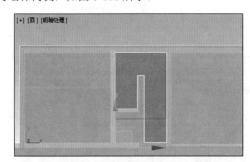

图 8-116

08 将楼梯顶层踢面与墙顶面和靠墙边对齐，如图 8-117 所示。

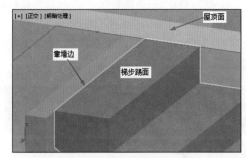

图 8-117

09 再通过移动变换输入，向 Z 方向平移 –65，如图 8-118 所示。

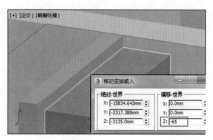

图 8-118

10 至此，完成了 U 型楼梯的创建，如图 8-119 所示。

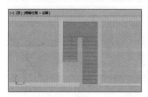

图 8-119

动手操作——创建有中柱的螺旋楼梯

一般来讲，四面不靠墙时螺旋楼梯中间必须有中柱才能承载。如果能靠墙，就无须中柱的设计。

01 新建场景文件。

02 单击 螺旋楼梯 按钮，在顶视图中绘制螺旋楼梯外径圆（圆心、端点方式），如图 8-120 所示。

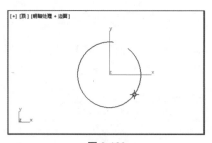

图 8-120

03 在左视图中确定楼梯的高度，如图 8-121 所示。

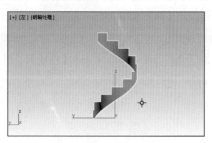

图 8-121

04 在【参数】栏中设置螺旋楼梯的【布局】和【梯级】参数，如图 8-122 所示。

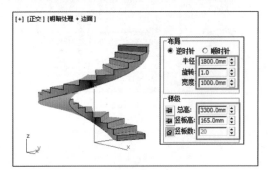

图 8-122

✦ 半径：螺旋楼梯的外圆半径。

✦ 旋转：螺旋楼梯的旋转圈数。

✦ 宽度：螺旋楼梯的梯步宽度。

05 在【生成几何体】选项组中选中【中柱】复选框，然后在【中柱】卷展栏中设置中柱的半径，如图 8-123 所示。

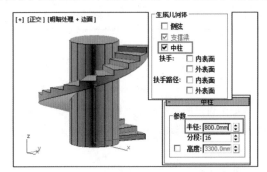

图 8-123

8.2.2　栏杆设计

在 AEC 扩展类型下的【栏杆】工具，可以创建阳台、楼梯、围墙、马场周边等位置的扶手、栏杆或围栏。

技术要点：

栏杆在楼梯上称为"扶手"，阳台上称为"栏杆"，其他用途称为"围栏"。

【楼梯】工具中的【扶手】选项仅仅是创建扶手的一个组件（上围栏）并非全部的扶手模型，要创建完整扶手必须利用【栏杆】工具。创建栏杆必须先创建栏杆路径，所以楼梯中的【扶手路径】选项就很重要了。

单击 栏杆 按钮，显示栏杆的【栏杆】【立柱】和【栅栏】卷展栏，如图 8-124 所示。

图 8-124

【栏杆】卷展栏选项含义如下。

✦ 拾取栏杆路径：单击此按钮，拾取创建栏杆的路径样条线。

✦ 分段：设置栏杆对象的分段数。只有使用栏杆路径时，才能使用该选项。

✦ 匹配拐角：在栏杆中放置拐角，以便与栏杆路径的拐角相符。

✦ 长度：设置栏杆对象的长度。

【上围栏】选项组：

✦ 剖面 / 深度 / 宽度 / 高度：剖面包括方形和圆形。深度、宽度和高度示意图如图 8-125 所示。

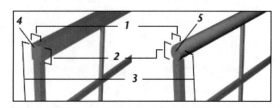

1. 宽度　　2. 深度　　3. 高度　　4. 方形上栏杆的剖面　5. 圆形上栏杆的剖面

图 8-125

【下围栏】选项组：下围栏在下方，所以没有【高度】选项，其他选项同【上围栏】选项组。

【立柱】卷展栏：控制立柱的剖面、深度和宽度，以及其间的间隔，如图 8-126 所示。

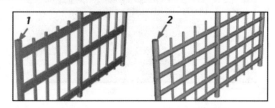

1. 方形立柱　　　　　2. 圆形立柱

图 8-126

- ✦ 剖面：设置立柱的横截面形状。
- ✦ 深度：设置立柱的深度。
- ✦ 宽度：设置立柱的宽度。
- ✦ 延长：设置立柱在上栏杆底部的延长。
- ✦ 立柱间距：设置立柱的间距。单击该按钮时，将会显示【立柱间距】对话框。

【栅栏】卷展栏：用于设置栏杆中的栅栏类型及组成参数。如图 8-127 所示为 3 种栅栏类型。

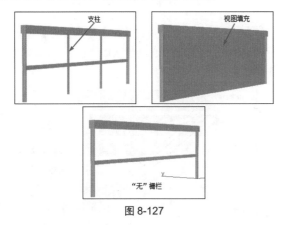

图 8-127

动手操作——创建楼梯扶手和阳台栏杆

01 打开本例素材场景文件 8-10.max，此场景中的楼梯已经创建，为直线楼梯，如图 8-128 所示。

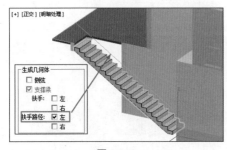

图 8-128

02 选中楼梯，进入【修改】命令面板。在【参数】卷展栏选中【扶手路径】的【左】和【右】复选框，楼梯中显示扶手路径，如图 8-129 所示。

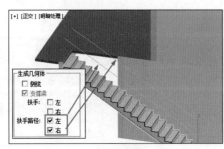

图 8-129

03 开启 2.5D 捕捉开关，并打开【捕捉到顶点切换】约束，利用【直线】工具在顶视图绘制如图 8-130 所示的直线（沿着阳台周边绘制）。

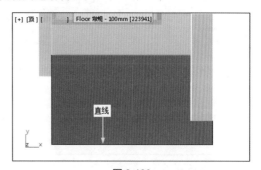

图 8-130

04 在主工具栏中右击【选择并均匀缩放】按钮，然后输入绝对缩放值，如图 8-131 所示。

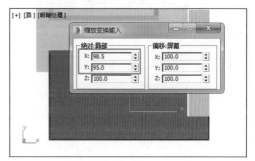

图 8-131

05 将楼梯扶手路径移动到与阳台栏杆路径样条线端点相接的位置，如图 8-132 所示。

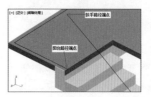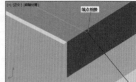

图 8-132

06 单击 ___栏杆___ 按钮，在透视图的任意空白位置单击确定栏杆起点，拖曳鼠标确定栏杆总长度（第 2 点），最后向上拖曳确定栏杆的高度（第 3 点），如图 8-133 所示。

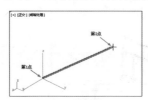

图 8-133

07 在【栏杆】卷展栏选中【匹配拐角】复选框并设置【长度】选项为 2000mm，如图 8-134 所示。

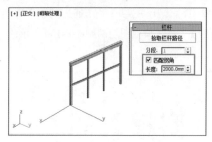

图 8-134

08 在【栏杆】卷展栏设置【上围栏】【下围栏】选项组的参数，如图 8-135 所示。

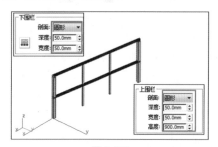

图 8-135

09 单击【下围栏间距】 按钮，设置下围栏间距选项，如图 8-136 所示。在【立柱】卷展栏中单击【立柱间距】按钮 ，设置立柱间距选项，如图 8-137 所示。在【栅栏】卷展栏单击【支柱间距】按钮 ，设置支柱间距选项，如图 8-138 所示。

图 8-136   图 8-137   图 8-138

10 在【立柱】卷展栏设置选项参数，如图 8-139 所示。在【栅格】卷展栏中设置类型和选项参数，如图 8-140 所示。

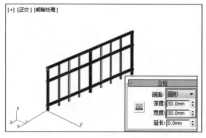

图 8-139

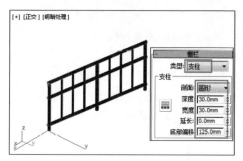

图 8-140

11 在【栏杆】卷展栏中单击【拾取栏杆路径】按钮，然后拾取楼梯扶手路径，自动创建楼梯扶手，如图 8-141 所示。

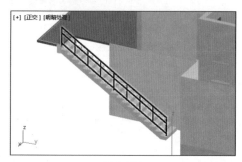

图 8-141

12 按 Esc 键退出，然后重新单击 栏杆 按钮，在【栏杆】卷展栏单击【拾取栏杆路径】按钮，拾取阳台上绘制的样条线作为阳台栏杆路径，随后自动创建阳台栏杆，如图 8-142 所示。

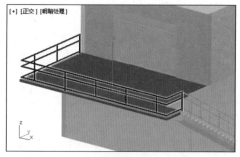

图 8-142

13 很明显，阳台栏杆拐角位置不太合理，没有立柱。需要重新设置围栏参数和立柱间距，如图 8-143 所示。

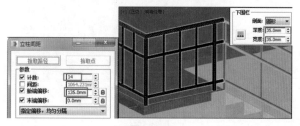

图 8-143

14 同样，楼梯扶手也要修改其立柱间距和下围栏参数，如图 8-144 所示。

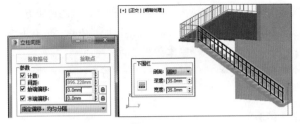

图 8-144

8.3　应用植物构件

植物可产生各种植物对象，如树。3ds Max 将生成网格表示方法，以快速、有效地创建漂亮的植物。

3ds Max 中的植物在系统标准库中无须设计师单独设计，只需要将选中的树类型拖曳到场景中即可。

单击 植物 按钮，可以通过【键盘输入】卷展栏精确输入要放置植物的位置坐标，也可以拖曳植物到任意位置。如图 8-145 所示为精确控制植物位置的【键盘输入】卷展栏。

图 8-145

在【收藏的植物】卷展栏中收藏了多种植物，可以直接使用这些植物。如图 8-146 所示。

图 8-146

单击【植物库】按钮，3ds Max 植物标准库中提供了多达 13 种植物，如图 8-147 所示。

图 8-147

插入植物到场景中后，选中该植物，可以在【修改】命令面板下的【参数】卷展栏中设置植物的参数，如图 8-148 所示。

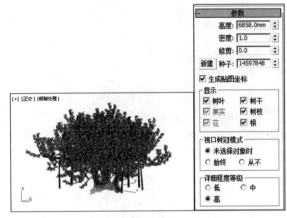

图 8-148

第 9 章源文件

第 9 章视频文件

第 9 章结果文件

9.1 修改器堆栈

在使用修改器修改模型前，有必要熟悉和了解修改器堆栈的使用方法。修改器堆栈在【修改】命令面板中。修改器堆栈是管理对象修改所有方面的关键点，如图 9-1 所示为创建了一个基本体模型的堆栈。

当使用了多个修改器（或称"添加修改器"）之后，堆栈中将显示所有的修改器历史记录，如图 9-2 所示。

图 9-1   图 9-2

9.1.1 堆栈层级与控件

堆栈中的修改器左侧有一个 💡 图标，单击此图标可以显示或隐藏对象的修改，如图 9-3 所示。

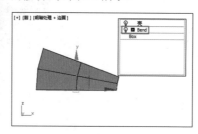

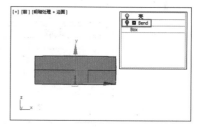

显示修改   隐藏修改

图 9-3

堆栈中的修改器前面有 ➕ 展开图标，说明此修改器下存在子对象。单击 ➕ 图标，即可展开该修改器的层级查看子对象，单击 ➖ 图标可关闭层级，如图 9-4 所示。

关闭层级   展开层级

图 9-4

在展开的层级中，可以选择一个子对象进行操作，修改器不同其层级中的子对象也会不同。

堆栈底部包括 5 个操作堆栈的工具按钮，介绍如下。

◆ 锁定堆栈▣：将堆栈锁定到当前选定的对象，无论后续选择如何更改，它都属于该对象。整个【修改】命令面板同时将锁定到当前对象。锁定堆栈非常适用于在保持已修改对象的堆栈不变的情况下变换其他对象。

◆ 显示最终结果Ⅱ：显示在堆栈中所有修改完毕后出现的选定对象，与当前在堆栈中的位置无关。禁用此切换选项之后，对象将显示为对堆栈中的当前修改器所做的最新修改。

◆ 使唯一✓：将实例化修改器转化为副本，它特定于当前对象。仅创建了克隆复制对象并使用修改器后，此工具按钮才可用，如图 9-5 所示。

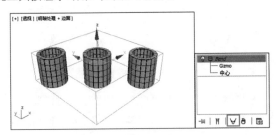

图 9-5

◆ 移除修改器⊟：删除所选的修改器。

◆ 配置修改器集▣：单击可弹出【修改器集】菜单。

9.1.2　堆栈中修改器的操作

堆栈中包含有累积的历史记录，有选定的对象及所有的修改器。在内部，3ds Max 会从堆栈底部开始"计算"对象，然后顺序移动到堆栈顶部，对对象应用更改。因此，应该从下往上"读取"堆栈，按照 3ds Max 使用的序列来显示或渲染最终对象。默认情况下始终选择最后一个修改器，如图 9-6 所示。

要在堆栈中添加修改器，可以在堆栈上方的修改器列表中选择并应用相应的修改器即可，如图 9-7 所示。

图 9-6　　　　　　图 9-7

在堆栈的底部，第一个顶层对象始终列出几何体模型的基本类型，图 9-7 中的 Box 顶层对象，表示创建的几何体模型类型为"长方体"。注意，第一个顶层对象不是修改器。如果没有使用修改器，那么这就是堆栈中唯一的顶层对象。

在堆栈中，可以调整修改器的排列顺序，这就意味着可以改变模型修改的顺序。例如，对一个几何体先进行倾斜修改，然后再进行弯曲修改，如图 9-8 所示。当拖曳 Skew（倾斜）修改器到 Bend（弯曲）修改器上方时，此时会发现结果变成了先弯曲后倾斜，如图 9-9 所示。

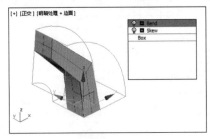

图 9-8

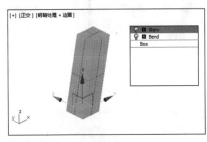

图 9-9

9.1.3　编辑堆栈

在堆栈中可以将修改器进行复制、粘贴或剪切操作，以应用到另一个模型对象中。下面以案例来说明操作方法。

01 打开本例素材场景文件 9-1.max，如图 9-10 所示。场景中的一盏台灯已经使用了 Bend 弯曲修改器。

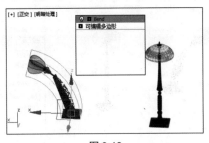

图 9-10

02 选中已经使用了弯曲修改器的台灯模型，在堆栈中的弯曲修改器上右击，选择右键菜单中的【复制】命令，如图 9-11 所示。

图 9-11

03 选择另一个台灯模型，在堆栈中右击并执行右键菜单的【粘贴】命令，如图 9-12 所示。

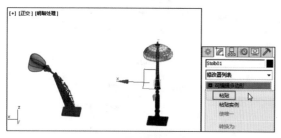

图 9-12

04 随后对该台灯也应用了弯曲修改器，如图 9-13 所示。

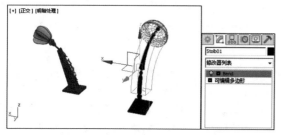

图 9-13

05 除了在堆栈中进行复制、粘贴操作外，还可以直接将修改器从堆栈中拖入到视图中的模型上，达到修改模型的目的。如图 9-14 所示，在堆栈中选中第一个台灯模型的弯曲修改器后，可直接拖曳修改器。

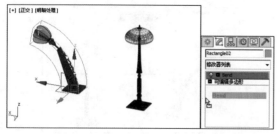

图 9-14

06 拖曳到视图中的另一台灯模型上释放，即可修改另一台灯模型，如图 9-15 所示。

图 9-15

9.2 修改器类型

3ds Max 的修改器非常多，总体来说可分为 3 种：选择修改器、对象空间修改器和对象空间修改器。

9.2.1 选择修改器

选择修改器可帮助用户方便地拾取未对模型进行转换或塌陷成可编辑多边形、可编辑网格之前的网格选择、面片选择、多边形选择及体积选择。

选择修改器的作用仅仅是帮助选择，不可对模型进行修改。选择修改器类型包括网格选择修改器、面片选择修改器、体积选择修改器和多边形选择修改器，如图 9-16 所示。

图 9-16

✦ 网格选择："网格选择"修改器可以在堆栈中为后续修改器向上传递一个子对象选择。可以选择顶点、边、面、多边形或元素，也可以从子对象层级到对象层级来更改选择，如图 9-17 所示。

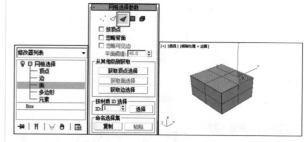

图 9-17

✦ 面片选择："面片选择"修改器可以在堆栈中为后续修改器向上传递一个子对象选择。可以选择顶点、边、面片和元素，也可以将选择从子对象层级更改到对象层级，如图 9-18 所示。

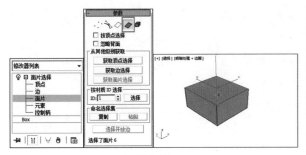

图 9-18

✦ 多边形选择："多边形选择"修改器可以在堆栈中为后续修改器向上传递一个子对象选择。可以选择顶点、边、边界、多边形和元素，也可以将选择从子对象层级更改到对象层级，如图 9-19 所示。

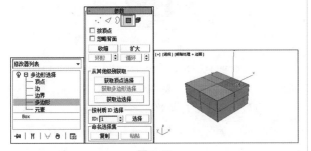

图 9-19

✦ 体积选择："体积选择"修改器可以对顶点或面进行子对象选择，沿着堆栈向上传递给其他修改器。子对象选择与对象的基本参数几何体是完全分开的。如同其他选择方法一样，"体积选择"用于单个或多个对象，如图 9-20 所示。

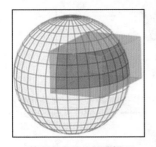

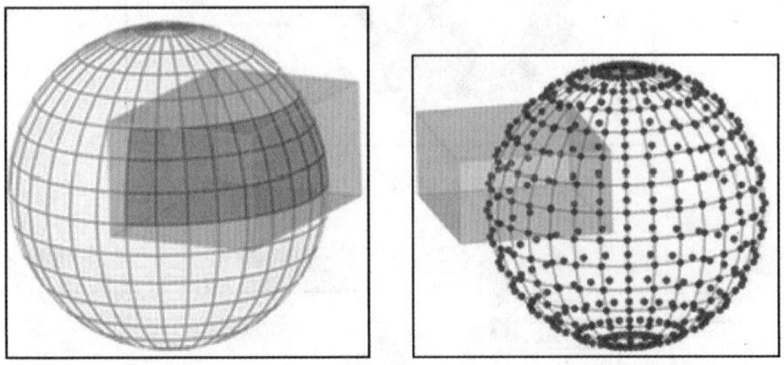

使用长方体体积选择面　　　使用长方体体积选择点

图 9-20

> **技术要点：**
> 可以在场景中使用长方体、球体或圆柱体形状的 Gizmo 或对象来定义一个空间体积作为选择区域，然后对这个区域应用修改器。可以在对象上移动选择并设置动画。

9.2.2　世界空间修改器

世界空间修改器所产生的效果作用用于世界空间而不是对象空间。世界空间修改器类型的修改器，如图 9-21 所示。

世界空间修改器
Hair 和 Fur (WSM)
摄影机贴图 (WSM)
曲面变形 (WSM)
曲面贴图 (WSM)
点缓存 (WSM)
粒子流碰撞图形 (WSM)
细分 (WSM)
置换网格 (WSM)
贴图缩放器 (WSM)
路径变形 (WSM)
面片变形 (WSM)

图 9-21

接下来用几个案例说明世界空间修改器的应用。

动手操作——使用"路径变形（WSM）"修改器制作火车弯道行驶状态

路径变形修改器可以根据二维样条线来变形对象，该修改器对于制作环绕的文字或沿路径生长的动画很有用。本例将利用此修改器来制作在弯道上行驶的火车效果。

01 打开本例素材场景文件 9-2.max，如图 9-22 所示。场景中有样条线、火车和森林。

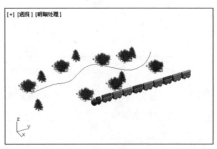

图 9-22

02 选择火车模型，在【修改器】命令面板的修改器列表中选择【路径变形（WSM）】修改器，如图 9-23 所示。

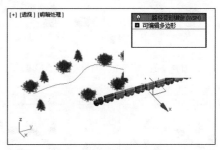

图 9-23

03 在【参数】卷展栏单击【拾取路径】按钮，然后在透视图中拾取样条线作为变形路径，如图 9-24 所示。

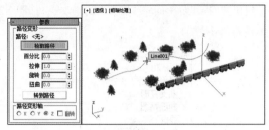

图 9-24

04 拾取路径后火车的方位发生了变化，但不是想要的状态，如图 9-25 所示。在【参数】卷展栏中单击【转到路径】按钮，并选择变形轴为 Y 轴，如图 9-26 所示。

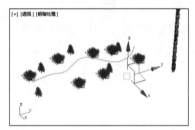

图 9-25

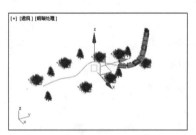

图 9-26

05 继续设置【参数】卷展栏。设置【旋转】为 90，将火车立起来，并选中【翻转】复选框，将火车头调整到前面，调整效果如图 9-27 所示。

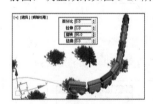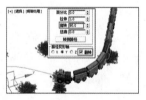

图 9-27

06 设置【百分比】为 50，将火车移到样条线的中间位置，如图 9-28 所示。

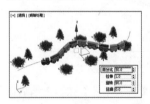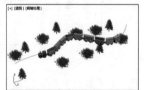

图 9-28

动手操作——使用毛发修改器制作松鼠尾巴

"Hair 和 Fur"修改器（毛发修改器）可以在对象表面生成毛发效果，可以模拟人的头发或动物的皮毛，以及毛毯、草皮等多种效果。本例使用此修改器来制作松鼠的尾巴。

01 打开本例素材场景文件 9-3.max，场景中为松鼠模型，如图 9-29 所示。

图 9-29

02 选择松鼠的尾巴部分，然后为其添加一个【Hair 和 Fur（WSM）】修改器，如图 9-30 所示。

03 毛发效果要达到理想效果，需要慢慢地、仔细地调整各项参数。首先在【常规参数】卷展栏下设置毛发数量为 100000，按 Esc 键暂时退出修改模式。然后进行初次渲染（在菜单栏执行【渲染】|【渲染】命令），效果如图 9-31 所示。

图 9-30

图 9-31

04 在【卷发参数】卷展栏设置【卷发根】为 15，【卷发梢】为 200，如图 9-32 所示。在【纽结参数】卷展栏设置【纽结根】为 0.3，如图 9-33 所示。

图 9-32

图 9-33

05 重新将【毛发数量】设为 20000，最后进行渲染，效果如图 9-34 所示。

图 9-34

9.2.3　对象空间修改器

对象空间修改器直接将修改应用到场景中的单个几何体对象上。修改器列表中列出了所有的对象空间修改器，如图 9-35 所示。

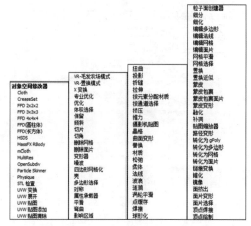

图 9-35

对象空间修改器类型较多，分常用和不常用两种。常用的修改器在【基本建模】选项卡的【从图形创建三维】面板和【修改】命令中，如图 9-36 所示。

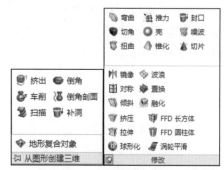

图 9-36

> **技术要点：**
> 鉴于文字篇幅的限制，本章不会全部详解对象空间修改器的用法，主要介绍常用修改器的用法，其他不常用的修改器会以案例演示。

9.3　应用修改器建模

下面探讨修改器对于制作一个复杂模型的帮助，讲解如何在 3ds Max 建模中通过使用对象空间修改器来修改模型。

【从图形创建三维】面板中的修改器已经在第 7 章《复杂对象建模》中详细介绍过，本节侧重讲解【修改】面板中的修改器。

9.3.1　弯曲

【弯曲】修改器可以使几何体绕指定的轴进行旋转，以此产生弯曲效果。选择要弯曲的几何体，单击 弯曲 按钮，【修改】命令面板中显示【参数】卷展栏，如图 9-37 所示。

图 9-37

各选项含义如下：

✦ 角度：从顶点平面设置要弯曲的角度，范围为 –999,999.0~999,999.0。

✦ 方向：设置弯曲相对于水平面的方向，范围为 –999,999.0~999,999.0。

✦ X/Y/Z：指定要弯曲的轴。注意此轴位于弯曲 Gizmo 并与选择项不相关。默认值为 Z 轴。

✦ 限制效果：将限制约束应用于弯曲效果，默认设置为禁用状态。

✦ 上限：以世界单位设置上部边界，此边界位于弯曲中心点上方，超出此边界，弯曲不再影响几何体。默认值为 0，范围为 0~999,999.0。

✦ 下限：以世界单位设置下部边界，此边界位于弯曲中心点下方，超出此边界弯曲不再影响几何体。默认值为 0，范围为 –999,999.0~0。

动手操作——使用弯曲修改器制作海豚跳出水的姿态

01 打开本例素材场景文件 9-4.max，场景中有一条海豚的模型，如图 9-38 所示。

图 9-38

02 选择海豚模型，再单击 弯曲 按钮，添加弯曲修改器，如图 9-39 所示。

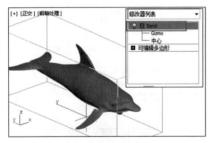

图 9-39

03 在【参数】卷展栏设置弯曲轴为 X 轴，设置弯曲【角度】为 40，完成了海豚的运动姿态调整，如图 9-40 所示。

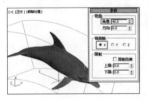 

图 9-40

技术要点：

在堆栈中弯曲修改器层级下，可以选择 Gizmo 或"中心"子对象，然后调整坐标系的位置，可以改变弯曲基点，如图 9-41 所示。

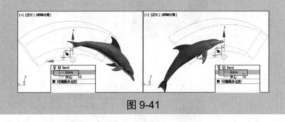

图 9-41

9.3.2　切角

通过切角修改器，可以利用一个用于生成四边形输出的选项有步骤地将边添加到对象的特定部分。它可以应用于所有子对象级别，而且通常用于圆滑锐角。

动手操作——使用切角修改器创建切角效果

01 新建场景文件。

02 利用【创建】|【标准基本体】命令面板中的【长方体】工具创建一个长方体，如图 9-42 所示。

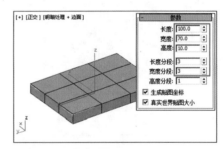

图 9-42

03 将长方体转换成可编辑多边形，然后在堆栈中展开可编辑多边形顶层对象，选择【边】子对象层级，如图 9-43 所示。

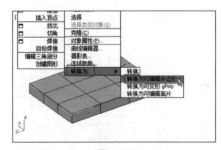

图 9-43

04 在顶视图中双击中间的一条边（分段所产生的边），然后拖曳此边靠近长方体外侧边缘，也可以双击选择边并通过移动变换输入来移动，如图 9-44 所示。

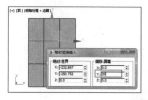

图 9-44

05 同样将内部另 3 条边也进行移动，如图 9-45 所示。

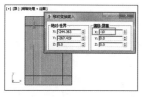

图 9-45

06 在堆栈中选择【多边形】层级子对象，然后拾取中间的多边形，如图 9-46 所示。在【修改器列表】中添加【面挤出】修改器，设置挤出【数量】为 -8，挤出效果如图 9-47 所示。

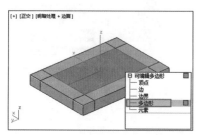

图 9-46

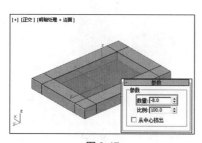

图 9-47

07 由于需要对挤出部分的边进行切角，因此需要先选择要切角的边。添加【多边形选择】选择修改器，激活【边】层级子对象，然后按 Ctrl 键拾取四条边，如图 9-48 所示。

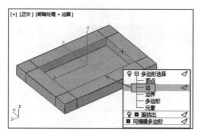

图 9-48

08 单击 切角 按钮添加切角修改器，在【切角】卷展栏中选择【四边形切角】操作，【数量】为 2.5，在【选择】列表中选择【选定边】选项，完成切角修改，如图 9-49 所示。

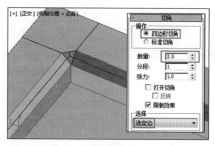

图 9-49

09 要想使切角变得更光滑，适当增加分段数和减少张力，如图 9-50 所示。

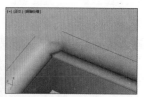

图 9-50

技术要点：

"张力"值越低，切角区域就越向外凸出，直到变成值为 0.0 的锐角为止。如果要得到一个最大半径值圆的切角，最好使用 0.5 的张力值。

9.3.3 扭曲

扭曲修改器可以使对象产生扭曲变形的效果。如图 9-51 所示为扭曲修改器的【参数】卷展栏，如图 9-52 所示为利用扭曲修改器制作的冰淇淋效果。

图 9-51　　　　　　　　图 9-52

动手操作——使用扭曲修改器制作冰淇淋

一个冰淇淋是由冰淇淋、冰淇淋筒和外包装纸构成的。冰淇淋部分主要使用【挤出】、【扭曲】和【锥化】等修改器创建，而冰淇淋筒和外包装纸的建模相对比较简单，主要利用【车削】修改器来创建。

01 新建场景文件。

02 利用【星形】样条线工具绘制星形，如图 9-53 所示。

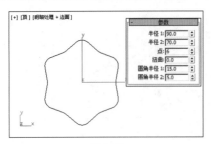

图 9-53

03 在【从二维创建三维】面板中单击【挤出】按钮，然后设置挤出参数完成挤出几何体的创建，如图 9-54 所示。

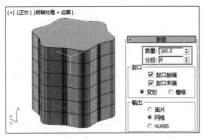

图 9-54

04 单击【扭曲】按钮，设置扭曲参数，创建如图 9-55 所示的扭曲效果。

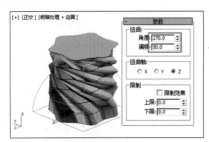

图 9-55

05 单击【锥化】按钮，设置锥化参数，创建如图 9-56 所示的锥化效果。

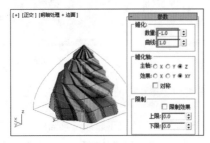

图 9-56

06 利用标准基本体类型的【圆锥体】工具，在顶视图中确定圆锥体的底面，在前视图中确定高度，设置圆锥体参数后完成创建，如图 9-57 所示。

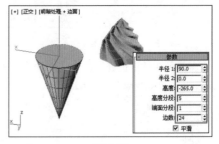

图 9-57

07 将圆锥体转换成可编辑多边形，并激活【多边形】子对象层级，并拾取圆锥体顶部的多边形，如图 9-58 所示。

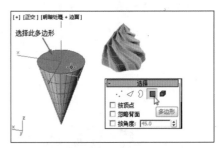

图 9-58

08 按 Delete 键删除，其目的是让几何体变成曲面，如图 9-59 所示。

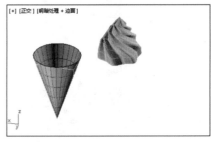

图 9-59

09 在【修改】面板中单击【壳】按钮，使曲面变为壳体，如图 9-60 所示。

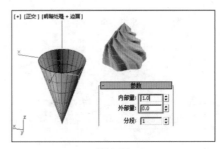

图 9-60

10 在几个视图中平移壳体，完成最终的冰淇淋建模，如图 9-61 所示。

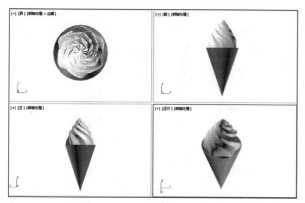

图 9-61

9.3.4　壳

使用壳修改器可以使对象内外两个面挤出从而产生一定的厚度，当然也可以使几何体产生一个空心的壳体。

动手操作——使用壳修改器制作蛋壳

01 新建场景文件。

02 利用【球体】工具，创建一个球体，如图 9-62 所示。

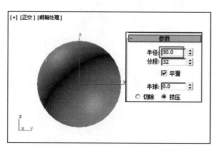

图 9-62

03 在【修改】命令面板修改器列表中选择【挤压】修改器，并设置挤压参数，挤压成鸡蛋的形状，如图 9-63 所示。

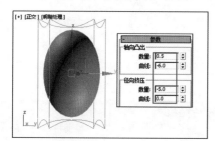

图 9-63

04 在前视图中绘制直线，如图 9-64 所示。

05 单击 挤出 按钮，创建挤出曲面，如图 9-65 所示。

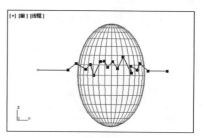

图 9-64

图 9-65

06 选中鸡蛋模型，并利用【复合对象】类型中的 ProBoolean 工具，拾取挤出曲面来修剪鸡蛋模型，如图 9-66 所示。

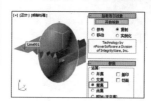

图 9-66

07 将修剪后的鸡蛋模型转换成可编辑多边形，并删除多边形，如图 9-67 所示。

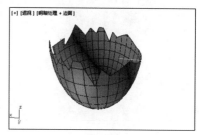

图 9-67

08 单击 壳 按钮，添加壳修改器。曲面随后自动以默认的参数来创建壳，如图 9-68 所示。

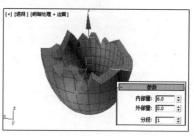

图 9-68

09 修改【内部量】为1，得到最终的蛋壳，如图9-69所示。

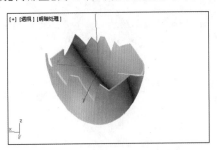

图 9-69

技术要点：

在【参数】卷展栏底部分别选中【选择边】、【选择内部面】、【选择外部面】，可以选取并高亮颜色显示壳体内、外，以及截断面，其起的作用相当于使用了选择修改器，如图9-70~图9-72所示。

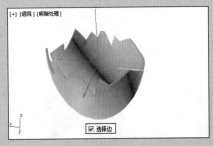

图 9-70

图 9-71

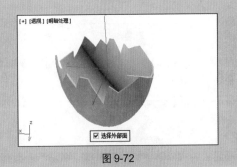

图 9-72

9.3.5　锥化

锥化修改器通过缩放对象几何体的两端产生锥化轮

廓，一端放大而另一端缩小。可以在两组轴上控制锥化的量和曲线，也可以对几何体的一端限制锥化。如图9-73所示为锥化范例。

图 9-73

动手操作——使用锥化修改器制作碗

01 新建场景文件。

02 利用标准基本体类型的【圆柱体】工具，绘制一个圆柱体，如图9-74所示。

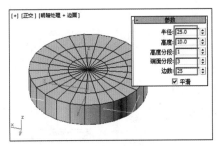

图 9-74

03 将圆柱体转换成可编辑多边形，激活【边】层级子对象，并拾取端面的一条分段线（完整环线），均匀缩放到圆柱体外侧附近，如图9-75所示。

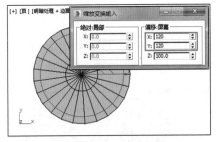

图 9-75

技术要点：

由于圆柱体的段数较多，所以要拾取的边是一段一段的，对于相连边的选择方法就是按住 Ctrl 键逐一拾取。

04 同理，将其中的这一条分段线也进行均匀缩放，如图9-76所示。

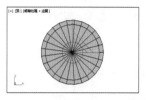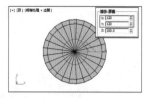

图 9-76

05 在堆栈中选择【多边形】层级子对象，利用【选择并移动】工具，向 Z 轴移动 -4，完成修改，如图 9-77 所示。这个修改形成了碗底的形状。

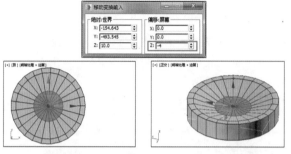

图 9-77

06 将创建的碗底模型翻转过来，并开启 2.5D 捕捉开关，打开【捕捉到边/线段切换】约束。随后再创建一个圆柱体，此圆柱体边与碗底边重合，如图 9-78 所示。

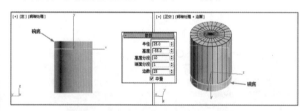

图 9-78

07 选中创建的圆柱体，单击 锥化 按钮，添加锥化修改器并将圆柱体锥化，效果如图 9-79 所示。

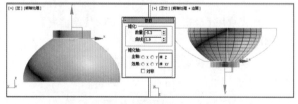

图 9-79

技术要点：

利用【挤出】工具创建几何体，不能锥化成这样的形状，只能是标准基本几何体。另外，圆柱体高度上的分段必须有两段以上才可以锥化成圆弧形状。

08 将锥化的圆柱体转换成可编辑多边形，并将其中一个多边形删除，如图 9-80 所示。

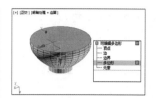

图 9-80

09 单击 壳 按钮创建壳体，如图 9-81 所示。最后利用【布尔】工具对两个几何体做并集运算，完成碗的制作，如图 9-82 所示。

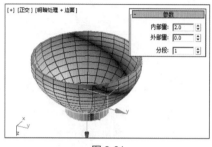

图 9-81

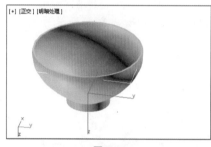

图 9-82

9.3.6　封口

封口修改器可以在网格对象的孔洞上创建曲面，孔洞定义为边的循环，每个孔洞只有一个曲面。

动手操作——使用封口修改器制作面包模型

01 打开本例素材场景文件 9-9.max，如图 9-83 所示。场景中的模型为面包的横截面，其是镂空的。

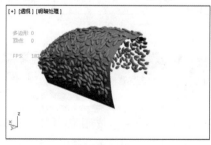

图 9-83

02 选中场景中的面包横截面（可编辑多边形），并在【修改】面板中单击 封口 按钮，自动填充并创建补面，如图 9-84 所示。

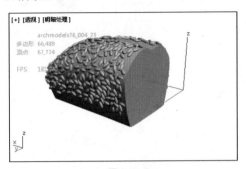

图 9-84

9.3.7　噪波

噪波修改器沿着三个轴的任意组合调整对象的顶点位置。它是模拟对象形状随机变化的重要动画工具。

可以将噪波修改器应用到任何对象类型上。噪波 Gizmo 会更改形状以帮助更直观地理解更改参数设置所带来的影响。噪波修改器的结果对含有大量面的对象效果最明显。

使用分形设置，可以得到随机的涟漪图案，例如风中的旗帜。使用分形设置，也可以从平面几何体中创建多山地形。

动手操作——使用噪波修改器制作海平面

01 新建场景文件。

02 利用标准基本体类型的【平面】工具创建一个平面，如图 9-85 所示。

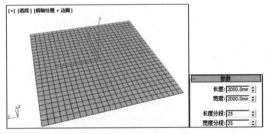

图 9-85

技术要点：

平面的分段数直接影响噪波效果，分段数越多，强度效果越差。

03 选择平面，并单击 噪波 按钮添加噪波修改器。在【修改】命令面板中设置【参数】卷展栏中的参数，如图 9-86 所示。

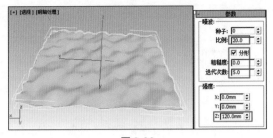

图 9-86

【参数】卷展栏中的各选项含义如下：

✦　【噪波】选项组：控制噪波的出现，及由此引起的在对象的物理变形上的影响。

✦　种子：从设置的数值中生成一个随机起始点。在创建地形时尤其有用，因为每种设置都可以生成不同的配置，如图 9-87 所示。

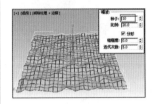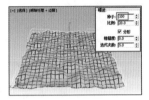

图 9-87

✦　比例：设置噪波影响（不是强度）的大小。较大的值产生更为平滑的噪波，较小的值产生锯齿现象更严重的噪波，如图 9-88 所示。默认值为 100。

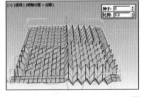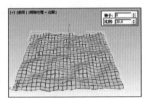

图 9-88

✦　分形：根据当前设置产生分形效果，默认设置为禁用。如果启用【分形】，那么即可使用【粗糙度】、【迭代次数】选项。

✦　粗糙度：决定分形变化的程度。较低的值比较高的值更精细，如图 9-89 所示。范围为 0~1.0，默认值为 0。

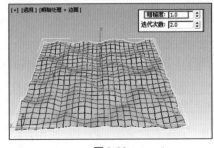

图 9-89

✦ 迭代次数：控制分形功能所使用的迭代（或是八度音阶）的数目。较小的迭代次数使用较少的分形能量并生成较平滑的效果，如图 9-90 所示。迭代次数为 1.0 与禁用"分形"效果一致。范围为 1.0~10.0，默认值为 6.0。

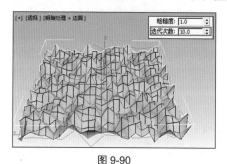

图 9-90

✦ 【强度】选项组：控制噪波效果的大小。只有应用了强度后，噪波效果才会起作用。

✦ X、Y、Z：沿着三条轴之一设置噪波效果的强度，图 9-90 所示为在 Z 轴方向的噪波，如图 9-91 和图 9-92 所示。至少为这些轴中的一个输入值以产生噪波效果。

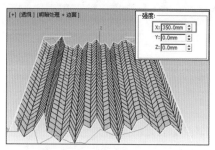

图 9-91

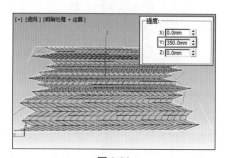

图 9-92

✦ 【动画】选项组：通过为噪波图案叠加一个要遵循的正弦波形，控制噪波效果的形状。

✦ 动画噪波：调节【噪波】和【强度】参数的组合效果。下列参数用于调整基本波形。

✦ 频率：设置正弦波的周期，调节噪波效果的速度。较高的频率使噪波振动得更快；较低的频率产生较为平滑和更温和的噪波。

✦ 相位：移动基本波形的开始和结束点。默认情况

下，动画关键点设置在活动帧范围的任意一端。通过在【轨迹视图】中编辑这些位置，可以更清楚地看到"相位"的效果。选择【动画噪波】以启用动画播放。

9.3.8 切片

通过【切片】修改器，可以基于切片平面 Gizmo 的位置，使用切割平面来切片网格，创建新的顶点、边和面，如图 9-93 所示。

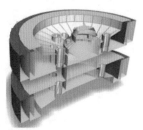

图 9-93

单击 切片 按钮，【修改】命令面板显示【切片参数】卷展栏。

切片修改器包括 4 种切片类型：

✦ 优化网格：移动切片平面可以切割对象并细分为新的面，如图 9-94 所示。类似于创建新的分段线。

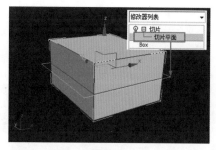

图 9-94

技术要点：

切片平面默认是水平的，如果要使用其他角度的切片平面，需要使用【选择并旋转】工具旋转切片平面，如图 9-95 所示。

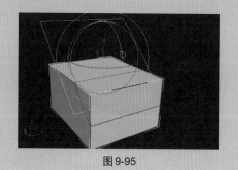

图 9-95

✦ 分割网格：用切片平面来分割网格面，以产生两

个分离的面，如图 9-96 所示。

图 9-96

✦ 移除顶部：此类型除了切割作用外，将切片平面一侧的网格面移除，等同于【修剪】，如图 9-97 所示。

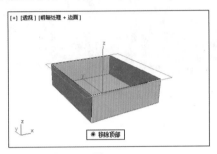

图 9-97

✦ 移除底部：将切片平面的另一侧网格面移除，如图 9-98 所示。

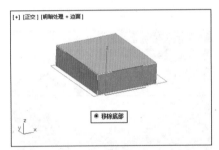

图 9-98

动手操作——制作切片动画

01 新建场景文件。

02 利用标准基本体类型的【茶壶】工具创建任意尺寸的茶壶，如图 9-99 所示。

图 9-99

03 单击 切片 按钮添加切片修改器。切片平面显示在茶

壶底部，如图 9-100 所示。

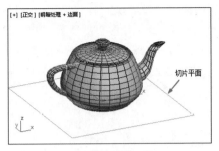

图 9-100

04 在堆栈中展开【切片】修改器的顶层对象，然后选择层级子对象"切片平面"，在状态栏单击 自动关键点 按钮，并将时间滑块拖至第 100 帧，如图 9-101 所示。

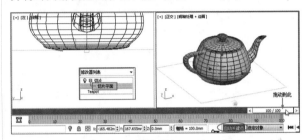

图 9-101

05 在视图中拖曳切片平面到茶壶顶部位置，随后播放一次动画，可以很清楚地看到切片平面从茶壶底部到顶部的过程，如图 9-102 所示。

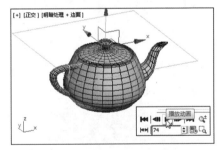

图 9-102

06 在【切片参数】卷展栏中由【优化网格】类型切换到【移除顶部】类型，并再次播放动画，如图 9-103 所示。

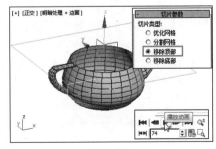

图 9-103

07 将茶壶在原位置上进行克隆复制（在菜单栏执行【编辑】|【克隆】命令），并在【材质】选项卡中单击【添加材质】按钮，将一个默认材质球赋予克隆的茶壶，如图 9-104 所示。

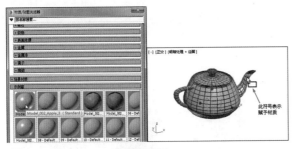

图 9-104

08 在【材质】选项卡中单击【编辑材质】按钮，将材质为设为【线框】显示，如图 9-105 所示。

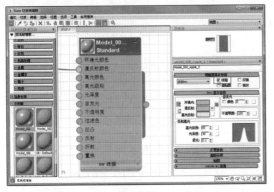

图 9-105

09 在克隆的茶壶上设置切片类型为【移除底部】，并重新播放动画，可以看见线框茶壶如魔法般地变为完全着色，如图 9-106 所示。

图 9-106

9.3.9　推力

使用【推力】修改器可以沿平均顶点法线将对象顶点向外或向内推。这样将产生通过其他途径不能获得的膨胀效果。

动手操作——使用推拉修改器修改栏杆

01 打开本例素材场景文件 9-12.max，如图 9-107 所示。

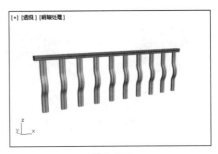

图 9-107

02 选中栏杆的上围栏部分，如图 9-108 所示。

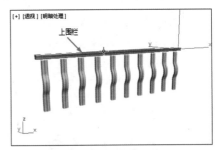

图 9-108

03 单击【推力】按钮添加【推力】修改器，在【参数】卷展栏中输入推进值为 50，完成栏杆的修改，如图 9-109 所示。

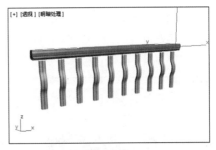

图 9-109

9.3.10　倾斜

【倾斜】修改器可以在对象几何体中产生均匀的偏移。可以控制在三个轴中任何一个轴上的倾斜数量和方向，如图 9-110 所示，还可以限制几何体部分的倾斜，如图 9-111 所示。

图 9-110

图 9-111

01 打开本例素材场景文件 9-13.max，场景中有一个扭曲的竹篮，通过【倾斜】修改器调整回来，如图 9-112 所示。

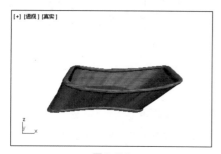

图 9-112

02 选择竹篮模型，在功能区【基本建模】选项卡的【修改】面板中单击 倾斜 按钮，添加【倾斜】修改器，如图 9-113 所示。

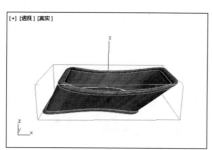

图 9-113

03 在【倾斜】修改器的【参数】卷展栏中设置倾斜参数，完成修改，如图 9-114 所示。

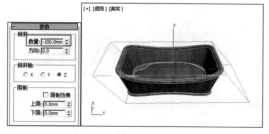

图 9-114

9.3.11　挤压

【挤压】修改器可以将挤压效果应用到对象上。在此效果中，与轴点最为接近的顶点会向内移动，如图 9-115 所示。挤压围绕着"挤压"Gizmo 的局部 Z 轴进行应用。也可以使用"挤压"在顶点轴上创建凸出，以衬托挤压效果。

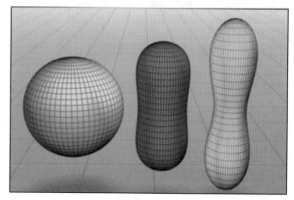

图 9-115

下面以案例说明【挤压】修改器的使用方法。

01 新建场景文件。

02 利用【球体】标准基本体工具创建一个半径为 1200mm 的球体，如图 9-116 所示。

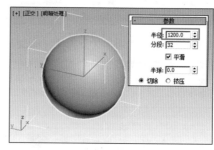

图 9-116

03 单击 挤压 按钮，设置挤压参数挤压球体，如图 9-117 所示。

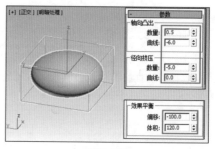

图 9-117

04 按 Esc 键退出挤压修改器操作，然后在主工具栏中单击【选择并非均匀缩放】按钮 📷，拖曳 X 轴将挤压的模型在该方向上缩放（没有具体尺寸，随意缩放即可），如图 9-118 所示，完成的模型就是小鸭子的身体部分。

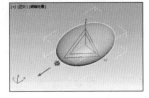

图 9-118

05 将小鸭子的身体部分绕 Y 轴旋转 75°，如图 9-119 所示。

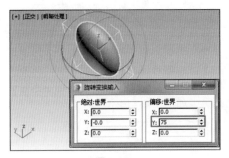

图 9-119

06 在前视图中创建一个球体表示小鸭子的脑袋，如图 9-120 所示。

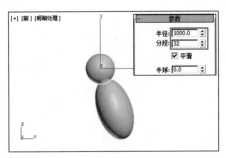

图 9-120

07 同时在左视图中移动球体，中心对准身体中轴线，如图 9-121 所示。

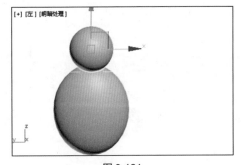

图 9-121

08 继续添加【挤压】修改器，设置挤压参数，在顶视图中的挤压状态，如图 9-122 所示。

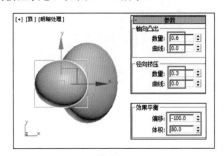

图 9-122

09 挤压的球体旋转 90°，完成小鸭子的头部，如图 9-123 所示。

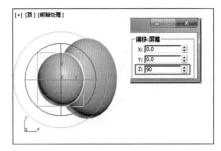

图 9-123

10 接下来创建嘴巴部分。在顶视图中创建一个半径为 500mm 的小球体，如图 9-124 所示。

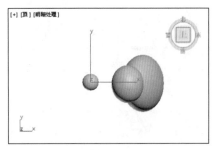

图 9-124

11 利用【选择并非均匀缩放】工具，在顶视图、前视图中拖曳 Gizmo 缩放小球体，如图 9-125 所示。

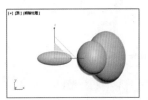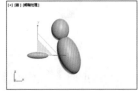

图 9-125

12 将缩放的小球体平移到合适的位置，如图 9-126 所示。

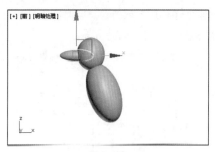

图 9-126

13 再适当旋转小球体,完成小鸭嘴巴的创建,如图 9-127 所示。

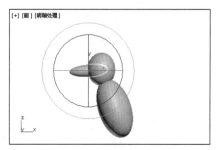

图 9-127

14 接下来创建手臂部分。在顶视图中创建半径为 1200mm 的球体,然后添加【挤压】修改器,挤压效果如图 9-128 所示。

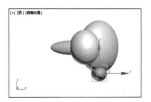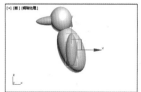

图 9-128

15 通过【选择并旋转】、【选择并平移】工具,旋转、平移上一步挤压的球体,完成手臂部位的创建,如图 9-129 所示。

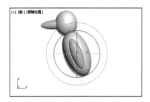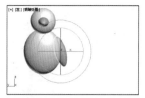

图 9-129

16 利用功能区【对象放置】选项卡中【图案】面板的【镜像】工具,在左视图中将手臂镜像至 X 轴的另一侧,如图 9-130 所示。

17 最后创建脚。在前视图中创建半径为 800mm 的球体,添加【挤压】修改器后的效果,如图 9-131 所示。

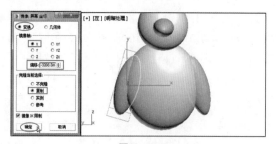

图 9-130

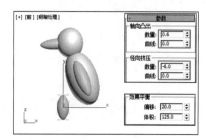

图 9-131

18 退出挤压操作后旋转挤压的球体 90°（旋转变换输入绕 Z 轴）,如图 9-132 所示。

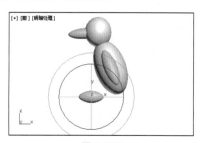

图 9-132

19 平移旋转后的球体至合适位置,如图 9-133 所示。

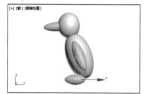

图 9-133

20 在左视图中利用【选择并非均匀缩放】工具,非均匀缩放对象,完成脚的创建,如图 9-134 所示。

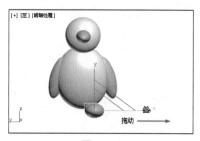

图 9-134

21 利用【对象放置】选项卡的【镜像】工具镜像出左侧的脚,如图 9-135 所示。

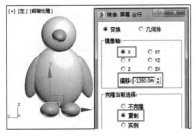

图 9-135

22 至此完成了小鸭公仔主体模型的创建。

9.3.12 · 面挤出与球形化修改器

【面挤出】修改器沿其法线挤出面,沿挤出面与其对象连接的挤出的边创建新面。

【球形化】修改器将对象扭曲为球形。此修改器只有一个参数(一个百分比微调器),可以将对象尽可能地变为球形。

动手操作——制作排球

01 新建 3ds Max 场景文件。

02 在【创建】|【几何体】|【标准基本体】下,单击【对象类型】卷展栏中的 ┌长方体┐ 按钮,然后在透视图中创建长宽高都相等的立方体,如图 9-136 所示。

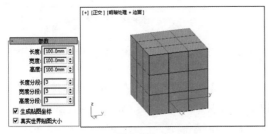

图 9-136

💡 **技术要点:**
可以按 Ctrl 键拖曳鼠标来创建立方体。

03 将立方体转换成可编辑网格,如图 9-137 所示。

图 9-137

04 在【修改】命令面板的修改器堆栈中选中【多边形】级别,然后按 Ctrl 键选择立方体的部分面,如图 9-138 所示。

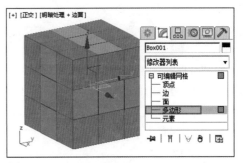

图 9-138

05 在【编辑几何体】卷展栏中单击【炸开】按钮,炸开所选的立方体面,如图 9-139 所示。

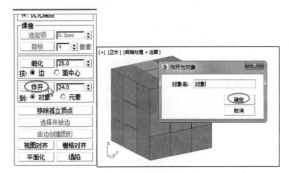

图 9-139

06 在菜单栏执行【编辑】|【选择方式】|【名称】命令,或者按 H 键,弹出【从场景选择】对话框。按快捷键 Ctrl+A 选中全部对象(不要释放快捷键),再单击【确定】按钮,如图 9-140 所示。

图 9-140

07 在修改器列表中添加【编辑网格】修改器,如图 9-141 所示。接着在此修改器基础上再增添【网格平滑】修改器,如图 9-142 所示。

图 9-141

图 9-142

08 在【网格平滑】修改器的【细分量】卷展栏中设置【迭代次数】为 2，如图 9-143 所示。然后再添加【球形化】修改器，如图 9-144 所示。

图 9-143

图 9-144

09 在【球形化】修改器基础上再添加【编辑网格】修改器，然后设置【多边形】层级，并选中所有网格面，如图 9-145 所示。

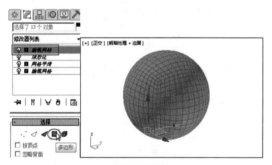

图 9-145

10 添加【面挤出】修改器，并设置面挤出参数，如图 9-146 所示。

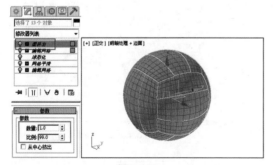

图 9-146

11 面挤出后再添加【网格平滑】修改器，并设置细分方法和迭代次数，如图 9-147 所示。

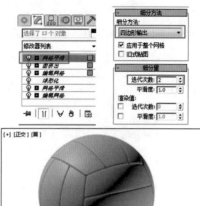

图 9-147

12 最后选择不同的面修改其颜色，得到最终的排球效果，如图 9-148 所示。

图 9-148

9.3.13　置换

　　【置换】修改器以力场的形式推动和重塑对象的几何外形。可以直接从修改器 Gizmo 应用它的变量力，或者从位图图像应用。

　　使用"置换"修改器有两种基本方法：

　　✦ 通过设置"强度"和"衰退"值，直接应用置换效果。

　　✦ 应用位图图像的灰度组件生成置换。在 2D 图像中，较亮的颜色比较暗的颜色更多地向外突出，导致几何体的 3D 置换。

动手操作——制作雪地山形

01 新建场景文件。

02 利用【平面】工具创建平面，此平面分段数要尽量多，如图 9-149 所示。

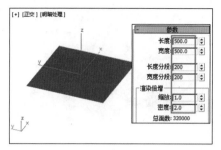

图 9-149

03 在功能区【基本建模】选项卡的【修改】面板中单击 ![置换] 按钮，添加置换修改器。在【参数】卷展栏单击【贴图】选项标题下的【无】按钮，从打开的【材质 / 贴图浏览器】对话框中选择【示例窗】卷展栏下【置换贴图】顶层对象中的【Mask:Map #5（Mask）】材质，如图 9-150 所示。

图 9-150

04 在【参数】卷展栏中设置【强度】及【衰退】参数，效果如图 9-151 所示。

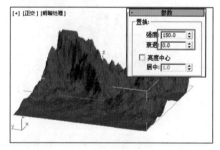

图 9-151

9.3.14　融化

　　"融化"修改器使你可以将实际的融化效果应用到所有类型的对象上，包括可编辑面片和 NURBS 对象，同样也包括传递到堆栈的子对象选择上。选项包括边的下沉、融化时的扩张，以及可自定义的物质集合，这些物质的范围包括从坚固的塑料表面到在其自身上塌陷的冻胶类型。如图 9-152 所示为增大【融化量】逐步熔化的蛋糕。

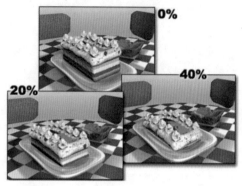

图 9-152

融化修改器的【参数】卷展栏，如图 9-153 所示。

图 9-153

　　【融化】组：

　　◆ 数量：指定"衰退"程度，或者应用于 Gizmo 上的融化效果，从而影响对象，范围为 0.0~1000。

　　【扩散】组：

　　◆ 融化百分比：指定随着"数量"值增加，多少对象和融化会扩展。该值基本上是沿着平面的"凸起"。

　　【固态】组：

　　决定融化对象中心的相对高度。固态稍低的物质像冻胶在融化时中心会下陷得较多。该组为物质的不同类型提供多个预设值，同时也含有"自定义"微调器用于设置需要的固态。

　　◆ 冰：（默认设置）冻结水的固态。

　　◆ 玻璃：模拟玻璃的高固态。

　　◆ 冻胶：模拟冻胶的低固态，产生在中心处显著的下垂效果。

　　◆ 塑料：模拟塑料的中低固态。相对固态，但是在融化时其中心稍微下垂。

　　◆ 自定义：允许选择一个在 0.2~30.0 之间的自定义固态值。

　　【融化轴】组：

　　◆ X/Y/Z：选择会产生融化的轴（对象的局部轴）。

需要注意这里的轴是"融化"Gizmo 的局部轴，而与选中的实体无关。默认情况下，融化 Gizmo 轴与对象的局部坐标一起排列，但是可以通过旋转 Gizmo 来更改它们。

✦ 翻转轴：通常，融化沿着给定的轴从正向朝着负向发生。启用【翻转轴】来反转这一方向。

动手操作——制作雪糕熔化的效果

01 打开本例素材场景文件 9-16.max，场景中有一支被咬过一口的雪糕，如图 9-154 所示。

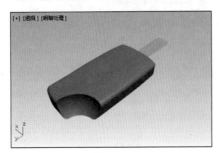

图 9-154

02 在菜单栏执行【渲染】|【渲染】命令，先看雪糕在熔化之前的渲染效果，便于对比，如图 9-155 所示。

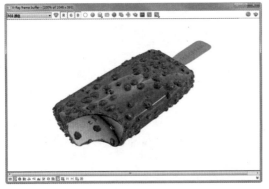

图 9-155

03 选中雪糕中可吃的雪糕部分对象，并单击 融化 按钮添加【融化】修改器，如图 9-156 所示。

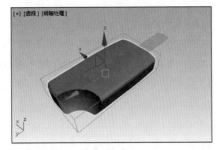

图 9-156

04 在【融化】修改器的【参数】卷展栏中设置融化参数，如图 9-157 所示。

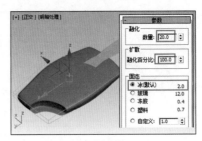

图 9-157

技术要点：

但事实是，雪糕熔化时的真实状态是从整个外表面和尾部开始熔化，因为尾部厚度一般情况下要少于头部。

05 所以，在堆栈中【融化】修改器顶层的对象下选择 Gizmo 层级子对象，在视图中拖曳 Gizmo 至头部，改变雪糕熔化的状态，如图 9-158 所示。

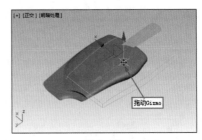

图 9-158

06 在【参数】卷展栏修改融化数量为 25、融化百分比为 40%，效果如图 9-159 所示。

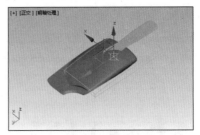

图 9-159

07 最后再渲染一次，看看熔化后的渲染效果，如图9-160所示。

图 9-160

9.3.15　FFD 长方体

FFD 表示"自由形式变形"。它的效果用于类似舞蹈汽车或坦克的计算机动画中。也可将它用于构建类似椅子和雕塑这样的圆形上。FFD 修改器包括 5 种类型：FFD2×2×2、FFD3×3×3、FFD4×4×4、FFD 长方体和 FFD 圆柱体。这几种类型的操作方法是相同分，只不过"2×2×2"表示晶格的控制点数量为 2，是立方体结构，如图 9-161 所示。

FFD 2×2×2　　　　FFD 3×3×3

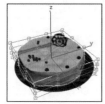 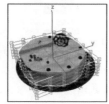

FFD4×4×4　　　FFD 长方体（6×6×6）

图 9-161

与 FFD3×3×3、FFD4×4×4、FFD 长方体等类型同属于长方体形式的空间阵列控制点。FFD 圆柱体属于正 N 变形（至少 6 边以上）空间阵列，点数为 4×6×4，中间的数字越大，越接近于圆，如图 9-162 所示。

FFD 圆柱体 2×6×2　　　FFD 圆柱体 2×8×2

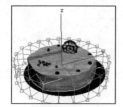

FFD 圆柱体 2×23×2

图 9-162

FFD 修改器使用晶格框包围选中几何体。通过调整晶格的控制点，可以改变封闭几何体的形状，如图 9-163 所示。

FFD 长方体修改器的【FFD 参数】卷展栏如图 9-164 所示。

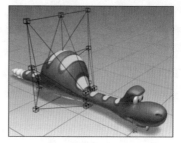

图 9-163

图 9-164

【尺寸】选项组：

✦ 设置点数：单击此按钮，可以重新设置自由变形控制点的数量，如图 9-165 所示。

图 9-165

【显示】组：这些选项将影响 FF 在视图中的显示。

✦ 晶格：将绘制连接控制点的线条以形成栅格。虽然绘制的线条某时会使视图显得混乱，但它们可以使晶格形象化，如图 9-166 所示。

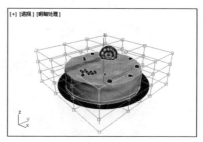

图 9-166

✦ 源体积：控制点和晶格会以未修改的状态显示。在堆栈中修改器顶层对象下的【晶格】选择级别处于活动状态时，这将有助于定位源体积。

技术要点：

要查看位于源体积（可能会变形）中的点，可以通过单击要关闭的修改器堆栈显示中的灯泡图标来暂时取消激活相应修改器。

【变形】组：

✦ 仅在体内：（默认设置）只有位于源体积内的顶点会变形。

✦ 所有顶点：将所有顶点变形，不管它们位于源体积的内部还是外部。体积外的变形是对体积内的变形的延续。远离源晶格的点的变形可能会很严重。

【控制点】组：

✦ 重置：将所有控制点返回到它们的原始位置。

✦ 全部动画化：将"点 3"控制器指定给所有控制点，这样它们在【轨迹视图】中立即可见。

技术要点：

默认情况下，FFD 晶格控制点将不在轨迹视图中显示，因为没有给它们指定控制器。但是在设置控制点动画时，给它指定了控制器，则它在轨迹视图中可见。使用"全部动画化"，也可以添加和删除关键点和执行其他关键点操作。

✦ 与图形一致：在对象中心控制点位置之间沿直线延长线，将每个 FFD 控制点移到修改对象的交叉点上，这将增加一个由【补偿】微调器指定的偏移距离。

技术要点：

将"与图形一致"应用到规则图形效果很好，例如基本体，它对退化（长、窄）面或锐角效果不佳。这些图形不可使用这些控件，因为它们没有相交的面。

✦ 内部点：仅控制受【与图形一致】影响的对象内部点。

✦ 外部点：仅控制受【与图形一致】影响的对象外部点。

✦ 偏移：受【与图形一致】影响的控制点偏移对象曲面的距离。

✦ 关于：显示【版权和许可信息】对话框。

动手操作——制作枕头

01 新建场景文件。

02 利用扩展基本体类型下的【切角长方体】工具，在顶视图创建一个切角长方体，如图 9-167 所示。

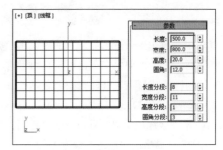

图 9-167

03 单击 FFD 长方体 按钮为切角几何体添加【FFD 长方体】修改器。首先设置控制点数，如图 9-168 所示。

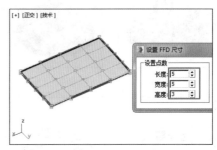

图 9-168

04 在堆栈中展开修改器顶层对象，选择【控制点】层级子对象，同时单击主工具栏中的【选择并移动】按钮 ✛，并在切角几何体的面上拖曳控制点改变形状。首先拖曳第二层的控制点，如图 9-169 所示。

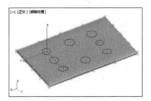

图 9-169

05 拖曳中间的控制点自由变形，如图 9-170 所示。

图 9-170

06 同理，在切角几何体的另一侧的面上也进行相同的变形操作，如图 9-171 所示。不过变形幅度要略小。

图 9-171

07 拖曳切角几何体四大角落的控制点（向水平的 X 和
Y 方向拖曳轴柄），进行自由变形，如图 9-172 所示。

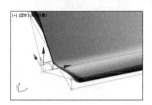

图 9-172

08 最终变形完成的结果，如图 9-173 所示。

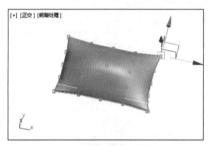

图 9-173

9.3.16　平滑、网格平滑与涡轮平滑

　　【平滑】修改器、【网格平滑】修改器和【涡轮平滑】
修改器都是用来对网格或几何体编辑后进行平滑处理的，
但三者在效果上有些差异。简单地说，【平滑】修改器
的参数比后两者的参数少且简单得多，说明平滑效果一
般；【网格平滑】修改器的平滑级别为中级，【涡轮平
滑】修改器的平滑效果最好，但最消耗内存。如图 9-174
所示为几种平滑的效果对比。

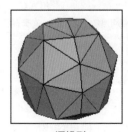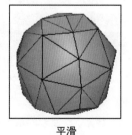

源模型　　　　　　　　　平滑

图 9-174

网格平滑　　　　　　　　涡轮平滑

图 9-174（续）

　　在前面制作排球一例中，使用过【网格平滑】修改器。
下面使用【平滑】和【涡轮平滑】修改器制作高尔夫球。

动手操作——制作高尔夫球

01 新建场景文件。

02 利用标准基本体的【几何球体】工具创建一个二十四
面体，如图 9-175 所示。

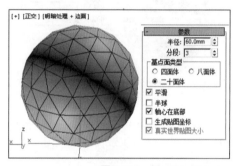

图 9-175

> **技术要点：**
> 　　注意在创建二十四面体时，【参数】卷展栏中的【平
> 滑】复选框已经被选中，说明第一次应用了【平滑】修改器，
> 使多面体变成了球体。

03 将多面体转换成可编辑多边形，并激活【顶点】层级
子对象，全选视图中多面体的所有顶点，如图 9-176 所示。

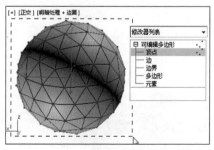

图 9-176

04 在【编辑顶点】卷展栏中单击【切角】旁边的【设置】
按钮，设置切角参数，完成单击按钮确认，如图 9-177
所示。

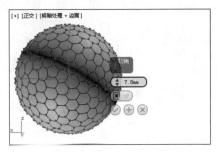

图 9-177

05 切换选择【多边形】层级子对象，选择所有多边形后在【编辑多边形】卷展栏单击【插入】旁边的【设置】按钮回，在视图中设置插入参数，如图 9-178 所示。设置后单击⊘按钮确认。

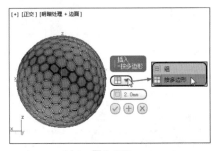

图 9-178

06 单击【倒角】旁边的【设置】按钮回，在视图中设置【倒角】参数，完成单击⊘按钮确认，如图 9-179 所示。

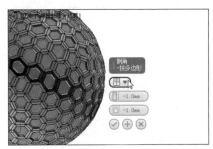

图 9-179

07 在【细分曲面】卷展栏选中【使用 NURMS 细分】复选框，效果如图 9-180 所示。

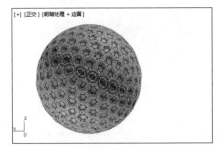

图 9-180

08 单击 涡轮平滑 按钮添加【涡轮平滑】修改器，最终完

成的高尔夫球效果，如图 9-181 所示。

图 9-181

09 采用这种方法制作的高尔夫球中的凹陷（圆弧槽）如果做得不是很标准，需要采用另一种方法。从步骤 04 重新操作，设置顶点的切角参数，如图 9-182 所示。

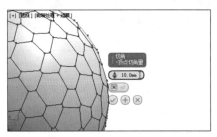

图 9-182

10 切换选择【多边形】层级子对象，按 Ctrl 键依次选择所有的正六边形，如图 9-183 所示。

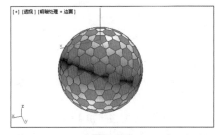

图 9-183

> **技术要点：**
>
> 如果选错或多选了，可以按 Alt 键单击取消选择即可。我们可以进入"工作区：默认"工作空间，在【建模】选项卡的【修改选择】面板（展开面板）中单击【相似】按钮，快速选择相似的多边形，如果没有相似的面，可以继续按 Ctrl 键选择多边形再单击此按钮寻找相似的多边形。关于此工具（相似），将在下一章详细介绍。

11 在【编辑多边形】卷展栏单击【倒角】旁边的【设置】按钮回，在视图中设置倒角参数，如图 9-184 所示。设置后单击⊘按钮确认。

12 在【细分曲面】卷展栏选中【使用 NURMS 细分】复选框，效果如图 9-185 所示。

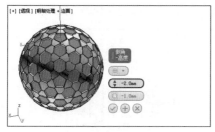

图 9-184

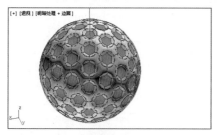

图 9-185

13 最后单击 涡轮平滑 按钮添加【涡轮平滑】修改器，最终完成高尔夫球的效果，如图 9-186 所示。

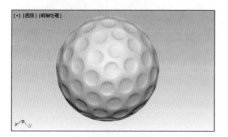

图 9-186

9.3.17　晶格

　　【晶格】修改器将图形的线段或边转化为圆柱形结构，并在顶点上产生可选的关节多面体。使用它可基于网格拓扑创建可渲染的几何体结构，或作为获得线框渲染效果的另一种方法。

动手操作——制作鸟笼

01 新建场景文件。

02 利用【长方体】工具创建长方体，如图 9-187 所示。

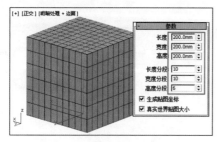

图 9-187

03 将长方体转换为可编辑多边形。在堆栈中展开顶层对象选择【多边形】层级子对象，如图 9-188 所示。

图 9-188

04 在视图中选择如图 9-189 所示的多个多边形，并按 Delete 键将其删除。

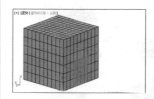

图 9-189

05 在堆栈中选择【边】层级子对象，激活【选择并移动】工具，选择如图 9-190 所示的 3 条边。按住 Shift 键再向 X 轴的负方向拖曳 4 次，创建如图 9-191 所示的多边形。

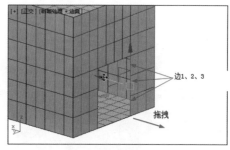

图 9-190

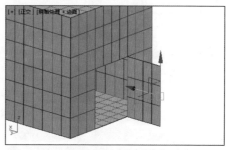

图 9-191

06 在【修改器列表】中选择【晶格】修改器，并在【参数】卷展栏设置支柱参数，如图 9-192 所示。

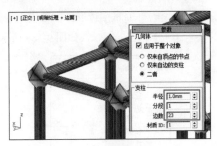

图 9-192

08 最终完成的鸟笼，如图 9-194 所示。

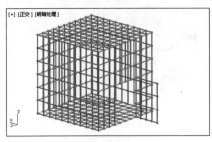

图 9-194

> **技术要点：**
> 适当调整支柱的半径。

07 设置节点参数，如图 9-193 所示。

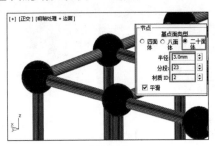

图 9-193

10.1　多边形建模概述

3ds Max 的多边形建模工具是该软件中最强大的外形造型工具，也是目前 3ds Max 使用最广泛的建模工具。几乎任何形态，从简单的家具到精细的工业产品，以及游戏角色这样的复杂场景模型，都可以使用可编辑多边形来完成，可以说 3ds Max 的建模核心内容就是可编辑多边形建模。

10.1.1　何为"多边形建模"

多边形就是由多条边围成的一个闭合的路径形成的一个面，顶点与边构成一个完整多边形，一个完整的模型由无数个多边形面组合而成。如图 10-1 所示的模型就是由规则或不规则的多边形面构成的。

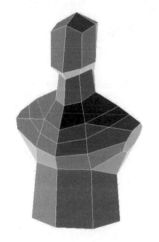

图 10-1

多边形建模从早期主要用于游戏，到现在被广泛应用（包括电影），多边形建模已经成为现在 CG 行业中与 NURBS 并驾齐驱的建模方式。在电影《最终幻想》中，多边形建模完全有能力把握复杂的角色结构，以及解决后续部门的相关问题。如图 10-2 所示为利用 3ds Max 多边形建模工具制作的角色。

图 10-2

多边形从技术角度来讲比较容易掌握，在创建复杂表面时，细节部分可以任意加线，在结构穿插关系很复杂的模型中更能体现出它的优势。另一方面，它不如 NURBS 有固定的 UV，在贴图工作中需要对 UV 进行手动编辑，防止重叠和拉伸纹理。

3ds Max 多边形建模方法比较容易理解，非常适合初学者学习，并且在建模的过程中有更多的想象空间和可修改余地。

第 10 章源文件

第 10 章视频文件

第 10 章结果文件

初次学习多边形建模，很多读者会因"多边形"与"网格"的概念混淆，而使学习变得困难。

技术要点：
网格建模将在后面一章中详细讲解。

多边形建模与网格建模最大的区别在于对形体基础面的定义不同。网格建模将面的次对象定义为三角形，无论面的次对象有几条边界，都被定义为若干三角形的面。而多边形建模将面的次对象定义为多边形，无论被编辑的面有多少条边界，都被定义为一个独立的面。这样，多边形建模在面对次对象进行编辑时，可以将任何面定义为一个独立的次对象进行编辑。而不像网格建模中将一个面分解为若干个三角形面来处理。如图 10-3 所示为使用网格定义的对象和使用多边形定义的对象。

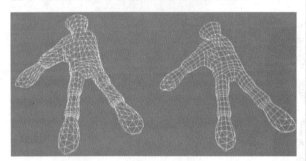

网格对象（左）和多边形对象（右）

图 10-3

另外，多边形建模中的平滑功能，可以很容易地对多边形对象进行光滑和细化处理。较网格建模中多出的"边界"次对象解决了建模时产生的"开边界"难以处理的问题，多边形建模的这些特点，大大方便了用户的建模工作，使多边形建模成为创建低级模型时首选的建模方式。

10.1.2 转换为可编辑多边形

在编辑多边形对象之前，首先要明确多边形对象不是创建出来的，而是转换出来的。下面介绍几种常见的转换为可编辑多边形的命令的执行方式。

技术要点：
转换成可编辑多边形，实际上就是从修改器列表中添加【编辑多边形】修改器的过程。

1. 执行四元菜单的【转换】命令进行转换

当用户界面环境为任意工作空间时，创建一个基本体模型后，可在视图中右击弹出四元菜单，然后选择【变

换】|【转换为】|【转换为可编辑多边形】命令，即可完成由几何体到多边形曲面的转换过程。并且在【修改】命令面板下的堆栈中显示自动添加的【可编辑多边形】修改器，如图 10-4 所示。

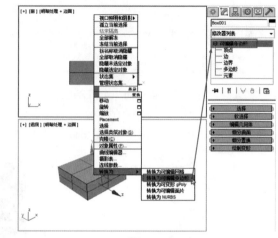

图 10-4

2. 在堆栈中转换

当前场景中仅仅创建了几何体模型，还没有添加其他修改器时，在【修改】命令面板的堆栈中右击，随后弹出右键菜单。选择【可编辑多边形】命令，即可完成塌陷操作，如图 10-5 所示。

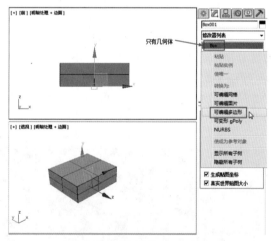

图 10-5

3. 在"工作区：默认"工作空间中转换

将工作空间切换为"工作区：默认"。在【建模】选项卡展开【多边形建模】面板，然后单击【转化为多边形】按钮，即可将几何体转成可编辑多边形，如图 10-6 所示。

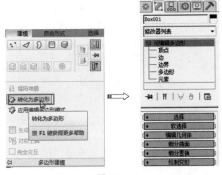

图 10-6

10.1.3　添加编辑多边形

转换成可编辑多边形操作是不可逆的，将清除堆栈中的修改器历史记录。因此，如果对多边形操作没有十足的把握，可提前对场景进行备份。

要想完整保留堆栈中的修改器历史，可以添加【编辑多边形】修改器。如果在"工作区：默认"工作空间中，在【建模】选项卡的【多边形建模】面板中单击【应用编辑多边形模式】按钮，即可添加【编辑多边形】修改器，如图 10-7 所示。

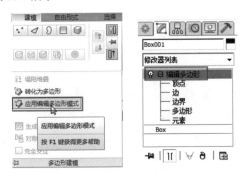

图 10-7

在堆栈中可以看到，先前的 Box 修改器并没有被清除。

如果是在"设计标准"工作空间中，选中几何体后，在【基本建模】选项卡的【直接编辑三维】面板中单击【添加编辑多边形】按钮即可，如图 10-8 所示。

图 10-8

在任意工作空间中，还可以执行菜单栏中的【修改器】|【网格编辑】|【编辑多边形】命令，完成编辑多边形的转换。

技术要点：

本章将在"工作区：默认"工作空间中介绍多边形建模工具的使用方法。

10.1.4　石墨建模工具

石墨建模工具就是"工作区：默认"工作空间下的【建模】选项卡、【自由形式】选项卡、【选择】选项卡工具，如图 10-9~ 图 10-11 所示。

图 10-9

图 10-10

图 10-11

将几何体转换成可编辑多边形后，在【修改】命令面板的堆栈中，【多边形】层级所属的卷展栏中的按钮工具与石墨工具是一一对应的，多边形的卷展栏如图 10-12 所示。

图 10-12

石墨工具在功能区中，这种命令执行方式特别适合初学者。但有些工具其实在"设计标准"工作空间中已经介绍过了，本章就不再重复叙述了。

石墨建模工具是 3ds Max 2010 版本中就出现过的功能，之前一直是 3ds Max 的一个插件。随着版本的不断升级，最终将石墨建模工具固化在了"工作区：默认"工作空间中。石墨建模工具与【修改】命令面板下的卷展栏工具是一一对应的，且很多新增工具是卷展栏中没有的。

10.2 多边形的选择

要利用多边形建模工具建模，先学习多边形顶层对象和层级子对象的选择方式，便于我们针对不同的对象进行编辑和修改，从而完成建模工作。

10.2.1 多边形的"层级"与选择命令

可编辑多边形是一种可编辑对象，在堆栈中，【可编辑多边形】顶层对象是顶层对象，每添加一个修改器都是一个顶层对象。

展开顶层对象，下面包含五个子对象层级：顶点、边、边界、多边形和元素。我们可以从界面中的 3 个位置来选择子对象层级，如图 10-13 所示。多边形对象是由包含任意数目顶点的多边形构成的。

功能区【建模】选项卡中

堆栈中"可编辑多边形"的顶层对象下

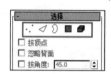
【选择】卷展栏中

图 10-13

多边形层级子对象的选择工具，可以从【修改】命令面板下的【选择】、【软选择】卷展栏中找到并使用，如图 10-14 所示。也可以从石墨建模工具（功能区选项卡）中单击按钮命令去执行，如图 10-15 所示。

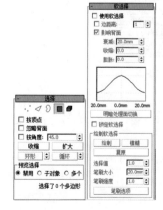
图 10-14 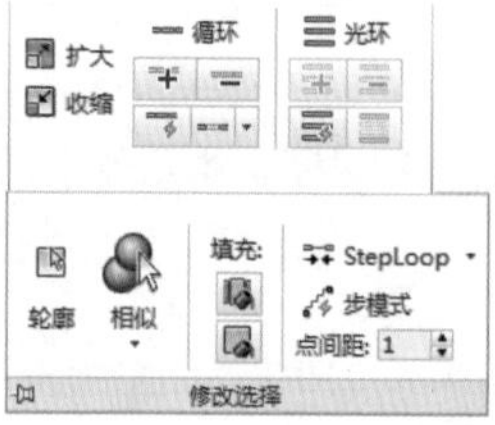　　　　图 10-15

此外，石墨建模工具还提供了更多功能强大的选择工具，如图 10-16 所示为【选择】选项卡。

图 10-16

10.2.2 选择

要选择多边形，首先要确定多边形层级子对象，多边形层级子对象包括顶点、边、边界、多边形和元素。

1. "顶点"的选择

顶点的选择比较简单，就是单选、多选及全选。单击【顶点】按钮 后，在多边形网格中可以单击拾取顶点，在靠近顶点选择时鼠标箭头变成 状态，如图 10-17 所示。

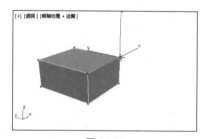
图 10-17

如果要选择多个顶点，可以按 Ctrl 键辅助选择，此时箭头变为 ，如图 10-18 所示。

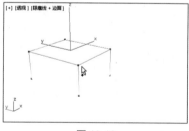
图 10-18

如果要全选多边形网格中的所有顶点，可以框选整个多边形网格，如图 10-19 所示。也可以按快捷键 Ctrl+A 全选，如图 10-20 所示。

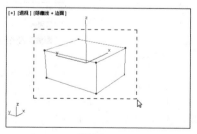
图 10-19

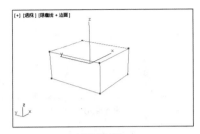

图 10-20

 技术要点：
框选方法也适用于选择多个顶点，需要注意框选的范围。

2. "边"的选择

"边"是指多边形网格中单个网格面的边，也是顶点与顶点之间的连线。边的选择方式比较多，首先是单条边的选择，如图 10-21 所示；然后是按 Ctrl 键依次任意选择多条边，或者框选多条边，如图 10-22 所示。

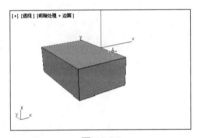

图 10-21

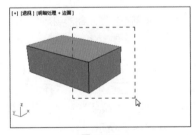

图 10-22

全选则是框选整个多边形网格或者按快捷键 Ctrl+A，当然石墨建模工具中【选择】选项卡的【选择】面板的 工具，也是可以全选所有边的。

另外，在【选择】卷展栏中还提供了其余边的选择方式，介绍如下：

✦ 按顶点：选中此复选框，选择一个顶点，与此顶点相邻的 3 条边被同时选中，如图 10-23 所示。

 技术要点：
注意，对于分段为 1 的几何体转成可编辑多边形的，不能使用此选项。

图 10-23

✦ 忽略背后：就是忽略多边形网格背后的边（屏幕视图方向），选中此选项后，框选整个多边形网格，面向操作者的所有边被自动选中，而多边形网格背面的边都不被选中，如图 10-24 所示。

 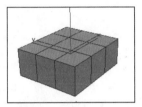

框选多边形网格　　　　　　正面的所有边被选中

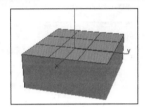

背面的边没有选中

图 10-24

✦ 【收缩】按钮：可以在功能区【建模】选项卡的【修改选择】面板中单击 按钮。当大范围选择多条边后，可以单击此按钮来收缩选择的边，如图 10-25 和图 10-26 所示。

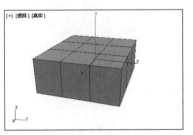

图 10-25

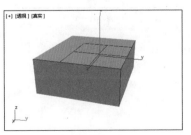

图 10-26

✦【扩大】按钮：也可以在功能区【建模】选项卡的【修改选择】面板中单击 按钮。选择小范围的边后，可以单击此按钮来扩大选择范围，使扩大范围后的边被自动选中，如图 10-27 所示。

扩大前选择的边（较少）　　　扩大后选择的边（较多）

图 10-27

技术要点：
【扩大】与【收缩】是互为相反的两个操作。

✦【环形】按钮：可以在功能区【建模】选项卡的【修改选择】面板中单击 按钮。单击此按钮，将所选边的环形范围内的所有边选中，如图 10-28 所示。

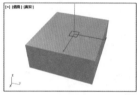 

 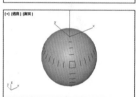

图 10-28

知识拓展——环形选择

在功能区【建模】选项卡的【修改选择】面板中还有 4 个命令按钮也是用于环形选择的，如图 10-29 所示。

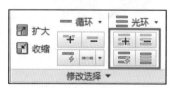

图 10-29

✦ 增长环 ：【增长环】不同于【环形】，只能一层一层地扩大环的选择范围，如图 10-30 所示。

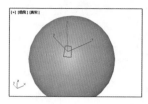 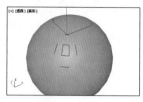

图 10-30

✦ 收缩环 ：与增长环相反，一层一层地收缩坏形选择范围。

✦ 环模式 ：单击此按钮，自动开启环形选择模式，也就是说当你选择一条边时，会自动选择其他所有的环形周围的边，如图 10-31 所示。

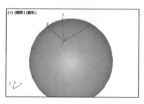 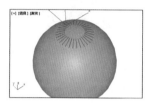

图 10-31

✦ 点环 ：先选择一条边，再单击此按钮，可以选择有间距的边环，如图 10-32 所示。与"环模式"有些区别。

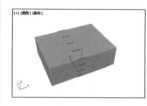 

"点环"选择边（有间距）　　开启"环模式"选择（无间距）

图 10-32

✦【循环】按钮：可以在功能区【建模】选项卡的【修改选择】面板中单击 按钮。"环形"是按所选边平行的范围进行环选，"循环"则是按所选边同向的范围进行环选，如图 10-33 所示。

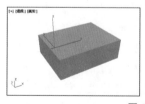 

图 10-33

技术要点：
功能区【建模】选项卡的【修改选择】面板中的循环选择工具，如图 10-34 所示。其用法与环形选择板块中的按钮命令相同。

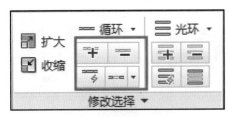

图 10-34

✦【预览选择】选项组：用于设定选择前的对象预览。

✦ 禁用：选择前无预览。

✦ 子对象：选择前可以单独预览 5 个层级子对象。例如，选择"边"层级子对象，预览的只有边。

✦ 多个：无论选择的是哪种层级子对象，将会预览显示边和面。

3．"边界"的选择

所谓"边界"，就是将多边形网格中的部分网格删除后，留下的孔洞边界，如图 10-35 所示。

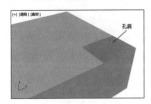
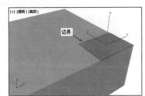

图 10-35

边界的选择非常简单，只要有孔洞，都会被一次性地选中孔洞的边界，而不会像选择边那样，逐一去选择。单击【边界】按钮 🔲（选择"边界"层级子对象）后，在【选择】卷展栏中，亮显的工具都是可用于边界选择的，这些工具在"边"的选择中已经全部介绍了，故不再重复。

4．"多边形"的选择

"多边形"就是构成多边形网格的单元网格，也是一个面，如图 10-36 所示，其也可以称为"网格面"或"多边形面"。

多边形的选择方法与选择顶点时类似，也可以单选、多选及全选，还可以使用【选择】卷展栏中的选择工具，或者利用【修改选择】面板中的选择工具。

图 10-36

5．"元素"的选择

"元素"是多边形网格中的单个组合。也就是但凡相邻的多边形，都是一个集合。如图 10-37 所示，视图中包含 2 个分离的多边形网格，选择"元素"层级子对象后，即可选择单个多边形网格组合（元素）。

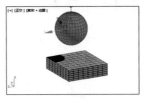
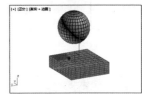

图 10-37

6．【修改选择】面板中的其他选择工具

展开【修改选择】面板，其中包含了比较高级的选择工具，如图 10-38 所示。

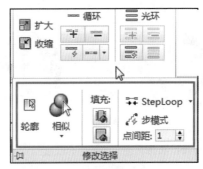

图 10-38

（1）轮廓 🔲

可以使用【轮廓】命令来选择包含已选边（公共边）的轮廓，如图 10-39 所示。此工具适用于"边"和"边界"子对象。

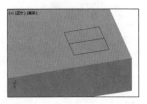

图 10-39

（2）相似 🔲

使用【相似】工具可以选择与所选子对象有相似特性的子对象，子对象可以是顶点、边、边界、多边形和元素。在选择相似对象时，还给出 6 个参考选项去辅助选择相似，不同的子对象会显示不同的参考选项，如图 10-40 所示。

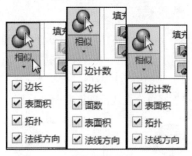

图 10-40

6 个参考选项含义如下：

✦ 边计数：选择从其延伸出的边数与选定顶点相同的"顶点"，或者选择其边数与选定多边形相同的"多边形"，如图 10-41 所示。

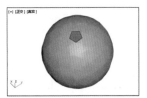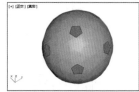

图 10-41

✦ 边长：选择其连接边的组合长度与选定顶点大致相同的"顶点"，或者选择其长度与选定边大致相同的"边"，如图 10-42 所示。

图 10-42

✦ 面数：选择其周围面的数量与选定顶点相同的顶点，如图 10-43 所示。

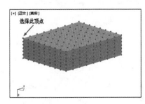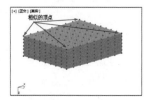

图 10-43

✦ 表面积：选择其周围面的组合面积与当前选择大致相同的顶点或边，如图 10-44 所示。

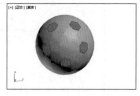

图 10-44

✦ 拓扑：选择其端点顶点的相邻边数和面数与选定边相同的边，或者选择其顶点的边计数与选定面相同的多边形，如图 10-45 所示。

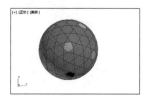

图 10-45

✦ 法线方向：选择与当前选择的法线方向大致相同的顶点、边或多边形法线，如图 10-46 所示。

图 10-46

（3）填充

利用【填充】工具可以选择两个选定子对象之间的所有子对象。选择两个对象以指定要填充区域的对角，然后单击【填充】按钮即可填充选择，如图 10-47 所示。

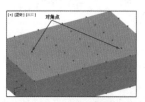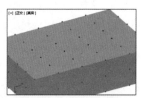

在"顶点"层级下填充选择顶点

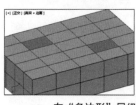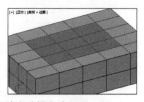

在"多边形"层级下填充选择多边形面

图 10-47

（4）填充孔洞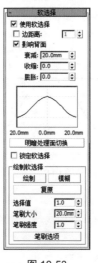

选择由轮廓选择和轮廓内的独立选择指定的闭合区域中的所有子对象。通过选择为区域添加轮廓，选择该区域内的一个子对象，并单击【填充孔洞】按钮完成子对象的填充选择操作，如图 10-48 所示。

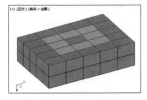

图 10-48

技术要点：

【填充孔洞】工具适用于顶点层级子对象、边层级子对象和多边形层级子对象。

（5）StepLoop 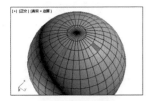（步循环）

在同一循环上的两个选定子对象之间选择循环。选择同一循环上的两个子对象，然后应用【步循环】以使用最短距离选择它们之间的所有子对象，如图 10-49 所示。

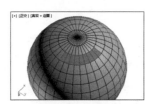

图 10-49

可以单击 StepLoop Longest Distance 按钮（步循环最长距离），选择最长距离的多边形，如图 10-50 所示。

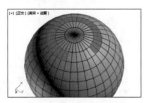

图 10-50

（6）步模式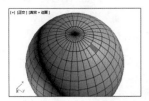

使用【步模式】分步选择循环，通过选择各个子对象增加循环长度。操作方法是：先单击 步模式 按钮开启步循环模式，然后选择层级子对象（以多边形为例），选择一个多边形后，再按 Ctrl 键选择一个循环中的、隔开一定距离的多边形，那么这两个多边形之间的所有多边形能被自动选中，如图 10-51 所示。

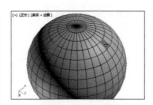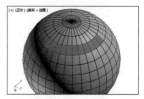

图 10-51

技术要点：

同一循环是同一行或同一列的循环，如图 10-52 所示为不在同一循环中的两个多边形面。

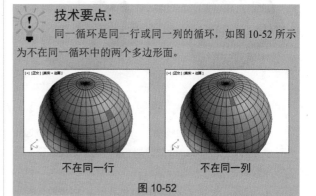

不在同一行　　　　　不在同一列

图 10-52

10.2.3　软选择

"软选择"工具允许部分选择"显式选择"邻接处的子对象。这将会使显式选择的行为就像被磁场包围了一样。在对子对象选择进行变换时，在场中被部分选定的子对象就会平滑地进行绘制。这种效果随着距离或部分选择的"强度"而衰减。

软选择工具在【软选择】卷展栏中，如图 10-53 所示，以及在【建模】选项卡的【多边形建模】面板中单击【使用软选择】按钮 ，调出【软】面板，如图 10-54 所示。

图 10-53　　　　　图 10-54

【软选择】卷展栏中的选项介绍如下。

✦ 使用软选择：选中此复选框，开启软选择。启用该选项后，3ds Max 会将样条线曲线变形应用到所变换的选择周围未选定的子对象。要产生效果，必须在变换或修改选择之前选中该复选框。

✦ 边距离：启用该选项后，将软选择限制到指定的面数，该选择在进行选择的区域和软选择的最大范围之间，如图 10-55 所示。

边距离为 1　　　　　　　边距离为 5

图 10-55

✦ 影响背面：启用该选项后，那些法线方向与选定子对象平均法线方向相反的、取消选择的面就会受到软选择的影响。

✦ 衰减：用以定义影响区域的距离，它是用当前单位表示的从中心到球体的边的距离。使用越高的衰减设置，就可以实现更平缓的斜坡，如图 10-56 所示。

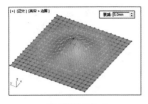 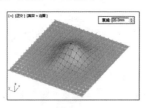

衰减距离为 5　　　　　　衰减距离为 20

图 10-56

✦ 收缩：沿着垂直轴提高并降低曲线的顶点。设置区域的相对"突出度"。为负值时，将生成凹陷，而不是点。设置为 0 时，收缩将跨越该轴生成平滑变换，如图 10-57 所示。

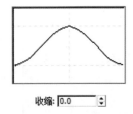 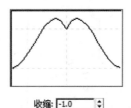

图 10-57

✦ 膨胀：沿着垂直轴展开和收缩曲线。设置区域的相对"丰满度"，受"收缩"限制，该选项设置"膨胀"的固定起点。"收缩"设为 0 并且"膨胀"设为 1.0 时，将会产生最为平滑的凸起；"膨胀"为负值时将在曲面下移动曲线的底部，从而创建围绕区域基部的"山谷"，如图 10-58 所示。

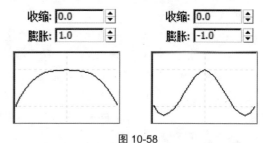

图 10-58

✦ 明暗处理面切换：显示颜色渐变，它与软选择范围内面上的软选择权重相对应，如图 10-59 所示。

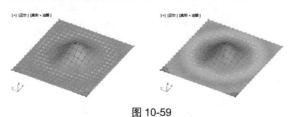

图 10-59

技术要点：
只有在编辑面片和多边形对象时才可用。

✦ 锁定软选择：锁定软选择，以防止对按程序的选择进行更改。

✦ 【绘制软选择】选项组：可以通过在选择上拖曳鼠标来明确地指定、模糊或还原软选择。该功能在子对象层级上可以为"可编辑多边形"对象所用，也可以为应用了【编辑多边形】或【多边形选择】修改器的对象所用。

✦ 绘制：在使用当前设置的活动对象上绘制软选择。在对象曲面上拖曳光标以绘制选择。

✦ 模糊：绘制以软化现有绘制的软选择的轮廓。

✦ 恢复：绘制以使用当前设置，还原对活动对象的软选择。在对象曲面上拖曳鼠标以还原选择。

技术要点：
"还原"仅会影响绘制的软选择，而不会影响正常意义上的软选择。同样，"还原"仅使用"笔刷大小"和"笔刷强度"设置，而不是"选择值"设置。

✦ 选择值：绘制的软选择的最大相对选择值。笔刷半径内周围顶点的值会趋向于 0 衰减，默认设置为 1.0。

✦ 笔刷大小：用以绘制选择的圆形笔刷的半径。

✦ 笔刷强度：绘制软选择将绘制的子对象设置成最大值的速率。高的"强度"值可以快速地达到完全值，而低的"强度"值需要重复应用才可以达到完全值。

✦ 笔刷选项：打开【绘制选项】对话框，在该对话框中可以设置笔刷的相关属性，如图 10-60 所示。

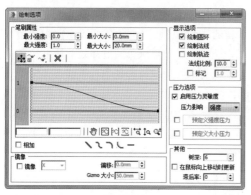

图 10-60

图 10-61

10.3 可编辑多边形基本建模

将几何体转换成可编辑多边形后，就可以对可编辑多边形顶层对象及可编辑多边形的层级子对象进行编辑和修改了。

"可编辑多边形"提供了下列选项：

✦ 与任何对象一样，可以变换或对选定内容执行 Shift+ 克隆操作。

✦ 使用"编辑"卷展栏中提供的选项修改选定内容或对象。后面会集中讨论每个多边形网格组件的选项。

✦ 将子对象选择传递给堆栈中更高层级子对象的修改器，可对选择应用一个或多个标准修改器。

✦ 使用【细分曲面】卷展栏（多边形网格）上的选项可改变曲面特性。

顶层层级、子对象层级都可以被选中且能进行编辑，在命令面板下方的卷展栏区域中会弹出相应的【编辑×××】卷展栏。下面依次介绍命令面板下的卷展栏选项，并同时将功能区选项卡中的按钮命令进行协同介绍。

10.3.1 顶层对象的编辑

在堆栈中可以对【可编辑多边形】顶层对象进行编辑，编辑选项在【编辑几何体】卷展栏中，可以看出有些选项是亮显可用的，但有些选项是灰显不可用的，如图 10-1 所示。

> **技术要点：**
> 【编辑几何体】卷展栏中灰显不可用的选项，仅当在堆栈中选择层级子对象后，才变得可用，但是下面介绍卷展栏的选项时会全部介绍。

【编辑几何体】卷展栏中各选项的介绍如下。

✦ 重复上一个 [重复]：重复最近使用的命令。例如，如果挤出某个多边形，并要对几个其他边界应用相同的挤出效果时，可以单击【重复上一个】按钮或者【建模】选项卡【编辑】面板中的 [重复] 按钮，如图 10-62 所示。

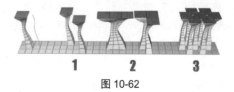

图 10-62

> **技术要点：**
> 【重复上一个】不会重复执行所有操作。例如，它不重复变换。要确定单击该按钮时将重复执行哪个命令，可以在【命令】面板上查看【重复上一个】按钮的工具提示，它显示了可重复执行的上个操作的名称。如果没有出现工具名称，单击此按钮不会发生任何情况。

✦ 【约束】选项组：可以使用现有的几何体约束子对象的变换。与【建模】选项卡【编辑】面板中的【约束】组相同，如图 10-63 所示。

图 10-63

> **技术要点：**
> 虽然可以在"可编辑多边形"顶层层级设置约束，但是，其用法主要与子对象层级相关。"约束"设置继续适用于所有子对象层级。

✦ 无 [图标]：没有约束，这是默认选项。

✦ 边 [图标]：约束子对象到边界的变换。

✦ 面 ：约束子对象到单个面曲面的变换。

技术要点：

当设置为【边】时，移动顶点会使其沿着现存的其中一条边滑动，具体是哪条边取决于变换方向。如果设置为【面】，那么顶点移动只发生在多边形的曲面上，如图 10-64 所示。

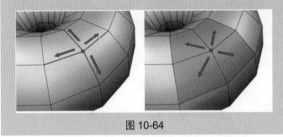

图 10-64

✦ 法线 ：约束每个子对象到其法线（或法线平均）的变换。大多数情况下，会使子对象沿着曲面垂直移动。

技术要点：

【法线】约束了【推力】修改器等的工作，包括在未修改的基准法线上执行操作。

✦ 保持 UV ：启用此选项后，可以编辑子对象，而不影响对象的 UV 贴图。可选择是否保持对象的任意贴图通道，默认设置为禁用状态。如果不启用【保持 UV】，对象的几何体与其 UV 贴图之间始终存在直接对应关系。例如，如果为一个对象贴图，并移动了顶点，那么不管需要与否，纹理都会随着子对象移动；如果启用【保持 UV】，可执行少数编辑任务而不更改贴图，如图 10-65 所示。

原始对象　　　　　　禁用【保持 UV】

启用【保持 UV】

图 10-65

技术要点：

也可以在【建模】选项卡的【编辑】面板中单击【Preserve UVs】按钮 。

✦ 【保留 UV 设置】按钮 □（或 Preserve UVs Settings）：单

击此按钮，打开【保持贴图通道】对话框，从中可以指定要保留的顶点颜色通道和 / 或纹理通道（贴图通道）。默认情况下，所有顶点颜色通道都处于禁用状态（未保持），而所有的纹理通道都处于启用状态（保持），如图 10-66 所示。

图 10-66

✦ 【创建】按钮 ：单击此按钮（也可以在【建模】选项卡的【几何体（全部）】面板中单击 按钮），将创建新的多边形，当然是创建构成多边形的顶点，如图 10-67 所示。单击 按钮，即可创建多边形，如图 10-68 所示。

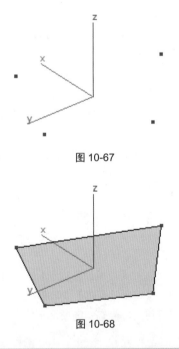

图 10-67

图 10-68

技术要点：

只能创建三角形或四边形，所以创建点的时候只能创建 3 个点和 4 个点，超出了就不能创建"封口"多边形了。

✦ 【塌陷】按钮 ：单击此按钮（也可以在【建模】选项卡的【几何体（全部）】面板中单击 按钮），通过将其顶点与选择中心的顶点焊接，使连续选定子对象的组产生塌陷，如图 10-69 所示。

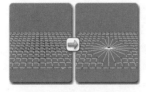 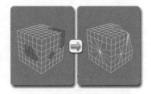

在顶点选择上使用塌陷　　　在多边形选择上使用塌陷

图 10-69

 技术要点：
仅限于"顶点""边""边框"和"多边形"层级。

✦ 【附加】按钮 Attach ·：单击此按钮（也可以在【建模】选项卡的【几何体（全部）】面板中单击 Attach · 按钮），使场景中的其他对象属于选定的多边形对象。

✦ 【分离】按钮 分离：单击此按钮（也可以在【建模】选项卡的【几何体（全部）】面板中单击 分离 按钮），将选定的子对象和关联的多边形分隔为新对象或元素。

✦ 【切片平面】按钮 切片平面：单击此按钮（也可以在【建模】选项卡的【几何体（全部）】面板中单击 切片平面 按钮），添加【切片平面】修改器，创建切片平面，如图 10-70 所示。

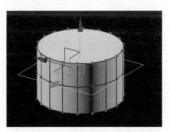

图 10-70

✦ 分割：选中此复选框，将利用切片平面分割"可编辑多边形"顶层层级子对象，以便可以删除部分多边形。

✦ 【切片】按钮：单击此按钮，将利用切片平面执行切片操作，如图 10-71 所示。只有启用【切片平面】时，才能使用该选项。

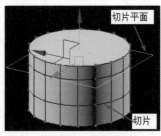

图 10-71

✦ 【重置平面】按钮：当创建切片平面并移动切片平面后，可以单击【重置平面】按钮恢复到切片平面的初始位置。

✦ 【快速切片】按钮 快速切片：（也可以在【建模】选项卡的【编辑】面板中单击 快速切片 ）单击此按钮，可以手动创建切片平面，创建方法是单击确定起点、拖曳鼠标确定切平面方向后再单击，即可完成，如图 10-72 所示。

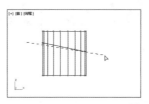 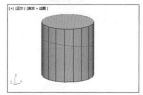

图 10-72

✦ 【切割】按钮 剪切：单击此按钮，可以手动绘制切割线切割多边形，切割可以是顶点到顶点（切割符号 ✦）、边到边（切割符号 ✦），也可以是多边形到多边形（切割符号 ✿），如图 10-73 所示。

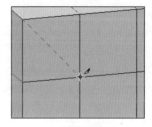 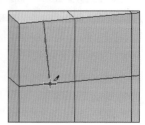

顶点到顶点　　　　　　　　边到边

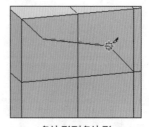

多边形到多边形

图 10-73

✦ 【网格平滑】按钮 MSmooth ·：（也可以在【建模】选项卡的【细分】面板中单击 MSmooth · ）单击此按钮，使用当前设置平滑对象，如图 10-74 所示。单击后面的【设置】按钮 ，可以在视图中指定网格平滑方式与参数，如图 10-75 所示。

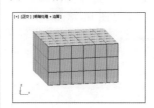 

图 10-74

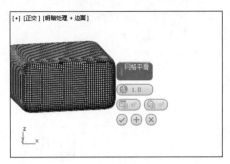

图 10-75

✦ X/Y/Z 按钮 X Y Z ：（也可以在【建模】选项卡的【对齐】面板中单击 X Y Z ）单击 X Y Z 按钮，将分别在 YZ 轴、ZX 轴及 XY 轴对齐并平面化所有了对象，如图 10-79 所示。

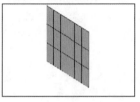
对齐 X

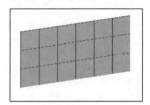
对齐 Y

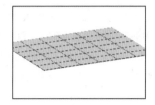
对齐 Z

图 10-79

技术要点：

此命令使用细分功能，它与【网格平滑】修改器中的【NURMS 细分】类似，但是与【NURMS 细分】不同的是，它能即时将平滑应用到控制网格的选定区域。

✦ 【细化】按钮 Tessellate ：（也可以在【建模】选项卡的【细分】面板中单击 Tessellate ）单击此按钮，将更进一步细分多边形网格，如图 10-76 所示。单击后面的【设置】按钮回，可以在视图中指定多边形网格细分的方式与参数，如图 10-77 所示。

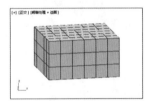 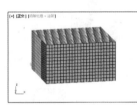

图 10-76

✦ 【视图对齐】按钮 到视图 ：（也可以在【建模】选项卡的【对齐】面板中单击 到视图 ）单击此按钮，使对象中的所有顶点与活动视图所在的平面对齐。简单来说，例如，让前视图的视图状态与透视图状态对齐（先激活透视图），如图 10-80 所示。反过来可以让透视图中多边形状态与前视图对齐（先激活前视图），如图 10-81 所示。

 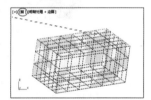

图 10-80

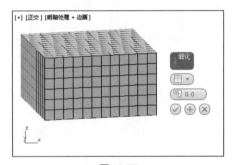

图 10-77

✦ 【平面化】按钮：（也可以在【建模】选项卡的【对齐】面板中单击【生成平面】按钮）单击此按钮，将多边形立体网格变成平面网格，如图 10-78 所示。

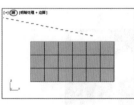 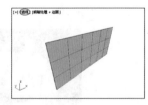

图 10-81

✦ 【栅格对齐】按钮 到栅格 ：（也可以在【建模】选项卡的【对齐】面板中单击 到栅格 ）单击此按钮，将选定对象中的所有顶点与当前视图的栅格平面对齐，并将其移动到该平面上，如图 10-82 所示。

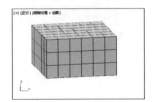 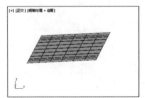

图 10-78

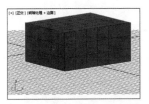
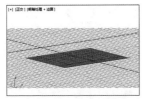

图 10-82

✦ 【松弛】按钮 Relax：（也可以在【建模】选项卡的【几何体（全部）】面板中单击 Relax）单击此按钮，"松弛"可以规格化网格空间，方法是朝着邻近对象的平均位置移动每个顶点，如图 10-83 所示。单击后面的【设置】按钮，可以在视图中指定松弛方式与参数，如图 10-84 所示。

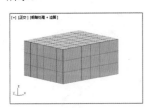
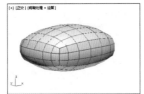

图 10-83

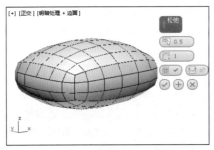

图 10-84

10.3.2　层级子对象的编辑

在堆栈中展开【可编辑多边形】顶层对象，可以选择层级子对象进行编辑。例如，选择"顶点"层级子对象，卷展栏区域中将显示【编辑顶点】卷展栏。接下来对层级子对象的【编辑】卷展栏做一一介绍。

1. 【编辑顶点】卷展栏

顶点是空间中的点：它们定义组成多边形对象的其他子对象（边和多边形）的结构。移动或编辑顶点时，也会影响连接的几何体。顶点也可以独立存在，这些孤立顶点可以用来构建其他几何体，但在渲染时，它们是不可见的。

【编辑顶点】卷展栏中的选项，如图 10-85 所示。在功能区【建模】选项卡的【顶点】面板中也可以单击相对应的按钮，如图 10-86 所示。

图 10-85　　　　　　　图 10-86

【编辑顶点】卷展栏或【顶点】面板中各选项及按钮命令介绍如下。

✦ 【移除】按钮 移除：单击此按钮，将拾取的顶点移除，如图 10-87 所示。

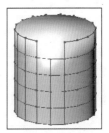

图 10-87

✦ 【断开】按钮 断开：选中一个顶点并断开后，与之相连的各条边上将生成新的顶点，可以移动这些新顶点，达到改变多边形形状的目的，如图 10-88 所示。

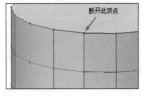

图 10-88

✦ 【挤出】按钮 Extrude：单击此按钮，并垂直拖曳到任何顶点上，即可挤出此顶点，如图 10-89 所示。

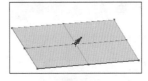
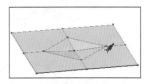

拾取顶点　　　　　　拖曳挤出范围

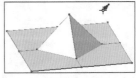

挤出顶点

图 10-89

✦ 【焊接】按钮 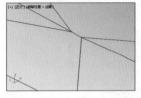：单击此按钮，将选定的连续顶点焊接，然后可以拖曳焊接的顶点整体进行变形，如图 10-90 所示。

图 10-90

技术要点：

如果两个顶点距离较远，可以单击 按钮，通过小助手适当调整"焊接阈值"，如图 10-91 所示。

图 10-91

✦ 【切角】按钮 Chamfer：单击此按钮，并在活动对象中拖曳顶点创建切角，如图 10-92 所示。可单击后面的 按钮，通过切角小助手在视图中设置切角参数，如图 10-93 所示。

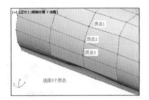
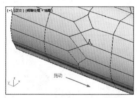

图 10-92

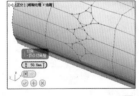
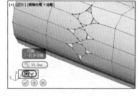

图 10-93

✦ 【目标焊接】按钮 目标：可以选择一个顶点，并将其焊接到相邻目标顶点。目标焊接只焊接成对的连续顶点，也就是说，顶点有一个边相连，如图 10-94 所示。

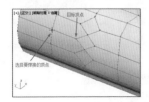
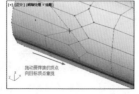

图 10-94

✦ 【连接】按钮：单击此按钮，将在选择的多个顶点之间自动生成新的边，如图 10-95 所示。

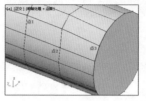
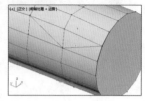

图 10-95

✦ 【移除孤立顶点】按钮 移除孤立顶点：将不属于任何多边形的所有顶点删除，如图 10-96 所示。

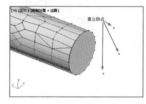
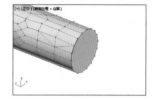

图 10-96

✦ 【移除未使用的贴图顶点】按钮 移除未使用的贴图顶点：某些建模操作会留下未使用的（孤立）贴图顶点。

✦ 权重：设置选定顶点的权重。

✦ 折缝：设置选定顶点的折缝值。

2. 【编辑边】卷展栏

边是连接两个顶点的直线，它可以形成多边形的边。边不能由两个以上多边形共享。另外，两个多边形的法线应相邻，如果不相邻，应卷起共享顶点的两条边。

【编辑边】卷展栏如图 10-97 所示。与之对应的石墨建模工具是【边】面板中的按钮命令，如图 10-98 所示。

图 10-97　　　　　　　　　图 10-98

【编辑边】卷展栏或【边】面板中的选项及按钮命令介绍如下。

✦ 【插入顶点】按钮：单击此按钮，在多边形网格中原有的边上可以添加单个顶点或连续添加多个顶点，如图 10-99 和图 10-100 所示。

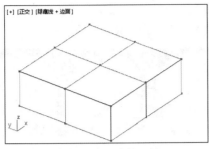

图 10-99　原有的顶点

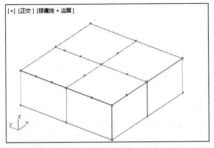

图 10-100　添加顶点后的所有顶点

技术要点：

在【边】面板中【插入顶点】按钮右侧的数值框中输入一次性插入点的个数，默认插入顶点为 1。

✦ 【移除】按钮 ：单击此按钮，将选中的边删除，如图 10-101 所示。

 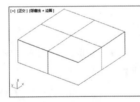

图 10-101

✦ 【分割】按钮 ：按选定的边对多边形网格进行拆分。如图 10-102 所示，选择单个网格中的 3 条边，并单击【分割】按钮，最后可以拾取拆分后网格的一条边来移动多边形。

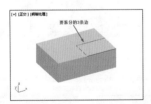 

图 10-102

✦ 【挤出】按钮 Extrude ：单击此按钮，可以选择边拉伸出新形状，如图 10-103 所示。如果想精确控制挤出，可以单击后面的 按钮，通过挤出助手在多个方向上精确挤出，如图 10-104 所示。

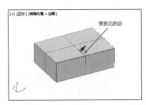 

图 10-103

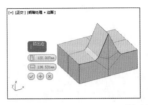 

图 10-104

✦ 【焊接】按钮 Weld ：单击此按钮，可以合并单个边界内的多条边，可以通过焊接助手设置焊接阈值来精确焊接，如图 10-105 所示。

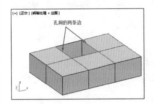 

图 10-105

技术要点：

只能焊接孔洞边界上的边，不能焊接多边形中的边，也不能焊接孔洞边界边与多边形的边，如图 10-106 所示。

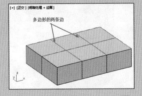 

图 10-106

✦ 【切角】按钮 Chamfer ：单击此按钮，在所选的边上创建切角，如图 10-107 所示。

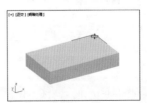 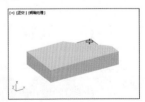

图 10-107

✦ 【目标焊接】按钮 目标 ：单击此按钮将选定的边焊接到目标边，也仅适用于孔洞边界上的边。用法和"顶点"层级子对象的【目标焊接】相同。

✦ 【桥】按钮 ⬚ Bridge ⬚ ：使用多边形的"桥"连接对象的边。桥只连接边界边，也就是只在一侧有多边形的边，如图 10-108 所示。可以用桥助手精确定义桥连接。

图 10-108

✦ 【连接】按钮：单击此按钮，使用当前的【连接边】设置在选定边对之间创建新边。如图 10-109 所示。

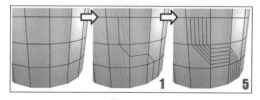

图 10-109

技术要点：

只能连接同一个多边形上的边。此外，连接不会让新的边交叉。举例来说，如果选择四边形的全部 4 条边，然后单击【连接】按钮，则只连接相邻边，会生成菱形图案。

✦ 【利用所选内容创建图形】按钮 ⬚ 利用所选内容创建图形 ：选择一条或多条边后，单击该按钮，以便通过选定的边创建样条线形状，如图 10-110 所示。

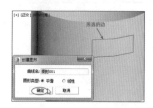

图 10-110

✦ 【边属性】选项组："权重"数值框设置选定边的权重。"折缝"数值框指定选定的一条或多条边的折缝范围。

✦ 【硬】按钮 ⬚ 硬 ：（可在功能区【属性】面板中单击 ⬚ 硬 ）单击此按钮，导致显示选定边并将其渲染为未平滑的边。

✦ 【平滑】按钮 ⬚ 平滑 ：单击此按钮，通过在相邻的面之间自动共享平滑组，设置选定边以将其显示为平滑边。

✦ 显示硬边：启用该选项后，所有硬边都使用通过邻近色样定义的硬边颜色显示在视图中。为达到此设置的目的，硬边是指不与相邻面共享任何平滑组的一个面

的边。如图 10-111 所示为启用了【显示硬边】选项，并单击【硬】按钮后显示的硬边效果。

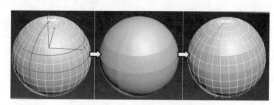

选定的边　单击【硬】按钮后　启用硬【显示
的效果　　 边】选项的效果

图 10-111

3. 【编辑边界】卷展栏

边界是网格的线性部分，通常可以描述为孔洞的边缘。它通常是多边形仅位于一面时的边序列。例如，长方体基本体没有边界，但茶壶对象有若干边界：壶盖、壶身和壶嘴上有边界，还有两个在壶把上。如果创建圆柱体，然后删除末端多边形，相邻的一行边会形成边界。

在堆栈中选择【边界】层级子对象后，显示【编辑边界】卷展栏，如图 10-112 所示。

图 10-112

【编辑边界】卷展栏中大部分选项与【编辑边】卷展栏中的选项相同，用法也是一样的。下面仅介绍两个不同的选项：【编辑三角剖分】和【旋转】。

✦ 【编辑三角剖分】按钮：用于修改绘制内边或对角线时多边形细分为三角形的方式。要手动编辑三角剖分，可以启用该按钮，将显示隐藏的边。单击多边形的一个顶点，会出现附着在光标上的橡皮筋线。单击不相邻顶点可为多边形创建新的三角剖分，如图 10-113 所示。

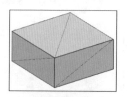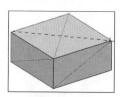

单击 编辑三角剖分 显示剖分线　拾取重剖分的起点和终点

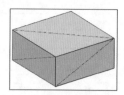

重划分多边形的效果

图 10-113

◆ 【旋转】按钮：单击此按钮，可以旋转三角剖分线，如图 10-114 所示。

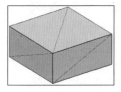 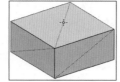

单击 旋转 显示剖分线　　　单击原剖分线

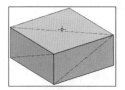

旋转后的剖分线

图 10-114

4．【编辑多边形】卷展栏

多边形是通过曲面连接的三条或多条边的封闭序列。多边形提供了可渲染的可编辑多边形对象曲面。

在堆栈中选择【多边形】层级子对象，显示【编辑多边形】卷展栏，如图 10-115 所示。与之对应的石墨建模工具为如图 10-116 所示的【多边形】面板按钮工具。

图 10-115　　　　　　图 10-116

【编辑多边形】卷展栏中各选项及按钮的介绍如下。

◆ 【插入顶点】按钮：单击此按钮，在多边形中插入新顶点并将多边形分割为多个新的多边形，如图 10-117 所示。

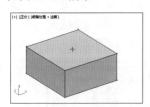 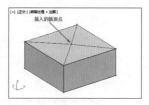

图 10-117

◆ 【挤出】按钮：单击此按钮，将所选的面挤出，与"面挤出"修改器的效果相同，如图 10-118 所示。

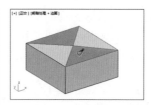 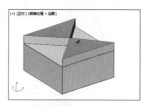

图 10-118

◆ 【轮廓】按钮：单击此按钮，可将所选的多边形放大或缩小，以此改变整个多边形网格模型的形状，如图 10-119 所示。单击【设置】按钮，通过轮廓助手可精确控制轮廓大小。输入负值为缩小轮廓，输入正值为扩大轮廓，如图 10-120 所示。

由外向内拖曳为"缩小"轮廓　　由内向外拖曳为"放大"模型

图 10-119

输入负值为缩小轮廓　　　　输入正值为扩大轮廓

图 10-120

◆ 【倒角】按钮：单击此按钮，可在选定多边形面上挤出并缩放轮廓，形成倒角。其实"倒角"就是由"挤出"和"轮廓"组成的，如图 10-121 所示。

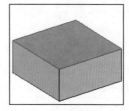 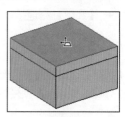

选定多边形　　　　　　挤出多边形

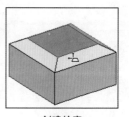

创建轮廓

图 10-121

✦ 【插入】按钮 Inset ：执行没有高度的倒角操作，即在选定多边形的平面内执行该操作。单击此按钮，然后垂直拖曳任何多边形，以便将其插入，如图 10-122 所示。

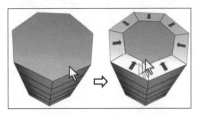

图 10-122

技术要点：
"插入"可以在选定的一个或多个多边形上使用。同"轮廓"，只有外部边受到影响。

✦ 【桥】按钮 Bridge ：单击此按钮，可以创建两个多边形网格模型的连接，如图 10-123 所示。

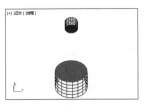

拾取两个多边形网格模型中的　　创建"桥"曲面
　　　　　多边形

图 10-123

技术要点：
这个工具跟"边"层级子对象下的【桥】工具作用是相同的，只是连接对象不同，"边"中要连接的对象是多边形边，而"多边形"中要连接的对象是多边形。

✦ 【翻转】按钮 翻转 ：反转选定多边形的法线方向，从而使其面向操作者。

✦ 【从边旋转】按钮 Hinge ：通过在视图中直接操纵执行手动旋转操作。选择多边形，并单击该按钮，然后沿着垂直方向拖曳任何边，以便旋转选定多边形。如果鼠标光标在某条边上，将会更改为十字形状，如图 10-124 所示。

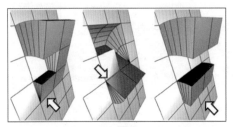

图 10-124

✦ 【沿样条线挤出】按钮 Extrude on Spline ：单击此按钮，将选定的多边形沿样条线挤出，如图 10-125 所示。单击【设置】按钮回，可以创建带有锥化曲线、锥化量、扭曲等修改器效果的挤出样式，如图 10-126 所示。

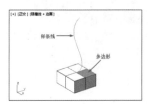
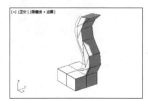

图 10-125

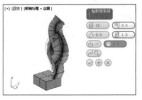

图 10-126

✦ 【编辑三角剖分】按钮：此功能与【编辑多边形】卷展栏中的【编辑三角剖分】功能相同。

✦ 重复三角算法：允许 3ds Max 对当前选定的多边形自动执行最佳的三角剖分操作，如图 10-127 所示。

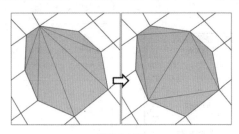

图 10-127

✦ 【旋转】：此功能与【编辑多边形】卷展栏中的【旋转】功能相同，旋转改变三角剖分线。

5. 【编辑元素】卷展栏

【编辑元素】卷展栏中的选项其实是针对【多边形】层级子对象的。例如【插入顶点】按钮，在堆栈中选择"多边形"子对象，其【编辑多边形】卷展栏中的【插入顶点】选项也是自动激活的，如图 10-128 所示。

图 10-128

其他选项同样如此，这里就不再重述。

10.3.3　细分曲面

将细分应用于采用网格平滑格式的对象，以便可以对分辨率较低的"框架"网格进行操作，同时查看更为平滑的细分结果。【细分曲面】卷展栏如图 10-129 所示。相对应的石墨建模工具在如图 10-130 所示的【细分】面板。

图 10-129　　　　　图 10-130

> **技术要点：**
> 值得注意的是，该卷展栏既可以在所有子对象层级使用，也可以在对象层级使用。

【细分曲面】卷展栏中各选项含义介绍如下。

✦ 平滑结果：对所有的多边形应用相同的平滑组。

✦ 使用 NURMS 细分：通过 NURMS 方法应用平滑。NURMS 在"可编辑多边形"和"网格平滑"中的区别在于，后者可以使你有权控制顶点，而前者不能。使用【显示】和【渲染】组中的【迭代次数】控件，可以对平滑角度进行控制。

> **技术要点：**
> 只有启用【使用 NURMS 细分】时，该卷展栏中的其余控件才有效。

✦ 等值线显示：启用该选项后，3ds Max 仅显示等值线，即对象在进行光滑处理之前的原始边缘。使用此项的好处是减少混乱的显示；禁用该选项后，3ds Max 将会显示使用 NURMS 细分添加的所有面；因此，【迭代次数】设置得越高，生成的行数越多，如图 10-131 所示。

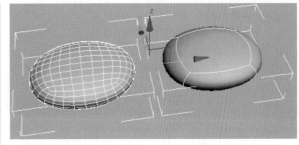

禁用"等值线显示"（左）；启用"等值线显示"（右）

图 10-131

> **技术要点：**
> 对"可编辑多边形"对象应用修改器时，将会取消【等值线显示】选项的效果；线框显示会转为显示对象中的所有多边形。但是，使用"网格平滑"修改器并非总会出现上述情况。大多数变形和贴图修改器可以保持等值线显示，但是其他修改器，如选择修改器（【体积选择】除外）和【转换为 ...】修改器，可以使内边显示。

✦ 显示框架：在修改或细分之前，切换显示可编辑多边形对象的两种颜色线框的显示。框架颜色显示为复选框右侧的色样。第一种颜色表示未选定的子对象；第二种颜色表示选定的子对象。通过单击其色样可以更改颜色，如图 10-132 所示。

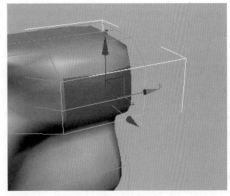

图 10-132

【显示】选项组：

✦ 迭代次数：设置平滑多边形对象时所用的迭代次数。每个迭代次数都会使用上一个迭代次数生成的顶点生成所有多边形，范围从 0 到 10。

✦ 平滑度：确定添加多边形使其平滑前转角的尖锐程度。如果值为 0.0，将不会创建任何多边形。如果值为 1.0，将会向所有顶点中添加多边形，即便位于同一个平面，也是如此。

技术要点：

建立模型时，可以使用较少的迭代次数和 / 或较低的"平滑度"值；渲染时，可以使用较高的值。这样，可在视图中迅速处理低分辨率对象，同时生成更平滑的对象以供渲染。

【渲染】选项组：

✦ 迭代次数：用于另外选择一个要在渲染时应用于对象的平滑迭代次数。启用"迭代次数"，然后使用其右侧的微调器设置迭代次数。

✦ 平滑度：用于另外选择一个要在渲染时应用于对象的平滑度值。启用【平滑度】，并使用其右侧的微调器设置平滑度的值。

【分隔方式】选项组：

✦ 平滑组：防止在面间的边处创建新的多边形。其中，这些面至少共享一个平滑组。

✦ 材质：防止为不共享"材质 ID"的面间的边创建新多边形。

【更新选项】选项组：

✦ 始终：更改任意【平滑网格】设置时自动更新对象。

✦ 渲染时：只在渲染时更新对象的视图显示。

✦ 手动：直到单击【更新】按钮，你更改的任何设置才会生效。

✦ 更新：更新视图中的对象，使其与当前的【网格平滑】设置同步，仅在选择【渲染】或【手动】时才起作用。

10.3.4 细分置换

指定用于细分可编辑多边形对象的曲面近似设置。这些控件的工作方式与 NURBS 曲面的曲面近似设置相同。对可编辑多边形对象应用置换贴图时会使用这些控件。

技术要点：

这些设置与【细分曲面】卷展栏设置的不同之处在于：虽然后者与网格应用于相同的修改器堆栈层级，但当网格用于渲染时细分置换始终应用于该堆栈的顶部。因此，将对称修改器应用到使用曲面细分的对象只会影响已细分的网格，但不会影响仅使用细分置换的对象。

默认情况下，细分置换只有在对对象进行渲染时才可见。若要在视图中查看置换的结果，可以使用【细分置换】卷展栏，如图 10-133 所示。

图 10-133

10.3.5 生成拓扑

拓扑工具将对象的网格细分重做为按过程生成的图案。可以将拓扑图案应用于整个曲面或选定部分。

拓扑工具可以在顶层对象层级和其子对象层级上使用。一次仅选择一个对象（不是选择多个对象）时这些工具才可用，并且默认情况下这些工具会影响整个对象。若要将该工具的作用限定为当前子对象选择，可以按住 Shift 键后再单击。

选择层级对象或子对象后，在功能区【建模】选项卡的【多边形建模】面板中单击 生成拓扑 按钮，将弹出【拓扑】面板，如图 10-134 所示。

图 10-134

【拓扑】面板中的这些图案对建筑设计很有用，包括墙、地板、园林碎石路及其他建筑外形图案等。选择一种图案，可以设置图案的大小、迭代次数、平滑度、平面中的 S 数（段数）等。

10.3.6 多边形基本建模案例

前面介绍了多边形建模的工具及选项含义，下面在实际的案例中继续学习这些工具的应用场合及建模过程。

动手操作——苹果建模

本例将使用到多边形的顶点调节、细分曲面、挤压修改器、锥化修改器及弯曲修改器等，苹果造型如图10-135 所示。

图 10-135

01 新建场景文件。

02 使用【球体】工具在场景中创建一个球体，并在【参数】卷展栏中设置【半径】为 50mm、【分段】为 12，具体参数设置及模型效果如图 10-136 所示。

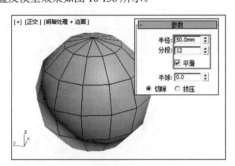

图 10-136

03 选择球体将其转换为可编辑多边形，如图 10-137所示。

图 10-137

04 在【选择】卷展栏下单击【顶点】按钮，然后在顶视图中选择多边形网格顶部的一个顶点，如图 10-138 所示，接着右击主工具栏中的【选择并移动】按钮，输入 Y 轴移动距离为 -20mm，在前视图中的移动结果如图10-139 所示。

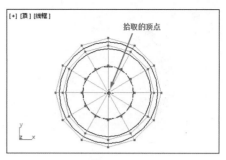

图 10-138

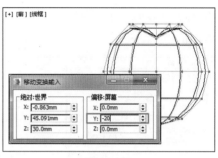

图 10-139

05 在【选择】卷展栏中单击【边】按钮，并在顶视图中选择（点选）如图 10-140 所示的一条边，接着单击【循环】按钮，以此选择一圈边，如图 10-141 所示。

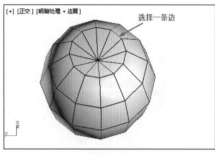

图 10-140

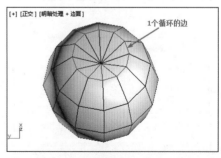

图 10-141

06 在【编辑边】卷展栏中单击【切角】按钮后面的【设置】按钮，设置【边切角量】为 6.3mm，单击【确定】按钮完成操作，如图 10-142 所示。

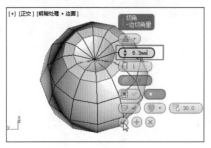

图 10-142

07 选择"顶点"层级子对象，并在前视图中选择底部中间的一个顶点，接着使用【选择并移动】工具将其向上移动到如图 10-143 所示的位置。

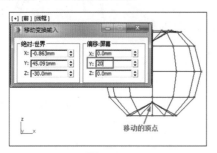

图 10-143

08 在透视图中选择如图 10-144 所示的 5 个顶点，然后使用【选择并移动】工具在前视图中将其稍微向上平移一段距离，如图 10-145 所示。

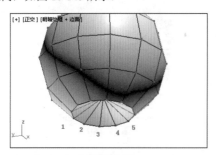

图 10-144

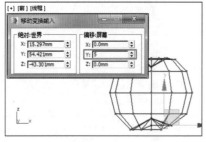

图 10-145

09 在【细分曲面】卷展栏中选中【使用 NURMS 细分】复选框，使球体多边形更加平滑。并设置迭代次数为 2，效果如图 10-146 所示。

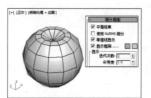
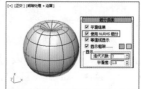

图 10-146

10 为顶层对象添加一个【挤压】修改器，设置轴向凸出的值为 -0.2，效果如图 10-147 所示。

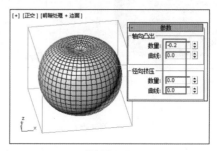

图 10-147

11 下面制作苹果把的模型。使用【圆柱体】工具在场景中创建一个圆柱体，然后在【参数】卷展栏下设置【半径】为 2mm、【高度】为 20mm、【高度分段】为 5，具体参数设置及模型位置如图 10-148 所示。

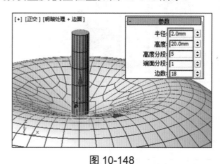

图 10-148

12 为圆柱体多边形网格添加一个【锥化】修改器，参数设置如图 10-149 所示。

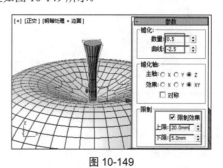

图 10-149

13 再添加一个【弯曲】修改器，参数设置及效果如图 10-150 所示。

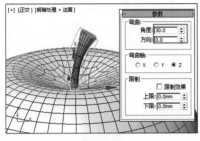

图 10-150

14 最终效果如图 10-151 所示。

图 10-151

动手操作——钻戒建模

本例钻戒的建模要使用的工具包括切角、插入、倒角等，要制作的钻戒效果如图 10-152 所示。

图 10-152

01 新建一个场景文件。

02 使用【几何球体】工具在场景中创建一个几何球体，并在【参数】卷展栏中设置【半径】为 100mm、【分段】为 6、【基点面类型】为【八面体】，接着关闭【平滑】选项，并选中【半球】选项，具体参数设置及模型效果如图 10-153 所示。

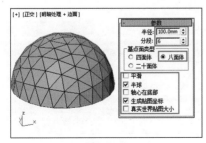

图 10-153

03 使用【选择并均匀缩放】工具，在透视图中沿 Z 轴向下拖曳，将几何球体挤压（或者通过缩放变换输入方式），如图 10-154 所示。

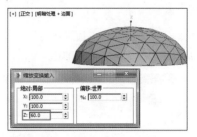

图 10-154

04 将几何球体模型转换为可编辑多边形，在堆栈中选择【顶点】层级子对象，并在前视图中选择底部边缘一周所有的顶点，如图 10-155 所示。并将其进行均匀缩放，效果如图 10-156 所示。

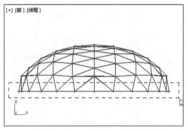

图 10-155

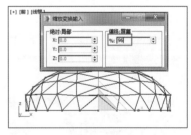

图 10-156

05 使用【管状体】工具在场景中创建一个管状体，并在【参数】卷展栏下设置【半径 1】为 95mm、【半径 2】为 100mm、【高度】为 5mm、【高度分段】为 1、【端面分段】为 1、【边数】为 36，具体参数设置及模型位置如图 10-157 所示。

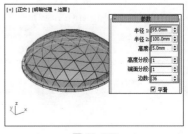

图 10-157

技术要点：

这里的镶边也可以用圆形来制作。先绘制一个圆形，并在【渲染】卷展栏下选中【在渲染中启用】和【在视图中启用】选项，接着调整【矩形】参数即可。

06 将管状体转换为可编辑多边形，选择【边】层级子对象，然后选择如图 10-158 所示的边。

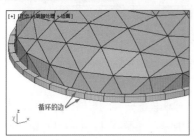

图 10-158

07 在【编辑边】卷展栏下单击【切角】按钮后面的【设置】按钮回，设置【边切角量】为 1mm，如图 10-159 所示。

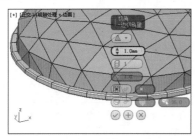

图 10-159

08 在【细分曲面】卷展栏下选中【使用 NURMS 细分】复选框，设置【迭代次数】为 1，具体参数设置及模型效果如图 10-160 所示。

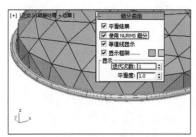

图 10-160

09 使用【C-Ext】扩展基本体工具在前视图中创建一个 C-Ext 物体，具体参数设置如图 10-161 所示。

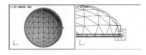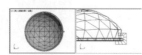

图 10-161

10 将 C-Ext 物体转换为可编辑多边形，选择【顶点】层级子对象，并在前视图中将顶点调整成（使用【选择并移动】工具）如图 10-162 所示的效果。

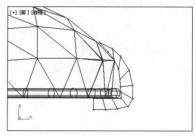

图 10-162

技术要点：

调整顶点时，虽然前视图中看起来是一个平面，但选择重合位置的顶点时，必须框选某个位置的顶点，这样就可以把背后重叠的那个顶点一起选中，如图 10-163 所示。

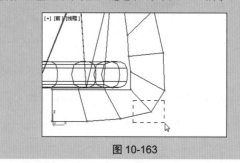

图 10-163

11 选择【边】层级子对象，并选择如图 10-164 所示的边，接着在【编辑边】卷展栏下单击【切角】按钮后面的【设置】按钮回，最后设置【边切角量】为 0.5mm，如图 10-165 所示。

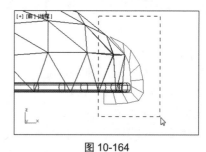

图 10-164

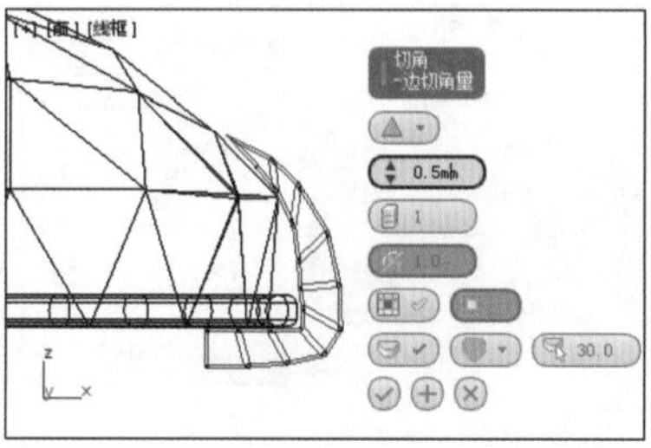

图 10-165

12 在【细分曲面】卷展栏中选中【使用 NURMS 细分】复选框,设置【迭代次数】为3,具体参数设置及模型效果,如图 10-166 所示。

图 10-166

13 利用移动复制功能复制编辑完成的多边形网格模型,并为两个网格模型建立一个组,如图 10-167 所示。

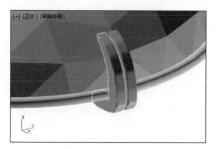

图 10-167

14 在【层次】命令面板中单击【轴】按钮,并在【调整轴】卷展栏中单击【仅影响轴】按钮,工作轴的初始状态如图 10-168 所示。

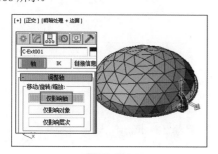

图 10-168

15 选择如图 10-169 所示的参考边,将工作轴移动至参考边中心。

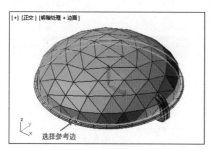

图 10-169

16 在【工作轴】卷展栏单击【使用工作轴】按钮,即可将上一步移动的工作轴设为当前的工作轴。

技术要点:
　　使用工作轴后,如果后期使用此工作轴进行操作不符合要求时,可以返回来单击【重置】按钮。

17 返回【修改】命令面板。在视图中选中创建的组,并在菜单栏执行【工具】|【阵列】命令,打开【阵列】对话框。设置旋转阵列参数如图 10-170 所示。

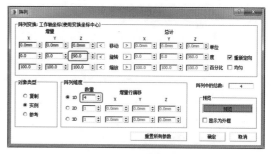

图 10-170

18 创建的旋转阵列效果,如图 10-171 所示。

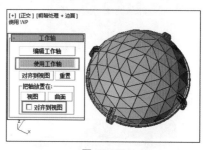

图 10-171

19 下面制作装饰花瓣模型。使用【长方体】工具在前视图中创建一个长方体,并在【参数】卷展栏下设置【长度】为20mm、【宽度】为34mm、【高度】为4mm、【长度分段】为2、【宽度分段】为3、【高度分段】为2,具体参数设置及模型效果如图 10-172 所示。

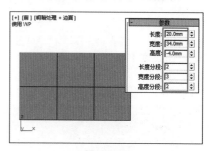

图 10-172

20 将长方体转换为可编辑多边形,选择【顶点】层级子对象,并在各个视图中将顶点调整成如图 10-173 所示的效果。

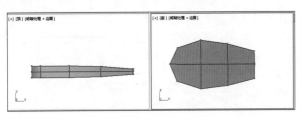

图 10-173

21 选择【多边形】层级子对象，然后选择如图 10-174 所示的多边形，接着在【编辑多边形】卷展栏下单击【插入】按钮后面的【设置】按钮回，设置【数量】为 2.5mm，如图 10-175 所示。

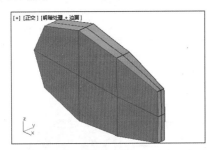

图 10-174

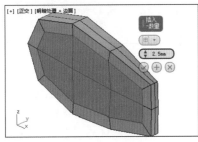

图 10-175

22 使用【选择并移动】工具将插入的多边形向右稍微拖曳一段距离，如图 10-176 所示。在【编辑多边形】卷展栏下单击【倒角】按钮后面的【设置】按钮回，设置【高度】为 -2mm、【轮廓】为 -1.8mm，如图 10-177 所示。

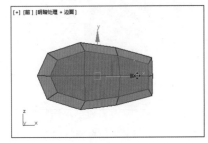

图 10-176

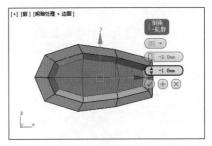

图 10-177

23 选择【边】层级子对象，并选择如图 10-178 所示的边，接着在【编辑边】卷展栏中单击【切角】按钮后面的【设置】按钮回，设置【边切角量】为 0.3mm，如图 10-179 所示。

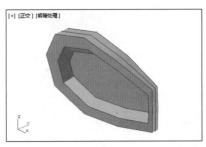

图 10-178

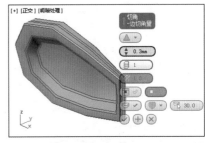

图 10-179

24 在【细分曲面】卷展栏下选中【使用 NURMS 细分】复选框，设置【迭代次数】为 2，效果如图 10-180 所示。

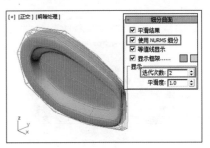

图 10-180

25 在【层级】命令面板中单击【仅影响轴】按钮，并拖曳工作轴到新位置，如图 10-181 所示。

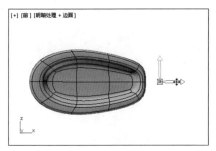

图 10-181

26 在【工作轴】卷展栏中单击【使用工作轴】按钮，并取消选中【对齐到视图】复选框。选择要阵列的多边形网格，然后在菜单栏中执行【工具】|【阵列】命令，设置如图 10-182 所示的阵列参数。

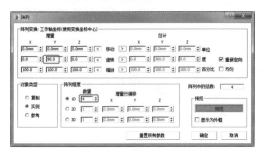

图 10-182

27 阵列的结果，如图 10-183 所示。

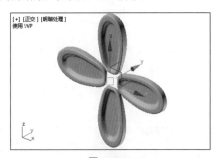

图 10-183

28 使用【切角长方体】工具在阵列中心创建切角长方体，如图 10-184 所示。

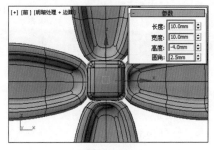

图 10-184

29 将阵列的对象和切角长方体结组。通过旋转和移动将组模型放到钻戒上，完成后的效果如图 10-185 所示。

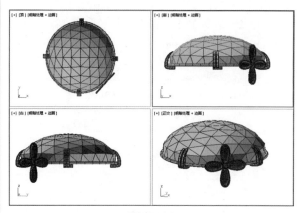

图 10-185

30 使用【管状体】工具，在左视图中创建一个管状体，并在【参数】卷展栏下设置【半径 1】为 120mm、【半径 2】为 105mm、【高度】为 15mm，具体参数设置如图 10-186 所示。然后通过旋转、移动调整位置，如图 10-187 所示。

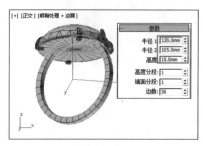

图 10-186

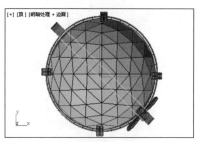

图 10-187

31 选择管状体，在【修改器列表】中添加【涡轮平滑】修改器，最终效果如图 10-188 所示。

图 10-188

动手操作——制作水立方体育馆

01 新建场景文件。

02 使用【长方体】工具创建一个长、宽、高分别为 1770mm×1770mm×310mm 的长方体，如图 10-189 所示。

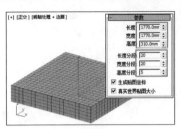

图 10-189

03 将长方体转换成可编辑多边形，在堆栈中选择【多边形】层级子对象，并利用功能区【修改选择】面板中的【相似】工具，选择长方体多边形网格顶部的所有多边形，如图 10-190 所示。

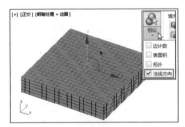

图 10-190

04 在功能区【几何体（全部）】面板中单击【分离】按钮，将所选的多边形面完全脱离原来的整体多边形网格模型，如图 10-191 所示。可以利用【选择并移动】工具尝试移动分离的多边形，如图 10-192 所示。观察后按 Ctrl+Z 快捷键退回操作。

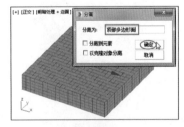

图 10-191

图 10-192

05 同理也将其余 4 个侧面的多边形也进行分离，如图 10-193 所示。在选择其余方向侧面的多边形时，需要在场景资源管理器中选择 Box001 项目。

图 10-193

06 首先在场景资源管理器中选择顶部多边形面，在【建模】选项卡【多边形建模】面板中单击【生成拓扑】按钮，在弹出的【拓扑】面板中选择【蒙皮】图案，随后顶部的多边形变成所选图案，如图 10-194 所示。拓扑后关闭【拓扑】面板。

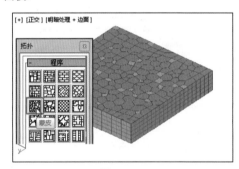

图 10-194

07 使用【相似】工具将顶部拓扑后的多边形面全部选中，在【编辑多边形】卷展栏中单击【插入】按钮后面的【设置】按钮回，"按多边形"方式输入数量为 2mm，如图 10-195 所示。

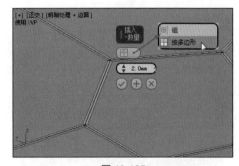

图 10-195

08 此时需要复制设置插入参数后多边形的所有边，以作他用。按 Ctrl 键并选择【边】层级子对象，复制多边形的边选择，如图 10-196 所示。

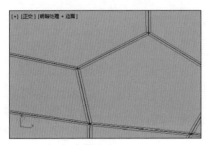

图 10-196

> **技术要点：**
>
> 这里的"复制"，是复制层级子对象的选择，不是复制对象本身。

09 选择【多边形】层级子对象，在【编辑多边形】卷展栏中单击【倒角】按钮后面的【设置】按钮回，设置倒角参数，如图 10-197 所示。

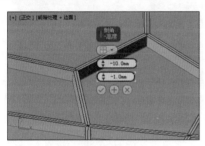

图 10-197

10 选择【边】层级子对象，倒角后的边被自动选中（这归功于前面的复制），如图 10-198 所示。

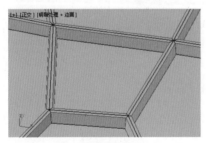

图 10-198

11 在【编辑边】卷展栏中单击【切角】的【设置】按钮回，然后设置切角参数，效果如图 10-199 所示。

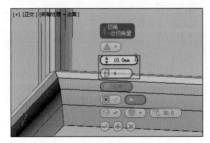

图 10-199

12 按 Ctrl 键同时右击，选择【删除】命令，将尖角部分的边删除，以此创建平滑过渡，如图 10-200 所示。

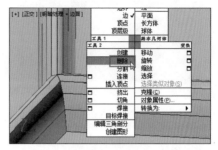

图 10-200

13 选择【多边形】层级子对象，自动选择所有多边形，在【编辑多边形】卷展栏中单击【倒角】后的【设置】按钮回，设置倒角参数，如图 10-201 所示。

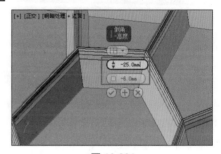

图 10-201

14 倒角后按 Ctrl 键并选择【边】层级子对象，复制多边形的边选择。复制边后再按 Ctrl 键并选择【多边形】层级子对象，复制部分多边形选择，如图 10-202 所示。

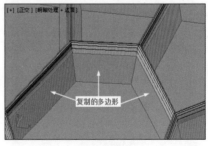

图 10-202

> **技术要点：**
>
> 按 Ctrl 键选择层级子对象的做法是一种快捷复制子对象（只是复制选择，不是复制对象本身）的做法，避免在编辑子对象时反复地逐一选择对象，这大大提高了效率。

15 在【几何体（全部）】面板中单击 [塌陷] 按钮，将选中的多边形塌陷，效果如图 10-203 所示。

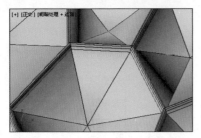

图 10-203

16 框选所有的多边形，并在【多边形：平滑组】卷展栏中设置平滑参数，并单击【自动平滑】按完成平滑处理，如图 10-204 所示。

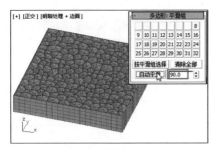

图 10-204

17 进入【层级】命令面板，单击【仅影响轴】按钮，接着单击【居中到对象】按钮，然后单击【使用工作轴】按钮，取消选中【对齐到视图】复选框，最后单击【重置】按钮，完成工作坐标系的调整，如图 10-205 所示。

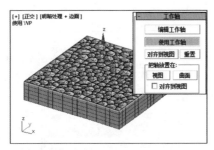

图 10-205

18 选中多边形，利用【选择并旋转】工具绕 X 轴旋转180°，如图 10-206 所示。

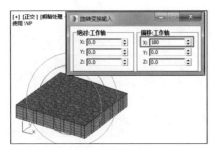

图 10-206

19 最后查看效果，如图 10-207 所示。

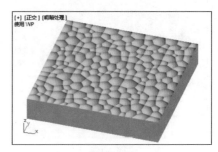

图 10-207

20 在场景资源管理器中选择【X 侧多边形】项目激活多边形，选择【多边形】层级子对象，然后单击 生成拓扑 按钮创建"蒙皮"图案拓扑，如图 10-208 所示。

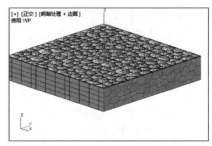

图 10-208

21 选择【边】层级子对象，结合【循环】工具和 Ctrl键选择 X 侧多边形外围的边（底边除外），如图 10-209所示。在修改器列表中添加【晶格】修改器，参数设置与效果如图 10-210 所示。

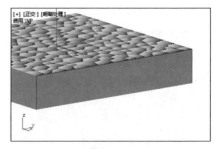

图 10-209

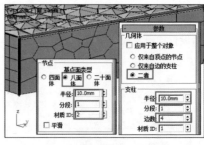

图 10-210

22 在堆栈中选择【晶格】修改器层级和【可编辑多边形】层级，然后在功能区【建模】选项卡的【多边形建模】（展开面板）面板中单击  按钮，将两个层级对象合并为一个可编辑的多边形，如图 10-211 所示。

图 10-211

23 后续的操作与前面"顶部多边形面"的变形操作是相同的，结果如图 10-212 所示。

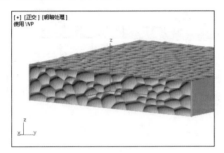

图 10-212

技术要点：
　最后在选择多边形进行自动平滑时，要选择【元素】层级子对象，区分出晶格部分。

24 同理完成其余的多边形网格变形，最终完成的水立方体育场，如图 10-213 所示。

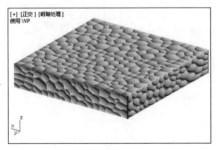

图 10-213

10.4　可编辑网格建模

　　可编辑网格建模的方法与可编辑多边形类似，只是可编辑多边形的建模工具要强大得多。下面讲述两者的区别与联系。

10.4.1　可编辑网格与可编辑多边形的区别

　　"可编辑网格"本来是 3ds Max 最基本的多边形加工方法，但在 3ds Max 4 之后被更好的一种算法代替了，这个算法就是"可编辑多边形"，之后"可编辑网格"的方法逐渐就被遗忘了（不过"可编辑网格"最稳定，很多公司要求最后输出 mesh 格式，但不要紧，因为"可编辑网格"和"可编辑多边形"的格式可以随意转换）。

　　"可编辑多边形"本质上还是"网格"，但构成的算法更优秀，为了区别只好把名字也改了，不了解 3ds Max 历史的初学者是容易糊涂的。"可编辑多边形"是当前主流的操作方法，而且技术很领先，有着比"可编辑网格"更多更方便的修改功能。

　　两种建模方法的主要区别在于：

　　✦　网格的基本体是三角面。而多边形是任意的多边形面。所以网格面的图标是三角形状，而多边形的图标则是多边形，并且有【边界】级别，所以更为灵活。

　　✦　可编辑多边形内嵌了 Nurms 曲面，而可编辑网格只能外部添加曲面细分。当然，可编辑多边形也可以采用网格平滑。

10.4.2　几何体塌陷

　　所谓的"塌陷"其实就是为几何体模型添加一个【可编辑多边形】或【可编辑网格】修改器的操作。

　　其实不管是对模型进行塌陷，还是转换，其目的就是在堆栈中添加一个【可编辑网格】的网格模型对象，如图 10-214 所示。

图 10-214

　　几乎所有的几何体类型都可以塌陷或转换为可编辑网格，曲线也可以塌陷，封闭的曲线可以塌陷为曲面，这样就得到了网格建模的原料网格曲面。使用【塌陷】工具，之前模型（添加过其他修改器）所做的操作历史记录将不复存在。

技术要点：
　其实不建议使用塌陷操作，塌陷本身是为了释放系统资源，塌陷之后，你之前用过的修改器都会被删除。最好还是在塌陷操作之前，对场景文件进行备份。

　　下面介绍几种将几何体模型塌陷为可编辑多边形的方式。

1．使用【塌陷】工具

【塌陷】工具在【实用程序】命令面板的【实用程序】卷展栏中，如图 10-215 所示。

单击【塌陷】按钮，显示【塌陷】卷展栏，如图 10-216 所示。卷展栏中包括两种输出类型：修改器堆栈结果和网格。"修改器堆栈结果"就是塌陷为"可编辑多边形"，"网格"就是塌陷为"可编辑网格"。

【塌陷为】选项组中的选项是设置塌陷后的效果，可以塌陷为单个或多个对象，也可以塌陷并进行布尔运算。

图 10-215

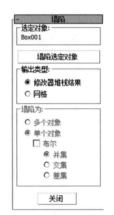

图 10-216

单击【塌陷选定对象】按钮，即可将几何体模型塌陷为可编辑多边形或可编辑网格。

2．在堆栈中塌陷

当前几何体模型若添加过其他修改器，再在堆栈中选择右键菜单中的【塌陷全部】命令，即可将当前在堆栈中的所有修改器全部塌陷为"可编辑网格"修改器，如图 10-217 所示。

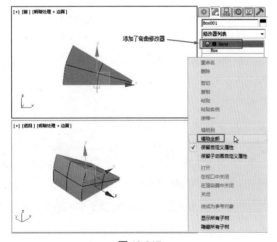

图 10-217

10.4.3　可编辑网格的【修改】命令面板

"可编辑网格"对象的【修改】面板主要针对网格物体的不同子对象层级进行编辑。可以通过在场景中的网格物体上右击，从弹出的快捷菜单中选择进入不同的子对象层级；也可以在修改堆栈中单击【+】号图标，从下拉的缩进子级项目中进入不同的子对象层级；还有一种更快捷的方法是直接按键盘上的数字键 1、2、3、4、5，分别进入不同的子对象层级。

可编辑网格的【修改】命令面板中各卷展栏如图 10-218 所示。

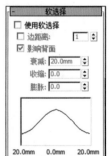

图 10-218

卷展栏中的选项与"可编辑多边形"的卷展栏选项相同，就不详细介绍了。

11.1　NURBS 曲面概述

前面一章我们学习了可编辑多边形和可编辑网格建模。与 NURBS 曲面建模比较，多边形与网格建模具有以下缺点。

（1）使用多边形很难创建复杂的弯曲曲面。

（2）由于网格为面状效果，面状出现在渲染对象的边上，所以必须有大量的小面以渲染平滑的弯曲边。

NURBS 曲面建模的优点是：NURBS 曲面是解析生成的，可以更加有效地计算它们，而且也可以旋转显示为无缝的 NURBS 曲面。如图 11-1 所示为使用 NURBS 曲面制作的喷泉模型。

图 11-1

11.1.1　何为 NURBS

NURBS 是 Non-Uniform Rational B-Splines 的缩写，是非均匀有理 B 样条的意思。具体解释是：

✦ Non-Uniform（非均匀）：是指一个控制顶点的影响力的范围能够改变。当创建一个不规则曲面时这一点非常有用。同样，统一的曲线和曲面在透视投影下也不是无变化的，对于交互的 3D 建模来说这是一个严重的缺陷。

✦ Rational（有理）：指每个 NURBS 物体都可以用数学表达式来定义。

✦ B-Spline（B 样条）：指用路线来构建一条曲线，是在一个或更多的点之间以内插值替换的。

简单地说，NURBS 就是专门做曲面物体的一种造型方法。NURBS 造型总是由曲线和曲面来定义的，所以要在 NURBS 表面里生成一条有棱角的边是很困难的。就是因为这个特点，我们可以用它做出各种复杂的曲面造型和表现特殊的效果，如人的皮肤、面貌或流线型的跑车等。

> **技术要点：**
> 在理解 NURBS 之前，要弄懂 Bezier 曲线、B 样条和 NURBS 曲线的基本概念。Bezier 曲线是法国数学家贝塞尔在 1962 年构造的一种以逼近为基础的用控制多边形定义曲线和曲面的方法，由于 Bezier 曲线有一个明显的缺陷就是当阶次越高时，控制点对曲线的控制能力明显减弱，所以直到 1972 年 Gordon、Riesenfeld 和 Forrest 等人拓广了 Bezier 曲线，而构造了 B 样条曲线，B 样条曲线是一种分段连续曲线。B 样条曲线包括均匀 B 样条曲线、准均匀 B 样条曲线、分段 Bezier 曲线和非均匀 B 样条曲线，如图 11-2 所示。综上所述，想必大家都清楚了 Bezier 曲线、B 样条和 NURBS 曲线的关系了吧。

第 11 章源文件

第 11 章视频文件

第 11 章结果文件

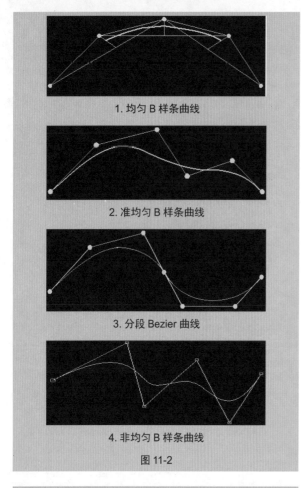

1. 均匀 B 样条曲线

2. 准均匀 B 样条曲线

3. 分段 Bezier 曲线

4. 非均匀 B 样条曲线

图 11-2

11.1.2 阶次（度数）、连续性和步数

1. 阶次（度数）

"阶次"是指定义 B 样条曲线多项式公式的次数，B 样条曲线最高阶次为 24 次，常为 3 次样条。由不同幂指数变量组成的表达式称为"多项式"。多项式中最大指数被称为"多项式的阶次"。例如：

$7X+5-3=35$（阶次为 2）　　　$2t-3t+t=6$（阶次为 3）

曲线的阶次用于判断曲线的复杂程度，而不是精确程度。对于 1、2、3 次的曲线，可以判断曲线的顶点和曲率反向的数量。例如：

顶点数 = 阶次 -1　　曲率反向点 = 阶次 -2

> **技术要点：**
> 在 3ds Max 中，B 样条曲线的阶次次数称为"度数"，指的是曲线的曲率度数。

2. 曲线连续性

曲线都有 Continuity（连续性）。一条连续的曲线

是不间断的。连续性有不同的级别，一条曲线有一个角度或尖端，它的连续是 C0。一条曲线如果没有尖端但曲率有改变，连续性是 C1。如果一条曲线是连续的，曲率不改变，连续性是 C2，如图 11-3 所示。

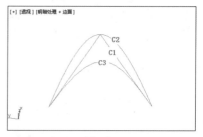

图 11-3

> **技术要点：**
> C0 连续通常也称为"相接连续"；C2 连续称为"相切连续"；C3 连续称为"曲率连续"。在 3ds Max 中，曲线的连续性是通过【线】工具并指定"拖曳类型"来确定的，如图 11-4 所示，【角点】类型可创建 C0 相接连续的 B 样条线，【平滑】类型能创建 C1 相切连续的 B 样条线，【Bezier】类型创建 C2 曲率连续的 B 样条线。要想创建更高阶的样条线，只能使用 NURBS 曲线（也就是本章的重点内容）的【点曲线】和【CV 曲线】工具。

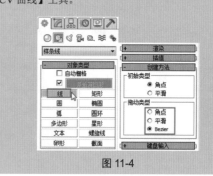

图 11-4

一条曲线可以有较高的连续性，但对于计算机建模来说这三个级别已经够了。通常眼睛不能区别 C2 连续性和更高的连续性之间的差别。

连续性和阶次是有关系的。一个阶次为 3 的等式能建立 C2 曲率连续曲线。

3. 步数

在 3ds Max 中建立 NURBS 曲线时，涉及一个概念——"步数"，实际上是在单"段"B 样条线内定义曲率度（或"曲线连续性"）。

B 样条线的"段"指定是 3 个 CV 控制点之间的样条线，为 1 段。如图 11-5 所示为 1 段的 B 样条线。如图 11-6 所示，CV 控制点 1、2、3 确定了第 1 段样条线，而 CV 控制点 2、3 和 4 又确定了第 2 段。

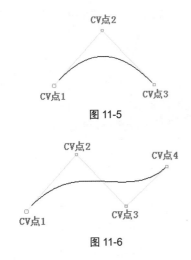

图 11-5

图 11-6

明白了"段"的含义后，回头来看一下"步数"。如图 11-7 所示，设置单段的步数，可以调节该段 B 样条线的曲率度。步数越多，曲率度（连续性）越高就越光顺。

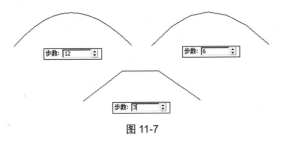

图 11-7

11.1.3　点和曲线 CV

在 B 样条线中，点和曲线 CV 都是用于确定样条线形状的关键控制点，用【点曲线】工具绘制的 B 样条曲线，曲线中的点称为"点"，如图 11-8 所示。利用【CV 曲线】工具绘制的 B 样条曲线，曲线中的点称为"曲线 CV"，如图 11-9 所示。

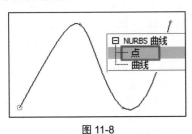

图 11-8

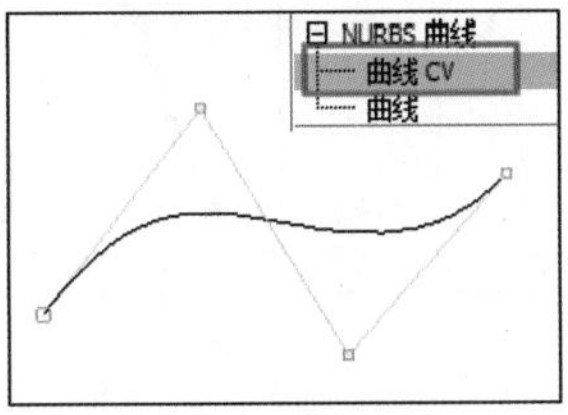

图 11-9

技术要点：

点和曲线 CV 是可以通过【选择并移动】来改变其形状的。

若创建 NURBS 曲面的【点曲面】和【CV 曲面】，那么，在堆栈中"点"和"曲面 CV"子对象的表现分别如图 11-10 和图 11-11 所示。

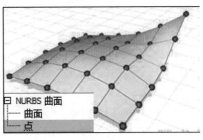

图 11-10

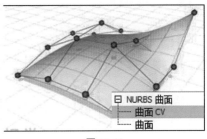

图 11-11

11.1.4　创建 NURBS 曲面的几种途径

下面介绍几种常见的能够创建 NURBS 曲面的途径。

1．直接创建 NURBS 曲面

在【创建】命令面板的【几何体】次面板的【NURBS 曲面】类型中，包含两个对象类型：【点曲面】和【CV 曲面】。如图 11-12 所示，这两个几何体创建类型就是直接创建 NURBS 曲面的工具。

图 11-12

2．通过 NURBS 创建工具箱

在【创建】命令面板中【图形】次面板的【NURBS 曲线】类型中，包含两个对象类型：【点曲线】和【CV

曲线】，如图 11-13 所示。

图 11-13

创建点曲线或 CV 曲线后，进入【修改】命令面板，选中顶层对象并在【常规】卷展栏中单击【NURBS 创建工具箱】按钮，弹出【NURBS】工具箱，如图 11-14 所示。通过此工具箱，可以添加控制点、B 样条曲线和创建 NURBS 曲面。

图 11-14

3. 输出为 NURBS

当利用样条线工具绘制二维图形并添加【挤出】修改器后，可在【修改】命令面板下的【参数】卷展栏中设置"输出"类型为【NURBS】，那么，创建的挤出对象就是 NURBS 曲面，如图 11-15 所示。

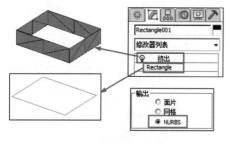

图 11-15

4. 将对象转换为 NURBS 曲面

我们还可以将创建的标准几何体、扩展基本体或复合几何体等对象直接转换成 NURBS 曲面，如图 11-16 所示。或者在堆栈中塌陷为 NURBS 曲面，如图 11-17 所示。

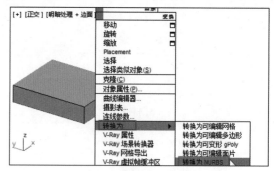

图 11-16

图 11-17

11.2 创建 NURBS 曲线和曲面

NURBS 曲线是图形对象，在制作样条线时可以使用这些曲线。

NURBS 曲面的创建比较简单，与创建平面几何体差不多。NURBS 曲面在创建之初就是一个平面，只不过属性有别于平面几何体。

使用【挤出】或【车削】修改器来生成基于 NURBS 曲线的 3D 曲面。可以将 NURBS 曲线用作放样的路径或图形。也可以使用 NURBS 曲线作为【路径约束】、【路径变形】路径或运动轨迹。可以将厚度指定给 NURBS 曲线，以便其渲染为圆柱形的对象（变厚的曲线渲染为多边形网格，而不是渲染为 NURBS 曲面），如图 11-18 所示。

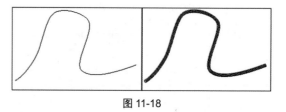

图 11-18

NURBS 曲线主要用在什么地方呢？举个例子吧，

很多时候在建模时并非只有"从无到有"这样的建模模式，"逆向复制"这种建模模式就是通过导入图像文件在场景中，再利用 NURBS 曲线工具勾勒造型轮廓，最后将 NURBS 曲线挤出或车削输出为 NURBS 曲面，从而进行复杂外形的建模。

动手操作——绘制点曲线

01 新建场景文件。

02 在【修改】|【图形】次命令面板的【NURBS 曲线】类型中单击 点曲线 按钮，然后在顶视图依次指定 3 个点，确定点曲线的形状，如图 11-19 所示。

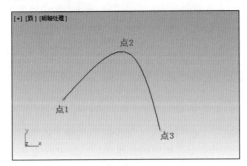

图 11-19

03 当然也可以在【键盘输入】卷展栏输入【点】的坐标，精确定义点曲线，如图 11-20 所示。

图 11-20

04 【创建点曲线】卷展栏中可以调节点曲线的曲率度，也就是设置曲线近似。

✦ 自适应：选中此复选框，系统会自动计算出较为合理的曲线曲率度（也可以称为"平滑度""光顺度"或"曲度"）。

✦ 步数：取消选中【自适应】。可以手动设置点曲线的曲率度，比较合理的步数大约为 18 步，默认步数为 8。

✦ 优化：启用此复选框可优化曲线。启用此选项后，除非两条线段位于同一条直线上（这种情况下这些线段将转化为一条线段），否则插值将使用特定的【步数】值。

✦ 在所有视图中绘制：选中此复选框，在一个视图中绘制点曲线时，其余视图会自动绘制。否则，将只在激活的视图中绘制。

动手操作——绘制 CV 曲线

01 新建场景文件。

02 在【修改】|【图形】次命令面板的【NURBS 曲线】类型中单击 CV曲线 按钮，并在顶视图中绘制 CV 曲线，如图 11-21 所示。

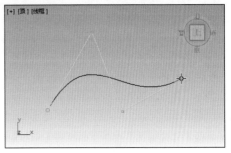

图 11-21

03 可以通过【键盘输入】卷展栏输入 CV 点的坐标。

04 在【创建 CV 曲线】卷展栏中可以调节点曲线的曲率度，也就是设置 CV 曲线近似，如图 11-22 所示。

图 11-22

✦ 【插值】选项组：使用此组中的控件更改精度和通常用来生成和显示曲线的曲线近似种类。

✦ 自适应：选中此复选框，系统会自动计算出较为合理的曲线曲率度（也可以称为"平滑度""光顺度"或"曲度"）。

✦ 步数：取消选中【自适应】。可以手动设置点曲线的曲率度，比较合理的步数大约为 18 步，默认步数为 8。

✦ 优化：启用此复选框可优化曲线。启用此选项后，除非两条线段位于同一条直线上（这种情况下这些线段将转化为一条线段），否则插值将使用特定的【步数】值。

✦ 在所有视图中绘制：选中此复选框，在一个视图中绘制点曲线时，其余视图会自动绘制。否则，将只在激活的视图中绘制。

✦ 【自动重新参数化】选项组：使用该组框中的控件，可以指定自动重新参数化。

✦ 无：不会自动重新参数化。

✦ 弦长：选择弦长算法进行重新参数化。弦长重新参数化可以根据每个曲线分段长度的平方根设置结（位于参数空间）的空间。弦长重新参数化通常是最理想的选择。

✦ 一致：均匀隔开各个结。均匀结向量的优点在于，曲线或曲面只有在编辑时才能进行局部更改。如果使用另外两种形式的参数化，移动任何 CV 可以更改整个子对象。

动手操作——创建点曲面

无论是实体还是曲面，都属于几何体。点曲面是 NURBS 曲面，其中这些点被约束在曲面上。

01 新建场景文件。

02 在【修改】|【几何体】次命令面板的【NURBS 曲面】类型中单击 点曲面 按钮，在透视图中绘制点曲面，绘制方法与【平面】相同，如图 11-23 所示。

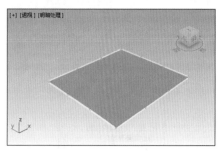

图 11-23

03 在【创建参数】卷展栏修改【长度】和【宽度】参数，如图 11-24 所示。

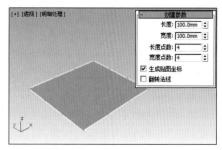

图 11-24

创建点曲面的【键盘输入】卷展栏，如图 11-25 所示。【创建参数】卷展栏，如图 11-26 所示。

图 11-25

图 11-26

✦ X/Y/Z：输入点曲面中心点的 X、Y、Z 坐标。

✦ 长度：点曲面的长度。

✦ 宽度：点曲面的宽度。

✦ 长度点数：在点曲面长度方向上的"点"数。

✦ 宽度点数：在点曲面宽度方向上的"点"数。

✦ 翻转法向：启用此选项可以反转曲面法线的方向。

动手操作——创建 CV 曲面

CV 曲面是 NURBS 曲面，通过操纵控制顶点。CV 不位于曲面上，而是定义控制晶格来封住整个曲面。每个 CV 控制点均有相应的权重，可以调整权重从而更改曲面形状。

01 新建场景文件。

02 在【修改】|【几何体】次命令面板的【NURBS 曲面】类型中单击 CV 曲面 按钮，在透视图中绘制 CV 曲面，如图 11-27 所示。

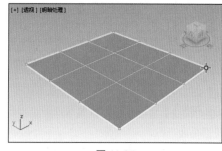

图 11-27

03 在【创建参数】卷展栏修改【长度】、【宽度】参数，如图 11-28 所示。

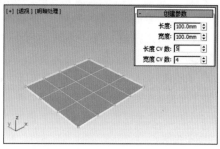

图 11-28

创建 CV 曲面的【键盘输入】卷展栏,如图 11-29 所示、【创建参数】卷展栏,如图 11-30 所示。

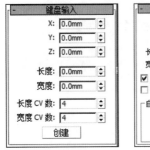 

图 11-29　　　　　图 11-30

✦ X/Y/Z:输入 CV 曲面中心点的 X、Y、Z 坐标。

✦ 长度:CV 曲面的长度。

✦ 宽度:CV 曲面的宽度。

✦ 长度 CV 数:在 CV 曲面长度方向上的 CV 控制点数。

✦ 宽度 CV 数:在 CV 曲面宽度方向上的 CV 控制点数。

✦ 翻转法向:启用此选项可以反转曲面法线的方向。

✦ 无:不会自动重新参数化。

✦ 弦长:选择弦长算法进行重新参数化。弦长重新参数化可以根据每个曲线分段长度的平方根设置结(位于参数空间)的空间。弦长重新参数化通常是最理想的选择。

✦ 一致:均匀隔开各个结。均匀结向量的优点在于,曲线或曲面只有在编辑时才能进行局部更改。如果使用另外两种形式的参数化,移动任何 CV 可以更改整个子对象。

11.3　编辑 NURBS 曲线与 NURBS 曲面

当绘制 NURBS 曲线或曲面后,可以进入到【修改】命令面板中进行编辑操作,下面详解如何编辑 NURBS 曲线和 NURBS 曲面。

11.3.1　编辑 NURBS 曲线

绘制 NURBS 曲线后进入【修改】命令面板中,用于编辑 NURBS 曲线的卷展栏,如图 11-31 所示。

在这些卷展栏中,【创建点】、【创建曲线】和【创建曲面】卷展栏与编辑 NURBS 曲面时所显示的卷展栏是相同的,也就是说这三个是公用的卷展栏,我们放在后面介绍。此处仅介绍【常规】和【曲线近似】卷展栏。

图 11-31

1.　编辑堆栈中的顶层对象

【常规】卷展栏和【曲线近似】卷展栏是在堆栈中选择了【NURBS 曲线】顶层对象后所显示的卷展栏,可同时针对点、曲线 CV 及曲线等子对象。

【常规】卷展栏:

✦ 附加:单击此按钮,可将另一个对象附加到当前编辑状态下的 NURBS 曲线上。附加的对象可以是 NURBS 曲线,也可以是其他样条线类型。当附加的对象是其他非 NURBS 曲线时,将会自动转成一个或多个 NURBS 曲线,如图 11-32 所示。

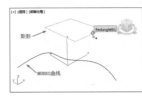 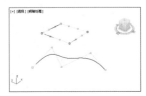

图 11-32

> 技术要点:
> 附加后的对象可以按 NURBS 规则进行编辑操作。例如图 11-32 中的矩形,就可以由一般样条线编辑成 NURBS 曲线形状。值得注意的是,附加后的那个对象本身的参数不再保留,也就是不能再修改矩形的长、宽及其他参数了。

✦ 附加多个:单击此按钮,可以通过搜寻场景资源管理器中可以附加的多个对象。

✦ 重新定向:移动并重定向正在附加或导入的对象,这样其局部坐标系的创建就与 NURBS 对象局部坐标系的创建对齐了,如图 11-33 所示。

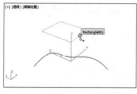 

图 11-33

✦ 导入：单击此按钮，可将 NURBS 曲线或其他类型的样条线合并到当前处于编辑状态的 NURBS 曲线上，操作方法与"附加"相同。不同的是，导入其他东西后将保留其他东西的参数和修改器，如图 11-34 所示。

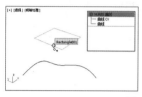 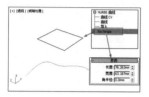

图 11-34

✦ 导入多个：单击此按钮，可通过场景资源管理器搜寻适合导入的对象。

✦ 【显示】选项组：控制视图中对象的显示状态。晶格、曲线和从属对象，如图 11-35 所示。

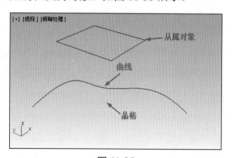

图 11-35

【曲线近似】选项组，前面在介绍绘制 CV 曲线时已经介绍过了。

2. 编辑堆栈中的【曲线 CV】或【点】子对象

点曲线或 CV 曲线的【点】卷展栏和【CV】卷展栏，如图 11-36 所示。

图 11-36

两个卷展栏中的选项设置是类似的，只是针对的曲线类型不同，会增加相应的选项，如 CV 曲线可以设置 CV 点的权重，以及显示或不显示 CV 曲线的晶格线。

下面仅对 CV 曲线的【CV】卷展栏进行简要介绍。

✦ 单个 CV：选择此选项后，可以通过单击选择单个 CV，或者通过拖曳区域，来选择一组 CV。

✦ 所有 CV：启用此选项后，单击或拖曳会选中曲线上的所有 CV。

✦ 权重：此选项控制曲线与曲线 CV 点的距离，实际上控制曲线的形状，权重越大，距离越远，如图 11-37 所示。

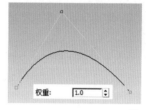 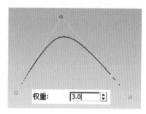

图 11-37

✦ 隐藏：选中 CV 点，再单击此按钮可以将其隐藏。

✦ 全部取消隐藏：单击此按钮，全部取消隐藏的 CV 点。

✦ 熔合：该命令可将一个点熔合到另一个点上。这是连接两条曲线或曲面的一种方法，也是改变曲线和曲面形状的一种方法。当激活"熔合"按钮后，在 NURBS 曲面上的一个点上单击，然后移动鼠标至另一个点上并单击，或者直接在一点上拖曳鼠标至另一个点上，两个点被熔合，熔合后的点呈紫色显示，如图 11-38 所示。

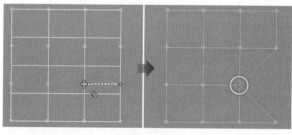

图 11-38

技术要点：

熔合点并不会把两个点子对象组合到一起。它们被连接在一起，但是保留截然不同的子对象，可以随后取消熔合。

✦ 取消熔合：选择熔合的顶点，然后单击该按钮，可将熔合的顶点分开。

✦ 优化：单击此按钮可以优化 CV 点，如图 11-39 所示。

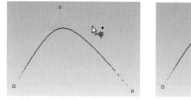
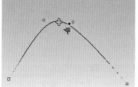

图 11-39

◆ 删除：单击此按钮，删除选择的 CV 点。

◆ 插入：与【删除】是相反的过程，插入 CV 点就是增加 CV 点，如图 11-40 所示。

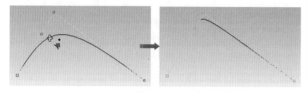

图 11-40

◆ 延伸：扩展 CV 曲线。从曲线端点拖曳，可以添加新 CV，扩展曲线，如图 11-41 所示。

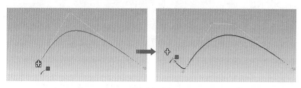

图 11-41

◆ 移除动画：从选定的动画中移除动画控制器。

◆ 显示晶格：启用此选项后，会在 CV 曲线周围显示控制晶格。

◆ 选定 CV 数：会显示当前选择的 CV 点数。

3. 编辑堆栈中的【曲线】子对象

【曲线】子对象包括 NURBS 对象中所有类型的曲线，每创建一条"点曲线"或"CV 曲线"就等于同时创建了一个【曲线】子对象。【曲线】子对象可以视为点曲线或 CV 曲线除顶点外的子对象。【曲线】子对象也可以由 NURBS 创建工具箱内的【曲线】选项区中的各种命令直接创建。

在堆栈中选择【曲线】子对象，进入该子对象的编辑层级。在【修改】命令面板中就会出现【曲线公用】卷展栏，如图 11-42 所示。

如果是 CV 曲线，那么还会显示【CV 曲线】卷展栏，如图 11-43 所示。点曲线的【修改】命令面板中是没有【CV曲线】卷展栏的，仅有【曲线公用】卷展栏。

图 11-42　　　　　　图 11-43

【曲线公用】卷展栏中部分选项功能与前面介绍的【CV】卷展栏类似或相同，因此仅介绍不同的选项。

【曲线公用】卷展栏：

◆ 进行拟合：可以将属于 CV 曲线的【曲线】子对象转化为属于点曲线的【曲线】子对象，如图 11-44 所示。单击此按钮，将弹出【创建点曲线】对话框，可以设置点数。

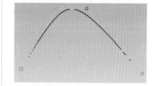
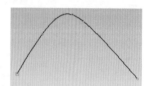

图 11-44

◆ 转化曲线：该命令按钮也可以将选择的任意【曲线】子对象相互转化为 CV 曲线或点曲线，并且可改变顶点的数量。选择一个曲线子对象后，单击【转化曲线】按钮，将打开【转化曲线】对话框，如图 11-45 所示。

图 11-45

◆ 反转：反转曲线中 CV 或点的顺序，使首顶点成为最后一个顶点，而使最后一个顶点成为首顶点。

◆ 断开：该命令可将一条曲线分成两条曲线。激活该按钮后，将鼠标指针移动至曲线，当鼠标指针变成形状时单击鼠标，曲线从单击处被断开。

◆ 连接：将两个曲线子对象连接在一起。激活该按钮后，选中源曲线的端点，然后再选择要连接的曲线的端点，两曲线被焊接，如图 11-46 所示。连接完曲线之后，将会弹出【连接曲线】对话框，如图 11-47 所示。使用该对话框，可以选择连接两条曲线的方法。

选择源曲线端点　　　选择要连接曲线的端点

图 11-46

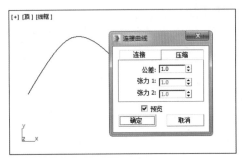

图 11-47

> **技术要点：**
> 当多条 NURBS 曲线进行"附加"操作后，此【连接】选项才可用。

11.3.2 编辑 NURBS 曲面

与编辑 NURBS 曲线时相同，编辑 NURBS 曲面也分为编辑 NURBS 曲面顶层对象、编辑点（曲面 CV）子对象、编辑曲线子对象。

1. 编辑 NURBS 曲面顶层对象

在【修改】命令面板的堆栈中选择【NURBS 曲面】顶层对象，显示【常规】、【显示线参数】、【曲面近似】、【曲线近似】、【创建点】、【创建曲线】及【创建曲面】等卷展栏。其中，【创建点】、【创建曲线】及【创建曲面】卷展栏是公用卷展栏，将在后面介绍。【曲线近似】卷展栏在编辑 NURBS 曲线时已经介绍过，下面仅介绍【常规】卷展栏、【显示线参数】卷展栏和【曲面近似】卷展栏，如图 11-48~ 图 11-50 所示。

图 11-48　　　图 11-49　　　图 11-50

3 个卷展栏中我们也仅仅介绍与前面所介绍选项不同的选项。

【常规】卷展栏：

✦ 【显示】选项组：此选项组中的各项命令用于控制 NURBS 曲面中各元素的显示状态。

✦ 【曲面显示】选项组：用于控制 NURBS 曲面的显示状态，包括【细分网格】和【明暗处理晶格】状态，如图 11-51 所示。

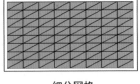 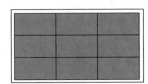

细分网格　　　　　明暗处理晶格

图 11-51

✦ 相关堆栈：当【相关堆栈】处于启用状态时，NURBS 将在修改器堆栈上保持完整的相关建模。当【相关堆栈】处于禁用状态时，相关模型中没有复制数据的开销，而且也不需要计算相关曲面，性能速度也提高得很快。

【显示线参数】卷展栏：

✦ U 向线数 /V 向线数：平面中有 X、Y 方向，在曲面上称为 U、V 向。U、V 向始终跟随曲面的边，如图 11-52 所示。在【U 向线数】或【V 向线数】文本框内输入 U 向或 V 向的分段线数量，如图 11-53 所示为 U 向线数为 2，V 向线数为 3。

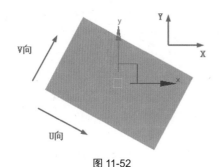

图 11-52

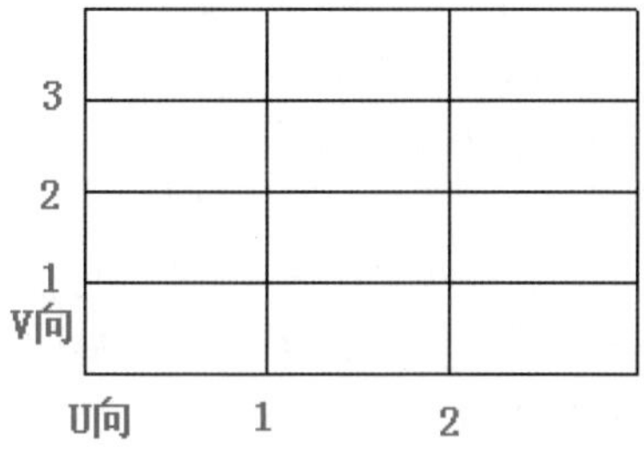

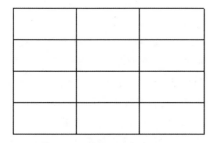

图 11-53

◆ 仅等参线：选择此选项，仅显示 NURBS 曲面中的等参线，包括曲面边和 U、V 向线数，如图 11-54 所示。

◆ 等参线和网格：显示等参线和 NURBS 网格。

◆ 仅网格：仅显示 NURBS 网格，如图 11-55 所示。

图 11-54

图 11-55

【曲面近似】选项组：

◆ 视图：选择此选项，仅在视图中显示编辑 NURBS 曲面的变化效果。

◆ 渲染：选择此选项，仅在渲染时显示 NURBS 曲面效果。

◆ 基础曲面：这是默认设置，会影响到整个曲面。

◆ 锁定：单击此按钮，将【基本曲面】设置锁定到【曲面边】设置。换而言之，如果没有禁用【锁定】，曲面和曲面边具有相关的细化设置。默认设置为启用。

◆ 曲面边：启用时，可以设置近似值，以供细化修剪曲线定义的曲面边时使用。

◆ 置换曲面：只有前面选中【渲染器】时，才能使用该选项。启用时，可以为已应用置换贴图的曲面设置第三个独立的近似设置。

◆ 细分预设：用于选择低、中或高质量的预设曲面近似值。选择预设值时，使用的值将会显示在【细化方法】卷展栏中。如图 11-56 所示为低、中和高 3 种预设。

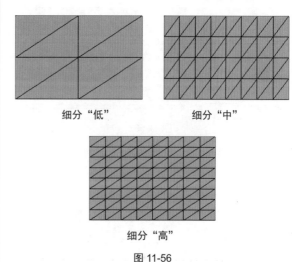

细分"低"　　　　　细分"中"

细分"高"

图 11-56

◆ 【细分方法】选项组：如果前面已经选择【视图】，该组中的控件会影响 NURBS 曲面在视图中的显示；如果已经选择【渲染器】，这些控件还会影响该渲染器显示曲面的方式。此选项组主要用于创建新网格。

◆ 规则：根据 U 向步数、V 向步数通过曲面生成固定的细化，如图 11-57 所示。

图 11-57

◆ 参数：根据 U 向步数、V 向步数生成自适应细化，如图 11-58 所示。

图 11-58

✦ U 向步数 /V 向步数：步数与前面介绍的【线数】不同，U/V 向线是垂直于曲面边的，【步数】表达了曲面细化程度，用斜线表示，如图 11-59 所示。

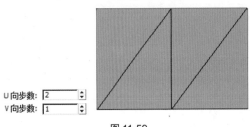

图 11-59

✦ 空间：生成由三角形面组成的统一细化，如图 11-60 所示。

✦ 曲率：根据曲面的曲率生成可变的细化。如果使曲面更加弯曲，则细化的纹理将更加精致，如图 11-61 所示。

图 11-60

图 11-61

✦ 空间和曲率：通过所有三个值使空间（边长）方法和曲率（距离和角度）方法完美结合。

✦ 边：该参数可以在细化时指定三角形的最大长度。该值是对象边界框的百分比。减小该值时，将会提高准确性，但会延长渲染时间。如果将【边】设置为 0.0，则效果与"曲率"方法等同。

✦ 距离：该参数可以指定近似值偏离实际 NURBS 曲面的远近程度。距离是每个曲面边界框的对角线的百分比。无论其他曲面如何，都可以根据对象中的每个曲面的大小对其进行细化。缩放曲面时，不会更改其细化。减小该值时，将会提高准确性，但会延长渲染时间。如果将【距离】设定为 0.0，3ds Max 将会忽略此参数，并使用【边】和【角度】值控制准确性。

✦ 角度：该参数可以在计算近似值时指定各面之间的最大角度。减小该值时，将会提高准确性，但会延长渲染时间。如果将【角度】设定为 0.0，3ds Max 将会忽略此参数，并使用【边】和【距离】值控制准确性。

> **技术要点：**
> 如果"距离""角度"和"边"都为 0.0，该曲面将会退化，因此，它可以变成平面。

✦ 依赖于视图：仅当前面选择【渲染】时可用。启用时，要在计算细化期间考虑对象到摄像机的距离。从而可以通过对渲染场景距离范围内的对象不生成纹理细密的细化来缩短渲染时间。只有渲染摄像机或透视图时，才能使用依赖于视图的效果。

✦ 合并：此选项仅限于子对象曲面。控制对边处于连接或近乎连接状态的曲面子对象的细化。

✦ 高级参数：仅当选择【渲染】选项时可用。单击此按钮，可以显示【高级曲面近似】对话框。该对话框中的参数可以应用于"空间""曲率"和"空间和曲率"近似方法，如图 11-62 所示。

图 11-62

✦ 清除曲面层级：清除分配给各个曲面子对象的所有曲面近似设置。

2. 编辑【点】/【曲面 CV】子对象

当建立点曲面或 CV 曲面时，可在【修改】命令面板的堆栈中选择【点】子对象或【曲面 CV】子对象进行编辑，【点】卷展栏和【CV】卷展栏，如图 11-63 和图 11-64 所示。

图 11-63　　　　　　图 11-64

【点】卷展栏和【CV】卷展栏中的部分选项与 NURBS 曲线编辑时的【点】卷展栏和【CV】卷展栏选项是相同的，此处不再重复介绍。下面仅介绍不同的选项。

【点】卷展栏：

✦ 【选择】选项组：包括 5 种选择类型。

✦ 单个点▦：启用此选项后，可以通过单击选择单个点，或者通过拖曳区域，来选择一组点。

✦ 点行▦：启用此选项后，单击点会选中点所在的整个行。拖曳会选中区域内的所有行。如果点在曲线上，那么"点行"会选中曲线中的所有点。

✦ ▦点列：启用此选项后，单击点会选中点所在的整个列。拖曳会选中区域内的所有列。如果点在曲线上，那么"点列"会仅选中单个点。

✦ 点行和列▦：启用此选项后，单击点会选中点所在的行和列。拖曳会选中区域内的所有行和列。

✦ 所有点▦：启用此选项后，单击或拖曳都会选中曲线或曲面上的所有点。

> **技术要点：**
> 如果 NURBS 曲面是平面，或近似平面，那么行和列很容易看见。如果曲面有复杂的曲率，那么行和列可能很难看见。在这种情况下，"行""列"和"行/列"按钮尤其有用。

✦ 【优化】选项组：此组中的按钮可以通过向点曲线或曲面上添加点，来细化它们。

✦ 曲线：向点曲线添加点。

✦ 曲面行：向点曲面添加一行点。

✦ 曲面列：向点曲面添加一列点。

✦ 曲面行列：向点曲面同时添加一行和一列，会添加到单击曲面的位置。

【CV】卷展栏：

✦ 【约束运动】选项组：控制曲面在 UV 向的运动，如果不选择【U】、【V】和【法线】选项，选中的 CV 点行或列将可以向 3 个方向自由变形，如果单选，只能向单选的方向变形，如图 11-65 所示。

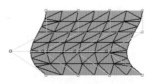

U 向运动

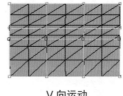

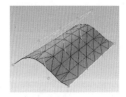

V 向运动　　　　　　法线运动

图 11-65

✦ 【删除】选项组：用于删除 CV 点行或列，当 CV 点的行数与列数小于或等于 4 时，是不能删除行与列的。

✦ 【优化】选项组：通过添加 CV 行或 CV 列来细化曲面，对整体曲面有影响，如图 11-66 所示。

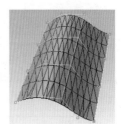

图 11-66

✦ 【插入】选项组：可以将 CV 行或 CV 列插入到曲线上，虽然都是添加行或列，但与【优化】选项组不同，【插入】的行或列只针对局部，不会对整体曲面产生优化，如图 11-67 所示。

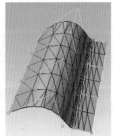

图 11-67

3．编辑【曲面】子对象

在堆栈中选择【曲面】子对象，显示【曲面公用】卷展栏，如图 11-68 所示。

这里仅介绍不同的选项。

✦【选择】选项组：包括【单个曲面】◢和【所有连接曲面】◢。当视图中建立了多个 NURBS 曲面并已连接时，可以单击【所有连接曲面】◢来选择连接曲面，反之单击【单个曲面】◢仅选择没有连接的单个曲面。

✦ 硬化：单击此按钮，可将曲面硬化，即不能再对曲面进行变形（移动 CV 点、改变点数）。

✦ 创建放样：单击此按钮，将弹出【创建放样】对话框，如图 11-69 所示。

图 11-68　　　　　　　图 11-69

✦ 创建点：显示【创建点】对话框将任何类型的曲面转换为点曲面，如图 11-70 所示。如果曲面已经是一个点曲面，也可以用【创建点】来改变列数和行数。

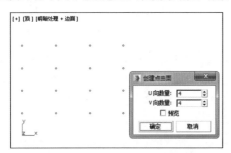

图 11-70

✦ 转化曲面：单击以显示【转化曲面】对话框，如图 11-71 所示。此对话框提供了一个将曲面转化为不同类型曲面的大体方法。可以在放样、点（"适配"）曲面和 CV 曲面之间转化。使用该对话框还可以调整其他曲面参数的数目。

图 11-71

✦ 分离：单击此按钮，将选定的曲面子对象与 NURBS 分离。

✦ 复制：选中此复选框，将复制曲线副本，副本不会与 NURBS 模型分离。

✦ 断开行：在行（曲面的 U 轴）方向，将曲面断开为两个曲面。

✦ 断开列：在列（曲面的 V 轴）方向，将曲面断开为两个曲面。

✦ 断开行与列：在两个方向将曲面断开为 4 个曲面。

11.3.3　公用的编辑选项（NURBS 工具箱）

在堆栈中选择【NURBS 曲面】顶层对象后，显示【创建点】、【创建曲线】和【创建曲面】卷展栏，如图 11-72~ 图 11-74 所示。

图 11-72　　　图 11-73　　　图 11-74

这 3 个卷展栏中的选项，其实与【NURBS】创建工具箱中的按钮命令是相同的，如图 11-75 所示。

图 11-75

【创建点】卷展栏：

✦ 创建点▣：单击此按钮，可以创建独立的点。

✦ 偏移点▣：单击此按钮，可以创建基于参考点的偏移点，如图 11-76 所示。

✦ 创建曲线点▣：单击此按钮，可以在 NURBS 曲线上插入点，如图 11-77 所示。

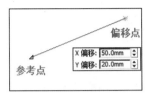
图 11-76

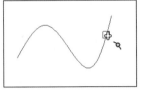
图 11-77

✦ 创建曲线 - 曲线点▣：在附加的两条 NURBS 曲线上创建交点，如图 11-78 所示。

✦ 创建曲面点▣：单击此按钮，在 NURBS 曲面上创建点，如图 11-79 所示。

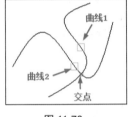
图 11-78

图 11-79

✦ 创建曲面 - 曲线点▣：在 NURBS 曲面的 NURBS 曲线上创建点，如图 11-80 所示。点将创建在曲线的中心位置。

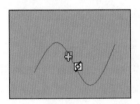

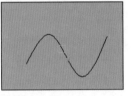
图 11-80

【创建曲线】卷展栏：

✦ 创建 CV 曲线▣：单击此按钮，可创建 CV 曲线，创建方法与【创建】|【图形】命令面板的【NURBS 曲线】类型中的【CV 曲线】相同。

✦ 创建点曲线▣：单击此按钮，可创建点曲线。

✦ 创建拟合曲线▣：单击此按钮，通过一系列的点来创建拟合曲线，如图 11-81 所示。

✦ 创建变换曲线▣：单击此按钮，可以按住并拖曳参考曲线来创建副本对象，如图 11-82 所示。

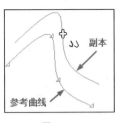
图 11-81

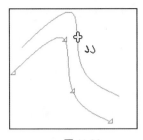
图 11-82

✦ 创建混合曲线▣：单击此按钮，将一条曲线的一端与其他曲线的一端连接起来，从而混合父曲线的曲率，以在曲线之间创建平滑的曲线，如图 11-83 所示。

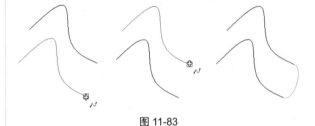
图 11-83

✦ 创建偏移曲线▣：单击此按钮，可以创建基于原曲线的偏移曲线，如图 11-84 所示。

图 11-84

✦ 创建镜像曲线▣：单击此按钮，选择要镜像的原曲线后，会显示【镜像曲线】卷展栏，在此卷展栏上设置镜像轴和偏移距离，按 Enter 键即可完成镜像曲线的创建，如图 11-85 所示。

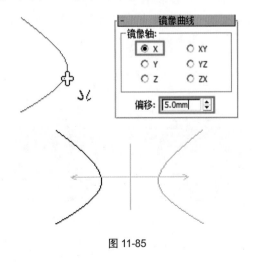
图 11-85

✦ 创建切角曲线 ◻：此选项对一般样条线转化成 NURBS 曲线后有效。利用矩形转换成 NURBS 后，单击此按钮，可以创建切角线。

✦ 创建圆角曲线 ◻：此选项对一般样条线转化成 NURBS 曲线后有效，并且至少包含两条曲线。利用矩形转换成 NURBS 后，单击此按钮，可以创建圆角线。

✦ 创建曲面 - 曲面相交曲线 ◻：单击此按钮，在两相交曲面创建相交曲线，如图 11-86 所示。

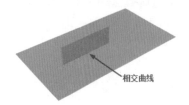

图 11-86

✦ 创建 U 向等参曲线 ◻：单击此按钮，在 NURBS 曲面上创建 U 向的等参数曲线，如图 11-87 所示。

✦ 创建 V 向等参曲线 ◻：单击此按钮，在 NURBS 曲面上创建 V 向的等参数曲线，如图 11-88 所示。

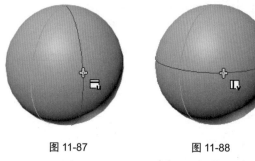

图 11-87　　　　　　图 11-88

✦ 创建法向投影曲线 ◻：单击此按钮，将创建法向垂直与曲面的投影曲线，如图 11-89 所示。此方法与曲面形状有关。

✦ 创建向量投影曲线 ◻：单击此按钮，可按矢量方向进行投影，此方法是不依据曲面形状的投影，即曲线投影后不改变形状及大小，如图 11-90 所示。

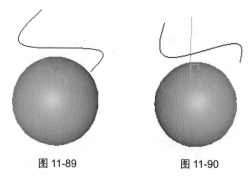

图 11-89　　　　　　图 11-90

✦ 创建曲面上 CV 曲线 ◻：单击此按钮，可附着在

曲面创建 CV 曲线，如图 11-91 所示。

✦ 创建曲面上的点曲面 ◻：单击此按钮，附着在曲面上创建点曲面，如图 11-92 所示。

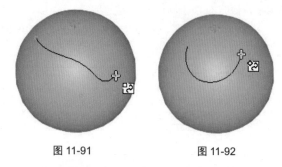

图 11-91　　　　　　图 11-92

✦ 创建曲面偏移曲线 ◻：单击此按钮，创建曲面上参考曲线的偏移曲线，偏移曲线则平行曲面，如图 11-93 所示。

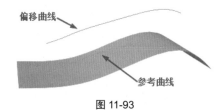

图 11-93

✦ 创建曲面边曲线 ◻：单击此按钮，可选择曲面来创建曲面边缘曲线，如图 11-94 所示。

图 11-94

【创建曲面】卷展栏：

✦ 创建 CV 曲面 ◻：单击此按钮，创建新的 CV 曲面。

✦ 创建点曲面 ◻：单击此按钮，创建新的点曲面。

✦ 创建变换曲面 ◻：单击此按钮，将创建一个曲面副本，如图 11-95 所示。

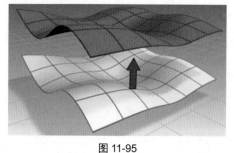

图 11-95

✦ 创建混合曲面 ◻：单击此按钮，在两个曲面之间

创建桥接曲面，即新曲面与原曲面的连续性为 C1 相切连续，如图 11-96 所示。

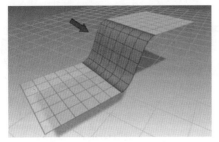

图 11-96

　　✦ 创建偏移曲面：："偏移"曲面沿着父曲面法线与指定的原始距离偏移，如图 11-97 所示。

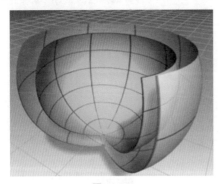

图 11-97

　　✦ 创建镜像曲面：单击此按钮，将创建参考曲面的镜像对象曲面，如图 11-98 所示。

图 11-98

　　✦ 创建挤出曲面：：单击此按钮，选择 NURBS 曲线创建挤出曲面，与【挤出】修改器类似，如图 11-99 所示。

图 11-99

　　✦ 创建车削曲面：：单击此按钮，可创建旋转曲面，如图 11-100 所示。

图 11-100

　　✦ 创建规则曲面：：单击此按钮，创建基于两条曲线子对象的直纹曲面，如图 11-101 所示。

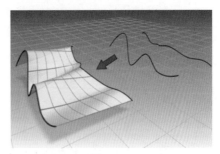

图 11-101

　　✦ 创建封口曲面：：单击此按钮，可将挤出曲面时没有封口的部分进行封口，如图 11-102 所示。

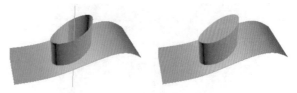

图 11-102

　　✦ 创建 U 向放样曲面：：单击此按钮，可创建 U 向的放样曲面，如图 11-103 所示。

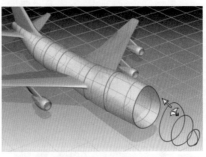

图 11-103

　　✦ 创建 UV 放样曲面：：单击此按钮，可创建 U 向和 V 向的四边网格曲面，如图 11-104 所示。创建方法是先单击选中 U 向曲线 1 和 2，然后右击（表示切换至 V 向），然后再单击选择 V 向曲线 1 和 2，完成放样曲面的创建。

图 11-104

✦ 创建单轨扫描🔲：单击此按钮，将扫描曲线创建曲面。一个单轨扫描曲面至少使用两条曲线，如图 11-105 所示。

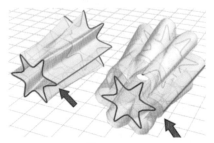

图 11-105

✦ 创建双规扫描🔲：双轨扫描曲面类似于单轨扫描，如图 11-106 所示。一个双轨扫描曲面至少使用三条曲线。两条"轨道"曲线，定义了曲面的两边。另一条曲线定义了曲面的横截面。

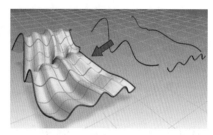

图 11-106

✦ 创建多边混合曲面🔲：多边混合曲面"填充"了由三个或四个其他曲线或曲面子对象定义的边，如图 11-107 所示。

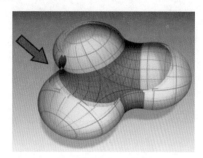

图 11-107

✦ 创建多重曲线修剪曲面🔲：多重曲线修剪曲面是用多条组成环的曲线进行修剪的现有曲面，如图 11-108 所示。

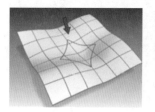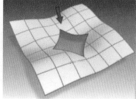

图 11-108

✦ 创建圆角曲面🔲：单击此按钮，创建连接其他两个曲面的弧形转角，如图 11-109 所示。

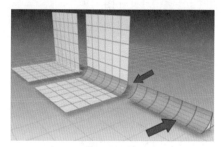

图 11-109

动手操作——制作植物叶片

本例要制作的植物叶片如图 11-110 所示。

图 11-110

01 新建 3ds Max 场景文件。

02 在【创建】|【几何体】|【NURBS 曲面】命令面板的【对象类型】卷展栏中单击【CV 曲面】按钮，然后在【创建参数】卷展栏中设置 CV 曲面参数，创建 CV 曲面，如图 11-111 所示。

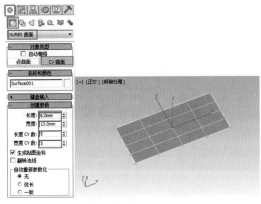

图 11-111

03 在【修改】命令面板中，选择 CV 曲面的【曲面 CV】层级子对象，并在顶视图中应用【选择并移动】工具 ✛，拖曳左侧的 3 号曲面 CV 控制点改变其形状，如图 11-112 所示。

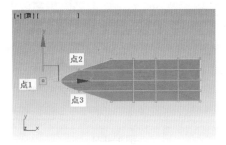

图 11-112

04 选择如图 11-113 所示的 6 号 CV 控制点改变其形状。

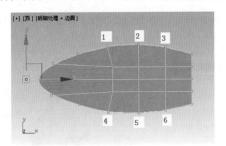

图 11-113

05 继续用相同的方法调节右侧 5 号 CV 点的位置，修改后的形状如图 11-114 所示。

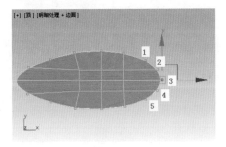

图 11-114

06 接下来在透视图中将外沿的几个 CV 点拖曳以改变形状，如图 11-115 所示。

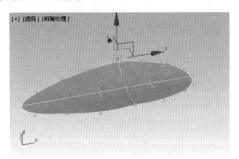

图 11-115

07 拖曳 CV 曲面中间的一排 CV 控制点，改变后的形状如图 11-116 所示。

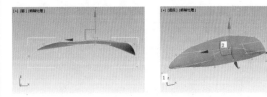

图 11-116

08 给 CV 曲面改变颜色，换成浅绿色，如图 11-117 所示。

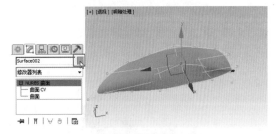

图 11-117

09 将本例素材源文件夹中的"盆栽 .max"直接拖到窗口中释放，在随后弹出的菜单中选择【合并文件】命令，如图 11-118 所示。

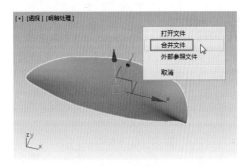

图 11-118

10 在视图中 CV 曲面旁单击放置盆栽，如图 11-119 所示。

图 11-119

11 利用复制功能将 CV 曲面复制，利用【拖曳和旋转】工具调整位置，最终结果如图 11-120 所示。

图 11-120

动手操作——制作花瓶

本例要制作的花瓶，如图 11-121 所示。

图 11-121

01 新建 3ds Max 场景文件。

02 在【创建】|【图形】|【NURBS 曲线】命令面板的【对象类型】卷展栏中单击【点曲线】按钮，并在前视图中绘制如图 11-122 所示的曲线。

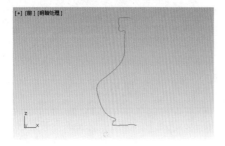

图 11-122

03 在【常规】卷展栏中单击【NURBS 创建工具箱】按钮，弹出【NURBS】工具箱，并在工具箱中单击【创建车削曲面】按钮，如图 11-123 所示。

图 11-123

04 激活创建车削曲面命令后，在视图中选择 NURBS 曲线，自动创建车削曲面，如图 11-124 所示。

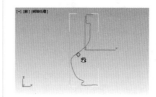 

图 11-124

05 但创建的曲面不尽人意，需要编辑。在命令面板的【车削曲面】卷展栏中单击 最大 按钮，改变其对齐方式，得到理想的车削曲面，如图 11-125 所示。此车削曲面就是花瓶的外观形状。

图 11-125

12.1　材质概述

3ds Max 最强大的一个功能，就是能模拟出世界中真实事物的逼真效果。要想做出逼真的效果，离不开物体的材质和表面的贴图艺术表现。下面讲述材质方面的相关知识。

12.1.1　"材质"与"贴图"的相关概念

1. 什么叫作材质，它有何作用

在效果图制作中，当模型创建完成后，必须通过"材质"系统来模拟真实材料的视觉效果。因为在 3ds Max 中创建的三维对象本身不具备任何质感特征，只有给场景物体赋上合适的材质后，才能呈现出具有真实质感的视觉特征。

"材质"就是三维软件对真实物体的模拟，通过它再现真实物体的色彩、纹理、光滑度、反光度、透明度、粗糙度等物理属性。这些属性都可以在 3ds Max 中运用相应的参数来进行设定，在光线的作用下，我们便看到一种综合的视觉效果。

2. 有哪些材质类型

3ds Max 除了拥有强大的灯光系统外，也拥有功能完善的材质系统，如图 12-1 所示。

图 12-1

在使用 V-Ray 渲染时，如果表现的是"不反光也不透明的物体"，可以使用 3ds Max 的标准材质；如果你想表现具有反光、透明（透光）等特征的物体，你就必须使用 VR 材质，才可以获得良好效果。V-Ray（在本章后面小节中详解）虽然和 3ds Max 实现了最大限度的兼容，但因为计算方法不同，V-Ray 对 3ds Max 的某些材质、贴图并不支持。VR 材质是我们使用 V-Ray 插件渲染时，最基本的一个材质类型，通过它，可以轻松再现真实物体的色彩、纹理、光滑度、反光度、透明度、粗糙度等物理属性。

第 12 章源文件

第 12 章视频文件

第 12 章结果文件

另外，其他较常用的材质类型还有 VR 灯光材质，用于模拟自发光效果；VR 材质包裹器用于修正某些 3ds Max 默认材质的不兼容现象，或者改变物体的光照属性；VR 双面材质用于模拟薄壁透明物体；VR3S 材质用于模拟透光但不透明的物体。

3. 材质与贴图有什么区别

材质可以模拟出物体的所有属性。贴图，是材质的一个层级，对物体的某种单一属性进行模拟，例如物体的表面纹理，如图 12-2 所示。一般情况下，使用贴图通常是为了改善材质的外观和真实感。

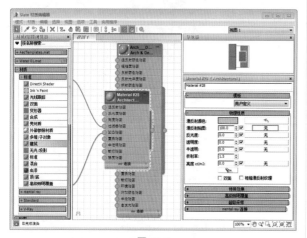

图 12-2

贴图类型比较多，主要可以分为三大类，即 2D 贴图、3D 贴图、光照贴图。

2D 贴图是二维图像，它们通常贴图到几何对象的表面，或用作环境贴图来为场景创建背景。最简单的 2D 贴图是位图，它是我们使用最广泛的贴图类型；其他种类的 2D 贴图用程序生成。

3D 贴图是根据程序以三维方式生成的图案，例如，衰减贴图、噪波贴图等。

光照贴图带有光照信息，可以放在环境或者其他地方，对场景产生光照效果，例如，V-Ray 天光贴图、V-Ray 高动态贴图等。

12.1.2　认识和表现各种材质

物体材质的表现并不是对实物的完全再现，而是通过分析、归纳和总结材质的特性来传达设计者所要表达的材质感觉和特性。所谓材质，就是材料的质地，这是材料的一种固有的物理属性。多数情况下，产品外表所体现出来的材质效果都是经过人为加工的，而非原材料本身的质地，之所以这样做，是为了保护产品壳体不受

到侵蚀，同时也能够提升产品的质感，从而增加产品的附加价值。除此之外，从消费者角度来讲，产品可选择的余地也增多了。

不仅如此，同一种材料经过不同的加工工艺处理后，也能够带来不同的视觉感和多姿多彩的效果，甚至可以模拟出其他材质的视觉效果，例如，经过电镀处理的塑料和真实的金属就很难看出有什么区别。在这个技术条件日趋成熟的时代，通过产品材质来创造价值的案例已经屡见不鲜，全球各大产品制造商都设有自己的 CMF 部门——专门针对产品的色彩（Color）、材质（Material）和表面处理工艺（Finish）进行探索与创新，以期创造更多的附加价值，如图 12-3 所示。

图 12-3

产品设计表达中与材料质感有关的表现元素包括材料的色彩、材料表面的纹理，以及前面提及的表面光影关系。色彩的表现与材料本身的特性和光源的综合作用息息相关，对光的反射性比较低的材料更多地表现出材料自身固有的色彩；与之相反，高反射的材料更多地反射光源及周围环境的色彩。而材料表面的肌理则是材料本身的固有属性，在某种程度上决定了材料的反射光泽和折射率。

综上所述，材质的视觉效果实质上取决于反射、折射及固有色的显现比例和表现行为，例如抛光金属表面光滑、纹理也少，加之反射能力强烈，肯定与木材纹理丰富、反射能力差的表征截然不同。而事实上，在二维软件中来模拟各种材质效果，实质上就是针对反射、折射和固有色进行表现的。在这种指导思想下，读者甚至可以发挥创意、自由地衍生出一些复合的材质效果，例如珍珠漆、亚克力等特殊效果的材质。通过本节的学习，读者将较为系统地了解几类常用材质的特点与表现思路，为后续章节的案例学习打下坚实的基础。

不同的材质之所以给人带来不同的视觉感受，归根结底是由于不同材质对光线的吸收和反射的不同所造成的，如图 12-4 所示。据此，可以将各种材质归结为以下

几类：不透明高反光材质、不透明亚光材质、不透明低反光材质、透明材质、半透明材质和自发光材质 6 大类。熟练而灵活地运用这些材质效果可以增强产品二维效果图的表现力和感染力。当然，材料的选取也要遵循一定的原则，首先要考虑材料的质地、纹理及颜色等因素，在使用材料时，应尽可能地发挥材料本身的特性，在少量使用表面处理技术的前提下，尽可能展现材料独特的魅力。此外，产品为实现特定的功能，需要有一定的支撑结构、包容结构、活动部件和可拆装的零部件。材料的使用必须满足这些机能方面的要求，用户选择材料时，也要考虑到材料的可加工性、良好的可塑性，以及机械加工特性。

图 12-5

如图 12-6 所示的不锈钢水壶则通过电镀或者抛光的工艺处理方式使其呈现出高度反光的效果。而如图 12-7 所示的塑料电话则通过表面喷涂的工艺使表面的反射能力大大增强，好似烧制过的上釉瓷器一般。

图 12-6

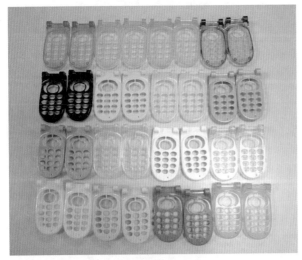

图 12-4

1. 不透明高反光材质的特点与表现

无论是金属、塑料，还是木材、陶瓷等不透明材质，都可以通过不同的加工工艺使其达到高反光的效果，如电镀、抛光、打磨、上釉和打蜡等方法。其目的是为了突出产品外观坚硬、光洁的特点，一般在厨房用品、洁具、家电和交通工具领域有着广泛的应用。在这类产品中，尤以金属制品最为常见，它们具有很强的反射光线的能力，而且会在表面上映射出周围的环境。根据产品表面曲率的不同，映射图像的扭曲程度也会有所不同。下边就来看几个应用的例子。

如图 12-5 所示的轿车车身表面珍珠漆的反射效果，这种材质主要有两层——底漆和表面的无色釉层经过喷涂和烤漆而成。底漆反映出车身深蓝色的固有色，而表面的釉层则形成了犀利的反光，因此形成了极其强烈的视觉效果，给人以前卫的豪华感。

图 12-7

高反光但不透明的材质种类比较多，而且每种材质都有自己的特点，在表现这类产品时读者应当始终注意的是，产品表面上的高光反射都源自于周围环境的作用，因此在进行表现时就不能把产品和环境割裂开来，而是能够想象出反射的影像中哪一个是光源，哪一个是辅光等。然而过多地考虑很可能会降低效率，甚至得不偿失，因此在表现这种反射时也有一定的程式化做法——无缝背景配合反光板来简化反射环境的复杂程度。一般以此种方法来表现的对象多以金属制品为主，如图 12-8 所示。由于表面光滑坚硬，因此适宜使用柔光箱来照射产品，由于产品本身会受到周边环境的影响，因此可以假想一个中性色调的无缝场景被物体反射出来，通过对影像的概括，其中以黑色和白色分别表现暗的环境与反光板的光影效果来提升材质的感觉和画面的情趣，如图 12-9 所示就是按照这种原则来表现的产品二维效果图，即便周边环境如此单纯而简单，在平面设计软件中确定产品表面高光的形态和位置仍然是一件挑战想象力的事情，需要读者细心地观察、总结与实践。

图 12-8

图 12-9

2．不透明亚光材质的特点与表现

不透明亚光材质其实就是在不透明高反光材质基础上增加了反射模糊的属性。前面已经讲到，反射与物体表面的粗糙程度息息相关，物体表面越光滑，反射越清晰；反之则越模糊。虽然亚光材质不能像高反光材质那样清晰地反射出周边环境，但对光源的反射还是比木头、陶土等低反光材质的能力要强。目前，不透明亚光材质在以塑料为基本材质的电子产品领域有着广泛的应用。使用这种效果，既可以加强产品本身的亲和力，不像金属那样产生坚硬、冰冷的感觉，同时还能起到防滑的作用，与此同时，亚光表面在与手接触后也不容易留下指痕。要使产品表面产生这种亚光效果，主要有两种方式，一种是在模具阶段就将这些粗糙的表面肌理加工到模具

内表面上去，这样生产出来的制件不用经过二次加工，就能够产生很好的亚光效果，这主要是针对塑料产品而言的。而对于金属材质，可以利用喷砂、拉丝、旋光和喷涂亚光漆等工艺手段来使表面变得粗糙。

如图 12-10 所示的数码伴侣，则是通过在产品表面喷涂亚光金属漆实现亚光效果的；如图 12-11 所示的 SONY T7 相机机壳则没有经过任何二次加工，完全是磨砂金属的本色。

图 12-10

图 12-11

如图 12-12 和图 12-13 所示，在手机设计领域材质与工艺的运用是非常丰富的，而为了提升产品高档的质感和精湛的工艺，金属拉丝工艺和旋光工艺的运用是非常普遍的。

图 12-12

图 12-13

此类材质虽然受周边环境的影响较小，但仍然对布光有一定的要求。利用面光源在曲面的转折处形成细长的高光反射，这是一个基本的要求。而且在多数情况下与高光区域紧连着就是一块黑色反光板形成的暗色反光区域，由于喷涂或者磨砂颗粒具有细密的凹凸纹理，黑白两个反射区域是自然过渡的。这就很好地表现了这类金属的亚光反射特性，而且黑白过渡区域的肌理表现是最到位的，如图 12-14 所示。而如图 12-15 所示则是以此原则为根据制作的产品效果图。

图 12-14

图 12-15

3．不透明低反光材质的特点与表现

诸如橡胶、木材、砖石、织物和皮革等材质属于

不透明且低反光的材质，本身不透光且少光泽，光线在其表面多被吸收和漫反射，因此各表面的固有色之间过渡均匀，受到外部环境的影响较少。这类材质的产品是最容易表现的，在布光与场景设定方面有着很大的自由度，多以泛光源来突出产品表面柔和的感觉，如图 12-16 所示。

图 12-16

这类产品表现起来比较自由，因此在布光方面也没有什么特别的讲究，对于熟练掌握了前面两种材质表现方法的读者来说也不是什么难事，但要遵循以下几个原则。

✦ 重点应当放在材质纹路与肌理的刻画上。

✦ 表现橡胶、木材和石材等硬质材料时，线条应当挺拔、硬朗，结构、块面处理要清晰、分明，目的是突出材料的纹理特性，弱化光影表现。

✦ 表现织物、皮革等软质材料时明暗对比应当柔和，弱化高光的处理，同时避免生硬线条的出现。如图 12-17 所示为此类材质的表现效果。

图 12-17

4. 透明材质的特点与表现

透明材质的透射率极高，如果是表面光滑、平整，人们便可以直接透过其本身看到后面的物体；而产品如果是曲面形态，那么在曲面转折的地方会由于折射现象而扭曲后面物体的影像。因此如果透明材质产品的形态过于复杂，那么，光线在其中的折射过程也就会捉摸不定，因此透明材质既是一种富有表现力的材质，同时又是一种表现难度较高的材质。表现时仍然要从材质的本质属性入手，反射、折射和环境背景是表现透明材质的关键，将这 3 个要素有机地结合在一起就能表现出晶莹剔透的透明效果。

透明材质有一个极为重要的属性——菲涅尔（Fresnel）原理，这个原理主要阐述了折射、反射和视线与透明体平面夹角之间的关系，物体表面法线与视线的夹角越大，物体表面出现反射的情况就越强烈。相信读者都有这样的经验，当站在一堵无色玻璃幕墙前时，直视墙体能够不费力地看清墙后面的事物，而当视线与墙体法线的夹角逐渐增大时，你会发现要看清后面的事物变得越来越困难，反射现象越来越强烈了，周围环境的映像也清晰可辨，如图 12-18 所示。

图 12-18

透明材质在产品设计领域有着广泛的应用。由于它们具有既能反光又能透光的作用，所以经过透明件修饰的产品往往具有很强的生命力和冷静的美，人们也常常将它们与钻石、水晶等透明而珍贵的宝石联系起来，因此对于提升产品档次也起到了一定的作用，如图 12-19 所示，无论是手机的按键、冰箱把手，还是玻璃器皿等，都是透明材质的。

图 12-19

玻璃、透明亚克力等这类材料通常光洁度较高，亮部会形成明亮的高光区域，而投影也会由于受到透射的光线影响而变得比较通透，甚至会产生"焦散"效果——在投影区域出现一个透射光线汇聚成的亮点。要表现这类材质，较常用的布光方式以底光、顶光或逆光为主，而背景多以白色和黑色为主。白色背景不仅可以很好地体现出透明材质的晶莹剔透，也非常便于进行后期影像处理；而黑色背景则可以使表现图体现出一种深沉、高贵、冷峻的感觉，苹果系列产品是运用白色和黑色背景塑造产品性格的典范，如图 12-20 所示。

图 12-20

此类材质虽然光影变化情况复杂，但仍然有几条表现规律可以遵循。

（1）此类材质反射性强，亮部存在反射与炫光，因此不易看清内部结构，而暗部反射较少，可以看清内部结构及其后面的环境。

（2）表现透明材质的产品时应当先从暗部入手，表现其内部结构、背景色彩及反射的环境，然后表现亮部的高光和暗部的反光，以突出其形体结构和轮廓。

（3）材料较厚或表现透明的侧面时，应注意此时的光线会发生反射和折射。这时应重点表现材料自身的反射及环境色。

（4）大多数无色透明材质都略显冷色调，一般为蓝色，而透明材质的亮色和暗色均接近于中间调。

本着这几条规律，无论是手机屏幕、透明机壳，还是各种玻璃器皿，都可以较为真实地表现透明材质产品的特点，如图 12-21 所示。

图 12-21

5. 半透明材质的特点与表现

半透明材质和透明材质一样具有透射光线的能力，但由于半透明材质的透射率较低，透过这种材质所看到的物体影像是比较朦胧的，那么，什么是透射率呢？单位强度的光线穿透单位厚度的半透明材质后的量与光线到达物体表面的总量的比值，叫作半透明材质的透射率。因此不难看出材质的透光效果与光线强度和材质厚度有关系，光线越强，半透明物体越薄，透明效果就越好。除去材质本身的特性，还有两个次要原因，一是产品表面本身不够光滑，二是产品内部具有吸收或阻碍光线透过的成分与结构。

半透明材质是比较常见的一种材质，皮肤、玉石、石蜡等都属于天然的半透明材质，而以人工合成的半透明塑料为基础制成的各式产品就更多了，如图 12-22 所示的生活用品、电子产品等。除了半透明塑料，人们也通过雾化侵蚀的手段将透明玻璃转化为磨砂玻璃，使其表现出半透明的效果，如图 12-23 所示。

图 12-22

图 12-23

6. 自发光材质的特点与表现

自发光材质是人造物所特有的一种材质，种类也比较多，就目前在电气、电子产品中的应用情况来看，主要以 LED（发光二极管）为主，兼有 VFD（真空荧光动态显示）、电致发光玻璃和各种显示屏等其他产生自发光效果的媒介。

（1）LED

这种自发光技术早先仅用于产品的指示功能，然而随着技术的不断进步，LED 也被大量用于产品外观的装饰领域。通过各种颜色、各种形态排列的 LED 发光体，着实为产品增色不少，如图 12-24 所示。

图 12-24

（2）VFD

这是一种从真空电子管发展而来的自发光显示技术，它的基础特性与电子管的工作特点基本相同，通过电子激发荧光粉而得到发光的效果。由于这种技术具有多色彩显示、亮度高的特点，因此被广泛地用于家电产品、工业仪器设备领域，如图 12-25 所示。

图 12-25

（3）电致发光玻璃

将发光材料涂抹在玻璃上，利用电致发光原理可以得到这种特殊的自发光技术，它的优点是形式比较自由，可以根据需求在玻璃表面表现各种形状的发光效果，如图 12-26 所示。

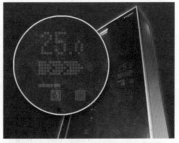

图 12-26

（4）各种显示屏

是使用最早也是最为成熟的显示发光技术，LCD、

QVGA、Plasma 等显示方式已经是目前娱乐影音产品市场的主流技术，尤其是 LCD 技术已经开始见诸于一些高档白色家电产品上，如图 12-27 所示。

图 12-27

自发光材质的表现相对于前面介绍的几种材质而言比较简单。对于单色的 LED 类型的发光体来说，只需要填充发光区域、创建图层副本及应用【高斯模糊】效果来模拟光晕效果就可以了。而要衬托出自发光的效果，在保证发光体颜色鲜艳、明度较高的同时，背景（也就是显示区域的底色）也要尽量暗下去。如图 12-28~ 图 12-33 所示展示了产品二维表现中常用的自发光材质、显示区域的表现效果，供读者在日后的设计实践中参考。

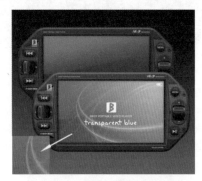

图 12-28

图 12-29

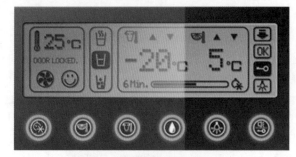

图 12-30

图 12-31

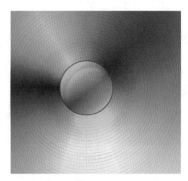

图 12-32

图 12-33

12.2　获取 3ds Max 材质

要知道，3ds Max 的材质十分丰富，怎样获取或者如何为模型添加材质呢？第一种方法就是从菜单栏执行【渲染】|【材质编辑器】|【精简材质编辑器】命令，打开【材质编辑器】窗口，如图 12-34 所示。从窗口的材

质示例窗中选择材质直接拖曳到模型上，即为添加材质（或称"赋予材质"）。

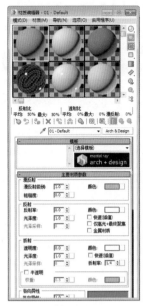

图 12-34

第一次打开【材质编辑器】窗口，材质示例窗中的材质是很少的，就需要我们进入材质编辑器（材质库）中添加新材质。在窗口的【模式】菜单中选择【Slate 材质编辑器】命令，打开【Slate 材质编辑器】对话框，如图 12-35 所示。通过该对话框左侧的【材质 / 贴图浏览器】列表，找到合适的材质并拖曳到模型上即可。

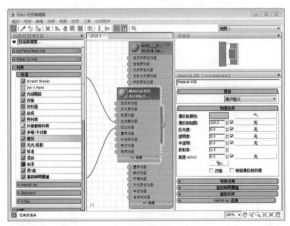

图 12-35

技术要点：可以按 M 键打开此材质编辑器。

第二种也是最直接添加材质的方法就是在【设计标准】工作空间中，在功能区【材质】选项卡的【材质和外观】面板中单击【添加材质】按钮，打开【材质浏览器】对话框，如图 12-36 所示。通过搜索材质或者在浏览器下各材质卷展栏中选择材质，再拖曳到模型中即可。

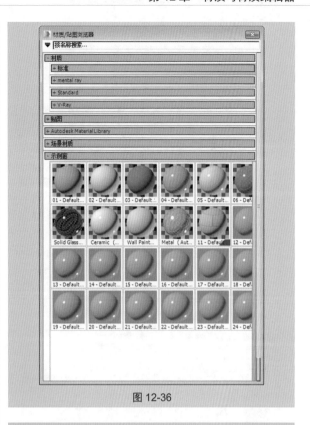

图 12-36

12.2.1　使用材质库

【材质浏览器】对话框中包含多个 3ds Max 的材质库，每个材质库包含了种类齐全的材质。

动手操作——新建或打开材质库

01 单击【材质 / 贴图浏览器选项】按钮，弹出【材质 / 贴图浏览器选项】菜单，如图 12-37 所示。

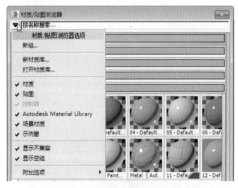

图 12-37

02 在【材质 / 贴图浏览器选项】菜单中选择【新材质库】命令，在浏览器中创建【新库 .mat】材质库，如图 12-38 所示。

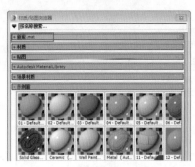

图 12-38

03 新的材质库中是没有材质的,如果用户有在场景中添加材质并对材质进行了合理的编辑后,在新建材质库的卷展栏位置右击,再选择【获取所有场景材质/贴图】命令,弹出【获取所有场景材质/贴图】对话框,如图 12-39 所示。

图 12-39

04 单击【获取】按钮,即可将场景的所有的材质与贴图存储在新建的材质库中,如图 12-40 所示。

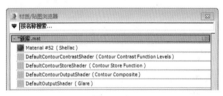

图 12-40

05 选择新材质库的右键菜单中的【保存】或【另存为】命令,将新建的材质库保存到 3ds Max 默认安装路径下的材质文件夹中,如图 12-41 所示。以后每次运行 3ds Max 都会有这个材质供重复使用。

图 12-41

06 当用户自定义各类型的材质库后,可以通过单击【材质/贴图浏览器选项】按钮▼,在【材质/贴图浏览器选项】菜单中选择【打开材质库】命令,从 3ds Max 2016 安装路径下的 materiallibraries 文件夹中,打开自定义的材质库,如图 12-42 所示。

图 12-42

> **技术要点:**
> 本书提供了多达上千种新材质,新材质文件在"随书光盘\动手操作\源文件\Ch12\提供 3ds_max 材质库"文件夹中。

12.2.2 3ds Max 材质类型

3ds Max 2016 的材质包括标准材质、mental 材质和 Standard 材质,如图 12-43 所示。

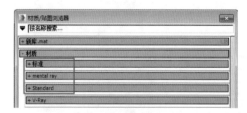

图 12-43

> **技术要点:**
> V-ray 材质仅当在用户安装 V-Ray for 3ds Max 渲染插件后,才会有 V-ray 渲染器自带的材质库。Standard(标准)材质实际上就是【标准】材质库中的【标准】材质,所以下面不做单独介绍。

1. 标准材质

"标准"材质是 3ds Max 最基础的材质,也是使用频率最高的材质之一,通过对这些基本材质的编辑,可以得到能够模拟真实世界中的任何材质，如图 12-44 所示。

图 12-44

根据渲染要求，合理地选择材质并添加给模型。下面介绍各种材质的应用。

✦ Ink 'n Paint（卡通材质）：卡通材质用于创建卡通效果，与其他大多数材质提供的三维真实效果不同，"卡通"提供带有"墨水"边界的平面明暗处理，如图 12-45 所示为用卡通材质渲染的"蛇"。由于"卡通"是材质，因此可以创建将 3D 明暗处理对象与平面明暗处理卡通对象相结合的场景，如图 12-46 所示。

图 12-45

图 12-46

✦ Directx shader（Directx 着色）：是一种基于 FX 文件的材质。一个 FX 文件就可以代表一种材质。它可以与 3ds Max 中的其他材质一样赋予到模型上。

✦ 光线跟踪：光线跟踪材质是一种高级的曲面明暗处理材质，如图 12-47 所示为利用光线追踪材质相互反射的球。它与标准材质一样，能支持漫反射表面明暗处理。它还能创建完全光线跟踪的反射和折射。它还支持雾、颜色密度、半透明、荧光，以及其他特殊效果。

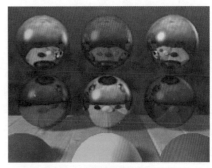

图 12-47

✦ 双面：使用双面材质可以向对象的前面和后面指定两种不同的材质，如图 12-48 所示。

图 12-48

✦ 变形器："变形器"材质与"变形"修改器相辅相成。它可以用来创建角色脸颊变红的效果，或者使角色在抬起眼眉时前额褶皱，如图 12-49 所示。

图 12-49

✦ 合成：合成材质最多可以合成 10 种材质，如图 12-50 所示。

图 12-50

✦ 壳材质：壳材质用于纹理烘焙。

✦ 外部参照材质：通过外部参照材质，可以使用在另一个场景文件中应用于对象的材质。

✦ 多维 / 子对象：使用多维 / 子对象材质可以采用几何体的子对象级别分配不同的材质。创建多维材质，将其指定给对象并使用网格选择修改器选中面，然后选择多维材质中的子材质指定给选中的面，如图 12-51 所示为使用"多维 / 子对象"材质的渲染。

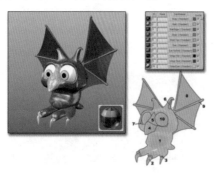

图 12-51

✦ 建筑：建筑材质的设置是物理属性，因此当与光度学灯光和光能传递一起使用时，其能够提供最逼真的效果。借助这种功能组合，可以创建精确性很高的照明效果。如图 12-52 所示，用于光度学灯光和光能传递解决方案的建筑材质可产生具有精确照明水准的逼真渲染效果。

图 12-52

✦ 无光 / 投影：使用无光 / 投影材质可将整个对象（或面的任何子集）转换为显示当前背景色或环境贴图的无光对象。如图 12-53 所示，对背景加外框的照片的简单渲染会将照片显示于背景的前面。隐藏对象将隐藏照片的一部分，用于显示背景使照片好像位于高脚杯的后面。

背景加外框的渲染　　隐藏对象的渲染

图 12-53

技术要点：

在 mental ray 处于活动状态时，"无光 / 投影"材质将不可用，可以改用无光 / 投影 / 反射材质，也可以从场景中的非隐藏对象中接收投射在照片上的阴影。使用此技术，通过在背景中建立隐藏代理对象并将它们放置于简单形状对象前面，可以在背景上投射阴影，如图 12-54 所示。

图 12-54

✦ 标准：标准材质类型为表面建模提供了非常直观的方式。在现实世界中，表面的外观取决于它如何反射光线。在 3ds Max 中，标准材质模拟表面的反射属性。如果不使用贴图，标准材质会为对象提供单一、统一的颜色。如图 12-55 所示为利用"标准"材质渲染的电动车模型。

图 12-55

✦ 混合：混合材质可以在曲面的单个面上将两种材质进行混合。混合具有可设置动画的【混合量】参数，该参数可以用来绘制材质变形功能曲线，以控制随时间混合两个材质的方式。如图 12-56 所示为使用"混合"材质渲染的组合砖墙。

图 12-56

✦ 虫漆：虫漆材质通过叠加将两种材质混合。叠加材质中的颜色称为"虫漆"材质，被添加到基础材质的颜色中。【虫漆颜色混合】参数控制颜色混合的量，如图 12-57 所示。

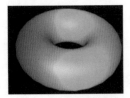 

1. 基础材质　　　2. 虫漆材质

3. 与 50% 的虫漆颜色混合值组合的材质

图 12-57

✦ 顶 / 底：使用顶 / 底材质可以向对象的顶部和底部指定两个不同的材质。可以将两种材质混合在一起，如图 12-58 所示。

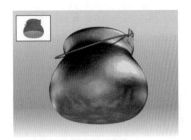

图 12-58

✦ 高级照明覆盖：该材质使你可以直接控制材质的光能传递属性。【高级照明覆盖】通常是基础材质的补充，基础材质可以是任意可渲染的材质。"高级照明覆盖"材质对普通渲染没有影响，它影响光能传递解决方案或光跟踪。如图 12-59 所示为使用"高级照明覆盖"材质的房间照明渲染效果。

图 12-59

2．mental ray 材质

mental ray 材质是 3ds Max 自带渲染器 mental ray 的自用材质，如图 12-60 所示。当 mental ray 或 Quicksilver 硬件渲染器为活动的渲染器时，这些材质在【材质 / 贴图浏览器】中可见。

图 12-60

mental ray 材质包括 Arch & Design 材质、Autodesk 材质类型和 mental ray 渲染器专用材质。

✦ Arch & Design 材质：Arch & Design 材质可提高建筑渲染的图像质量。它能够在总体上改进工作流程并提高性能，尤其能够提高光滑曲面（如地面）的性能。Arch & Design 材质的特殊功能包括自发光、反射光泽和透明度的高级选项、Ambient Occlusion 设置，以及将作为渲染效果的锐角和锐边修圆的功能。如图 12-61 所示为使用 Arch & Design 材质获得的一系列材质效果。

图 12-61

✦ Autodesk 材质类型：Autodesk 材质是 Autodesk 公司旗下所有能渲染模型的二维与三维软件通用材质，如 Autodesk Revit、AutoCAD 和 Autodesk Inventor。Autodesk 材质用于对构造、设计和环境中常用的材质建模。如图 12-62 所示为使用 Autodesk 材质渲染的室内场景。

图 12-62

✦ mental ray 渲染器专用材质：mental ray 专有材质包括汽车颜料材质、无光 / 投影 / 反射材质、mental ray 材质和子曲面散布（SSS）材质等。如图 12-63 所示为利用汽车颜料材质（Car Paint）渲染的汽车效果。

图 12-63

12.2.3　V-ray 材质

V-ray 材质仅当在用户安装 V-Ray for 3ds Max 渲染插件后，材质 / 贴图浏览器中才会显示 V-ray 材质库。V-ray 材质类型如图 12-64 所示。

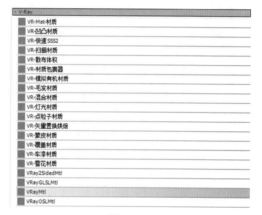

图 12-64

V-ray 材质类型分基础材质与混合材质。使用 V-Ray 材质能在场景中得到更正确的照明和更好的渲染效果，而且渲染时间更快。通过它，可以轻松再现真实物体的色彩、纹理、光滑度、反光度、透明度、粗糙度等物理属性。

V-ray 是一种结合了光线跟踪和光能传递的渲染器，其真实的光线计算可以创建专业的照明效果。可用于建筑设计、灯光设计、展示设计等多个领域。本章将围绕 V-ray 材质的添加与编辑进行详细介绍。其他 3ds Max 的材质可以按照 V-ray 材质的编辑方法进行操作。

12.3　材质编辑器

材质的编辑是在材质编辑器中完成的。3ds Max 的材质编辑器包括简明材质编辑器和 Slate 材质编辑器。

12.3.1　简明材质编辑器

简明材质编辑器是在 3ds Max 旧版本软件中就有的材质编辑器，操作简洁明了。在菜单栏执行【渲染】|【材质编辑器】|【简明材质编辑器】命令，打开【材质编辑器】窗口，如图 12-65 所示。

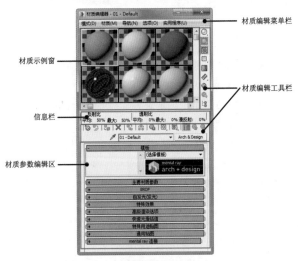

图 12-65

在材质示例窗选择某个材质后，材质参数编辑区会显示相应的材质参数设置卷展栏。

1．材质编辑菜单栏

材质编辑菜单栏中包含了材质编辑器中所有的实用工具，当然还可以从更为直观的材质编辑工具栏中单击相应的按钮来执行命令。

2．材质示例窗

使用示例窗可以保持和预览材质和贴图。使用【精简材质编辑器】控件可以更改材质，还可以把材质应用于场景中的对象。要做到这点，最简单的方法是将材质从示例窗直接拖曳到视图中的对象上。

在每个窗口中可以预览一个材质，双击一个材质球，会弹出该材质的预览，如图 12-66 所示。

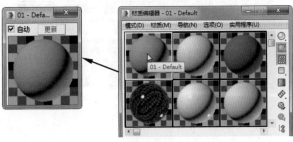

图 12-66

在材质示例窗的某个材质球上右击，弹出如图 12-67 所示的菜单。

图 12-67

菜单选项含义如下。

✦ 拖曳 / 复制：拖曳材质球到视图中的模型上，即可复制一个材质给模型，此过程就是添加材质的过程。

✦ 拖曳 / 旋转：选择此选项，在示例窗中旋转材质球。

✦ 重置旋转：选择此选项，将"拖曳 / 旋转"后的材质球恢复到旋转前的状态。

✦ 渲染贴图：渲染当前贴图，创建位图或 AVI 文件（如果位图有动画）。如果处在材质级别，而不是贴图级别，那么这个菜单项不可用。

✦ 选项：选择此选项，将弹出【材质编辑器选项】对话框，如图 12-68 所示。

图 12-68

✦ 放大：也就是选中材质的放大预览图，与双击材质球弹出的预览对话框相同。

✦ 按材质选择：当材质添加给了模型上的单个对象后，选择此选项，可以从场景资源管理器中选择模型的其他对象添加相同的材质，如图 12-69 所示。

图 12-69

✦ 在 ATS 对话框中高亮显示资源：如果活动材质使用的是已跟踪的资源（通常为"位图"贴图）的贴图，则打开【资源追踪】对话框，同时资源高亮显示。如图 12-70 所示。

图 12-70

技术要点：
如果此材质没有贴图，或者它所用的贴图未受追踪，则此选项不可用。

3. 材质编辑工具栏

材质编辑下工具栏如图 12-71 所示；材质编辑右工具栏如图 12-72 所示。

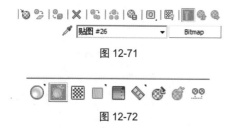

图 12-71

图 12-72

材质编辑下工具栏中的按钮选项含义如下。

✦ 【获取材质】：如果材质示例窗中没有需要的材质，可以单击此按钮或者单击材质名称右侧的"类型"按钮，可打开【材质 / 贴图浏览器】对话框，以此添加新材质到示例窗中，如图 12-73 所示。

技术要点：
材质按钮会因选择的材质来显示按钮名称。

图 12-73

✦ 将材质放入场景：　"将材质放入场景"在编辑材质之后更新场景中的材质。

✦ 将材质指定给选定对象：可将活动示例窗中的材质应用于场景中当前选定的对象上。

✦ 重置贴图 / 材质为默认材质：重置活动示例窗中的贴图或材质的值。

✦ 生成材质副本：通过复制自身的材质，"冷却"当前热示例窗。

✦ 使唯一：可以使贴图实例成为唯一的副本。

✦ 放入库：将选定的材质添加到当前库中。

✦ 材质 ID 通道：弹出按钮上的按钮将材质标记为"视频后期处理"效果或渲染效果，或存储以 RLA 或 RPF 文件格式保存的渲染图像的目标，以便通道值可以在后期处理应用程序中使用。

✦ 视图中显示明暗处理材质：通过此控件，可以在贴图在视图中的两种显示方式之间切换，这两种方式是：明暗处理贴图（Phong）或真实贴图（全部细节）。

✦ 显示最终结果：查看所处级别的材质，而不查看所有其他贴图和设置的最终结果。

✦ 转到父对象：可以在当前材质中向上移动一个层级。

✦ 转到下一个同级项：将移动到当前材质中相同层级的下一个贴图或材质。

材质编辑右工具栏按钮选项含义如下。

✦ 采样类型：可以选择要显示在活动示例窗中的几何体，包括球体、圆柱体和长方体，如图 12-74 所示。

图 12-74

✦ 背光：单击此按钮，将背光添加到活动示例窗中。

✦ 背景█：单击此按钮，将多颜色的方格背景添加到活动示例窗中。如果要查看不透明度和透明度的效果，该图案背景很有帮助。

✦ 采样 UV 平铺▢：可以在活动示例窗中调整采样对象上的贴图图案重复。

✦ 视频颜色检查█：视频颜色检查用于检查示例对象上的材质颜色是否超过安全 NTSC 或 PAL 阈值。

✦ 生成预览◈：可以使用动画贴图向场景添加运动。例如，要模拟天空视图，可以将移动的云的动画添加到天窗窗口。"生成预览"选项可用于在将其应用到场景之前，在"材质编辑器"中试验它的效果。

✦ 选项◈：单击此按钮，打开【材质编辑器】对话框。

✦ 按材质选择◈：单击此按钮，将通过场景资源管理器选择要添加材质的对象。

✦ 材质 / 贴图导航器◈："材质 / 贴图导航器"是一个无模式对话框，可以通过材质中贴图的层次或复合材质中子材质的层次快速导航。

01 打开本例素材场景文件 12-1.max，如图 12-75 所示。

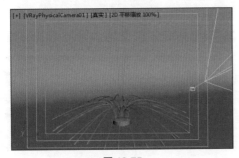

图 12-75

02 在菜单栏中执行【渲染】|【材质编辑器】|【简明材质编辑器】命令，打开【材质编辑器】窗口。

03 在材质示例窗中选择一个空白的"标准 _1"材质球，并将其命名为"发光"，如图 12-76 所示。

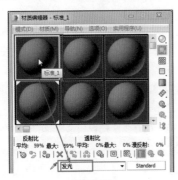

图 12-76

04 在【Blinn 基本参数】卷展栏设置如图 12-77 所示的参数。设置材质参数后材质球变成如图 12-78 所示的效果。

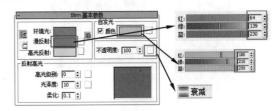

图 12-77

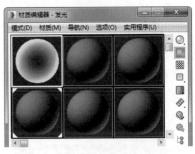

图 12-78

05 在下工具栏中单击【放入库】按钮◈，将材质保存在材质库中，如图 12-79 所示。

图 12-79

06 在摄像机视图中选中要添加材质的对象，然后将发光材质添加到场景中的选定的对象上，如图 12-80 所示。

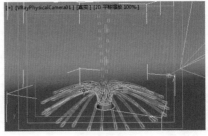

图 12-80

07 最后在菜单栏执行【渲染】|【渲染】命令，对场景进行渲染，效果如图 12-81 所示。

图 12-81

12.3.2　Slate 材质编辑器

在功能区【材质】选项卡的【材质和外观】面板中单击【编辑材质】按钮◉，或者在菜单栏执行【渲染】|【材质编辑器】|【Slate 材质编辑器】命令，打开【Slate 材质编辑器】窗口，如图 12-82 所示。此窗口中所有的选项与【简明材质编辑器】窗口相同，只是用法有些差别。

1. 菜单栏　2. 工具栏　3."材质／贴图浏览器"　4. 状态　5. 活动视图　6. 视图：导航　7. 参数编辑器　8. 导航器

图 12-82

1.　添加材质与编辑器窗口的操作

添加材质和编辑材质主要在"材质／贴图浏览器"、活动视图和参数编辑器中进行。当场景中没有任何材质时，活动视图区域和参数编辑器区域是空的，如图 12-83 所示。

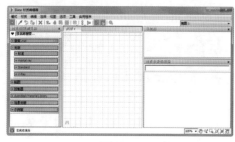

图 12-83

在材质浏览器中双击某个材质后，活动视图区域中会显示该材质的"节点"面板，此时右侧的材质参数编辑器中仍然没有任何参数编辑选项，是空白的，如图 12-84 所示。

图 12-84

在活动视图中的节点面板上任意位置双击，窗口右侧的材质参数编辑器中才显示该材质的编辑参数，如图 12-85 所示。

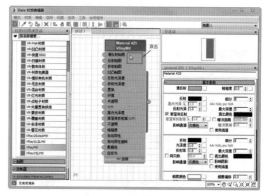

图 12-85

左侧的【材质／贴图浏览器】和右侧的【材质参数编辑器】在前面已简要介绍过，下面介绍中间的贴图节点面板的用法。

2.　"节点"的基本操作方法

"节点"是用来添加贴图的，每个"节点"代表一种贴图设置，我们可以创建多个节点并建立关联。

一个"节点"具有多个组件：

✦　标题栏显示小的预览图标，后面设有材质或贴图的名称，然后是材质或贴图的类型。

✦　标题栏下面是显示材质或贴图的组件的窗口。

✦　在每个窗口的左侧，都有一个用于输入的圆形孔（称"输入套接字"）。例如，可以使用这些文件将贴图关联到相应组件。

✦ 在整个节点的右侧，有一个用于输出的圆形孔（称"输出套接字"）。可以使用此方法将贴图关联到材质，或者将材质关联到对象。

"节点"组成示意图，如图 12-86 所示。

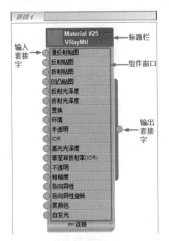

图 12-86

下面介绍 3 种关联节点的方式。

第一种方式：当我们需要为节点面板中的组件从"输入套接字"与贴图关联时（其实就是设置贴图或材质），可以双击"输入套接字"（也就是节点面板左侧的圆），从【材质 / 贴图浏览器】对话框中选择贴图或材质，即可完成关联，如图 12-87 所示。

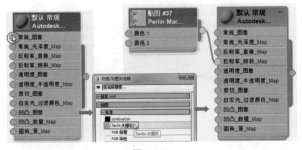

图 12-87

第二种方式：单击从"输入套接字"拖曳引出关联线，释放鼠标后选择菜单中的贴图类型，即可完成节点关联，如图 12-88 所示。

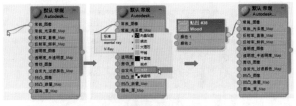

图 12-88

第三种方式：在左侧的材质 / 贴图浏览器中选择一种贴图，单击拖曳到活动视图中，然后从贴图节点的"输

出套接字"拖出关联引线到材质节点的"输出套接字"上，完成关联，如图 12-89 所示。

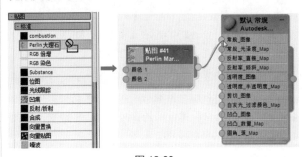

图 12-89

3.　关于不能关联的节点

前面叙述了关联节点的做法，那么是不是所有的节点都能这样关联呢？答案是：不一定。请记住以下几点：

✦ 贴图节点可以关联到材质节点。

✦ 贴图节点还可以关联到贴图节点。

✦ 材质节点不能关联到一般材质节点，仅能关联到"标准"材质类型下的"多维 / 子对象"材质节点，如图 12-90 所示，更不用说材质节点关联到贴图节点上。

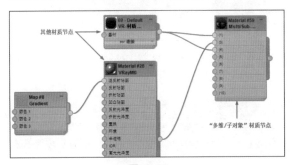

图 12-90

只要是能关联的节点，"输入套接字"或"输出套接字"为绿色高亮显示，如图 12-91 所示。节点不能关联时，关联引线到达"输入套接字"或"输出套接字"为红色高亮显示，如图 12-92 所示。

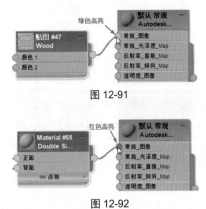

图 12-91

图 12-92

一些贴图可以组合其他贴图，并且某些材质可以组合子材质，因此材质树可以具有两个以上的级别，如图12-93所示。

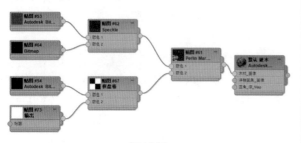

图 12-93

当指定的贴图或者材质有误时，可以删除关联引线和节点面板。选中关联引线按 Delete 键删除。选中节点面板，同样可以按 Delete 键删除。

4. 取消关联节点

取消关联的节点也有两种方式。

✦ 第一种：先拖曳节点面板，然后按住 Alt 键进行拖曳，即可取消关联。

✦ 第二种：从"输出套接字"拖曳关联引线，离开"输入套接字"，即可取消关联。

12.4　V-rayMtl 材质编辑

VRayMtl（V-Ray 材质）是 V-Ray 渲染器的专用材质。使用 V-Ray 材质能在场景中得到更正确的照明和更好的渲染效果，而且渲染时间更快。通过它，可以轻松再现真实物体的色彩、纹理、光滑度、反光度、透明度、粗糙度等物理属性。

在【Slate 材质编辑器】窗口的【材质 / 贴图浏览器】中选择 VRayMtl 材质，在【材质编辑器】中可看见 VRayMtl 材质参数的卷展栏，如图 12-94 所示。

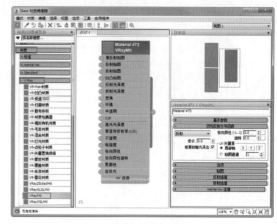

图 12-94

鉴于材质编辑器的卷展栏选项较多，受到篇幅限制，就不再一一详解，下面通过多个操作范例帮助大家学习对 V-Ray Mtl 材质的编辑与应用技巧。

动手操作——VRayMtl 材质的漫反射

01 打开本例素材场景文件 12-2.max，如图 12-95 所示。

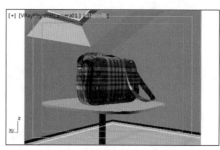

图 12-95

02 在菜单栏执行【渲染】|【材质编辑器】|【简明材质编辑器】命令，或者在功能区【材质】选项卡的【材质和外观】面板（展开）中单击 按钮，打开【材质编辑器】对话框。

03 在下工具栏中单击【从对象拾取材质】按钮 ，并在视图中选择包对象以拾取其"包-1"材质，如图 12-96 所示。

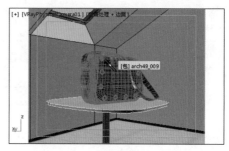

图 12-96

04 在【材质编辑】对话框材质示例窗中选择"包 -1"材质，如图 12-97 所示。在【基本参数】卷展栏中单击【漫反射】的拾色块，并设置成浅黄色，如图 12-98 所示。

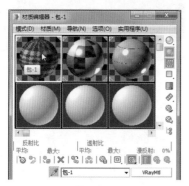

图 12-97

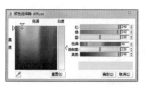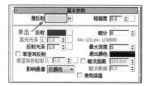

图 12-98

05 在菜单栏执行【渲染】|【渲染】命令，对场景进行渲染，得到如图 12-99 所示的效果。同理，再设置"包 -1"材质的漫反射颜色为浅蓝色，渲染效果如图 12-100 所示。

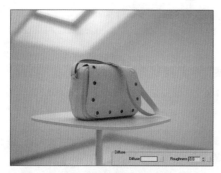

图 12-99

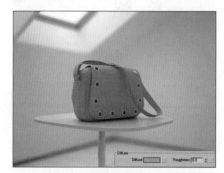

图 12-100

06 单击拾色块后面的贴图通道按钮▇，可以为材质添加位图或者其他格式的图片，从而模拟物体的表面纹理，

添加贴图后，材质原来的颜色不再起作用，如图 12-101 所示。

图 12-101

技术要点：

观察渲染结果，可以发现添加贴图后，更能体现物体的质感。在实际工作中，多数情况下都要根据所模拟的物体肌理构成，利用合适的贴图来增加材质的真实感。

动手操作——VRayMtl 材质的反射

用一个简单场景制作测试材质的反射效果。

01 打开本例素材场景文件 12-3.max，如图 12-102 所示。

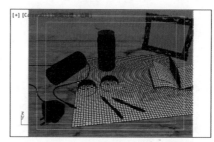

图 12-102

02 在菜单栏执行【渲染】|【材质编辑器】|【简明材质编辑器】命令，或者在功能区【材质】选项卡的【材质和外观】面板（展开）中单击▇▇按钮，打开【材质编辑器】对话框。

03 在下工具栏中单击【从对象拾取材质】按钮☑，并在视图中选择保温杯以拾取其"普通金属"材质，如图 12-103 所示。

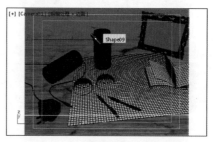

图 12-103

04 在【基本参数】卷展栏把"普通金属"材质的漫射

色设置为 0（全黑），然后更改反射颜色的亮度为 45，渲染效果如图 12-104 所示。

图 12-104

05 同理，再将反射颜色的亮度分别更改为 125 和 255，测试渲染效果，如图 12-105 所示。

反射颜色的亮度为 125　　　　反射颜色的亮度为 255

图 12-105

技术要点：

观察渲染结果，可以发现随着反射颜色的不断加强，场景物体的反射也越来越强。当反射颜色设置为 45 时，可以看到的是一个类似于黑色陶瓷的效果；当反射颜色设置为 125 时，看到了一个金属质感的效果；当反射颜色设置为 255 时，得到了一个镜面效果。

06 反射颜色除了设置为黑到白的单色外，还可以设置为其他颜色，当把反射颜色设置为其他颜色时，这个材质的反射会带有颜色效果。例如，把反射颜色设置为淡黄色，就得到了一个类似于黄铜的有色金属效果，如图 12-106 所示。

图 12-106

07 把反射颜色设置为彩色后，其反射强度依然由颜色的亮度来控制，如图 12-107 所示。

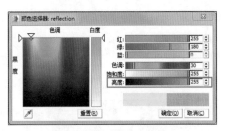

图 12-107

08 还可以用贴图来代替反射颜色，同样可以使材质产生反射效果，最常用的贴图是标准贴图类型下的"衰减"贴图。现在单击拾色块后面的贴图选择按钮，在出现的【材质/贴图浏览器】对话框中，找到"衰减"贴图，然后双击，其参数保持默认，如图 12-108 所示。

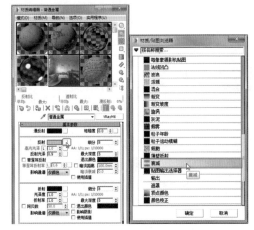

图 12-108

09 "衰减"贴图是黑色到白色的渐变，加载"衰减"贴图后，可根据视角特性产生有变化的反射效果，如图 12-109 所示。

图 12-109

技术要点：

也可以添加位图等类型的贴图，不管添加哪种贴图，反射效果都是根据贴图颜色的亮度来控制，深颜色产生较弱的反射，浅颜色产生较强的反射。

✦ 设置高光光泽度。该参数控制材质的高光形态，也称为"高光模糊"。从 3D 默认材质中，也许知道一种叫作"高光"的属性，但实际上这是一种"虚假"的高光，它在物体上的具体表现是反射出一个很亮的光点。默认情况下，它是与"反射光泽"锁定在一起的，意味着在一个有灯光的场景里，如果用了反射模糊，那么高光模糊也会跟着出现。单击后面的 L 按钮，可以让材质脱离反射强度的控制、单独设置它的高光，如图 12-110 所示。高光数字越接近 1，材质的高光就越尖锐，越接近 0，材质的高光就越散。

高光光泽度 1　　　　　高光光泽度 0.5

图 12-110

10 设置反射光泽度。该参数控制反射效果是锐利的还是模糊的，习惯上把它称为"反射光泽值"。当把反射颜色设置为 255，把该值设置为 1 时，意味着反射是清晰的，得到镜面一样的理想反射；把该值设置小于 1，即可产生反射光泽的效果，数字越小，反射效果越模糊，产生的杂点越多，如图 12-111 所示。

反射光泽度为 1　　　　高光光泽度为 0.2

图 12-111

> **技术要点：**
> "高光光泽度"和"反射光泽度"这两个参数都要依赖于反射颜色，如果反射颜色设置为 0，则它们没有意义。

11 设置菲涅耳反射。选中该选项后，材质的反射强度依赖于视角表面。反射强度由反射颜色和"菲涅耳折射率"共同决定，在不改变反射颜色的情况下，菲涅耳折射数值越大，反射效果越强。一般情况下，它是锁定的，灰色不可选；单击 L 按钮后，即可更改菲涅耳折射了，如图 12-112 所示。

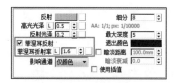

图 12-112

> **技术要点：**
> 现实生活中，有些材料（如玻璃、水）的反射性质以这种方式存在。例如，当你拿着一块普通平板玻璃正对着自己眼睛的时候，你几乎看不到玻璃的反射；当你把玻璃倾斜一定的角度后，你可以发现玻璃能清楚地反射出周围的环境，这是生活中的菲涅耳反射现象。所以，当我们设置玻璃和水材质时，一定要选中这个选项，才能做出符合现实的材质效果。

12 重新选择场景中的"镜子"材质，在不改变反射颜色的前提下，分别更改菲涅耳折射率的值，观察渲染结果，如图 12-113 所示。可以发现折射率的数值越小，反射效果越明显。这个功能比较有用，当设置玻璃材质的时候，选中【菲涅耳反射】选项后，玻璃的反射会变弱，可以更改这个数值来使玻璃获得更理想的反射效果。

菲涅耳折射率为 1.6　　　菲涅耳折射率为 20

图 12-113

13 设置反射深度。该参数控制反射光线的计算次数，"最大深度"值设置为 1 时，表示反射材质的反射效果仅仅计算一次，2 表示在反射效果中增多一个反射，依此类推。数字越大，反射效果越好。但次数计算到一定程度后，人的眼睛就几乎分辨不出什么差异了，所以没必要设置得太大。一般情况下，保持默认数值 5 就可以取得良好的效果了。如果做一个近距离的玻璃或者金属特写，最大设置到 10 就可以了。把保温杯材质和镜子材质的反射深度都分别设置为 1、10，观察渲染结果，如图 12-114 所示。

最大深度为 10　　　　最大深度为 1

图 12-114

14 设置退出颜色：当光线在场景中的反射次数达到定义的最大深度值后，V-Ray 就会停止计算反射效果，此时该颜色将在反射物体中显示出来。将保温杯材质重新设置为金属，并把"最大深度"值设置为 1，然后将其"退出颜色"调成红色，现在会发现场景物体里有些区域变成红色了。这是因为光线只被追踪一次，第二次反射没有被追踪。这时"退出颜色"就会在光线没有被追踪到的物体区域显示出来，如图 12-115 所示。

图 12-115

图 12-116

动手操作——VRayMtl 材质的折射

折射区的参数控制材质是否产生折射（透明）效果，其参数如图 12-117 所示。折射就是光线通过物体时所发生的弯曲现象。光线弯曲的程度由材质的 IOR（折射率）

决定。生活中也有折射的例子：把吸管插入盛满水的玻璃杯子里，在某个角度，你会看到吸管是弯曲的。不管是模拟玻璃、水还是透明窗纱，透明效果的模拟都由材质面板的折射区参数来决定。

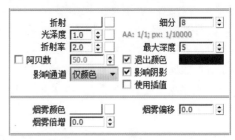

图 12-117

【折射】颜色：决定该材质是否具有折射（透明）属性。与反射属性的控制一样，V-Ray 也是通过颜色亮度去控制折射强度的。当折射颜色设置为 0 时，意味这个材质没有折射（透明）效果；折射颜色设置为 255 时，意味这个材质是完全透明的，如图 12-118 所示。

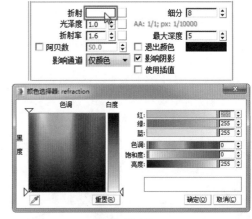

图 12-118

01 打开本例素材场景文件 12-4.max，用一个简单场景做测试材质折射。

02 打开简易材质编辑窗口。为场景中的 4 个玻璃杯子和一块平板玻璃设置材质，如图 12-119 所示。

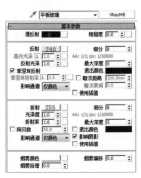

图 12-119

03 进行渲染，应该看到如图 12-120 所示的渲染结果。从图中可以看到，在 V-Ray 中模拟玻璃效果是一件非常简单的事情。

图 12-120

04 与反射颜色类似，折射颜色也可以设置为其他颜色或者在贴图通道加载贴图。当把折射颜色设置为其他颜色时，这个材质的折射会带有颜色效果。例如，把折射颜色设置为一个淡蓝色，渲染结果如图 12-121 所示。

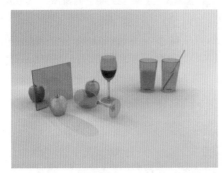

图 12-121

05 设置折射光泽度：该参数控制折射效果是清晰的还是模糊的，习惯上把它称为"模糊折射值"。当把折射颜色设置为 255，把该值设置为 1 时，意味着折射是清晰的；把该值设置为小于 1，即可产生模糊折射的效果，数字越小，折射效果越模糊。更改"光泽度"值的渲染结果，如图 12-122 所示。从图中可以发现，把该值设置在 0.8 左右，便得到一种磨砂玻璃的效果。

图 12-122

06 设置折射细分：当设置材质的模糊折射后，由该参数控制模糊折射的质量。该数值越大，材质的模糊折射效果就越干净，并需要更多的渲染时间；该数值越小，材质的模糊折射就可能存在更多杂点，需要的渲染时间就少。只要我们设置了模糊折射，就要耗费大量的渲染时间，把模糊折射细分加大后，时间更会成倍增加，因此，需要合理设置该数值，一般情况下，其范围在 8~20 就可以了。

> **技术要点：**
> 当折射光泽度的值为 1.0 时，即不设置模糊折射时，模糊折射细分值没有意义。

07 使用插值：如果选中该选项，V-Ray 会使用一个类似于发光贴图的缓存方式来计算该材质的模糊折射质量。选中该选项后，材质的模糊折射质量由材质面板的【折射插值】卷展栏参数来控制。一般情况下，可以保持默认状态。

08 设置影响阴影：该选项决定折射材质是否可以穿透透明物体并投下阴影。在现实生活中，当光穿过透明物体时，透明物体会投射下淡淡的阴影。使用 V-Ray 渲染折射材质时，选中该选项后，灯光才可以穿过这个透明物体，投射出正确的阴影。选中与取消【影响阴影】的渲染结果，如图 12-123 所示。所以，材质凡是设置了折射（即更改过折射颜色），都一定要选中该选项。

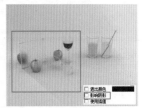

图 12-123

09 设置"阿贝数"：该选项决定折射材质是否在渲染出来的图像中显示阿尔法通道。它对渲染的图像质量没有直接影响，选择它只是方便后期处理工作，可以根据具体情况决定是否选择。

10 设置折射率：折射率决定光线穿透透明物体时的光线偏移情况，即眼睛看到的物体扭曲情况。例如，把一根吸管插入装有水的玻璃杯子里，从外面看吸管，感觉吸管好像被折断了一样。折射率越大，这种光线扭曲现象就越明显；折射率越小，光线穿过透明物体时，其扭曲现象就越不明显。更改 IOR 值的渲染结果，如图 12-124 所示。注意观察不同的"折射率"值渲染出来的玻璃体积感，并留意插在玻璃杯子里的吸管。

折射率为 3　　　　　　　折射率为 0.9

图 12-124

技术要点：

现实生活中的物体，折射率是不一样的，要想做出合理的材质效果，就要根据物体的折射率来合理设置，否则做出来的材质效果就没有真实性可言了。因此，需要了解现实生活的物体的折射率，部分物体的"折射率"值如下：

+ 空气（Air）：1.0003
+ 室温下的水：1.331
+ 酒（Alcohol）：1.329
+ 乙醇（Ethanol）：1.36
+ 冰（Ice）：1.309
+ 塑料（Plastic）：1.46
+ 普通玻璃（Glass）：1.517
+ 重火石玻璃：1.65
+ 琥珀（Amber）：1.546
+ 玉石、软玉（Jade、Nephrite）：1.61
+ 石英：1.553
+ 红、蓝宝石：1.77
+ 晶体（Crystal）：2.0
+ 金刚石（Diamond）：2.417

技术要点：

透光窗纱可以参考空气的折射率设置为 1，或者 1.001，因为窗纱是不会有光线扭曲的。那些透明但不会有光线扭曲的物体，折射率都可设置为 1 或者 1.001。

另外，只有材质设置了折射，或者选中了 Fresnel reflections（菲涅尔反射），更改材质 IOR 值才起作用。

11 设置折射的最大深度：该参数控制折射光线的计算次数，Max depth 值设置为 1 时，表示折射材质的折射效果仅仅计算一次，依此类推。数字越大，折射效果越好。但次数计算到一定程度后，人的眼睛就几乎分辨不出什么了，所以没必要设置得太大。一般情况下，保持默认数值 5 就可以取得良好效果。如果做一个近距离的玻璃特写，最大设置到 8 左右就可以了。

12 把玻璃材质的"最大深度"分别设置为 1 和 8，观察渲染结果（平板玻璃、侧放的玻璃杯子、插吸管的杯子

的变化），如图 12-125 所示。注意体会不同的"最大深度"值渲染出来的玻璃真实感。特别需要注意的是，折射深度和反射深度必须要设置为相同的值，否则会影响玻璃物体的渲染效果。

"最大深度"为 1　　　　　"最大深度"为 8

图 12-125

13 设置折射退出颜色：当光线在场景中的折射次数达到定义的最大深度值后，V-Ray 就会停止计算折射效果，此时该颜色将在折射物体中显示出来。

技术要点：

默认这个选项是不选中的，也就是说，当 V-Ray 停止计算折射效果时，在折射物体中显示的是场景的环境，这样渲染出来的效果更真实。如果选中该选项，就必须要把折射深度设置得足够大，否则渲染出来的材质效果是没办法接受的，这样的结果会浪费大量的时间。因此，建议保持默认的状态，不要选中该选项。选中与取消该选项的渲染结果，如图 12-126 所示。

图 12-126

14 设置烟雾颜色："烟雾颜色"是使用一个特定的颜色给折射物体上色。默认状态下，这个色块是全白的（255,255,255），当我们更改这个色块的颜色后，就打开了烟雾颜色效果。分别设置不同的颜色，其渲染结果如图 12-127 所示。从渲染的结果中可以看到，在色调相同的情况下，其饱和度越高，饮料材质的色泽就越明显，反之饮料材质的色泽就淡。

图 12-127

15 设置烟雾倍增：较小的值会降低雾对该材质的影响，使有色透明材质更加清澈；较大的值会增加烟雾对该材质的影响，使有色透明材质变得不透明。在材质示例窗选择"果汁 2"在不改变其他参数的情况下，分别设置不同的"烟雾倍增"值，其渲染结果如图 12-128 所示。

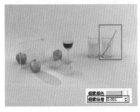

图 12-128

16 设置烟雾偏移：这个参数可以改变雾的颜色，通过调整此参数可以让物体较薄的部分变得更加透明或者更不透明，通常保持默认的值就可以了。

12.5　材质注意事项

材质设置、材质显示、材质选项的配置等操作可以参照以下事项，避免不必要的问题。

12.5.1　材质的设置问题

从前面的分析中，我们知道了所谓的物体质感是指物体真实的物理属性，例如清晰的纹理、合理的反光度、透明度等，能让人一看到图片中的这个物体，就相信它是真实材料做的。

在实际工作中，如何才能轻松地设置出各种材质？如何才能使材质得到更真实的质感？可注意下面几点。

（1）善于观察生活，了解你要表现的材质的物理属性。

平时应该多观察生活，了解建筑材料或者各种生活用品的色彩、纹理、反光度、透明度、粗糙度等物理属性，抓住它们的特征，就等于抓住材质的"灵魂"。

（2）多观察建筑（室内）的照片，揣摩各种物体再现到二维图像上的质感特征。

我们可以通过照片来深刻认识某个物体、材料的表面色彩、纹理、反光度等属性，认识它在不同的光照条件下所呈现出来的微妙变化，为效果图的制作提供参考，这一点，我们在第 1 章中也提过。

（3）善于把材质归类。软件脱离不了现实，通过本章前三节对客观物体的物理属性分析、VRayMtl 面板学习，以及材质设置实例，我们应该深刻体会到这一点。

要善于把自己想要表现的材质分类，即普通类材质、反射类材质、反射 / 折射类材质等，把材质归好类后，设置材质时就不会感到无所适从了。

（4）合理设置材质面板参数。要做到这一点，需要我们熟悉材质面板的各个参数，理解各种效果是通过什么参数来实现的。反复阅读材质面板的相关内容，并反复加以练习，是提高材质设置水平的一个重要步骤。

（5）使用清晰的纹理贴图。如果材质使用到纹理贴图，要尽量选择那些清晰的、尺寸足够大的贴图，一张 800×600 像素的贴图远比一张 320×240 像素的贴图效果好。

（6）为场景布置合理的灯光。没有光就没有型，质感与各种材质对光的吸收和反射性质有关，灯光效果也会影响物体质感。

（7）创建一个合适的环境。质感需要环境来衬托，例如金属和玻璃，如果没有一个环境给它们反射，它们便毫无质感可言，因为它们的质感是通过周围物体衬托出来的。因此，如果表现的是一个非完整的室内模型，必须为场景设置一个虚拟的反射环境。当然，在表现室内效果时，室内本身就已经是一个环境，不用再设置新的环境。

12.5.2　材质与贴图的显示问题

当赋予材质给对象后，怎样才能在视图中显示呢？材质赋予对象后，是以材质的基本色来显示，所以是与"显示"有关。

在【显示】命令面板下的【显示】卷展栏中，用于设置对象和材质颜色显示的选项，如图 12-129 所示。

图 12-129

【线框】组：

✦ 对象颜色：选择此选项，模型以"线框"或"边面"显示时，会跟随模型的本色显示，如图 12-130 所示。模型的颜色设置可以单击命令面板顶部、模型名称右侧的拾色块来修改，如图 12-131 所示。

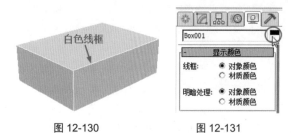

图 12-130　　　　　　图 12-131

✦ 材质颜色：选择此选项，线框将以材质的颜色——黑色来显示，如图 12-132 所示。而 3ds Max 中所有界面元素的颜色都是通过【自定义用户界面】对话框下的【颜色】选项卡选项来进行修改的，如图 12-133 所示。

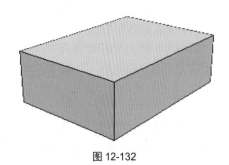

图 12-132

图 12-133

【明暗处理】选项组：

✦ 对象颜色：在没有添加材质之前显示模型本色，如图 12-134 所示。

✦ 材质颜色：添加材质后，选择此选项将显示材质的基本颜色。如图 12-135 所示。

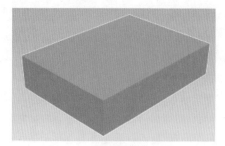

图 12-134

图 12-135

接下来是贴图的显示问题，很多初学者都会问这个问题，如何显示添加的贴图？贴图是材质的一种，是"明暗处理的材质"类型的一种 2D 平面材质。下一章将详细讲解贴图的艺术。所以要显示贴图，在添加贴图时，可以在【材质编辑器】打开的工具栏中单击【视图中显示明暗处理的材质】按钮，添加贴图后自然就显示贴图了，如图 12-136 所示。

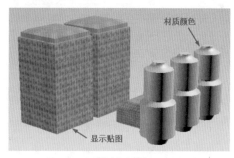

图 12-136

除单击【视图中显示明暗处理的材质】按钮显示贴图外，还要满足下面两个缺一不可的前提条件，否则也不会显示贴图。

✦ 要显示贴图，其前提条件之一就是在【显示】命令面板下设置【明暗处理】选项组中的【材质颜色】选项。

✦ 另一个显示贴图缺一不可的前提条件是：配置视图。在菜单栏执行【视图】|【视图配置】命令，打开【视图配置】对话框。在【视觉样式和外观】选项卡下的【视觉样式】选项组中，必须选中【纹理】复选框，否则视图中将不会显示贴图，如图 12-137 所示。

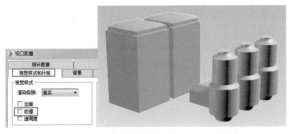

图 12-137

12.6　V-Ray 渲染器简介

　　V-Ray 渲染器是保加利亚的 Chaos Group 公司开发的一款高质量渲染引擎，主要以插件的形式应用在 3ds Max、Maya、SketchUp 等软件中。由于 V-Ray 渲染器可以真实地模拟现实光照，并且操作简单，可控性也很强，因此被广泛应用于建筑表现、工业设计和动画制作等领域。V-Ray 的渲染速度与渲染质量比较均衡，也就是说在保证较高渲染质量的前提下，也具有较快的渲染速度，所以它是目前效果图制作领域最为流行的渲染器，如图 12-138 所示为一些比较优秀的效果图作品。

图 12-138

动手操作——安装 V-Ray 渲染器

01 在本例光盘素材源文件夹（V-Ray for 3ds Max）中双击或"以管理员身份"右击启动 V-Ray_for_3ds Max2016.exe 安装程序。

02 在随后弹出的安装页面中单击【继续】按钮，如图 12-139 所示。选中【我同意"许可协议"中的条款】选项后再单击【我同意】按钮，如图 12-140 所示。

图 12-139

图 12-140

03 保留默认的安装路径，单击【继续】按钮，如图 12-141 所示。

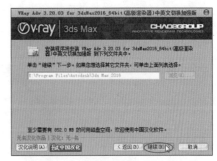

图 12-141

04 选择中文模式版本进行安装，单击【继续】按钮，如图 12-142 所示。

图 12-142

05 确定安装路径和语言版本后，单击【安装】按钮开始安装，如图 12-143 所示。

图 12-143

06 安装完成后单击【完成】按钮结束安装操作。如图 12-144 所示。

图 12-144

07 安装 V-Ray 渲染器后在 3ds Max 中即可使用 V-Ray 材质 / 贴图、V-Ray 灯光、V-Ray 渲染效果了。

12.7 综合范例——材质质感表现

本实例主要让大家学习塑料、陶瓷等普通反射类材质的设置，最终的案例效果，如图 12-145 所示。塑料、陶瓷等物体的反光（反射）效果比较弱，远没有金属强烈，因此，要注意它们的反射强度的区别。

图 12-145

01 打开本例素材场景文件"学习用品 .max"，如图 12-146 所示。本案例的灯光和测试渲染参数已经设置好，现在的主要任务是设置场景材质。

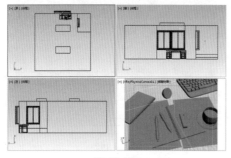

图 12-146

02 在【照明和渲染】选项卡中单击【渲染设置】按钮，单击【渲染】按钮，在弹出的【渲染设置】对话框的【GI】选项卡下的【全局照明】卷展栏中选中【启用全局照明】复选框，并设置首次引擎为"发光图"和二次引擎为"灯光缓存"，然后单击【渲染】按钮，完成初步渲染。主体物体没有赋上材质的渲染结果，如图 12-147 所示。

图 12-147

03 首先设置金属材质。打开精简材质编辑器面板，选择一个空白材质球，更改材质类型为 VRayMtl 并命名为"金属"。金属材质的漫射色设置为 0，反射颜色设置为 195，反射光泽设置为 0.9，取消选中【菲涅耳反射】选项，双向反射分布类型更改为"反射"，取消选中【修复较暗光泽边】选项，如图 12-148 所示。

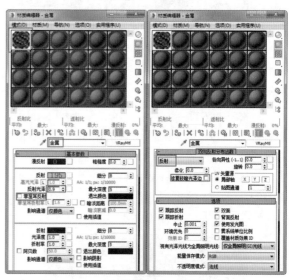

图 12-148

04 将创建的金属材质赋给场景中笔和打火机的金属部位，并继续渲染，如图 12-149 所示。

05 设置圆珠笔的塑料材质。塑料材质的表现要点：表面光滑、反射较强、高光尖锐。选择一个空白材质球，更改材质类型为 VRayMtl 并命名为"圆珠笔塑料"。

图 12-149

06 圆珠笔塑料材质的漫射色为暗红色,反射光泽设置为 0.9,并在反射通道添加衰减贴图,如图 12-150 所示。

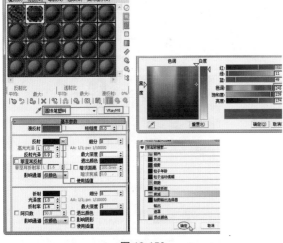

图 12-150

07 更改衰减贴图的第二个色块为 185,衰减类型为【垂直 / 平行】,其他参数保持默认,如图 12-151 所示。

图 12-151

技术要点:

在反射通道里添加衰减贴图,可以产生有变化的反射效果。如果不改变衰减类型,第一个(上面)色块控制物体的突起区域的反射强弱,即物体正面的反射效果;第二个(下面)色块控制物体的凹陷区域的反射强弱,即物体的反射效果。使用衰减贴图,会根据物体的曲面变化产生不同强度的反射效果,如果单纯设置反射颜色不给贴图,物体各部分的反射强度是一样的。

08 为了让两支圆珠笔有所区别,可设置两种颜色的塑料效果。把刚才设置好的"圆珠笔塑料"拖曳复制到另外一个材质球上,并把名字改为"圆珠笔塑料 - 蓝色",将漫射颜色设置为一个深蓝色,其他参数和刚才的设置相同,如图 12-152 所示。参数设置完毕后,记得赋给其中的一支圆珠笔的笔身部位。

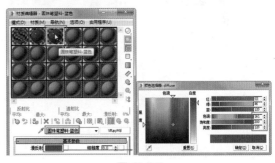

图 12-152

09 将创建的圆珠笔塑料和圆珠笔塑料 - 蓝色材质分别赋予圆珠笔,如图 12-153 所示。但是,默认情况下赋予不同对象材质时,会发现两对象有关联关系,赋予的材质会产生相同的变化,如图 12-154 所示。这就需要在材质编辑器中的【选项】菜单下取消中【将材质传播到实例】选项即可,如图 12-155 所示。

图 12-153

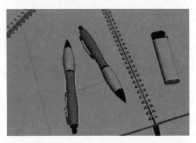

图 12-154

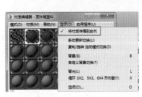

图 12-155

10 打火机外壳部分的塑料材质设置和圆珠笔塑料的设置是相同的，所以其材质也是对圆珠笔材质进行复制，重命名后再更改漫射颜色就可以了，如图 12-156 所示。

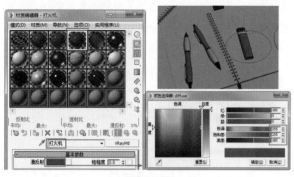

图 12-156

11 设置圆珠笔的手指部位（软塑料）材质。这个部位的软塑料质地是软的，表面有点粗糙，没有尖锐的高光，在设置材质时要充分考虑这些特点。选择一个空白材质球，更改材质类型为 VRayMtl 并命名为"软塑料"，赋给圆珠笔的抓手部位。更改漫射颜色为 10，以避免材质"死黑"；反射颜色设置为 60；反射光泽值设置为 0.36，这样软塑料的粗糙感就出来了，这个设置是和光滑塑料的最大区别；因为反射光泽值设置得比较低，容易产生更多的杂点，所以把反射光泽细分值设置到 15。抓手部位（软塑料）材质面板设置，如图 12-157 所示。

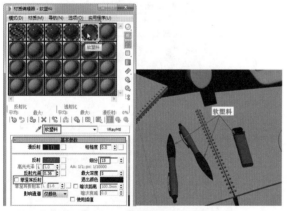

图 12-157

12 设置金属和几种塑料材质后的渲染结果，如图 12-158 所示。

13 设置键盘的黑色塑料材质。键盘的塑料材质和刚才设置的光滑塑料、软塑料的表面物理属性又有所区别，键盘塑料表面一般都经过打磨，表面不是很光滑，有种粗糙的手感，其高光现象比较散。选择一个空白材质球，更改材质类型为 VRayMtl 并命名为"键盘黑色塑料"，赋给键盘物体。更改漫射颜色（色调 0，饱和度 0，亮

度 25）；反射颜色更改为"色调 158，饱和度 79，亮度 45"；反射光泽值设置为 0.7，如图 12-159 所示。

图 12-158

14 在凹凸通道添加噪波贴图来模拟键盘表面的粗糙感，噪波贴图的尺寸设置为 0.1，如图 12-160 所示。

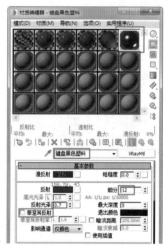

图 12-159

 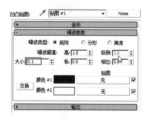

图 12-160

15 设置键盘字体材质。选择一个空白材质球，更改材质类型为 VRayMtl 并命名为"键盘字体"，赋给键盘上的选项卡文字。该材质比较简单，只需要更改漫射颜色为全白的 255，并且取消选中【菲涅耳反射】复选框就可以了，其他参数都保持为默认，如图 12-161 所示。

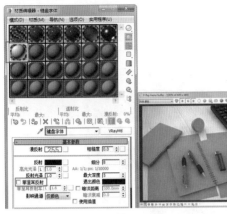

图 12-161

16 渲染查看材质赋予效果，如图 12-162 所示。

17 设置咖啡杯子（陶瓷）材质。陶瓷表面光滑、有高光。选择一个空白材质球，更改材质类型为 VRayMtl 并命名为"陶瓷"，赋给咖啡杯。陶瓷材质的漫反射颜色稍微带有一点点颜色倾向（色调 138，饱和度 16，亮度 255）；反射光泽值设置为 0.85；在反射通道添加衰减贴图。陶瓷材质的设置要点，如图 12-162 所示。

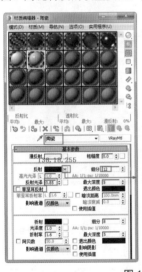 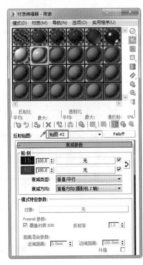

图 12-162

18 设置便签封面（书皮）材质，把漫射颜色更改为深棕色（色调 252，饱和度 199，亮度 50），反射颜色设置为 40，反射光泽值设置为 0.75，如图 12-163 所示。

19 在凹凸通道添加噪波贴图来模拟书皮的凹凸效果，如图 12-164 所示。

20 设置纸张材质。纸张的物理属性没有反射 / 折射，所以，直接更改漫射颜色为白色就是白纸效果了。如果想模拟有文字（图案）的纸张，在漫射通道添加一张纸张贴图就可以了，如图 12-165 所示。

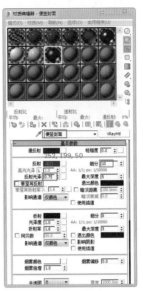 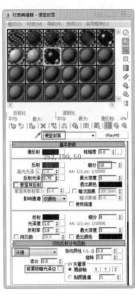

图 12-163

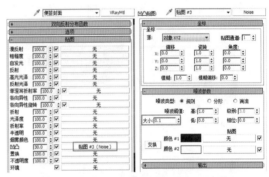

图 12-164

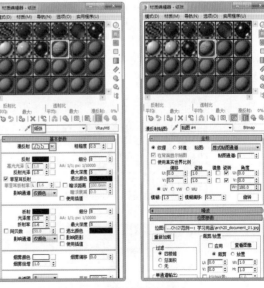

图 12-165

21 设置便签纸材质。设置便签纸的材质面板参数，如图 12-166 所示。

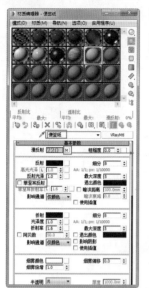 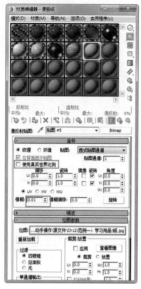

图 12-166

22 设置完以上材质的渲染结果，如图 12-167 所示。

图 12-167

23 设置咖啡材质。本案例的咖啡是通过使用贴图来实现的。将咖啡材质的反射颜色设置为 240，选中【菲涅尔反射】选项，如图 12-168 所示。

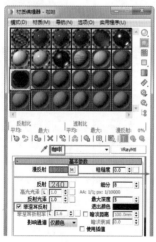

图 12-168

24 单击漫射通道添加位图，找到本例素材场景文件夹中的"源文件 \Ch12\ 范例一：学习用品 \ 咖啡 .jpg"文件，并把贴图关联复制到凹凸通道，如图 12-169 所示。

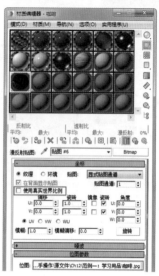

图 12-169

25 设置完以上材质的渲染结果，如图 12-170 所示。

图 12-170

26 最后设置柠檬材质。将反射颜色设置为 35，反射光泽值设置为 0.7，这样柠檬的表面就具有光滑效果了。单击漫射通道给柠檬材质添加一张柠檬贴图，找到"源文件 \Ch12\ 范例一：学习用品 \lemon-3.jpg"文件，如图 12-171 所示。

> **技术要点：**
> 凡是表面光滑的物体都必须设置反射颜色，才可取得光滑效果。

27 把漫反射贴图关联复制到凹凸通道上，如图 12-172 所示。

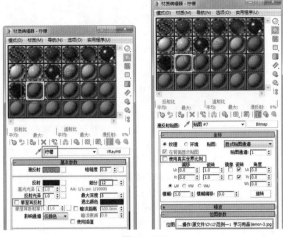

图 12-171

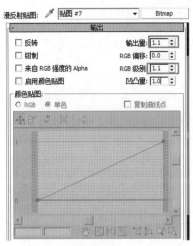

图 12-173

图 12-172

28 为了让柠檬的表面颜色变得更亮，在贴图的【输出】卷展栏中，把输出量和 RGB 级别值同时增加到 1.1，如图 12-173 所示。

技术要点：

位图的【输出】卷展栏，可以对贴图进行一些简单调节，改变贴图的颜色和亮度，"输出量"值控制的是贴图的亮度，"RGB 级别"值控制贴图的颜色强度。在实际工作中，这两个值经常会用到，可以同时增加这两个值来改变贴图的暗淡状态，增加贴图的亮度。

29 最终整个场景的渲染结果，如图 12-174 所示。

图 12-174

13.1　3ds Max 贴图分类

贴图是一种图像，是指定给几何体模型或者模型材质的图像，给人真实的材质感。使用贴图通常是为了改善材质的外观和真实感。也可以使用贴图创建环境或者创建灯光投射。

贴图可以模拟纹理、应用的设计、反射、折射，以及其他的一些效果。与材质一起使用时，贴图可增加细节，而不会增加对象几何体的复杂程度。

技术要点：

贴图是不能单独添加给模型对象的，必须与材质一起使用，即在材质中应用贴图。

3ds Max 2016 的贴图库与材质库一样，也包含标准贴图、mental ray 明暗器和 V-Rry 贴图（仅安装了 V-Rry 渲染器才会有），如图 13-1 所示。

下面以标准类型贴图，介绍贴图分类。

3ds Max 的标准贴图一共有 30 多种，场景中不同的贴图将使用不同的贴图通道。根据使用方法及效果来分，标准类型的贴图可分为：2D 贴图、3D 贴图、合成器贴图、颜色修改器贴图、反射和折射贴图等 5 种。

图 13-1

在 mental ray 中，明暗器是一种用于计算灯光效果的函数。将在后面章节介绍摄像机和灯光时详细介绍。

技术要点：

仅当设置渲染器为 NVIDIA mental ray 时才显示贴图图案。

13.1.1　2D 贴图

2D 平面贴图类的贴图有 10 多种。在标准贴图类型中，除了位图贴图（包括 bmp、.jpg 或 .tga 文件）的图像外，其余都是程序贴图（如大理石）。程序贴图是由计算机软件生成的一种材质效果或纹理效果。通常情况下，在制作普通材质效果的时候经常使用的是光栅图形，程序贴图都是由像素构成的，在动画制作中往往会因为图像的像素不够而导致渲染失真，严重降低渲染质量，如图 13-2 所示。尤其是一些需要高质量贴图的大型场景，除了像素问题外还涉及内存占量大、复杂的 UV 坐标分配等不利因素，而使用程序贴图就能很好地解决这些问题。

图 13-2

程序贴图原则上还是属于平面贴图，但需要配合
3ds Max 的 UVW 坐标使用，如图 13-3 所示。

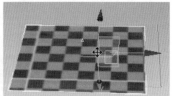

2D 贴图　　　　　UVW 坐标系（Gizmo）

贴图投射模型

图 13-3

10 种 2D 贴图：

✦ 位图：位图是由彩色像素的固定矩阵生成的图
像，如马赛克。位图可以用来创建多种材质，从木纹
和墙面到蒙皮和羽毛。也可以使用动画或视频文件替
代位图来创建动画材质。位图的图像文件在 "C:\Users\
Administrator\Documents\3ds Max\sceneassets\images" 中，
如图 13-4 所示。

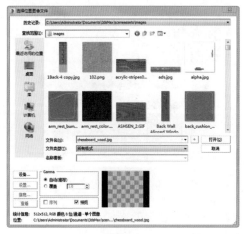

图 13-4

✦ 棋盘格：棋盘格贴图将两色的棋盘图案应用于材
质。默认棋盘格贴图是黑白方块图案。棋盘格贴图是 2D
程序贴图。组建棋盘格既可以是颜色，也可以是贴图。
如图 13-5 所示为棋盘格贴图应用于地板的范例。

图 13-5

✦ 每像素的摄像机贴图："每像素的摄像机贴图"可
以从特定的摄像机方向投射贴图。用作 2D 无光绘图的辅助：
可以渲染场景，使用图像编辑应用程序调整渲染，然后将这
个调整过的图像用作投射回 3D 几何体的虚拟对象。

✦ 渐变贴图：渐变从一种颜色到另一种颜色进行明
暗处理。为渐变指定两种或三种颜色，3ds Max 将插补
中间值。渐变贴图用于停止信号灯，以及用于场景的背景，
如图 13-6 所示。

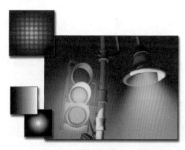

图 13-6

✦ 渐变坡度贴图："渐变坡度"是与"渐变"贴图
相似的 2D 贴图。它从一种颜色到另一种颜色进行着色。
在这个贴图中，可以为渐变指定任何数量的颜色或贴图。
它有许多用于高度自定义渐变的控件。几乎任何"渐变
坡度"参数都可以设置动画。如图 13-7 所示为渐变坡度
应用在蛋糕的效果。

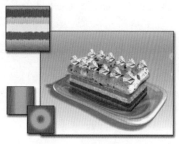

图 13-7

✦ 法线凹凸贴图：利用"法线凹凸"贴图，可使用烘焙纹理法线贴图。

✦ Substance：使用这个包含 Substance 参数化纹理的库，可获得各种范围的材质。这些与分辨率无关的动态 2D 纹理占用的内存和磁盘空间很小，因此适合于通过 Allegorithmic Substance Air 中间件服务导出到游戏引擎。

✦ 漩涡贴图：旋涡生成的图案类似于双味冰淇淋的外观。如同其他双色贴图一样，任何一种颜色都可用其他贴图替换，所以举例来说，大理石与木材也可以生成旋涡。如图 13-8 所示为漩涡贴图的应用。

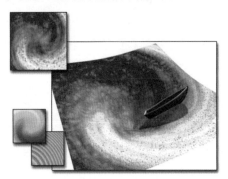

图 13-8

✦ 平铺：使用"瓷砖"程序贴图，可以创建砖、彩色瓷砖或贴图。通常有很多定义的建筑砖块图案可以使用，但也可以设计一些自定义的图案。如图 13-9 所示为平铺贴图应用于外墙装饰的效果。

图 13-9

✦ 向量置换贴图：向量置换贴图允许在三个维度上置换网格，这与仅允许沿曲面法线进行置换的方法形成鲜明对比。与法线贴图类似，向量置换贴图使用整个色谱来获得其效果，这与灰度图像不同。

✦ 向量贴图：可以将基于向量的图形（包括动画）用作对象的纹理，如图 13-10 所示。

图 13-10

13.1.2 3D 贴图

3D 贴图是根据程序以三维方式生成的图案。例如，"大理石"拥有通过指定几何体生成的纹理。如果将指定纹理的大理石对象切除一部分，那么切除部分的纹理与对象其他部分的纹理一致。

3D 贴图也有 10 多种，如下：

✦ 细胞：细胞贴图是一种程序贴图，生成用于各种视觉效果的细胞图案，包括马赛克瓷砖、鹅卵石表面，甚至海洋表面。如图 13-11 所示为细胞贴图的应用效果。

图 13-11

✦ 凹痕 凹痕是 3D 程序贴图。在扫描线渲染过程中，"凹痕"根据分形噪波产生随机图案。图案的效果取决于贴图类型。如图 13-12 所示为凹痕贴图的应用效果。

图 13-12

✦ 衰减："衰减"贴图基于几何体曲面上面法线的角度衰减来生成从白到黑的值。如图 13-13 所示为衰减贴图的应用效果。

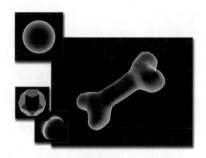

图 13-13

✦ 大理石：大理石贴图针对彩色背景生成带有彩色纹理的大理石曲面。将自动生成第三种颜色。如图 13-14 所示为大理石贴图的应用效果。

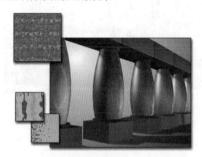

图 13-14

✦ 噪波：噪波贴图基于两种颜色或材质的交互创建曲面的随机扰动。如图 13-15 所示为噪波贴图的应用效果。

图 13-15

✦ 粒子年龄："粒子年龄"贴图用于粒子系统。通常，可以将"粒子年龄"贴图指定为"漫反射颜色"贴图，或在"粒子流"中使用"材质动态"操作符指定。如图 13-16 所示为"粒子年龄"贴图的应用效果。

图 13-16

✦ 粒子运动模糊：此贴图用于粒子系统。该贴图基于粒子的运动速率更改其前端和尾部的不透明度。该贴图通常应用作为不透明贴图，但是为了获得特殊效果，可以将其作为漫反射贴图。如图 13-17 所示为"粒子运动模糊"贴图的应用效果。

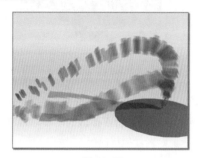

图 13-17

✦ Perlin 大理石：该贴图使用"Perlin 湍流"算法生成大理石图案。此贴图是大理石（同样是 3D 材质）的替代方法。如图 13-18 所示为此图的应用范例。

图 13-18

✦ 烟雾：烟雾贴图是生成无序、基于分形的湍流图案的 3D 贴图。其主要设计用于设置动画的不透明度贴图，以模拟一束光线中的烟雾效果或其他云状流动效果。如图 13-19 所示为烟雾贴图的应用范例。

图 13-19

✦ 斑点：此贴图生成斑点的表面图案，该图案用于"漫反射颜色"贴图或"凹凸"贴图以创建类似花岗岩的表面和其他图案的表面。如图 13-20 所示为此贴图的应用范例。

图 13-20

✦ 泼溅：此贴图可生成分形表面图案，该图案对于漫反射颜色贴图创建类似于泼溅的图案非常有用。如图 13-21 所示为此贴图的应用范例。

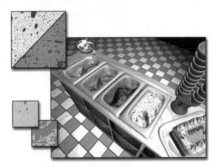

图 13-21

✦ 灰泥：此贴图生成一个曲面图案，以作为凹凸贴图来创建灰泥曲面的效果。如图 13-22 所示为此贴图的应用范例。

图 13-22

✦ 波浪：波浪是一种生成水花或波纹效果的 3D 贴图。它生成一定数量的球形波浪中心并将它们随机分布在球体上。可以控制波浪组数量、振幅和波浪速度。此贴图相当于同时具有漫反射和凹凸效果的贴图。在与不透明贴图结合使用时，它也非常有用。如图 13-23 所示为此贴图的应用范例。

✦ 木材：此贴图将整个对象体积渲染成波浪纹图案。可以控制纹理的方向、粗细和复杂度。如图 13-24 所示为此贴图的应用范例。

图 13-23

图 13-24

13.1.3　合成器贴图

合成器专用于合成其他颜色或贴图。在图像处理中，合成图像是指将两个或多个图像叠加以将其组合。

✦ 合成：合成贴图类型由其他贴图组成，并且可使用 Alpha 通道和其他方法将某层置于其他层之上。对于此类贴图，可使用已含 Alpha 通道的叠加图像，或使用内置遮罩工具仅叠加贴图中的某些部分。如图 13-25 所示为合成贴图的应用范例。

图 13-25

✦ 遮罩：使用遮罩贴图，可以在曲面上通过一种材质查看另一种材质。遮罩控制应用到曲面的第二个贴图的位置。如图 13-26 所示为遮罩贴图的应用范例。

图 13-26

✦ 混合：通过"混合贴图"可以将两种颜色或材质合成在曲面的一侧。也可以将"混合数量"参数设为动画并画出使用变形功能曲线的贴图，从而控制两个贴图随时间混合的方式。如图 13-27 所示为混合贴图的应用范例。

图 13-27

✦ RGB 倍增："RGB 倍增"贴图通常用作凹凸贴图，在此可能要组合两个贴图，以获得正确的效果。如图 13-28 所示为此贴图的应用范例。

图 13-28

13.1.4 颜色修改器贴图

使用"颜色修改器"贴图可以改变材质中像素的颜色。

✦ 颜色修正：校正颜色的工具包括单色、倒置、颜色通道的自定义重新关联、色调切换，以及饱和度

和亮度的调整。多数情况下，"颜色调整"控件会对在 Autodesk Toxik 和 Autodesk Combustion 中发现的颜色进行镜像。

✦ 输出：使用"输出"贴图，可以将输出设置应用于没有这些设置的程序贴图，如棋盘格或大理石。

✦ RGB 染色："RGB 染色"可调整图像中三种颜色通道的值。三种色样代表三种通道。更改色样可以调整其相关颜色通道的值。如图 13-29 所示为 RGB 染色贴图的应用。

图 13-29

✦ 顶点颜色：此贴图设置应用于可渲染对象的顶点颜色。可以使用顶点绘制修改器、指定顶点颜色工具指定顶点颜色，也可以使用可编辑网格顶点控件、可编辑多边形顶点控件或者可编辑多边形顶点控件指定顶点颜色。如图 13-30 所示为此贴图的应用范例。

图 13-30

13.1.5 反射和折射贴图

反射和折射贴图将创建反射和折射。反射和折射贴图不适合平面曲面，因为每个面基于其面法线所指的地方反射部分环境。

✦ 平面镜：此贴图应用到共面集合时生成反射环境对象的材质。可以将它指定为材质的反射贴图。使用此技术，一个大平面只能反射环境的一小部分。"平面镜"自动生成包含大部分环境的反射，以更好地模拟类似镜子的曲面。如图 13-31 所示为该贴图的应用范例。

✦ 光线追踪：使用"光线跟踪"贴图可以提供全部光线跟踪反射和折射。生成的反射和折射比反射和折射

贴图的更精确。渲染光线跟踪对象的速度比使用反射和折射的速度低。另一方面，光线跟踪对渲染 3ds Max 场景进行优化，并且通过将特定对象或效果排除于光线跟踪之外，可以进一步优化场景。如图 13-32 所示为光线追踪贴图的应用范例。

图 13-31

图 13-32

✦ 反射 / 折射："反射 / 折射"贴图生成反射或折射表面。要创建反射，可以指定此贴图类型作为材质的反射贴图。要创建折射，可以将其指定为折射贴图。如图 13-33 所示为反射 / 折射贴图的应用范例。

图 13-33

✦ 薄壁折射：薄壁折射模拟"缓进"，或偏移效果，如果查看通过一块玻璃的图像就会看到这种效果。对于为玻璃建模的对象（如窗口窗格形状的"框"），这种

贴图的速度更快，所用内存更少，并且提供的视觉效果要优于"反射 / 折射"贴图。如图 13-34 所示为薄壁折射贴图的应用范例。

图 13-34

13.2　贴图的添加与编辑

本节将通过 Slate 材质编辑器（板岩材质编辑器）来操作贴图。Slate 材质编辑器要比精简材质编辑器更直观、便捷。

13.2.1　添加贴图

在前面已经说过，贴图是不能独立地向模型添加的，需要搭载材质一起添加给模型，也就是将贴图关联给材质，再将材质添加给模型。

下面以一个小案例来介绍贴图的添加过程。

动手操作——应用材质和贴图

01 打开本例素材场景文件 13-1.max，这是一个营地场景，如图 13-35 所示。

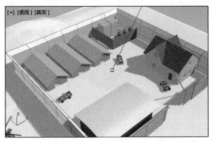

图 13-35

02 在主工具栏【创建选择集】列表中选择 Utilities 选择集，然后在视图中右击，在四元菜单中选择【孤立当前选择】命令，将其他部件隐藏，仅显示 Utilities 选择集的部分模型，如图 13-36 所示。

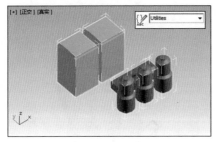

图 13-36

03 在功能区【材质】选项卡的【材质和外观】面板（请展开）中单击【平板编辑器】  按钮，打开【Slate 材质编辑器】窗口，如图 13-37 所示。

图 13-37

04 在左侧的【材质 / 贴图浏览器】中，找到标准材质库中的【标准】材质，拖曳到中间区域的活动视图中，双击材质“节点”，在右侧的【材质参数编辑器】中显示材质参数并设置卷展栏，如图 13-38 所示。

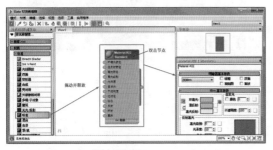

图 13-38

05 在材质参数编辑器顶部材质名称文本框内输入新名称 Oil Tanks，材质节点上的名称也随之改变，如图 13-39 所示。

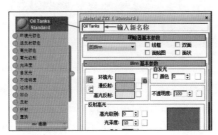

图 13-39

06 在【Blinn 基本参数】卷展栏中单击“漫反射”的拾色块，设置为黄色，如图 13-40 所示。

图 13-40

07 在【反射高光】选项组设置高光级别为 90，光泽度为 32，如图 13-41 所示。

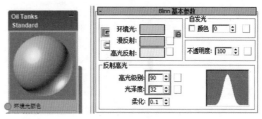

图 13-41

08 在视图中按 Ctrl 键依次选择 3 个油罐模型，并在【Slate 材质编辑器】窗口中单击【将材质指定给选定对象】按钮 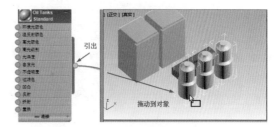，或者在材质节点的“输出套接字”引出关联引线，并一直拖曳引线到视图中选中的 3 个油罐模型上，即可完成材质的添加，如图 13-42 所示。

图 13-42

09 将活动视图中的 Oil Tanks 材质节点移动放置在一边。同理再从材质库中拖曳一个标准材质到活动视图中，双击节点显示其材质参数编辑器，并重命名为 Canister，如图 13-43 所示。

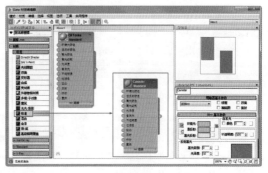

图 13-43

10 在贴图库【标准】中，选择"位图"贴图，将其拖曳并释放到活动视图中，随后弹出【选择位图图像文件】对话框，找到 metals.checker.plate.jpg 图像文件并打开，如图 13-44 所示。

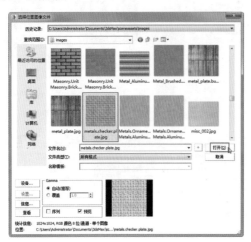

图 13-44

11 在活动视图中，将贴图节点关联到 Canister 材质节点上，如图 13-45 所示。

图 13-45

12 从 Canister 材质节点的"输出套接字"引出关联线直接拖曳到场景视图中的中间模型上，完成贴图的添加，如图 13-46 所示。

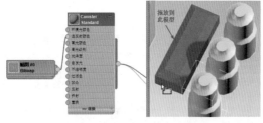

图 13-46

技术要点：

当然，也可以单击【将材质指定给选定对象】按钮，将贴图添加给选定的模型。

13 添加贴图后效果并不好，如图 13-47 所示，需要编辑该贴图。

图 13-47

14 选中中间这个模型，并在【材质】选项卡的【贴图】面板中单击【应用 UV】按钮，添加一个 UVW 贴图修改器。

15 在【修改】命令面板的【参数】卷展栏中取消选中【真实世界贴图大小】复选框，然后选中【长方体】贴图类型，并输入长度、宽度和高度值均为 2，如图 13-48 所示。

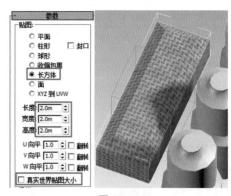

图 13-48

动手操作——改进贴图表现效果

01 打开本例素材场景文件 13-2.max，如图 13-49 所示。

图 13-49

02 在主工具栏上，打开【命名选择集】下拉列表，选择 barracks 选择集，并在视图中右击，在四元菜单中选择【孤立当前选择】命令，将其他部件隐藏，仅显示 barracks 选择集的部分模型，如图 13-50 所示。

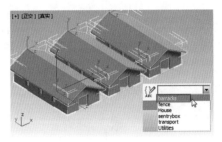

图 13-50

03 按 M 键打开【Slate 材质编辑器】对话框。在左侧的【材质 / 贴图浏览器】中，找到标准材质库中的【标准】材质，拖曳到中间区域的活动视图中，双击材质"节点"，在右侧的【材质参数编辑器】中显示材质参数设置卷展栏。在材质参数编辑器顶部材质名称文本框内输入新名称 BarracksWalls，材质节点上的名称也随之改变，如图 13-51 所示。

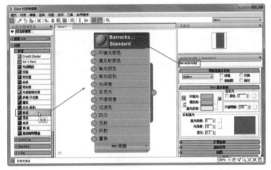

图 13-51

04 同样在材质 / 贴图浏览器中将【贴图】|【标准】|【位图】贴图拖曳到活动视图中，然后通过【选择位图图像文件】对话框将位图文件夹中的 planks.jpg 打开，并关联到标准材质节点的"漫反射颜色"输入套接字上，如图 13-52 所示。

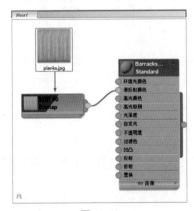

图 13-52

05 单击激活位图贴图节点，并单击【视图中显示明暗处理材质】按钮 ▓，再从标准材质的"输出套接字"引出关联线到视图中的小房子墙壁上，效果如图 13-53 所示。

图 13-53

06 关闭材质浏览器。选中小房子并在【修改】命令面板的【修改器列表】中添加"UVW 贴图"修改器。

07 在【参数】卷展栏中选择【长方体】贴图类型，并取消选中【真实世界贴图大小】复选框，得到如图 13-54 所示的贴图效果。

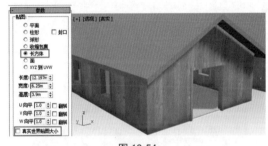

图 13-54

> **技术要点：**
> 如果靠近一些观察这些营房，会看到纹理看起来不错，但营房的外观仍然显得很平坦，比老化的木材显示的外观更平滑。

08 平坦的贴图表达不出真实的材质纹理效果，需要再添加一个凹凸贴图。按 M 键打开材质浏览器。

09 将位图贴图拖曳到活动视图中，并通过【选择位图图像文件】对话框选择 planks.bump.jpg 图像文件。将此贴图关联到标准材质节点上的【凹凸】输入套接字上，如图 13-55 所示。

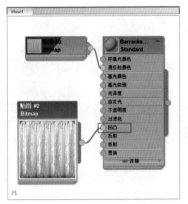

图 13-55

10 选择凹凸贴图节点并单击【视图中显示明暗处理材质】按钮▣，视图中的小房子墙壁材质发生了变化，如图 13-56 所示。

图 13-56

11 按 Shift+Q 快捷键进行渲染，可看见平坦的贴图现在变成了有凹凸感的材质效果，如图 13-57 所示。

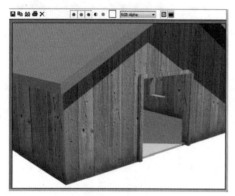

图 13-57

动手操作——应用贴图缩放修改贴图

01 打开本例素材场景文件 13-3.max，如图 13-58 所示。

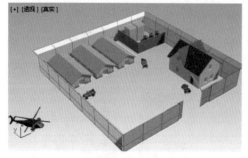

图 13-58

02 选中场景中的别墅，将其"孤立当前选择"，单独显示别墅模型，如图 13-59 所示。

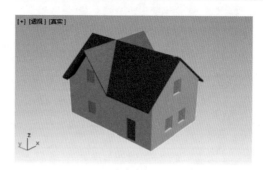

图 13-59

03 首先为别墅外墙添加材质。按 M 键打开材质编辑器，将标准材质拖曳到活动视图中（材质重命名为 Masonry），然后将第一个位图贴图（masonry.fieldstone.jpg）同时关联到标准材质节点的【漫反射颜色】输入套接字和【凹凸】输入套接字上，如图 13-60 所示。

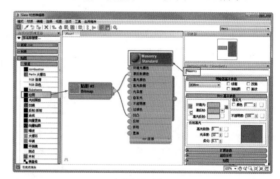

图 13-60

04 双击位图贴图节点，并在参数编辑器中设置【输出】卷展栏的"凹凸量"参数为 5，双击材质节点，并在【贴图】卷展栏设置凹凸量为 150，如图 13-61 所示。

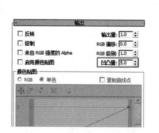

图 13-61

05 将材质与贴图添加给视图中别墅模型上的外墙上，如图 13-62 所示。给外墙材质添加"UVW 贴图"修改器，在【参数】卷展栏中选择【长方体】贴图类型，取消选中【真实世界贴图大小】复选框，修改长度、宽度和高度均为 5m。

06 按 Shift+Q 快捷键进行渲染，查看外墙渲染的效果，如图 13-63 所示。

图 13-62

图 13-63

07 按 M 键再次打开材质编辑器。将新的标准材质拖曳到活动视图中（材质重命名为 HouseRoof），并将第一个位图贴图（shakes.weathered.jpg）同时关联到标准材质节点的【漫反射颜色】输入套接字和【凹凸】输入套接字上，如图 13-64 所示。

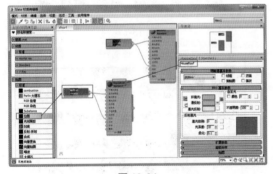

图 13-64

08 双击位图贴图节点，在参数编辑器中设置【输出】卷展栏的【凹凸量】参数为 5，双击材质节点，然后在【贴图】卷展栏设置【凹凸量】为 150，如图 13-65 所示。

图 13-65

09 将新材质与新贴图添加给视图中别墅模型上的屋顶，如图 13-66 所示。

图 13-66

10 为屋顶材质添加【贴图缩放器】修改器，在【参数】卷展栏设置比例为 3m，其余选项保持默认。

技术要点：
　　是在"对象空间修改器"类型中选择【贴图缩放器】，而非"世界空间修改器"类型中的【贴图缩放器 WSM】，两者虽然参数设置相同，但起到的作用是不一样的。

11 按 Shift+Q 快捷键进行渲染，查看屋顶的渲染效果，如图 13-67 所示。

图 13-67

13.2.2　通过材质浏览器编辑贴图

　　添加贴图后，双击贴图节点，将在材质编辑器的参数编辑器中显示贴图编辑选项，如图 13-68 所示。参数编辑器是用来编辑贴图的属性的，也就是说主要编辑贴图的颜色、纹理、密度、模糊等，当然也附带一些贴图的位置、贴图样式的修改。

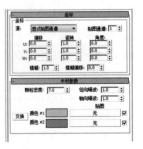

图 13-68

【坐标】卷展栏是贴图编辑卷展栏，不同的贴图类（例如 2D 贴图跟 3D 贴图就不同）其【坐标】卷展栏的参数选项也是不同的。

在【坐标】卷展栏中，可以通过调整坐标参数，可以相对于对其应用贴图的对象表面移动贴图，以实现其他效果。

1. 2D 贴图的【坐标】卷展栏

2D 贴图的【坐标】卷展栏，如图 13-69 所示。

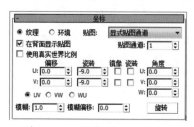

图 13-69

✦ 纹理：将该贴图作为纹理应用于表面。

✦ 环境：使用该贴图作为环境贴图。

✦ 【贴图】下拉列表：【贴图】下拉列表中列出了几种贴图方式。

✦ 显式贴图通道：使用任意贴图通道。如选中该字段，"贴图通道"字段将处于活动状态，可选择从 1 到 99 的任意通道。

✦ 顶点颜色通道：使用指定的顶点颜色作为通道。有关指定顶点颜色的详细信息，可以参见可编辑网格。

✦ 对象 XYZ 平面：使用基于对象的本地坐标的平面贴图（不考虑轴点位置）。用于渲染时，除非启用"在背面显示贴图"，否则平面贴图不会投影到对象背面。

✦ 世界 XYZ 平面：使用基于场景的世界坐标的平面贴图（不考虑对象边界框）。用于渲染时，除非启用"在背面显示贴图"，否则平面贴图不会投影到对象背面。

✦ 球形环境 / 圆柱形环境 / 收缩包裹环境：当选择"环境"贴图时，将贴图投影到场景中，就像将其贴到背景中的不可见对象上一样。

✦ 屏幕投影：当选择"环境"贴图时，屏幕投影为场景中的平面背景。

✦ 在背面显示贴图：启用此选项后，平面贴图（"对象 XYZ"中的平面，或者带有"UVW 贴图"修改器）将被投影到对象的背面，并且能对其进行渲染。禁用此选项后，不能在对象背面对平面贴图进行渲染。默认设置为启用。

✦ 使用真实世界比例：启用此选项之后，使用真实"宽度"和"高度"值而不是 UV 值将贴图应用于对象。

✦ 镜像：镜像贴图与平铺相关。它重复贴图并翻转每个重复的副本。如图 13-70 所示为镜像贴图。

图 13-70

✦ 瓷砖：也称为"平铺"。平铺使用贴图图像包裹对象，如图 13-71 所示。如果【镜像】和【平铺】同时选中，会将镜像贴图在模型上平铺，如图 13-72 所示。

图 13-71

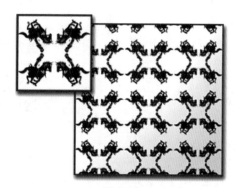

图 13-72

✦ UV/VW/WU：更改用于贴图的贴图坐标系。默认的 UV 坐标将贴图作为幻灯片投影到表面。VW 坐标与 WU 坐标用于对贴图进行旋转使其与表面垂直。

✦ 旋转：显示图解的"旋转贴图坐标"对话框，用于通过在弧形球图上拖曳来旋转贴图（与用于旋转视图的弧形球相似，虽然在圆圈中拖曳是绕全部三个轴旋转，而在其外部拖曳则仅绕 W 轴旋转）。"UVW 向角度"的值随着你在对话框中的拖曳而改变。

✦ 模糊：基于贴图离视图的距离影响贴图的锐度或模糊度。贴图距离越远，模糊就越明显。"模糊"值模糊世界空间中的贴图。模糊主要是用于消除锯齿的。

✦ 模糊偏移：影响贴图的锐度或模糊度，而与贴图离视图的距离无关。"模糊偏移"模糊对象空间中自身的图像。如果需要贴图的细节进行软化处理或者散焦处理以达到模糊图像的效果时，使用此选项。

2. 3D 贴图的【坐标】卷展栏

3D 贴图的【坐标】卷展栏，如图 13-73 所示。

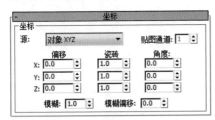

图 13-73

✦ 源：选择要使用的坐标系。包括 4 个选项。

✦ 对象 XYZ：使用对象的局部坐标系。

✦ 世界 XYZ：使用场景的世界坐标系。

✦ 显示贴图通道：激活"贴图通道"字段。可以选择范围从 1 到 99 的任何通道。

✦ 顶点颜色通道：将顶点颜色指定为通道。

✦ 贴图通道：除非源是"显式贴图通道"，否则该选项不可用。该选项可用时，可以选择范围从 1 到 99 的任何通道。

✦ 偏移：沿着指定轴移动贴图图案。

✦ 瓷砖（平铺）：沿指定轴移动瓷砖贴图图案，并使图案更狭窄。

✦ 角度：沿着指定轴旋转贴图图案。

13.2.3 通过"UVW 贴图"修改器修改贴图

你可以为贴图添加贴图修改器来修改贴图的外观、位置、贴图样式等参数。用于贴图修改的常用修改器如"UVW 展开"修改器和"UVW 贴图"修改器，还可以直接在功能区【材质】选项卡的【贴图】面板中单击【应用 UV】按钮 ☞（这个过程就是添加"UVW 贴图"修改器），或者再展开【贴图】面板，单击【展开 UVW】按钮 ▧ 展开 UVW（添加"UVW 展开"修改器）。

"UVW 贴图修改器"的启动工具和"UVW 展开修改器"的启动工具如图 13-74 和图 13-75 所示。

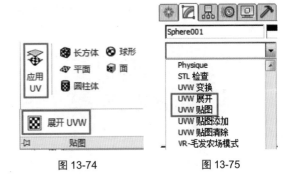

图 13-74　　　　　　　图 13-75

"UVW 贴图"修改器控制在对象曲面上如何显示贴图材质和程序材质。贴图坐标指定如何将位图投影到对象上。UVW 坐标系与 XYZ 坐标系相似。位图的 U 和 V 轴对应于 X 和 Y 轴。对应于 Z 轴的 W 轴一般仅用于程序贴图。可在"材质编辑器"中将位图坐标系切换到 VW 或 WU，在这些情况下，位图被旋转和投影，以使其与该曲面垂直。

为贴图添加"UVW 贴图"修改器后，【修改】命令面板下的【参数】卷展栏如图 13-76 所示。【参数】卷展栏包含 3 个参数选项组：贴图组、通道组、对齐组与显示组。

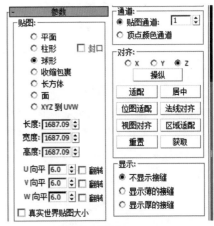

图 13-76

各选项组中的选项含义如下。

【贴图】组：确定所使用的贴图坐标的类型。通过贴图在几何上投影到对象上的方式，以及投影与对象表面交互的方式，来区分不同种类的贴图。

> **技术要点：**
>
> 当"真实世界贴图大小"处于启用状态时，仅可使用"平面""柱形""球形"和"长方体"贴图类型。同样，如果其他选项（"收缩包裹""面"或"XYZ 到 UVW"）之一处于活动状态，则"真实世界贴图大小"不可用。

✦ 平面 ⊡ 平面：将贴图投影到对象上的一个平面的

方式，如图 13-77 所示，也可单击【贴图】面板上的【平面】按钮 平面。

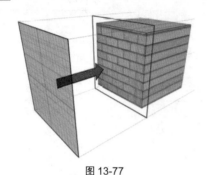

图 13-77

✦ 柱形 圆柱体：圆柱形投影用于基本形状为圆柱形的对象。将贴图投影到圆柱体上，使贴图包裹圆柱体对象，位图接合处的缝是可见的，除非使用无缝贴图，如图 13-78 所示。

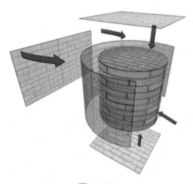

图 13-78

✦ 球形 球形：球形投影用于基本形状为球形的对象。通过从球体投影贴图来包围对象，如图 13-79 所示。在球体顶部和底部，位图边与球体两极交汇处会看到缝和贴图奇点。

图 13-79

✦ 收缩包裹：使用球形贴图，但是它会截去贴图的各个角，然后在一个单独极点将它们全部结合在一起，仅创建一个奇点。收缩包裹贴图用于隐藏贴图奇点，如图 13-80 所示。

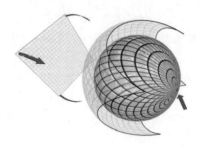

图 13-80

✦ 长方体 长方体：从长方体的 6 个侧面投影贴图。每个侧面投影为一个平面贴图，且表面上的效果取决于曲面法线。从其法线几乎与其每个面的法线平行的最接近长方体的表面贴图每个面，如图 13-81 所示。

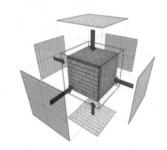

图 13-81

✦ 面 面：对对象的每个面应用贴图副本。使用完整矩形贴图来贴图共享隐藏边的成对面。使用贴图的矩形部分贴图不带隐藏边的单个面，如图 13-82 所示。

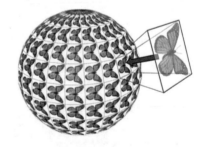

图 13-82

✦ XYZ 到 UVW：将 3D 程序坐标贴图到 UVW 坐标。这会将程序纹理贴到表面。如果表面被拉伸，3D 程序贴图也被拉伸，如图 13-83 所示。对于包含动画拓扑的对象，可结合程序纹理（如"细胞"）使用此选项。

> **技术要点：**
> 　　如果在"材质编辑器"的"坐标"卷展栏中，将贴图的"源"设置为"显式贴图通道"。在材质和"UVW 贴图"修改器中使用相同的贴图通道。

图 13-83

✦ 长度 / 宽度 / 高度：设置 UVW 贴图坐标系 Gizmo 的尺寸。"高度"尺寸对于平面 Gizmo 不适用，它没有深度。同样，"圆柱形""球形"和"收缩包裹"贴图的尺寸都显示它们的边界框而不是它们的半径，如图 13-84 所示。对于"面"贴图没有可用的尺寸，因为几何体上的每个面都包含完整的贴图。

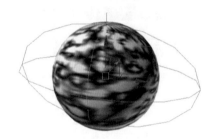

图 13-84

✦ U 向平 /V 向平 /W 向平：用于指定 UVW 贴图的尺寸以便平铺图像。这些是浮点值；可设置动画以便随时间移动贴图的平铺。

✦ 翻转：绕给定轴反转图像。

✦ 真实世界贴图大小：启用后，对应用于对象上的纹理贴图材质使用真实世界贴图。真实世界贴图是另一种贴图范例，要使真实世界贴图工作，必须满足两个条件。首先，必须将 UV 纹理贴图坐标的正确样式指定给几何体。而且，UV 空间的大小需要与几何体的大小相对应，如图 13-85 所示。

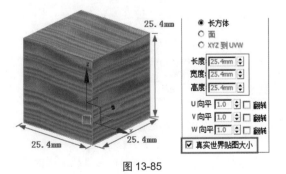

图 13-85

【通道】组：每个对象最多可拥有 99 个 UVW 贴图坐标通道；每个修改器各有一个。默认贴图通道（通过对象的创建参数中的"生成贴图坐标"切换）始终为通道 1。"UVW 贴图"修改器可为任何通道指定坐标。这样，在同一个面上可同时存在多组坐标。

✦ 贴图通道：设置贴图通道。"UVW 贴图"修改器默认为通道 1，因此贴图以默认方式工作，除非显示更改为其他通道。

> **技术要点：**
>
> 可在 3ds Max 中的多处位置使用"贴图通道"设置，如下所示：
>
> 1. 生成贴图坐标大多数对象的创建参数中提供此复选框，在启用时会指定贴图通道 1。
>
> 2. "UVW 贴图""UVW 变换"和"UVW 展开"修改器这些修改器用于设置贴图通道 1 ~99，从而指定修改器将使用的 UVW 坐标。修改器堆栈可同时为任何面传递这些通道。
>
> 3. 材质编辑器通道指定可以在"材质编辑器"的贴图层级，在"坐标"卷展栏中指定贴图要使用的通道。"显式贴图通道"选项必须处于活动状态。
>
> 4.NURBS 曲面对象和子对象用于指定曲面使用的贴图通道。

✦ 顶点颜色通道：通过选择此选项，可将通道定义为顶点颜色通道。为确保将坐标卷展栏中的任何材质贴图匹配为"顶点颜色"，或者使用【指定顶点颜色】工具。

【对齐】组：

✦ X/Y/Z：将贴图 Gizmo 与指定轴对齐。

✦ 操纵：启用时，Gizmo 出现在对象上，然后操纵 Gizmo 改变贴图，如图 13-86 所示。

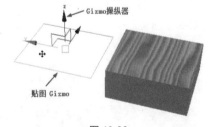

图 13-86

✦ 适配：将 Gizmo 适配到对象的范围并使其居中，以使其锁定到对象的范围，如图 13-87 所示。

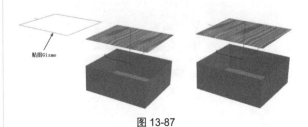

图 13-87

✦ 中心：移动 Gizmo，使其中心与对象的中心一致，如图 13-88 所示。

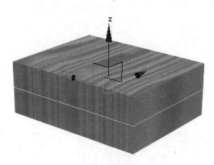

图 13-88

✦ 位图适配：显示标准的位图文件浏览器，使你可以拾取图像。此图像的 Gizmo 与原贴图范围锁定，如图 13-89 所示。

图 13-89

✦ 法线对齐：单击并在要应用修改器的对象曲面上拖曳。Gizmo 的原点放在鼠标在曲面所指向的点上；Gizmo 的 XY 平面与该面对齐。Gizmo 的 X 轴位于对象的 XY 平面上。

✦ 视图对齐：将贴图 Gizmo 重定向为面向活动视图，如图 13-90 所示。

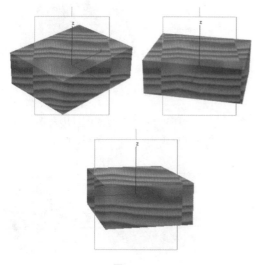

图 13-90

✦ 区域匹配：激活一个模式，从中可在视图中拖曳以定义贴图 Gizmo 的区域。不影响 Gizmo 的方向。在启用"真实世界贴图大小"时不可用。

✦ 重置：单击此按钮，可将前面操纵的 Gizmo 返回到默认状态。

✦ 获取：在拾取对象以从中获得 UVW 时，从其他对象有效复制 UVW 坐标，一个对话框会提示你选择是以绝对方式还是相对方式完成获得。

【显示】组：此设置确定贴图是否是不连续性（也称为结合口），以及如何显示在视图中。仅在 Gizmo 子对象层级处于活动状态时显示结合口。

✦ 不显示接缝：视图中不显示贴图边界。

✦ 显示薄的接缝：使用相对细的线条，在视图中显示对象曲面上的贴图边界。

✦ 显示厚的接缝：使用相对粗的线条，在视图中显示对象曲面上的贴图边界。

13.2.4 通过"UVW 展开"修改器修改贴图

"UVW 展开"修改器用于将贴图（纹理）坐标指定给对象和子对象选择，并手动或通过各种工具来编辑这些坐标。还可以使用它来展开和编辑对象上已有的 UVW 坐标。可以使用手动方法和多种程序方法的任意组合来调整贴图，使其适合网格、面片、多边形、HSDS 和 NURBS 模型。

在【贴图】面板单击 按钮，为贴图添加一个 "UVW 展开"修改器。该修改器下包含【选择】、【编辑 UV】、【通道】、【剥】、【投影】、【包裹】和【配置】等参数卷展栏，下面一一介绍。

1. 【选择】卷展栏

此卷展栏（如图 13-91 所示）包含的工具用于选择要使用"UVW 展开"修改器中的其他工具进行操纵的纹理坐标。

图 13-91

各选项含义如下。

✦ 顶点 / 边 / 多边形 ：与堆栈中层级子对象的选择是相同的，也与前面章节中讲述的"可编辑多边形"

的层级子对象选择方法相同。

✦ 按元素 XY 切换选择：单击此按钮，可以全选顶点、边或多边形。

✦ 【扩大：XY 选择】：单击此按钮，基于所选子对象一层一层地向外扩散选择相同子对象。

✦ 【收缩：XY 选择】：与【扩大：XY 选择】相反，一层一层收缩选择范围。

✦ 【循环：XY 边】：当选择子对象为"边"时，变得可用。单击此按钮，在与选中边相对齐的同时，尽可能远地扩展选择。

✦ 【环形：XY 边】：通过选择所有平行于选中边的边来扩展边选择。

✦ 【忽略背面】：单击此按钮，视图背面看不见的点、边和多边形，将不能选择。

✦ 【点对点边选择】：启用后，通过单击对象上的连续顶点，可以在"边"层级上选择已连接的边。

✦ 【按平面角选】：当处于活动状态时，单击一次就可以选择连续共面的多边形。

✦ 【按材质 ID 选择：XY】：可以通过材质 ID 启用多边形选择。指定要选择的材质 ID，然后单击【按材质 ID 选择】按钮。此选项仅在选择多边形层级子对象时可用。

✦ 【按平滑组选择：XY】：可以通过平滑组启用多边形选择。指定要选择的平滑组，然后单击【按平滑组选择】按钮。

2. 【编辑 UV】卷展栏

此卷展栏主要编辑贴图在 UV 方向的变形，并按指定的对齐方式进行贴图。【编辑 UV】卷展栏，如图 13-92 所示。

图 13-92

✦ 打开 UV 编辑器：单击此按钮，弹出【编辑 UVW】对话框，如图 13-93 所示。【编辑 UVW】对话框的中心是一个窗口，其中显示纹理坐标，以顶点、边和多边形显示，统称为"子对象"。默认情况下，这些与贴图对象的几何体相匹配；通过编辑坐标，可以更改它们相对于对象网格的位置。这样可以微调纹理贴图与模型的"拟合"。

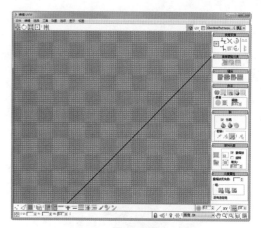

图 13-93

✦ 视图中扭曲：单击此按钮，通过在视图中的模型上拖曳顶点，每次可以调整一个纹理顶点，如图 13-94 所示。

图 13-94

✦ 【快速平面贴图】：仅当选择层级子对象为"多边形"时此选项才可用。单击此按钮，可以将选定的纹理多边形"剥离"为单独的簇，随后将使用此卷展栏上指定的对齐方式，根据编辑器的范围缩放该簇，如图 13-95 所示。

图 13-95

✦ 【显示快速平面贴图】：单击此按钮，只适用于【快速平面贴图】工具的矩形平面贴图，Gizmo 会显示在视图中选择的多边形的上方，如图 13-96 所示。

图 13-96

✦ 【基于面的平均法线】：从弹出按钮中选择快速平面贴图 Gizmo 的对齐方式，垂直于对象的局部 X、Y 或 Z 轴，或者基于多边形的平均法线对齐。如图 13-97 所示为对齐 Y 轴的快速平面贴图 Gizmo。

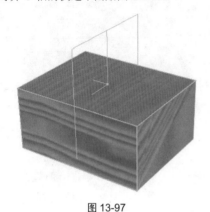

图 13-97

3. 【通道】卷展栏

【通道】卷展栏用于编辑贴图通道。如图 13-98 所示为【通道】卷展栏。

图 13-98

✦ 重置 UVW：在修改器堆栈上将 UVW 坐标还原为先前的状态，即通过"展开"修改器从堆栈中继承的坐标。

✦ 保存：单击此按钮，将 UVW 坐标保存为 UVW（.uvw）文件。

✦ 加载：单击此按钮，加载一个以前保存的 UVW 文件。

✦ 【通道】组：此选项组与"UVW 贴图"修改器中的【通道】选项组功能完全相同。

4. 【剥】卷展栏

通过【剥】工具可以实现展开纹理坐标的 LSCM（最小二乘法共形贴图）方法，以轻松直观地展平复杂的曲面。通过此卷展栏，还可以访问用于展开纹理坐标的"毛皮"方法，以及由"剥"和"毛皮"工具使用的接缝工具。

【剥】卷展栏如图 13-99 所示。

图 13-99

✦ 【快速剥】：单击此按钮可以通过【编辑 UVW】窗口（接下来再详细讲解）来编辑贴图变形。

✦ 【剥模式】：应用"快速剥"，然后保持活动状态，以便交互调整纹理坐标的布局。

✦ 【重置剥】：单击此按钮，将应用的快速【剥】操作重置。

✦ 【毛皮贴图】：将毛皮贴图应用于选定的多边形。单击此按钮激活"毛皮"模式，在这种模式下可以调整贴图和编辑毛皮贴图。

✦ 【接缝】组：可以使用接缝为剥贴图、毛皮贴图，以及样条线贴图（使用手动接缝时）指定簇轮廓。

5. 【投影】卷展栏

使用这些控件可以将 4 个不同贴图 Gizmo 之一应用和调整到多边形选择。

> **技术要点：**
> 当一种投影模式处于活动状态时，可以编辑 Gizmo，但不能更改选择。

【投影】卷展栏，如图 13-100 所示。

图 13-100

此卷展栏中的工具用法与"UVW 贴图"修改器中【对齐】选项组的部分选项相同。但"UVW 贴图"修改器是针对整个贴图而言的，"UVW 展开"修改器是针对贴图中的单个多边形贴图进行操作的。

6. 【包裹】卷展栏

【包裹】卷展栏如图 13-101 所示。可以使用这些工具，将规则纹理坐标应用于不规则的对象上。

图 13-101

✦ 【样条线贴图】～：将样条线贴图应用于当前选定的多边形。单击该按钮可激活【可编辑样条线参数】对话框，如图 13-102 所示。样条线贴图对于具有柱形横截面的贴图弯曲对象（如蛇或动物触角）和弯曲平面（如蜿蜒曲折的路）非常有用，如图 13-103 所示。

图 13-102

图 13-103

✦ 【从循环展开条带】：使用对象拓扑可以沿线性路径快速展开几何体。要使用，可以选择与要展开的边平行的边循环，然后单击此按钮。这可能会使纹理坐标产生明显的比例变化，因此通常随后应使用【紧缩】工具将它们恢复到 0~1 的标准 UV 范围内。如图 13-104 所示为使用该功能后的范例。

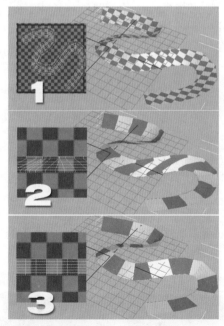

1. 应用了默认棋盘格图案并选定了边环的原始放样对象。

2. 应用"从循环展开条带"后（特写视图）。

3. 通过"环形 UV"选择平行边环并应用水平间隔后（特写视图）。

图 13-104

7. 【配置】卷展栏

使用这些设置可以指定修改器的默认设置，包括是否及如何显示接缝。该卷展栏如图 13-105 所示。

图 13-105

13.2.5 贴图编辑与修改案例

接下来我们将通过几个案例操作加强 UVW 展开贴图的修改操作与技巧。

动手操作——为 P47 飞机创建迷彩贴图

01 打开本例素材场景文件 13-4.max，如图 13-106 所示。

图 13-106

02 按 M 键打开材质浏览器窗口。首先将标准材质拖曳到活动视图中，同时将标准材质重命名为"机身"，如图 13-107 所示。

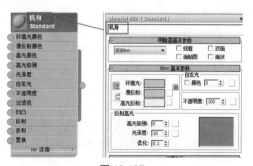
图 13-107

03 将【贴图】|【标准】|【位图】拖曳到标准材质节点上的"漫反射颜色"输入套接字上，同时为位图添加 p47_tex.jpg 图像文件，如图 13-108 所示。

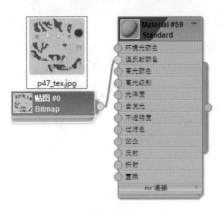

图 13-108

04 将标准材质和贴图添加到视图中的飞机模型上，如图 13-109 所示。可以看见，此贴图应用到了整个飞机上，包括机身、机翼和垂尾上，意义不大。我们的要求是将贴图中的花纹应用于整个飞机，这就需要将贴图分割成碎片，可使用 "UVW 展开" 修改器。

图 13-109

05 选中飞机模型，在【材质】选项卡的【贴图】面板中单击 ██ 展开UVW 按钮，添加 "UVW 展开" 修改器。选择 "多边形" 层级子对象，然后在顶视图中框选右侧机翼上部的面，如图 13-110 所示。

图 13-110

06 在主工具栏的【创建选择集】列表中为所选的右侧机翼上部面命名为 "机翼 - 右侧上"。保持 "机翼 - 右侧上" 选择集的选中状态，如图 13-111 所示。

图 13-111

07 在【投影】卷展栏单击【平面贴图】按钮 ▨，再单击【对齐到 Z 轴】按钮 ▨，最后单击【平面贴图】按钮 ▨取消激活，如图 13-112 所示。

图 13-112

08 在【编辑】卷展栏中单击【打开 UV 编辑器】按钮，打开【编辑 UVW】窗口。在顶部工具栏右侧的贴图列表中选择 "贴图 #0（p47_tex.jpg）"，窗口的视图中显示位图贴图，如图 13-113 所示。

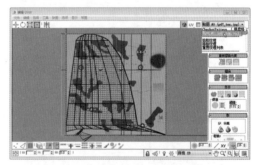

图 13-113

09 将机翼的选择集缩放，并单击【快速变换】卷展栏中的【环绕轴心旋转 -90 度】按钮 ▨旋转选择集，如图 13-114 所示。

图 13-114

10 最后将旋转后的选择集移动到如图 13-115 所示的位置。随后会发现顶视图中的右侧机翼的贴图发生了变化，如图 13-116 所示。

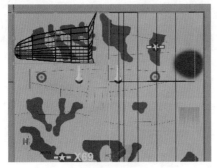

图 13-115

图 13-116

11 同理，将顶视图切换为底视图后，框选选择右侧机翼底部的面，并创建选择集"机翼 - 右侧下"，如图 13-117 所示。

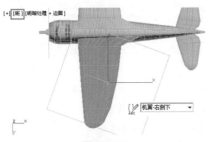

图 13-117

12 重复前面步骤 07~10，通过【编辑 UVW】窗口缩放、旋转、移动等操作摆放选择集，如图 13-118 所示。

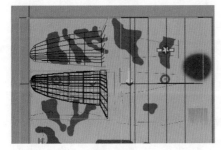

图 13-118

技术要点：

缩放机翼面的选择集时，可以翻转改变方向。缩放的时候有些误差对模型是没有影响的。

13 同理，分别创建机翼左侧的上部面和下部面的选择集，并编辑展开的 UVW 贴图，结果如图 13-119 和图 13-120 所示。

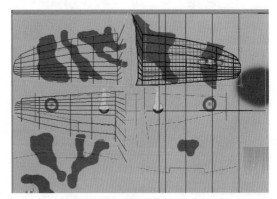

图 13-119

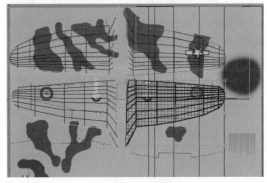

图 13-120

14 接下来创建水平尾翼左右侧的上部面选择集和下部面选择集，并展开编辑它们的 UVW 贴图，如图 13-121 所示。

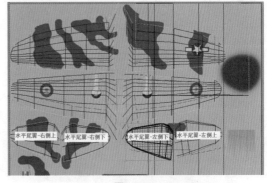

图 13-121

15 创建机身左侧面的选择集，效果如图 13-122 所示。

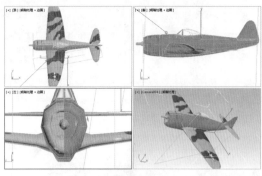

图 13-122

16 对左侧机身面展开编辑 UVW 贴图（平面贴图并对齐到 Y 轴），效果如图 13-123 所示。

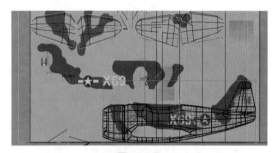

图 13-123

17 同理，创建右侧机身面的选择集，并展开编辑 UVW 贴图，如图 13-124 所示。

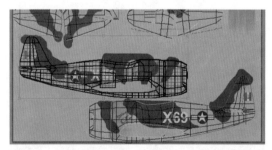

图 13-124

18 创建进气口选择集，并展开编辑 UVW 贴图（平面贴图并对齐到 X 轴），如图 13-125 所示。

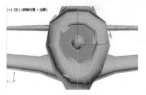

图 13-125

19 最后创建螺旋桨轴的选择集，并展开编辑 UVW 贴图（平面贴图并对齐到 Y 轴），如图 13-126 所示。

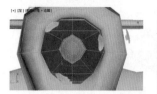

图 13-126

20 最后对材质和贴图进行渲染，效果如图 13-127 所示。

图 13-127

动手操作——为女性人物角色贴图

01 打开本例素材场景文件 13-5.max，如图 13-128 所示。

图 13-128

02 按 M 键打开材质浏览器窗口。首先将标准材质拖曳到活动视图中，同时将标准材质重命名为"裙子贴图"，如图 13-129 所示。

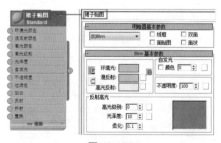

图 13-129

03 将【贴图】|【标准】|【位图】拖曳到标准材质节点上的"漫反射颜色"输入套接字上，同时为位图添加 skirt_print.jpg 图像文件，如图 13-130 所示。

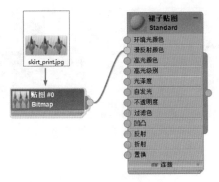

图 13-130

04 将标准材质与贴图添加到视图中的裙子上，如图 13-131 所示。

图 13-131

技术要点：

　　明暗处理的视图现在会在裙子上显示图案。虽然看起来效果不错，但我们希望图案显示并且分布得更加均匀。接下来需要进行 UVW 贴图的展开编辑操作。

05 选中裙子对象，在【修改】命令面板的修改器堆栈中选择【服装生成器】顶层层级对象，如图 13-132 所示。

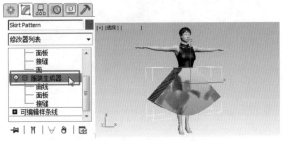

图 13-132

06 添加【UVW 展开】修改器，而且要保证【UVW 展开】修改器在服装生成器的上方、cloth（布料修改器）的下方。在【UVW 展开】修改器的【选择】卷展栏中单击【多边形】按钮■，视图中的裙子网格被选中，如图 13-133 所示。

图 13-133

07 在【投影】卷展栏中单击【平面贴图】按钮◛，再单击【对齐到 Y】按钮Ⓨ，如图 13-134 所示。最后单击【平面贴图】按钮◛，取消激活状态。

图 13-134

技术要点：

　　与此卷展栏上的其他投影按钮类似，【柱形贴图】按钮也进入一种模式：如果忘记禁用该按钮，则以后将无法使用【编辑 UVW】窗口中的控件。

08 在【编辑 UV】卷展栏单击 打开 UV 编辑器... 按钮，打开【编辑 UVW】窗口。在窗口右上方的贴图纹理列表中选择"贴图 #0（skirt_print.jpg）"贴图背景，如图 13-135 所示。窗口中显示的活动贴图背景，如图 13-136 所示。

图 13-135

图 13-136

09 在纹理贴图列表旁边单击【打开选项对话框】按钮 ▤，打开【展开选项】对话框。选中【平铺位图】复选框，单击【确定】按钮关闭对话框，如图 13-137 所示。

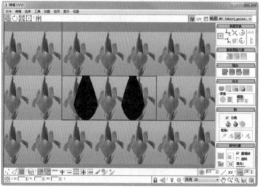

图 13-137

10 在工具栏单击【自由形式模式】按钮 ⊡ 激活贴图，显示一个可控制大小的控制框，拖曳框可以改变 UVW 贴图的大小，如图 13-138 所示。

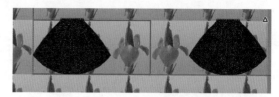

图 13-138

11 在窗口底部的工具栏中单击【按元素 UV 切换选择】按钮 🖫，并拖曳贴图中左侧裙子的网格，使其占满 3 个图案，如图 13-139 所示。

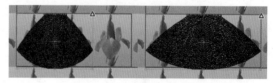

图 13-139

12 同样拖曳右侧裙子的贴图改变网格大小，如图 13-140 所示。完成后关闭【编辑 UVW】窗口。

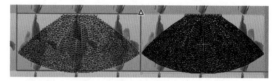

图 13-140

13 在【修改】命令面板的修改器堆栈中选择【壳】顶层对象层级，视图中的裙子贴图变得很规则，如图 13-141 所示。

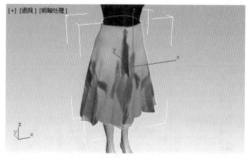

图 13-141

14.1　3ds Max 摄像机

3ds Max 中的摄像机在制作效果图和动画时非常有用。3ds Max 中的摄像机只包含"标准"摄像机，而"标准"摄像机又包含"目标"摄像机和"自由"摄像机两种，如图 14-1 所示。

安装好 V-Ray 渲染器后，摄像机列表中会增加一项 V-Ray 摄像机，而 V-Ray 摄像机又包含"VR 穹顶摄像机"和"VR 物理摄像机"两种，如图 14-2 所示。

图 14-1　　　　　　　　　　图 14-2

14.1.1　认识"摄像机"

真实世界的摄像机使用镜头将场景反射的灯光聚焦到具有灯光敏感性曲面的焦点平面上。如图 14-3 所示为现实中的摄像机的测量。

3ds Max 中的"摄像机"并不是说现实中人们拍摄影片的那种摄像机，它是在 3ds Max 的场景中制作特殊观察角度（视角）的工具。但"摄像机"工具也有现实摄像机的特有能力，就是变焦。

创建一个摄像机之后，可以设置视图以显示摄像机的观察点。使用"摄像机"视图可以调整摄像机，就好像正在通过其镜头进行观看。摄像机视图对于编辑几何体和设置渲染的场景非常有用。多个摄像机可以提供相同场景的不同视图。

如果要设置观察点的动画，可以创建一个摄像机并设置其位置的动画。例如，可能要飞过一个地形或路过一个建筑物，可以设置其摄像机参数的动画。例如，可以设置摄像机视野的动画以获得场景放大的效果，如图 14-4 所示。

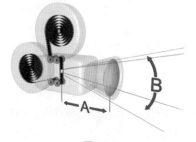

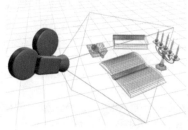

图 14-3　　　　　　　　　　图 14-4

3ds Max 中的"摄像机"工具，更换镜头的动作可以瞬间完成，无级变焦更是真实摄像机所无法比拟的。对于景深的设置，直观地用范围线表示，无须通过光圈计算。对于摄像机的动画，除了位置变动外，还可以表现焦距、视角及景深等动画效果。

第 14 章

摄像机和灯光

第 14 章源文件

第 14 章视频文件

第 14 章结果文件

3ds Max 中有三种类型的摄像机：自由摄像机、目标摄像机和物理摄像机。

1. 自由摄像机

自由摄像机在摄像机指向的方向查看区域。与目标摄像机不同，它有两个用于目标和摄像机的独立图标，自由摄像机由单个图标表示，为的是更轻松地设置动画。

当摄像机位置沿着轨迹设置动画时可以使用自由摄像机，与穿行建筑物或将摄像机连接到行驶中的汽车上时一样。当自由摄像机沿着路径移动时，可以将其倾斜；如果需要将摄像机直接置于场景顶部，则使用自由摄像机可以避免围绕其轴旋转，如图 14-5 所示。

图 14-5

自由摄像机的初始方向始终是指向负 Z 轴方向的，如图 14-6 所示。

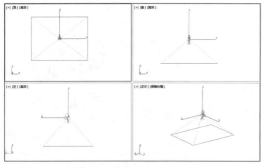

图 14-6

在"透视""用户""灯光"或"摄像机"视图中单击，将使自由摄像机沿着"世界坐标系"的负 Z 轴方向指向下方。

由于摄像机在活动的构造平面上创建，在此平面上也可以创建几何体，所以在"摄像机"视图中查看对象之前必须移动摄像机。从若干视图中检查摄像机的位置以将其校正。

2. 目标摄像机

目标摄像机查看目标对象周围的区域。创建目标摄

像机时，会看到两部分的图标，该图标表示摄像机及其目标（显示为一个小框）。目标摄像机比自由摄像机更容易定向，因为只需将目标对象定位在所需位置的中心即可，如图 14-7 所示。

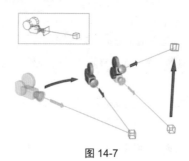

图 14-7

当添加目标摄像机时，3ds Max 将自动为该摄像机指定"注视"控制器，而且该摄像机的目标对象被指定为"注视"目标。可以使用【运动】面板上的控制器进行设置，将场景中的任何其他对象指定为"注视"目标。

3. 物理摄像机

物理摄像机将场景的帧设置与曝光控制和其他效果集成在一起。物理摄像机是用于基于物理的真实照片级渲染的最佳摄像机类型。如图 14-8 所示为物理摄像机（摄像机图标显示）和视图。物理摄像机实际上与真实相机没有区别，拥有相同的设置参数。

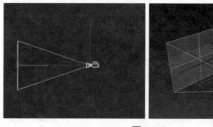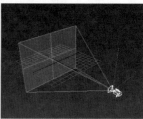

图 14-8

> **技术要点：**
> 物理摄像机原本是 V-Ray 渲染器的摄像机类型，在 3ds Max 2015 版本中已整合到标准摄像机类型中了。

14.1.2　摄像机参数

3ds Max 的标准摄像机（物理、目标和自由）的参数是相同的，特别是目标摄像机和自由摄像机的参数基本相同。下面以目标摄像机为例，介绍其卷展栏的参数设置。

1. 目标摄像机的参数

目标摄像机的卷展栏，如图 14-9 所示。

图 14-9

【参数】卷展栏各选项组含义如下。

✦ 镜头：以 mm 为单位来设置摄像机的焦距。

✦ 视野：设置摄像机查看区域的宽度视野，有水平↔、垂直↕和对角线↗ 3 种方式。

✦ 正交投影：启用该选项后，摄像机视图为用户视图；关闭该选项后，摄像机视图为标准的透视图。

✦ 备用镜头：系统预置的摄像机焦距镜头包含 15mm、20mm、24mm、28mm、35mm、50mm、85mm、135mm 和 200mm。

✦ 类型：切换摄像机的类型，包含"目标摄像机"和"自由摄像机"两种。

✦ 显示圆锥体：显示摄像机视野定义的锥形光线（实际上是一个四棱锥）。锥形光线出现在其他视图，但是显示在摄像机视图中。

✦ 显示地平线：在摄像机视图中的地平线上显示一条深灰色的线条。

【环境范围】选项组。

✦ 显示：显示在摄像机锥形光线内的矩形。

✦ 近距 / 远距范围：设置大气效果的近距范围和远距范围。

【剪切平面】选项组。

✦ 手动剪切：启用该选项可定义剪切的平面。

✦ 近距 / 远距剪切：设置近距和远距平面。对于摄像机，比"近距剪切"平面近或比"远距剪切"平面远的对象是不可见的。

【多过程效果】选项组。

✦ 启用：启用该选项后，可以预览渲染效果。

✦ 预览：单击该按钮可以在活动摄像机视图中预览效果。

✦ 多过程效果类型：共有"景深（mental ray）""景深"和"运动模糊"3 个选项，系统默认为"景深"。

✦ 渲染每个过程效果：启用该选项后，系统会将渲染效果应用于多重过滤效果的每个过程（景深或运动模糊）。

【目标距离】选项组。

✦ 目标距离：当使用"目标摄像机"时，该选项用来设置摄像机与其目标之间的距离。

【景深参数】卷展栏各选项含义如下。景深是摄像机的一个非常重要的功能，在实际工作中的使用频率也非常高，常用于表现画面的中心点，如图 14-10 所示。

图 14-10

【焦点深度】选项组。

✦ 使用目标距离：启用该选项后，系统会将摄像机的目标距离用作每个过程偏移摄像机的点。

✦ 焦点深度：当关闭"使用目标距离"选项时，该选项可以用来设置摄像机的偏移深度，其取值范围为 0~100。

【采样】选项组。

✦ 显示过程：启用该选项后，"渲染帧窗口"对话框中将显示多个渲染通道。

✦ 使用初始位置：启用该选项后，第 1 个渲染过程将位于摄像机的初始位置。

✦ 过程总数：设置生成景深效果的过程数。增大该值可以提高效果的真实度，但是会增加渲染时间。

✦ 采样半径：设置场景生成的模糊半径。数值越大，模糊效果越明显。

✦ 采样偏移：设置模糊靠近或远离"采样半径"的权重。增加该值将增加景深模糊的数量级，从而得到更均匀的景深效果。

【过程混合】选项组。

✦ 规格化权重：启用该选项后可以将权重规格化，以获得平滑的结果；当关闭选项后，效果会变得更清晰，但颗粒效果也更明显。

✦ 抖动强度：设置应用于渲染通道的抖动程度。增大该值会增加抖动量，并且会生成颗粒状效果，尤其在对象的边缘上最为明显。

✦ 平铺大小：设置图案的大小。0 表示以最小的方式进行平铺；100 表示以最大的方式进行平铺。

【扫描线渲染器参数】选项组。

✦ 禁用过滤：启用该选项后，系统将禁用过滤的整个过程。

✦ 禁用抗锯齿：启用该选项后，可以禁用抗锯齿功能。

【运动模糊参数】卷展栏。运动模糊一般运用在动画中，常用于表现运动对象高速运动时产生的模糊效果，如图 14-11 所示。当设置"多过程效果"为"运动模糊"时，系统会自动显示出"运动模糊参数"卷展栏。

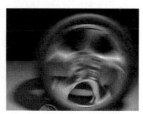

图 14-11

【采样】选项组。

✦ 显示过程：启用该选项后，"渲染帧窗口"对话框中将显示多个渲染通道。

✦ 过程总数：设置生成效果的过程数。增大该值可以提高效果的真实度，但是会增加渲染时间。

✦ 持续时间（帧）：在制作动画时，该选项用来设置应用运动模糊的帧数。

✦ 偏移：设置模糊的偏移距离。

【过程混合】选项组。

✦ 规格化权重：启用该选项后，可以将权重规格化，以获得平滑的结果；当关闭该选项后，效果会变得更加清晰，但颗粒效果也更明显。

✦ 抖动强度：设置应用于渲染通道的抖动程度。增大该值会增加抖动量，并且会生成颗粒状的效果，尤其在对象的边缘上最为明显。

✦ 瓷砖大小：设置图案的大小。0 表示以最小的方式进行平铺；100 表示以最大的方式进行平铺。

【扫描线渲染器参数】选项组。

✦ 禁用过滤：启用该选项后，系统将禁用过滤的整个过程。

✦ 禁用抗锯齿：启用该选项后，可以禁用抗锯齿功能。

2. 物理摄像机的参数

物理摄像机的参数卷展栏如图 14-12 所示。

【基本】卷展栏设置摄像机在 3ds Max 视图中的行为，如图 14-13 所示。

图 14-12　　　　图 14-13

✦ 目标：启用此选项后，摄像机包括目标对象，并与目标摄像机的行为相似，可以通过移动目标设置摄像机的目标；若禁用此选项，摄像机的行为与自由摄像机相似，可以通过变换摄像机对象本身设置摄像机的目标。

✦ 目标距离：设置目标与焦平面之间的距离。目标距离会影响聚焦、景深等。

✦ 显示圆锥体：在显示摄像机圆锥体时选择："选定时"（默认设置）、"始终"或"从不"。

✦ 显示地平线：启用该选项后，地平线在摄像机视图中显示为水平线（假设摄像机帧包括地平线），如图 14-14 所示。

【物理摄像机】卷展栏设置摄像机的主要物理属性，如图 14-15 所示。

图 14-14　　　　图 14-15

【胶片 / 传感器】选项组。

✦ 预设：选择胶片模型或电荷耦合传感器。选项包括 35mm（全画幅）胶片（默认设置），以及多种行业标准（如佳能、尼康、ETC 等）传感器设置。每个设置都有其默认宽度值。其中【自定义】选项用于选择任意宽度。

✦ 宽度：可以手动调整帧的宽度。

【镜头】选项组。

✦ 焦距：设置镜头的焦距。默认值为 40.0mm。

✦ 指定视野：启用时，可以设置新的视野（FOV）值（以度为单位）。默认的视野值取决于所选的胶片 / 传感器预设值。大幅更改视野可导致透视失真。

> **技术要点：**
> 当"指定视野"处于启用状态时，"焦距控件"将被禁用。但是，更改其中一个控件的值也会更改其他控件的值。

✦ 缩放：在不更改摄像机位置的情况下缩放镜头。"缩放"提供了一种裁剪渲染图像而不更改任何其他摄像机效果的方式。例如，更改焦距会更改散景效果（因为它可以改变光圈大小），但不会更改缩放值。

✦ 光圈：将光圈设置为光圈数，或"F 制光圈"。此值将影响曝光和景深。光圈数越低，光圈越大并且景深越窄。

✦ 使用目标距离：（默认设置）使用"目标距离"作为焦距。

✦ 自定义：使用不同于"目标距离"的焦距。焦平面在视图中显示为透明矩形，以摄像机视图的尺寸为边界。

✦ 聚焦距离：选中【自定义】后，可设置焦距。

✦ 镜头呼吸：通过将镜头向焦距方向移动或远离焦距方向来调整视野。镜头呼吸值为 0.0 表示禁用此效果。默认值为 1.0。

✦ 启用景深：启用时，摄像机在不等于焦距的距离上生成模糊效果。景深效果的强度基于光圈设置。如图 14-16 所示为启用景深的前后效果对比。

无景深　　　　　　　浅景深（光圈 = f/1.4）

图 14-16

【快门】选项组。

✦ 类型：选择测量快门速度使用的单位——帧（默认设置），通常用于计算机图形；秒或分秒，通常用于静态摄影；度，通常用于电影摄影。

✦ 持续时间：根据所选的单位类型设置快门速度。该值可能影响曝光、景深和运动模糊。

✦ 偏移：启用时，指定相对于每帧的开始时间的快门打开时间。更改此值会影响运动模糊。默认的"偏移"值为 0.0，默认设置为禁用。

✦ 启用运动模糊：启用此选项后，摄像机可以生成运动模糊效果，如图 14-17 所示为启用运动模糊的前后效果。

无运动模糊　　　　　　默认运动模糊

图 14-17

【曝光】卷展栏设置摄像机曝光，如图 14-18 所示。

图 14-18

✦ 曝光控制已安装：单击以使物理摄像机的曝光控制处于活动状态。

> **技术要点：**
> 如果物理摄像机曝光控制已处于活动状态，则会禁用此按钮，其选项卡将显示为"曝光控制已安装"。如果其他曝光控制处于活动状态，该卷展栏中的其他控件将处于非活动状态。默认情况下，此卷展栏上的设置将覆盖物理摄像机曝光控制的全局设置。还可以设置物理摄像机曝光控制，以替代单个摄像机的曝光设置。

【曝光增益】选项组：模型胶片速度（或其数字等效值）。

✦ 手动：通过 ISO 值设置曝光增益。当此选项处于活动状态时，通过此值、快门速度和光圈设置计算曝光。该数值越高，曝光时间越长。

✦ 目标：（默认设置）设置与三个摄影曝光值的组合相对应的单个曝光值。每次增加或降低 EV 值，对应的也会分别减少或增加有效的曝光，如快门速度值中所做的更改表示的一样。因此，值越高，生成的图像越暗，值越低，生成的图像越亮。默认设置为 6.0。

【白平衡】选项组：调整色彩平衡。

✦ 光源：按照标准光源设置色彩平衡。默认设置为"日光"（6500K）。

✦ 温度：以色温的形式设置色彩平衡，以开尔文度表示。

✦ 自定义：用于设置任意色彩平衡。单击色样以打开"颜色选择器"，可以从中设置希望使用的颜色。

✦ 启用渐晕：启用时，渲染模拟出现在胶片平面边缘的变暗效果。

> **技术要点：**
> 要在物理上更加精确地模拟渐晕，可以使用"散景（景深）"卷展栏上的光学渐晕（猫眼）控件。

✦ 数量：增加此数量以增加渐晕效果，默认值为 1.0。如图 14-19 所示为启用曝光渐晕的效果。

无渐晕　　　　　　　　渐晕 =100.0

图 14-19

【散景（景深）】卷展栏设置用于景深的散景效果。如果景深应用到图像（此设置在【物理摄像机】卷展栏中），出现在焦点之外的图像区域中的图案称为"散景效果"。这种效果也称为"模糊圈"。在物理摄像机中，镜头的形状影响散景图案。

> **技术要点：**
> 当场景焦外区域具有小的高对比度点（通常来自光源或其他明亮物体）时，散景效果最为明显。

【光圈形状】选项组。

✦ 圆形：散景效果基于圆形光圈，如图 14-20（a）所示。

✦ 叶片式：散景效果使用带有边的光圈，使用"叶片数"值设置每个模糊圈的边数，如图 14-20（b）所示。使用"旋转"值设置每个模糊圈旋转的角度。

（a）光圈形状为圆形　　　（b）光圈形状为叶片式，
　　　　　　　　　　　　　　叶片数 = 5

图 14-20

✦ 自定义纹理：使用贴图来用图案替换每种模糊圈（如果贴图为填充黑色背景的白色圈，则等效于标准模糊圈）。将纹理映射到与镜头纵横比相匹配的矩形，会忽略纹理的初始纵横比。

✦ 影响曝光：启用时，自定义纹理将影响场景的曝光。根据纹理的透明度，这样可以允许相比标准的圆形光圈通过更多或更少的灯光（同样地，如果贴图为填充黑色背景的白色圈，则允许进入的灯光量与圆形光圈相同）。禁用此选项后，纹理允许的通光量始终与通过圆形光圈的灯光量相同。

【中心偏移（光环效果）】选项组：拖曳滑块使光圈透明度向中心（负值）或边（正值）偏移。正值会增加焦外区域的模糊量，而负值会减小模糊量。中心偏移设置的场景中尤其明显地显示散景效果，如图 14-21 所示。

【光学渐晕（CAT 眼睛）】选项组：通过模拟"猫眼"效果使帧呈现渐晕效果（部分广角镜头可以形成这种效果）。负渐晕值会产生类似于正值的结果，如图 14-22 所示。

环形效果，中心偏移 =50.0　中心效果，中心偏移 =-50.0

图 14-21

左：渐晕 = 1.0　　　　右：渐晕 = 2.0

图 14-22

【各向异性（失真镜头）】选项组：通过垂直（负值）或水平（正值）拉伸光圈模拟失真镜头。与"中心偏移"时，"各向异性"设置在显示散景效果的场景中是最明显的，如图 14-23 所示。

左：水平各向异性，值=0.5　右：垂直各向异性，值=-0.5

图 14-23

【透视控制】卷展栏调整摄像机视图的透视，如图 14-24 所示。

图 14-24

【镜头移动】选项组：这些设置将沿水平或垂直方向移动摄像机视图，而不旋转或倾斜摄像机。在 X 轴和 Y 轴，它们将以百分比形式表示膜 / 帧宽度（不考虑图像纵横比）。

【倾斜校正】选项组：这些设置将沿水平或垂直方向倾斜摄像机。可以使用它们来更正透视，特别是在摄像机已向上或向下倾斜的场景中。如图 14-25 所示为启用倾斜修正的前后效果对比。

无修正　　　　　　垂直修正 = 0.3

图 14-25

✦ 自动垂直倾斜修正：启用时，自动垂直倾斜修正摄像机，如图 14-26 所示。

【镜头扭曲】卷展栏可以向渲染添加扭曲效果，如图 14-27 所示。

图 14-26　　　　　　　图 14-27

【扭曲类型】选项组。

✦ 无：（默认设置）不应用扭曲。

✦ 立方：不为零时，将扭曲图像。正值会产生枕形扭曲；负值会产生筒形扭曲，如图 14-28 所示。

无扭曲　　　　　　立方扭曲 = 0.14

立方扭曲 = −0.14

图 14-28

✦ 纹理：基于纹理贴图扭曲图像。单击该按钮可打开【材质 / 贴图浏览器】，并指定贴图。图像的红色分量沿 X 轴扭曲图像，绿色分量沿 Y 轴扭曲图像，蓝色分量将被忽略。如图 14-29 所示为启用纹理后的扭曲效果对比。

无扭曲　　　　　使用所示贴图的纹理扭曲

图 14-29

【其他】卷展栏设置剪切平面和环境范围。

✦ 启用：启用此项可启用【剪切平面】功能。在视图中，剪切平面在摄像机锥形光线内显示为红色的栅格。

✦ 近 / 远：设置近距和远距平面，采用场景单位。对于摄像机，比近距剪切平面近或比远距剪切平面远的对象是不可视的。"远距剪切"值的限制为 10 ~ 32 的幂之间。

警告：极大的"远距剪切"值可以产生浮点错误，

该错误可能引起视图中的 Z 缓冲区问题，如对象显示在其他对象的前面，而这是不应该出现的。

✦ 近距范围和远距范围：确定在【环境】面板上设置大气效果的近距范围和远距范围限制。两个限制之间的对象将在远距值和近距值之间消失。这些值采用场景单位。默认情况下，它们将覆盖场景的范围。

14.1.3　创建与设置摄像机

3ds Max 中的摄像机基于真实世界而创建，因此与真实摄像机具有共同的参数特点。摄像机的参数主要是镜头的设置，如焦距、视野、景深等。

为了帮助摄像机参数的理解，下面用实例操作演示其设置过程与效果。

动手操作——创建并操作摄像机

01 打开本例素材源文件 14-1.max，如图 14-30 所示。

图 14-30

02 在【创建】|【摄像机】命令面板的【标准】类型中，单击【目标】按钮，在透视图中放置目标摄像机，如图 14-31 所示。放置方法是：首先确定摄像机位置，然后按住鼠标拖曳视图指向城堡建筑物。

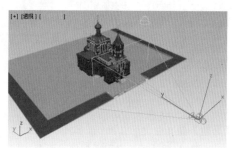

图 14-31

03 放置摄像机后将自动创建名为 Camera001 的摄像机视图。在透视图的左上角选择【透视】|【摄像机】|【Camera001】视图，切换到摄像机视图，如图 14-32 所示。

图 14-32

04 此时，在状态栏最右侧弹出控制摄像机的工具，如图 14-33 所示。

图 14-33

05 单击【推拉摄像机】按钮，可以将摄像机视图推进或推远，如图 14-34 所示。

图 14-34

06 单击【透视】按钮，可以调整摄像机视图的透视效果，如图 14-35 所示。

图 14-35

07 单击【测滚摄像机】按钮，可以侧向翻滚摄像机视图，如图 14-36 所示。

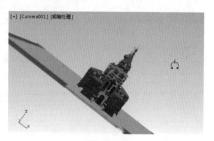

图 14-36

08 单击【视野】按钮，可以调整视图中可见的场景数量和透视光斑量，如图 14-37 所示。这与【推拉摄像机】不同，主要是通过改变视野，不断地变化着透视效果。【推拉摄像机】的透视效果是不变的，只是调整远近。

图 14-37

09 单击【平移摄像机】按钮，可以平移摄像机，如图 14-38 所示。

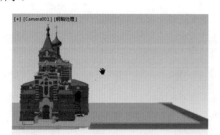

图 14-38

10 单击【环游摄像机】按钮，可以旋转摄像机，如图 14-39 所示。

图 14-39

动手操作——设置镜头和焦距

摄像机工作时，光线穿过摄像机的镜头聚焦在胶片上，使胶片捕捉图像。胶片和镜头之间的距离叫作"焦距"。焦距通常以毫米为单位，50mm 的镜头称为标准镜头，它和人眼睛所观察到的范围是相同的，小于 50mm 的镜头称为广角镜，大于 50mm 的镜头称为远焦镜。本例让大家明白如何调整 3ds Max 的镜头参数以及效果表现。

01 打开本例素材场景文件 14-2.max，如图 14-40 所示。

图 14-40

02 在场景中创建一台目标摄像机，同时调整视图为摄像机视图，如图 14-41 所示。

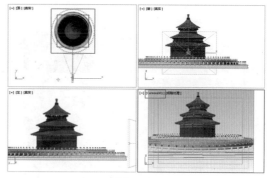

图 14-41

03 在目标摄像机的【参数】卷展栏中的【备用镜头】组下，提供了多种镜头焦距参考，如图 14-42 所示为 15mm、28mm、50mm 和 135mm 四种备用镜头的镜头效果。

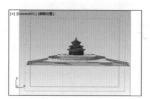

15mm 镜头

50mm 镜头

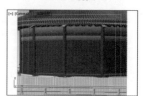

135mm 镜头

图 14-42

04 随着摄像机镜头的焦距的调整，跟真实相机一样，建筑物的细节逐渐明朗。

14.2 V-Ray 环境灯光

客观世界的自然光实际上都是由太阳散发出来的。根据人们的视觉习惯，可以把自然光分为阳光和天光。日光主要是指太阳直接照射的光，天光主要是指太阳光通过大气层中的云雾和水气等介质的反射光，又称环境光。在 V-Ray 中，环境光的参数设置又称为"全局照明"设置。

14.2.1 认识环境光源

人们看到的天空，经常是蔚蓝色的，特别是天气晴好时，天空更是幽蓝得像一泓秋水，令人心旷神怡，如图 14-43 所示。

图 14-43

那么环境光是怎样产生的呢？它的光照原理是什么？

要弄明白这些问题，就要从可见光的构成说起。可见光是由一种叫光子的微小粒子组成的，这些粒子有不同的波长，蓝色光由波长较短的粒子组成，红光由波长较长的粒子组成。科学实验表明，当太阳光射入地球大气层时，遇到大气分子和其他微粒而被散射，大气分子和微粒本身是不会发的，但是由于它们散射了太阳光，每个大气分子就变成了一个能散射光的光源，它们向四面八方散射出光来。阳光所含的七种色中，紫、蓝、青光等的波长短，最容易被大气分子散射出来；而波长较长的橙、红、黄等颜色的光波透射力最强，被散射变弱，它们就能透过这些大气分子而保持原来的射程方向。这样光波的分离作用就此发生，在高空的散射光以紫、蓝、青光等为主。因此人们看到的天空是蔚蓝色的，而且天气越晴好，天空越蓝。

白天，蓝色光子在各个方向反弹的结果使得大气实际上就是一个发蓝光的发光体，大气的蓝色光（即环境光）完全可以照亮没有被太阳光直接照射的区域，如图 14-44 所示。

图 14-44

当云层很厚时，太阳光透过厚厚的云层向地面传播，在传播的过程中，波长较短的蓝色和紫光几乎已经散射怠尽，只剩下橙色和红色的光，这就是为什么傍晚时分的天空是红色的原因。而且，阳光穿透大气层到达观察者所经过的路程要比中午时长得多，所以傍晚的光线也就没有中午时明亮，如图 14-45 所示。

图 14-45

到了夜晚，由于太阳处在地平线下（实际是地球的自转使某区域背离了太阳的照射），天空光由傍晚的橙色或者红色逐渐变成了深蓝色，光线变得更加暗，如图 14-46 所示。

图 14-46

环境光不是单一的光源，也不是原始光源，是由发光源照射到某一对象上进行散射、折射和反射的综合光源。室外的原始发光源是太阳光，室内的发光源是人造灯光。环境光不会独立存在，没有了发光源也就没有了环境光。

如果真要说环境光是发光源，那么环境光就是二次光源，当然也包括月光。一次发光源就是原始发光源。如图 14-47 所示为无环境光、低环境光和适度调整后的环境光效果。

左：无环境光　中：低环境光　右：用户调整的环境光

图 14-47

14.2.2　环境光的光影特点

由于环境光是大气分子和微粒散射了太阳光中的紫、蓝、青光而造成的，从实际观察中，可以看出环境光的一些光影特点。

✦ 环境光的方向性不强，只要房间有窗口，光都会散射进来。

✦ 环境光的光照强度比日光低，环境光的强度是均匀的，属于均质漫反射。

✦ 物体投射出的影子较虚，且影子的产生方向不是固定的，它取决于房间的进光方向，如图 14-48 所示。

图 14-48

✦ 环境光色温比较高（即整体色调偏蓝），从室内进光处的颜色分析中，可以清楚看到这个现象，如图 14-49 所示。

图 14-49

从上面的分析中，初步认识了环境光的基本光影特点。在以后的软件操作中，要合理设置环境光的强度、颜色等属性，才会得到接近客观世界的效果。

14.2.3　应用并设置"VR- 环境灯光"

在默认的场景中就算是没有为场景添加任何灯光，也会有环境光，此环境光是 V-Ray 的默认场景环境光源，可通过几种方式打开或启用。有时为了增加某个位置的场景光线的效果，还会添加【VR- 环境光】。【VR- 环境光】是二次发光源，是一种光效。例如在室内，一次发光源可能是灯光或窗户透光（阳光）。

动手操作——添加添加"VR- 环境灯光"

01 打开本例素材场景文件 14-3.max，如图 14-50 所示。

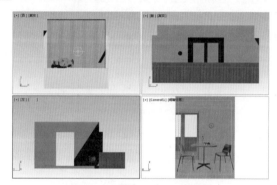

图 14-50

> **技术要点：**
> 本例的材质和渲染参数已经设置好，会在后面的章节中逐步并深入学习各种综合设置知识。

02 当前场景中没有任何光源，也开启全局照明环境或全局照明，先尝试渲染一下看看是否有场景光。在菜单栏执行【渲染】|【渲染】命令，渲染效果如图 14-51 所示。

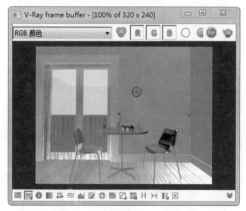

图 14-51

技术要点：

执行渲染操作后会发现，仍然会有光源，这是怎么回事呢？其实是使用了 V-Ray 的默认环境光源。接下来的步骤是关闭这个默认光源。

03 在菜单栏执行【渲染】|【渲染设置】命令，或者按 F10 键，调出【渲染设置】窗口。在【V-Ray】选项卡下的【全局开关】卷展栏中，选择【默认灯光】列表中的【关】选项即可，如图 14-52 所示。

图 14-52

04 关闭默认光源后再次渲染，效果如图 14-53 所示。

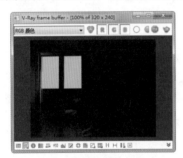

图 14-53

05 进入【公用】选项卡，设置测试用的渲染尺寸（800×600），如图 14-54 所示。

图 14-54

06 在【创建】|【灯光】命令面板的【V-Ray】类型的【对象类型】卷展栏中单击【VR-环境灯光】按钮，然后在前视图中放置 VR-环境灯光，如图 14-55 所示。

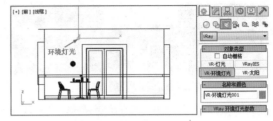

图 14-55

07 执行渲染命令，渲染效果如图 14-56 所示。效果仍然很黑暗，说明光源强度太弱了。在【V-Ray 环境灯光参数】卷展栏中修改强度为 5，再次渲染效果如图 14-57 所示。

图 14-56

图 14-57

技术要点：

值得注意的是，要想在渲染中表现出环境光源的效果，必须在【渲染设置】对话框【V-Ray】选项卡下的【全局开关】卷展栏中选中【灯光】复选框，否则渲染不出环境光的效果。

08 在【V-Ray 环境灯光参数】卷展栏中，可以通过设置黑颜色的深浅，达到改变环境光源强度的目的。

动手操作——添加环境光源贴图

01 打开本例素材场景文件 14-4.max。

02 执行菜单栏的【渲染】|【渲染设置】命令，打开【渲染设置】窗口。在【GI】选项卡下选中【启用全局照明】

复选框，为了节约渲染时间，选择首次引擎为【发光图】、二次引擎为【无】，并单击【渲染】按钮进行渲染，如图 14-58 所示。

图 14-58

技术要点：

　　为什么要选中【启用全局照明】复选框呢？虽然在前一案例中介绍了关闭默认的环境光，此环境光是无法找到发光源的。而本例中的发光源就是房间顶部的穹顶灯，对于有明确发光源的，必须启用全局照明才能渲染出二次发光源的环境灯光效果。

03 渲染效果如图 14-59 所示。从效果上看，室内的灯光较暗，且灯光颜色也不对，没有达到理想效果，接下来就是开启全局照明环境配置。

图 14-59

04 在【渲染设置】窗口的【V-Ray】选项卡的【环境】卷展栏中，选中【全局照明（GI）环境】复选框，调整颜色倍增值为 6，再次渲染得到如图 14-60 所示的效果。

图 14-60

技术要点：

　　选中【全局照明环境】复选框，目的是对二次环境光源进行微调，如果要调整一次光源（原始光源）的参数，选中原始光源后可以在【修改】命令面板下的卷展栏中进行设置。

05 从效果看，虽然整个室内环境变亮了许多，但还是不理想。接下来为其添加环境贴图。选中【贴图】选项后单击【无】按钮，从【材质/贴图浏览器】对话框中打开【VR-天空】贴图，如图 14-61 所示。

图 14-61

06 按 M 键，打开简明的材质编辑器。让简明材质编辑器和【渲染设置】窗口并排显示在屏幕中。在【渲染设置】窗口中首先将颜色倍增值重新设置为 1。然后按住 贴图 #0（VR-天空） 按钮，将其拖到右边的材质编辑器窗口中，找到一个空白材质球位置后释放，即可把这个"VR-天空"贴图放到材质编辑器以进行相关参数的调节，如图 14-62 所示。

图 14-62

技术要点：

　　释放后，出现一个询问框，一定要选"实例"方式才有意义。"实例"是与原贴图有直接的关联关系；"复制"是没有关联关系的。

07 在【V-Ray 天空参数】卷展栏中选中【指定太阳节点】

复选框，保持默认的贴图参数不变，单击【渲染设置】窗口中的【渲染】按钮，发现虽然灯光颜色正常了，但场景有些过曝了，如图 14-63 所示。需要调节贴图的相关参数。

图 14-63

08 在材质编辑器中将【太阳浊度】参数设为 6，【太阳强度倍增】参数改为 0.4，【太阳臭氧】参数设置为 1，然后再次渲染，效果如图 14-64 所示。经过调整天空贴图中的太阳参数后，效果更佳了。

图 14-64

14.3　V-Ray 太阳

V-Ray 渲染器中有 4 种光源：VR-环境灯光、VR-灯光、VR-太阳和 V-RayIES，如图 14-65 所示。上一节介绍了"VR-环境灯光"二次光源类型，本节将介绍"VR-太阳"一次光源类型。

图 14-65

14.3.1　太阳光概述

当太阳光线射入地球大气层时，波长的光能够在大气中传播而没有散射，它们就能透过这些大气分子而保持原来的射程方向，这就是人们看到的阳光效果。

人们所看到的阳光颜色取决于大气中分子及悬浮在大气中的水滴、冰晶和尘埃对阳光的散射作用。太阳光由红、橙、黄、绿、青、蓝、紫七色光组成。正常情况下，日出、日落时，太阳光穿过极厚的大气层，紫光、蓝光全被散射，只剩下透射功能强的红、橙、黄等光，以红光为最强，所以这时看到的太阳是红中泛黄的，越靠近地平线越红。太阳升高时，太阳光穿过的大气层变薄，阳光被散射的程度变小，各种光线重叠混合，所以太阳光看上去是耀眼的白色。

1. 阳光在一天中的光影变化规律

太阳每天东升西落，其变化是有规律可寻的。太阳的投射角度在一天之内是由低（日出）到最高（正午）又到低（日落）不断地变化着的，如果把它的运行轨迹表示在平面上，如图 14-66 所示。

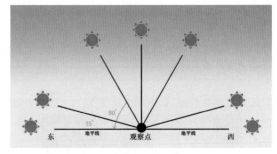

图 14-66

根据它的光影特点，可以把它大致分为早晨、上午、中午、下午、傍晚 5 个时段。

早晨时分，太阳光与地平线形成的夹角大约在 15°的范围内。在这个时段，太阳光穿过极厚的大气层，紫光、蓝光全被散射，只剩下透射功能力强的红、橙、黄等光，以红光为最强，所以这时人们看到的太阳是红中泛黄的（色温在 2000~3500K 之间），如图 14-67 所示；物体的向阳面照度比较低，且呈现出橙黄色的光照，产生的影子比较淡，如图 14-68 所示。

图 14-67

图 14-68

上午时分，太阳光与地平线形成的夹角大约在15°~60°的范围内。太阳光穿过的大气层变薄，被散射的程度变小，各种光线重叠混合，颜色逐步由橙黄变到看上去是耀眼的白色（色温在 3500~5600K 之间）；地面景物照度比较高，光线充足，影子由淡变到清晰；这时的阳光能较好地表现物体的立体感和质感，如图 14-69所示。

图 14-69

正午时分，太阳光与地平线形成的夹角在 60°~90°的范围内。此时，光线最强，颜色基本为白色（色温在5600~6000K 之间）；地面景物照度高，顶部受光充足，但光线太强烈，明暗反差过大；所以，这时的太阳光不利于表现物体的立体感和质感，如图 14-70 所示。

图 14-70

下午时分，太阳光与地平线形成的夹角大约在15°~60°的范围内，和上午最大的区别是：这时的阳光比上午的强，天空光颜色开始偏向浑浊，即环境光的蓝

色稍微减弱。

傍晚时分，太阳光与地平线形成的夹角大约在15°。在这个时段，太阳光穿过极厚的大气层，紫光、蓝光全被散射。这时看到的太阳也是红中泛黄的，且越靠近地平线就越红。傍晚时分，大气层的浑浊度增强，这是由于人类的社会活动如工厂排出的废气、车辆行驶的尘埃飞扬、植物蒸腾等使空气中的微小介质增加，从而增加了大气层的浑浊度。所以，这时的阳光和环境光色温比早晨的稍低（颜色稍偏红），如图 14-71 所示。物体的向阳面照度比较低，且呈现出深橙黄色的光照，背面偏暗，影子长而虚，如图 14-72 所示。

图 14-71

图 14-72

技术要点：

因为正午阳光只照射到房顶部，窗口基本没有进光。所以，在 V-Ray 中表现阳光效果时不要设置为正午的角度。也就是说，阳光角度设置在 90°左右时，没有意义。在软件里的表现主要是针对上午（下午）时分、黄昏（早晨）时分。根据实际客观情况和笔者的经验，在 V-Ray 里表现阳光的时候，最理想的阳光角度范围在 15°~65°。角度大了，进光减少，效果不明显；角度小了，会和实际情况不符合。

2. 阳光、环境光的区别与联系

阳光和环境光的区别：

+ 阳光的光照强度大；环境光的光照强度小。

+ 阳光具有明确的方向性；环境光的方向性不明确，只要房子有窗口，环境光都可以照射进来。

✦ 阳光对物体的光照影响范围不均匀；环境光对物体的光照影响范围较均匀。

✦ 阳光照射下的物体具有明显的影子；环境光照射下的物体所产生的影子较虚。

阳光和环境光是共同影响物体的，有阳光就肯定会有环境光，如图 14-73 所示。

图 14-73

综上所述，太阳东升西落的这种情况，会引起一系列变化。这些变化包括阳光和环境光的强度、照度、颜色、物体影子、明暗反差等；充分认识这些变化规律和光影特点，才能在软件里正确设置参数来模仿客观世界。

14.3.2 【VR- 太阳】参数

【VR- 太阳】是 V-Ray 重要的灯光类型，只有正确理解它的参数，才可驾驭【VR- 太阳】，从而模拟出各种时段的阳光效果。【V-Ray 太阳参数】卷展栏参数，如图 14-74 所示。

图 14-74

卷展栏中各选项含义如下。

✦ 启用：选中则启用【VR- 太阳】，取消选中后，【VR- 太阳】不起作用。

✦ 不可见：选中此选项则表示【VR- 太阳】的自身形状在渲染时不可见。

✦ 影响漫反射：选中此选项将影响到漫反射。漫反射是投射在粗糙表面上的光向各个方向反射的现象。

✦ 漫反射基值：漫反射的反射强度。

✦ 影响高光：选中此选项，将会启用阳光的高光效果。阳光照射分漫反射（间接的）和高光照射（直接的）。

✦ 高光基值：高光的照射强度。

✦ 投射大气阴影：选中此选项，可增加环境光投射阴影。

✦ 浊度：浑浊度，模拟大气层中所包含的水分子尘埃及微小介质的状况，大气层的浑浊度对太阳光的照度及色温有较大的影响。数值小，天空就清澈，VR 阳光颜色就偏向白色；数值大，天空就浑浊，VR 阳光颜色就偏向黄色，而且阳光强度会减弱。因此，如果想得到接近白色的上午阳光效果，这个数值可以设置得偏小一点，如果想得到接近早晨或者黄昏的阳光效果，可以设置得偏大一点。

✦ 臭氧：模拟大气层中的臭氧分布情况。臭氧层越稀薄，到达地面的光能越多，光的漫射效果越强。在【VR- 太阳】里，当该值为 1 时，阳光颜色稍微会偏向高色温（白）；值为 0 时，阳光颜色稍微会偏向低色温（黄）。

✦ 强度倍增：控制阳光的亮度。数值越大，阳光越强烈，数值小，阳光就弱，默认是 1，如果使用的是默认相机，渲染的结果肯定会过曝光，所以，一般可以先把它改为 0.01，然后再根据测试渲染的结果来更改其大小。

✦ 大小倍增：这个参数控制 V-Ray 太阳的尺寸，改变这个数值后，除了会影响阳光的外观尺寸外，更重要的是它会影响阳光投射下来的影子效果。这个数值越大，阳光的尺寸就越大，影子就越柔和；数值越小，阳光的尺寸就越小，影子就清晰；默认的数值是 1，会得到清晰的影子效果，加到 2 以后就可以看到变化。一般情况下，上午的阳光效果可以设置在 2~4 之间，傍晚效果可以设置在 5~8 之间。

✦ 过滤颜色：也称为半透明颜色，是通过透明或半透明材质（如玻璃）透射的颜色。例如在舞厅里面的灯光，颜色有很多种，就会使用到过滤颜色来表达。

✦ 颜色模式：包括 3 种颜色模式——过滤、直接和覆盖。"过滤"模式就是使用过滤颜色的模式；"直接"模式就是使用环境光；"覆盖"模式是颜色的叠加。

✦ 阴影细分：控制 V-Raysun 的阴影质量。数值小，渲染时间比较短，但会产生比较多的杂点；数值大，渲染时间比较长，但会取得良好的阴影效果。这个参数在测试时保持默认的 3 不变，最后出图再视具体情况加大到 8~15 即可。

✦ 阴影偏移：这个参数控制 V-Raysun 所产生阴影的位置。加大这个数值会使物体的阴影偏移物体，让阴影不准确；减小这个数值会使物体的阴影变得更正确，但也要更多的渲染时间，一般情况下，默认的 0.2 已经能取得较好的效果了，不用修改它。

✦ 光子发射半径：选择 photon map（光子贴图）这个 GI 引擎时，或者打开了焦散的计算时，由这个数字控制光子发射的范围。所以，如果没有涉及 photon map 或者焦散，这个数字没有任何更改的必要。

✦ 排除 / 包含：单击该按钮后，在对话框中可以设置这个阳光是否照亮某个物体。

动手操作——应用并设置【VR- 太阳】效果

通过一个简单场景模型学习在 V-Ray 渲染器中，如何实现上面提到的阳光效果。本案例的阳光效果，如图 14-75 所示。

图 14-75

01 打开本例素材场景文件 14-5.max，如图 14-76 所示。

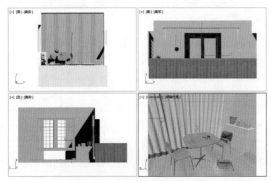

图 14-76

02 在视图中检查窗口位置和朝向，在这个模型里，假设窗户是朝南的，阳光通过这个窗口照射进室内，如图 14-77 所示。

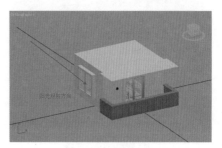

图 14-77

> **技术要点：**
> 在 3ds Max 2016 和 V-Ray 中，阳光的照射方向可以在现实房间朝向的基础上，做稍微的改动，超越现实，尽量找到最能体现阳光效果的角度和入射位置。

03 在【创建】|【灯光】命令面板的【V-Ray】类型中单击【VR- 太阳】按钮。

04 根据窗户的位置和方向，在前视图朝着窗户的方向单击拖曳，将这个"VR- 太阳"的目标点拖到室内，释放后会出现一个对话框，询问是否自动添加一张环境光贴图到环境中，如果单击【是】按钮，V-Ray 就会自动添加一张 VR 天空环境光贴图到场景中。因为 VR 天空贴图的颜色比较难控制，在本案例中不使用，所以单击【否】按钮，如图 14-78 所示。

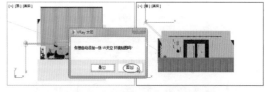

图 14-78

05 可以选中 VR 阳光中的目标点，利用【选择并移动】工具在各个视图调整位置以改变照射方向，尽量找到最能体现阳光效果的角度和入射位置，如图 14-79 所示。

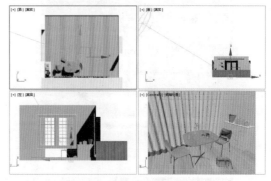

图 14-79

06 选中这个【VR- 太阳】光源，进入【修改】命令面板。设置【强度倍增】的值为 0.01，如图 14-80 所示。

图 14-80

07 打开【渲染设置】窗口。在【V-Ray】选项卡的【全局开关】卷展栏中选择【默认灯光】列表中的【关】选项。在【GI】选项卡下设置全局照明选项，如图 14-81 所示。

图 14-81

08 单击【渲染】按钮，渲染结果如图 14-82 所示。从图中可以看到阳光的光照角度和强度还可以，只是整个场景稍微有些暗。

图 14-82

09 修改太阳参数，增加【浊度】到 8，使阳光变暖和一些，增加【强度倍增】值为 0.04，调整【高光基值】为3，重新渲染后的效果如图 14-83 所示。很明显渲染效果得到了改善。

图 14-83

14.4　V-Ray 灯光系统

14.4.1　人造灯光概述

1．人工光的基本特征

高质量的画面效果取决于人们对技术、技巧的掌握程度，更取决于人们对事物的认识程度。效果图离不开光，对光的认识和操作，将直接影响画面的艺术效果。作为一名图像表现师不仅是运用自然光的高手，而且也应是室内人工光的行家。掌握人工光特性，是图像表现师必可不少的技能。

人工光的基本特征可以从下几个方面了解。

（1）强度。光源的辐射强度需要用人眼对光的相对感觉作为基准来衡量，常用的表示如下。

◆ 光通量：指每单位时间到达、离开或通过曲面的光能数量，单位是流明（lm）。

◆ 照度：指物体被照亮的程度，采用单位面积所接受的光通量来表示，表示单位为勒 [克斯]（Lux,lx），即 $1m/m^2$。

◆ 亮度：指画面的明亮程度，单位是坎德拉每平米（cd/m^2），也就是每平方米的烛光。

（2）方向性。光在同种均匀介质中，沿直线传播。但当光遇到另一介质（均匀介质）时方向会发生改变，改变后依然沿直线传播，例如，光线照射在镜子上，镜子把光反射到另外一个地方。

光传播途中遇到两种不同介质的分界面时，一部分反射，一部分折射。反射光线遵循反射定律，折射光线遵循折射定律。例如，我们把一根筷子放在装满水的玻璃杯里，在杯子的上方观察筷子就可以看到这种现象。

（3）颜色。光的颜色用 Kelvin（"开尔文"色温）这个概念来表示。Kelvin 是光的颜色标志。色温是按绝对黑色来定义的，光源的辐射在可见区和绝对黑色的辐射完全相同时，此时黑色的温度就称为此光源的色温。低色温光源的特征是能量分布中，红色辐射相对说要多些，会带有橘色，通常称为"暖光"；色温提高后，能量分布中，蓝辐射的比例增加，通常称为"冷光"。因此，色温是用来表示灯光颜色的视觉印象。

光源都是有颜色的，例如人们在日常生活中看到荧光灯是绿色的、街灯是深橙色的、傍晚太阳光会从黄色变到深红色等，它们都是日常生活中经常接触的各种光源的光。色温是用物理性、客观性的尺度来表现光源的色调，是决定照明场所气氛的重要因素。

根据做效果图使用的灯光类型和范围，下面列出一些常用光源的色温（Kelvin 温度单位）：

- ✦ 蜡烛及火光为 1900K 以下。
- ✦ 朝阳及夕阳为 2000K。
- ✦ 家用白炽灯为 2900K。
- ✦ 日出后一小时的阳光为 3500K。
- ✦ 钨丝灯为 3200K。
- ✦ 石英灯为 3200K。
- ✦ 普通日光灯为 4500~6000K。
- ✦ 上午的阳光为 5400K。
- ✦ 水银灯为 5800K。
- ✦ 电视萤光屏为 5500~8000K。
- ✦ 节能灯为 6400K。
- ✦ 晴朗的天空为 10000K 以上。

如果用颜色表示出来，如图 14-84 所示。

自然光的色温	人工光的色温	
晴朗的北方天空 阴天	荧光灯	电视萤光幕　10000K
白天的天空		水银灯
	白色荧光灯	
正午的太阳		
日出后或者日落前三小时		
	一般家庭用白炽灯	
日出、日落	蜡烛光	1900K

图 14-84

正确了解常用光源的这些特征，对于人们的实际工作有重要意义。例如，在设置灯光时，不能把所有的灯光都保留默认的白色，否则就会与现实不符，无法实现灯光的多彩效果。可以在 3ds Max 2016 的灯光系统中，找到上面提到的 lm、cd、lx、Kelvin（色温）这四个概念。

操作步骤：在【创建】|【灯光】命令面板中选择【光度学】灯光类型；任意选择一种多个类型，即出现【强度 / 颜色 / 衰减】类型的灯光设置面板，如图 14-85 所示。

图 14-85

> **技术要点：**
> 　　灯光的色温只是作为认识灯光颜色的重要参考，在 3ds Max 2016 中设置灯光时，也不一定都要用【Kelvin】这个命令来设置灯光颜色，直接选择【过滤颜色】来设置灯光颜色也是常用的方法。

2．灯光的基本类型与常见灯具

生活中的灯具琳琅满目，正是因为有了灯具，才有千姿百态的光线。虽然灯具本身各有特点，但根据它们的发光特点，可以把光的基本类型分为点光、线光、平面光源三种。

（1）点光。又可分为自由点光和目标点光。自由点光是指一个光源向 360° 方向均匀发散出光线。这类光线比较柔和，产生的影子比较虚。生活中属于自由点光类型的灯具有：台灯（白炽灯泡）、落地灯、某些吊灯等，如图 14-86 和图 14-87 所示。

图 14-86

图 14-87

目标点光是指某个光源向外发散出光线后，受到反光物体的阻挡，光线照射发生改变，从而呈现出较强的方向性。这类光线比较强，产生的影子清晰。生活中属于目标点光类型的灯具包括：射灯、筒灯、某些吊灯、手电筒、汽车灯、某些路灯、摄影用反光灯等，如图14-88 所示。

图 14-88

（2）线光。由一个线状光源向 360°发散出光线。这类光线很柔和，产生的影子比较虚。生活中属于线光类型的灯具包括：荧光灯管、灯带等，如图14-89 所示。

图 14-89

（3）平面光源。由一个矩形状或者圆形状光源发散出光线。这类光线很柔和，产生的影子比较虚。生活中属于平面光源类型的灯具包括：电视屏幕、计算机屏幕、

吸顶灯、灯盘等，如图 14-90 所示。

图 14-90

在 3ds Max 2016 和 V-Ray 的灯光系统里，可以找到相应的灯光类型来模拟生活中的点、线、平面光源。

技术要点：
在效果图制作中，自然光的日光可理解为目标点光源，环境光可理解为平面光源。

14.4.2　V-Ray 的灯光类型及参数设置

要想在效果图制作中真实地再现客观世界的各种灯光效果，离不开软件强大而完善的灯光系统。除了 3ds Max 2016 自身的灯光系统外，V-Ray 还有属于自己的灯光。传统的 V-Ray 灯光系统有平面灯光、穹顶灯光、球体灯光、圆形灯光和网络灯光，现在，新版的 V-Ray 渲染器增加了 V-RayIES（V-Ray 光度学灯光），另外，V-Ray 也有自己的阴影系统。

其中，"灯光"是指 V-Ray 的灯光类型，它们有完整的照明和阴影设置。"阴影"是指 V-Ray 的阴影类型，是配合 3ds Max 默认灯光使用的，自身不具有照明功能，它们模拟灯光的阴影。另外，V-Ray 还有光照材质、贴图，具体包括灯光材质、环境光贴图和高动态贴图，它们和 V-Ray 灯光、阴影一起形成了 V-Ray 完善的照明体系，能真实地模拟客观世界的各种光效。

1. 深入分析【VR- 灯光】的卷展栏参数

【VR- 灯光】是 V-Ray 最主要的灯光类型，它操作简单，渲染的光效比 3ds Max 的灯光类型更柔和，且阴影效果更为逼真。其参数卷展栏，如图 14-91 所示。其中【视图】卷展栏的选项与渲染效果无关，所以不再介绍。

图 14-91

（1）【常规】卷展栏。

✦ 开：灯光的开关，选中等于使用这个灯光，取消选中则关闭灯光。

✦ 排除：单击这个按钮后，可以选择这个灯光对场景物体进行阴影、照明的包含或者排除。

✦ 类型：单击下拉列表后会出现平面、穹顶、球体、网格和圆形 5 种灯光类型。

（2）【强度】卷展栏：该区域的参数控制灯光的亮度和颜色。

✦ 亮度单位：默认的亮度单位是"图像"；其下拉列表中还包括其他单位"发光率（lm）"、亮度（lm/m^2/sr）、辐射率（W）、辐射（W/m^2/sr），它们都是基于物理的单位，会从真实的物理空间去计算灯光的光影，如果使用的是 V-Ray 物理相机，那么应该选择这些基于物理的亮度单位，以获得更理想的光照效果。

Multiplier（倍增）：决定灯光的强度；在不改变灯光尺寸的情况下，该数值越大，灯光越亮；数值越小，灯光越暗。另外，如果使用了基于物理的亮度单位，那么这个数值也会受到场景单位的影响，例如，一个 15W 的灯泡不可能照亮一个室内体育场，所以，要习惯性地把场景单位设置为 mm（毫米）。

✦ 模式：两种强度模式——颜色和温度。当模式为"颜色"时，可以通过【颜色选择器】对话框选择能够表达强度的新颜色。当模式为"温度"时，可设置温度来表达灯光强度。

（3）【大小】卷展栏：该区域的参数控制灯光的尺寸。灯光类型不同，卷展栏中显示的选项设置也会不同。

（4）【选项】卷展栏。

✦ 投射阴影：选中该选项则表示这个灯光照射物体时会产生阴影；取消选中，表示这个灯光只照射物体但不

会产生阴影。保持其他参数不变，选中与取消该选项的结果，如图 14-92 所示。这是新版 V-Ray 一个非常实用的功能，因为阴影计算会浪费很多渲染时间，所以，可以根据实际需要，在布光时，方便控制某些灯光是否打开阴影，以加快渲染时间。

选中【投射阴影】

取消选中【投射阴影】

图 14-92

✦ 双面：如果是平面光源，该选项可以控制光线是否从正反两面发出。保持其他参数不变，选中与取消该选项的结果，如图 14-93 所示。如果是球形光或者半球光，这个参数没有任何意义。在实际工作中，一般都可以保持默认不选中。

图 14-93

✦ 不可见：选中该选项则隐藏光源的发光面，取消选中，则它的发光面是可以看见的。保持其他参数不变，选中与取消该选项的结果，如图 14-94 所示。多数情况下，都必须选中它，以隐藏掉灯光的发光面。例如，在窗口模拟环境光的 V-Ray 平面光源，选中它后才不会挡住外面的阳光射入，才可以看到窗口的外景。

图 14-94

✦ 不衰减：该选项控制灯光是否产生衰减效果。现实的灯光都是会衰减的，也就是说，某个灯光照射的范围和强度是有限的，不可能照得无限远。选中该选项后，这个灯光的光线就不会衰减，产生很强的光照。所以，一般情况下不要选中它，保持其他参数不变，选中与取消选中该选项的结果，如图 14-95 所示。

图 14-95

✦ 天光入口：选中该选项后，天光（环境光）会从这个面灯的位置进入，这个灯的颜色强度等参数不再起作用，必须通过【渲染设置】窗口调节环境光的倍增和颜色来控制，如图 14-96 所示。

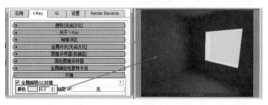

图 14-96

✦ 存储发光图：如果 GI 引擎使用了发光贴图，该选项可以控制是否把灯光的计算结果存储到发光贴图中。当选中该选项时，其结果是，发光贴图的计算速度稍慢，但最后出图的时间会变快，而且灯光杂点比较少，缺点是光影效果稍微变得差些。保持其他参数不变，选中与取消该选项的结果，如图 14-97 所示。注意对比两者的渲染时间、画面杂点情况，以及阴影的准确度。

图 14-97

💡 **技术要点：**

用在窗口模拟环境光的灯光，因为照射范围比较大，选中【存储发光图】后，可以节省大量的渲染时间。

✦ 影响漫反射：该选项控制灯光是否影响物体的表面。如果取消选中该选项，则物体表面不受灯光的影响，

场景漆黑一片。所以，一直保留默认的选中状态就可以了。保持其他参数不变，选中与取消该选项的结果，如图 14-98 所示（注：小猫模型已经设置了反射材质）。

图 14-98

✦ 影响高光：该选项控制灯光是否影响那些具有高光形态的材质，让它产生高光效果；取消选中后，高光形态的材质就没有高光效果了。应该一直保留默认的选中状态，物体质感才会真实。保持其他参数不变，选中与取消该选项的结果，如图 14-99 所示。注意观察小猫模型的高光变化。

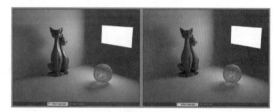

图 14-99

✦ 影响反射：该选项控制灯光的发光面是否被反射的材质反射出来；选中它后，具有反射属性的材质会把这个灯光的发光面反射出来；取消选中后，有反射的材质就不会反射灯光的发光面。除非是做产品表现，如果是一般的室内效果图，都应该取消选中它，让地板等有反射的物体不反射这个灯光的发光面出来。保持其他参数不变，选中与取消该选项的结果，如图 14-100 所示。

图 14-100

（5）【采样】卷展栏。

✦ 细分：该值控制 V-Ray 灯光的光影质量。数值低意味着会产生杂点，但渲染时间会加快；数值高则可以有效减少杂点，取得良好的效果，但需要更多的渲染时间。需要注意，实际的样本数也取决于 DMC 参数的设置。为了节约时间，在测试时，保留默认的参数不变，

等确定场景光效、出正式的图像时，再视具体情况加大，它的常用范围可以在 8~30。另外需要注意的是，如果是面灯和球形灯，该值可以设置得小一点（8~20），如果是半球形灯，该值必须设置得大一点（20 以上），才可以消除杂点，这是因为半球灯更容易产生杂点。

✦ 阴影偏移：该值控制阴影靠近或者脱离物体边沿，保持默认的值即可获得良好的效果。如图 14-101 所示，阴影偏移值分别为 50.0mm 和默认的 0.02mm 的渲染结果。

|50.0mm|0.02mm|

图 14-101

✦ 中止：该选项给灯光指定一个阈值，低于该阈值不被计算。这个阈值设置得越小，灯光的光影和发散范围就计算得越准确，渲染时间就增多；反之，灯光的光影和发散范围就计算得不够精确，渲染时间就减少。如图 14-102 所示，中止值分别为 0.5 和 0.001 的渲染结果。

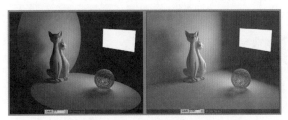

|中止：0.5|中止：0.001|

图 14-102

（6）【纹理】卷展栏。

✦ 使用纹理：选中该选项，并在下面的按钮通道里指定一张纹理贴图后，这个灯光就会把纹理贴图的色彩亮度和灯光倍增，一起共同影响场景。这项功能可以通过添加 HDRI（高动态贴图），使 V-Ray 灯光基于 HDRI 进行照明。

✦ 分辨率：该选项决定纹理贴图的采样精确度。它为纹理贴图指定细分量，默认数值为 512，值越大，对纹理贴图的描述就越细致，但也容易产生更多的杂点，需要加大阴影细分来互相配合。

✦ 自适应：该选项控制纹理采样是否根据纹理贴图的亮度来进行。

✦ 锁定到穹顶方向：当灯光类型为"穹顶"时，可以选中此选项将纹理贴图锁定到圆顶中心垂直方向上。

（7）其他卷展栏。

当选择的灯光类型不同时，其他卷展栏的选项相应地变得可用，这里就不再详述了。

动手操作——"VR-灯光"的创建与设置

本例将通过一个小案例来学习如何创建"VR-灯光"，以及如何通过设置达到理想的渲染效果。模拟的环境是在白天拉上窗帘后打开台灯的效果，如图 14-103 所示。

图 14-103

01 打开本例场景源文件 14-6.max，这是一个窗户带有窗纱的场景模型，如图 14-104 所示。

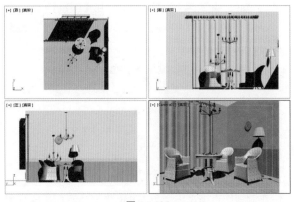

图 14-104

02 本案例的材质和测试渲染参数已经设置好，现在的主要任务是布置场景光效。按 F10 键，打开【渲染设置】窗口，在【V-Ray】选项卡【环境】卷展栏选中【全局照明（G）环境】，打开 V-Ray 的全局照明环境。在【GI】选项卡选中【启用全局照明】复选框，设置首次引擎为"发光图"、二次引擎为"无"。

03 单击【渲染】按钮，测试场景光效，渲染结果如图 14-105 所示。

图 14-105

04 接着在【环境】卷展栏中设置颜色倍增值为 5，再次单击渲染，修改如图 14-106 所示。场景光效与上图的区别并不大，说明需要添加新的灯光才能改变场景效果。

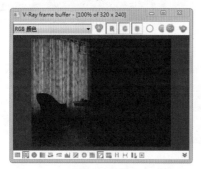

图 14-106

05 为了让场景获得满意的亮度，需要在窗口外面创建一个 V-Ray 平面光源来模拟环境光。在【创建】|【灯光】命令面板下选单击【VR- 灯光】按钮，然后在【常规】卷展栏中选择【平面】类型，如图 14-107 所示。

图 14-107

06 在前视图中拖曳出一个 V-Ray 平面光源，基本包围住窗户，并在顶视图中将平面光源拖曳到房间外，如图 14-108 所示。

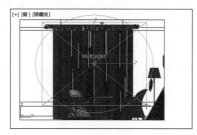

图 14-108

07 平面光源的参数设置，如图 14-109 所示。

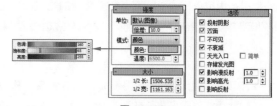

图 14-109

技术要点：

　　Options（选项）的设置是否正确，会直接影响渲染结果。用来模拟环境光的 V-Ray 平面光源，它的选项可注意以下几点。

- Invisible（不可见）：选中它后，隐藏光源的发光面。窗口模拟环境光的灯，一定要选中它，否则阳光和环境光会被挡住，无法射入。

- Ignore light normals（忽略灯光法线）：取消选中，这样窗口才不容易过曝光，这是模拟环境光时一定要注意的。

- Store with irradiance map（保存到发光贴图）：选中它后，整体的渲染时间会变快，而且灯光杂点比较少，如果想更快的渲染速度，窗口平面光源、电视平面光源等大尺寸的灯光可以选择选中该选项。

- Affect reflections（影响反射）：除非是做产品表现，有特殊的需要，如果是做室内效果，都应该取消选中该选项，让地板等有反射的东西不反射这个灯光。

- 颜色色调（Hue）值：灯光颜色的色调也会影响到渲染效果，笔者习惯把白天窗口 V-Ray 平面光源的颜色色调设置为 160。

08 修改完灯光的颜色、选项后，在【渲染设置】窗口中把【环境】卷展栏的颜色倍增值设置为 10，然后单击"渲染"按钮，渲染结果如图 14-110 所示。观察渲染结果，可以看到加大 V-Ray 平面光源强度后，但室内仍然偏暗。

图 14-110

09 因为场景灯光只有一种颜色，渲染出来的灯光效果显得有些单调。接下来做一些修饰，在落地灯的灯罩中央加一个 VR 球形灯，灯光半径设置为 100，让该灯光在灯罩内部，比灯罩稍小一点。灯光颜色是饱和度很高

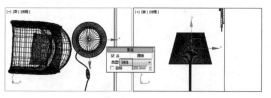

图 14-111

10 设置球形灯光的强度（颜色为：色调 22、饱和度
255、亮度 252）和选项参数，如图 14-112 所示。按快捷
键 Shift+Q 进行渲染，渲染结果如图 14-113 所示，增加
落地灯的灯光后，场景的颜色和气氛得到了改善。

图 14-112　　　　　图 14-113

技术要点：

可以在渲染窗口底部单击【Display colors in sRGB
space】按钮，取消显示 RGB 颜色，渲染效果如图 14-114 所示。

图 14-114

14.5　V-RayIES（光度学灯光）

V-RayIES（V-Ray 光度学灯光）通过使用 IES 文件
能实现真实世界的灯光效果。V-RayIES 和 3d Max 的光
度学灯光非常相似，但经过优化的灯光功能，在渲染时
通常会比默认的光度学灯更快，设置更简单。

在【创建】|【V-Ray】命令面板中单击 VRayIES 按

钮，面板显示 V-RayIES 的参数卷展栏，如图 14-115 所示。
下面仅着重介绍几个关键的参数。

图 14-115

◆ 启用：V-RayIES 的开关，选中该复选框，则启
用 V-RayIES；取消选中后，V-RayIES 不起作用。

◆ 目标：控制 V-RayIES 是否显示目标点，选中该
选项则显示目标点，反之则目标点消失，如图 14-116 所示。
显示 V-RayIES 的目标点可以方便操作，直观地控制灯光
的照射方向。但要注意：是否打开目标点，对灯光的渲
染（强度）结果并没有影响。

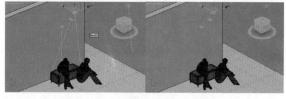

图 14-116

◆ IES 文件：单击该按钮，会出现一个选择 IES 文
件的对话框，从硬盘中选择一个 IES 文件（也称为光域
网文件），V-RayIES 即应用该 IES 文件作为光影依据。

◆ 中止：该数值给灯光指定一个阈值，低于该阈
值的光线不被计算。数值设置得越大，V-RayIES 的光影
和发散范围会越不准确；数值设置得越小，V-RayIES 的
光影和发散范围计算就会越准确，当然渲染的时间也越
多，默认是 0.001，可取得较好效果。保持其他参数不变，
分别把 Cutoff 值设置为 0.1 和 0.001 的渲染结果，如图
14-117 所示。注意观察墙上射灯照射范围的变化。

图 14-117

◆ 阴影偏移：加大该值可以让阴影位置发生偏移。保持其他参数不变，分别把阴影偏移值设置为 0.2 和 500 的渲染结果，如图 14-118 所示。注意观察阴影位置和光照形态的变化，通常该值保持默认的 0.2，即可获得良好的效果。

图 14-118

◆ 投影阴影：选中该选项则表示这个 V-RayIES 照射物体时会产生阴影；反之，表示 V-RayIES 只照射物体但不会产生阴影。保持其他参数不变，分别选中与取消该选项的结果，如图 14-119 所示。

图 14-119

◆ 使用灯光图形：选中该选项后，V-Ray 会把灯光视为有体积和面积的对象，含义是使用面积阴影，并用"细分"来定义面积阴影的采样质量。

◆ 图形细分：该值决定 V-RayIES 面积阴影的采样质量，主要作用是减少噪点。数值越大，V-RayIES 的光影质量越好。该数值是配合【使用灯光图形】选项使用的，当取消选中【使用灯光图形】后，它变为灰色，不起作用。如图 14-120 所示，首先取消选中【使用灯光图形】，然后选择【使用灯光图形】并把图形细分值分别设置为 8、16、24 的渲染结果。

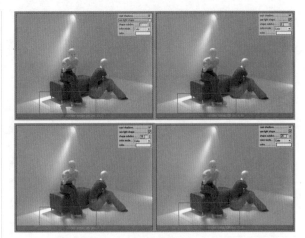

图 14-120

> **技术要点：**
> 观察渲染结果，当取消选中【使用灯光图形】时，V-Ray 的影子边缘是非常清晰的，而且渲染时间最快。当选择【使用灯光图形】时，注意观察图中物体的阴影形态，可以发现影子边缘是稍微模糊的，这说明选中【使用灯光图形】选项后，就等于打开了灯光的面积阴影，阴影质量由图形细分值来控制，随着细分值由默认的 8 增加到 16，再增加到 24，可以发现阴影边缘并没有变化，但是杂点少了，且渲染时间也在不断增加。

◆ 颜色模式：该选项决定 V-RayIES 将使用何种方式来定义灯光的颜色，颜色模式有两种，分别是颜色和温度。

◆ 颜色：定义灯光的颜色，配合颜色模式使用。当颜色模式为"颜色"时，可以通过单击▭▭▭来更改灯光颜色，如图 14-121 所示。当颜色模式为"温度"时，将无法选择▭▭▭，灯光颜色由下面的【色温】选项来控制。

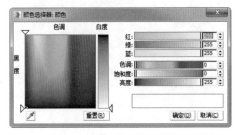

图 14-121

◆ 色温：通过具体的色温数值来精确定义灯光颜色。色温的数值就可以设置一个具体的数值来控制灯光颜色，如图 14-122 所示。

图 14-122

　✦ 功率：该值以 lm（流明）为强度单位来控制 V-RayIES 的亮度，相当于灯光颜色倍增，其数值越大，灯光越亮，反之则暗。不同的功率值的渲染结果，如图 14-123 所示。

图 14-123

技术要点：
　"功率"值也受到 IES 文件的影响。不同的 IES 文件，"功率"的大小是不一样的，可根据测试渲染的结果来灵活设置该值。

动手操作——应用 V-RayIES 灯光

　V-RayIES 在现实环境中主要是用来模拟射灯或者筒灯。本案例的最终效果，如图 14-124 所示。

图 14-124

01 打开本例素材场景文件 14-7.max，如图 14-125 所示。本案例的材质和测试渲染参数已经设置好，现在的主要任务是布置场景光效。

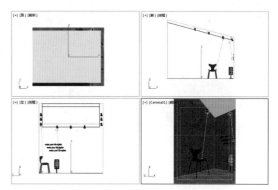

图 14-125

技术要点：
　这是一个全封闭的小空间，主要的光源出处有天花上的射灯、椅子旁边的落地灯。我们将使用 V-RayIES 来模拟射灯，做一个夜景效果。

　因为场景是封闭的，外界的光没办法进来，所以不用打开 V-Ray 的环境光，必须通过室内的灯光来照明。在【创建】命令面板中选择 V-RayIES 灯光类型，如图 14-126 所示。

图 14-126

02 在前视图的射灯模型下方，从上到下拖曳出一个 V-RayIES，然后选择灯光的目标点，让其目标点稍微往椅子倾斜，这样做的目的是为了让灯光重点往椅子照射，起到强调主题的作用，如图 14-127 所示。注意灯光的发光点不要堵在天花或者射灯模型中，否则，这个灯光就没办法亮起来了。

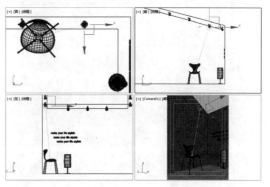

图 14-127

03 按 F10 键打开【渲染设置】窗口。在 GI 选项卡下选中【启用全局照明】复选框，并设置首次引擎和二次引擎，如图 14-128 所示。

图 14-128

> **技术要点：**
> 这里开启全局照明，不是开启环境光，只是设置全局光照的渲染引擎。

04 单击【渲染】按钮进行测试，渲染结果，如图 14-129 所示。观察渲染结果，发现 V-RayIES 的发光形态像点光源，并没有射灯效果，需要对它的属性进行修改。

图 14-129

05 保持选中这个 V-RayIES 灯光的发光点，打开 V-RayIES 修改面板。首先为 V-RayIES 指定一个光域网文件。在【V-RayIES 参数】中，单击【IES 文件】旁的【无】按钮，从本例源文件夹中找到 14.ies 文件，单击打开，如图 14-130 所示，V-RayIES 即应用这个光域网文件作为光影依据。

图 14-130

06 选择光域网文件后的 V-RayIES 面板，如图 14-131 所示。

图 14-131

> **技术要点：**
> V-RayIES 属于目标点光源，目标点光必须使用光域网文件效果才好。

07 更改 V-RayIES 的颜色。保持颜色模式为默认的模式，然后单击拾色块，在出现的颜色选择器对话框中，更改颜色为淡蓝色，如图 14-132 所示。

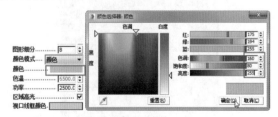

图 14-132

08 再次单击【渲染】按钮，渲染结果如图 14-133 所示。观察渲染结果，选择光域网文件后，V-RayIES 的发光形态有了射灯的效果。

图 14-133

09 复制射灯到另外一处。在顶视图选中整个灯光，按住 Shift 键，拖曳到另一边的射灯模型上，随后选择【实例】的方式，单击【确定】按钮完成关联复制，如图 14-134 所示。

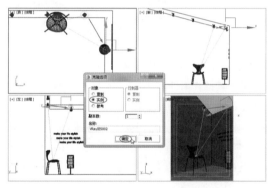

图 14-134

10 在三视图中调整 V-RayIES02 的光源和目标点的位置，并在前视图中把它的发光点往墙上的文字上拖曳，让这个灯光目标点定在落地灯罩上，如图 14-135 所示。

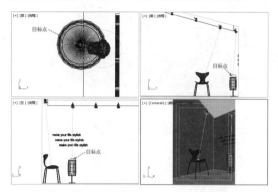

图 14-135

11 单击【渲染】按钮，最终渲染结果如图 14-136 所示。观察渲染结果，注意 V-RayIES02 的照射方向，不要太低，也不要太高，可照射在文字中间，起到强调的作用。

图 14-136

15.1 渲染环境设置

在真实场景中进行逼真渲染离不开【环境】。现实世界中的对象都处在某种特定的环境中。环境是一个大系统，由人、空间、光照、大气、水、土壤、房屋等要素构成。

3ds Max 提供了创造环境的所需工具。在菜单栏执行【渲染】|【环境】命令，打开如图 15-1 所示的【环境和效果】窗口。利用该窗口可创建真实环境效果和大气效果，并提供曝光控制。

使用【环境】面板，可以完成以下操作：

✦ 设置背景颜色和设置背景颜色动画。

✦ 在视图和渲染场景的背景（屏幕环境）中使用图像，或使用纹理贴图作为球形环境、柱形环境或收缩包裹环境。

图 15-1

✦ 全局设置染色和环境光，并设置它们的动画。

✦ 在场景中使用大气插件（例如体积光）。

✦ 大气是创建照明效果的插件组件，例如火焰、雾、体积雾和体积光。

✦ 将曝光控制应用于渲染。

15.1.1 【公用参数】卷展栏

此卷展栏中的选项及参数对整个渲染环境起作用，所以是公用参数设置。

【背景】组。

✦ 颜色：设置场景背景的颜色。单击拾色块，并在【颜色选择器】中选择所需的颜色。

✦ 环境贴图：【环境贴图】按钮会显示当前环境贴图的名称，如果尚未指定名称，则显示【无】。贴图必须使用环境贴图坐标（球形、柱形、收缩包裹或屏幕）。

> **技术要点：**
> 若要指定环境贴图，可以单击该按钮，并使用【材质/贴图浏览器】选择贴图。还可以从【材质编辑器】示例窗中拖曳贴图。如果【Slate 材质编辑器】处于打开状态，则可以从贴图节点的输出套接字拖曳，然后放置到该按钮上。也可以从【材质编辑器】中的贴图按钮或 3ds Max 界面中的其他位置进行拖曳。将贴图放置到【环境贴图】按钮上时，将出现一个对话框，询问希望该环境贴图成为源贴图的副本（独立），还是实例。

环境贴图的默认【贴图】模式为【球形环境】。若要调整环境贴图的参数（例如，若要指定位图或更改坐标设置），可以将【环境贴图】按钮拖到材质编辑器中，并确保将其作为实例进行放置。在【精简材质编辑器】中，将贴图置于未使用的示例窗上。在【Slate 材质编辑器】中，将其置于活动视图上。

如果场景中包含动画位图（包括材质、投影灯、环境等），则每一帧将一次重新加载一个动画文件。如果场景使用多个动画，或动画文件本身就很大，渲染性能将降低。

✦ 使用贴图：使用贴图作为背景而不是背景颜色。指定贴图应启用此复选框。可以将其禁用以恢复为使用背景颜色。如图 15-2 所示为应用环境贴图前后的场景效果。

图 15-2

【全局照明】组。

✦ 色彩：如果此颜色不是白色，则为场景中的所有灯光（环境光除外）染色。单击色样显示【颜色选择器】，用于选择色彩颜色。通过在启用【自动关键点】按钮的情况下更改非零帧的色彩颜色，设置颜色动画。

✦ 级别：增强场景中的所有灯光。如果级别为 1.0，则保留各个灯光的原始设置。增大级别将增强总体场景的照明，减小级别将减弱总体照明。此参数可设置为动画，默认值为 1.0。

✦ 环境光：设置环境光的颜色。单击色样，然后在【颜色选择器】中选择所需的颜色。通过在启用【自动关键点】按钮的情况下更改非零帧的环境光颜色，设置灯光效果动画。

15.1.2 【曝光控制】卷展栏

在称为"色调贴图"的过程中将灯光能量值贴图为颜色。曝光控制会影响渲染图像和视图显示的亮度和对比度。不会影响场景中的实际照明级别，只是影响这些级别与有效显示范围的映射关系。

✦ 曝光控制下拉列表：在列表中选择一种曝光控制，激活下面的选项，并且会弹出相应的曝光控制卷展栏，如图 15-3 所示。

图 15-3

✦ 活动：选中此选项，在渲染中启用曝光控制；反之，不应用曝光控制。

✦ 处理背景及环境贴图：启用时，场景背景贴图和场景环境贴图受曝光控制的影响；禁用时，则不受曝光控制的影响。默认设置为禁用状态。

✦ 预览缩略图：缩略图显示应用了活动曝光控制的渲染场景的预览。渲染预览后，在更改曝光控制设置时将交互式更新。如果 Gamma 校正（色彩校正曲线）或查找表（LUT）校正处于活动状态，则 3ds Max 会将校正应用于此预览缩略图。

✦ 渲染预览：单击该按钮可以渲染预览缩略图，如图 15-4 所示。

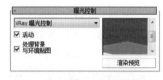

图 15-4

15.1.3 【大气】卷展栏

此卷展栏用来为环境添加大气效果。大气是用于创建照明效果（例如雾、火焰等）的插件组件。

✦ 效果列表：显示已添加的效果队列。在渲染期间，效果在场景中按线性顺序计算。根据所选的效果，【环境】对话框添加适合效果参数的卷展栏。

✦ 名称字段：为列表中的效果自定义名称。例如，不同类型的火焰可以使用不同的自定义设置，可以命名为【火花】和【火球】。

✦ 添加：单击此按钮，显示【添加大气效果】对话框（其中包括所有当前安装的大气效果）。选择效果，然后单击【确定】按钮将效果指定给列表，如图 15-5 所示。

✦ 删除：将所选大气效果从列表中删除。

✦ 激活：为列表中的各个效果设置启用 / 禁用状态。这种方法可以方便地将复杂的大气功能列表中的各种效果孤立。

✦ 上移／下移：将所选项在列表中上移或下移，更改大气效果的应用顺序。

✦ 合并：合并其他 3ds Max 场景文件中的效果。单击【合并】后，会弹出【合并大气效果】对话框。选择 3ds Max 场景，然后单击【打开】按钮。【合并大气效果】对话框会列出场景中可以合并的效果。选择一个或多个效果，然后单击【确定】按钮将效果合并到场景中。

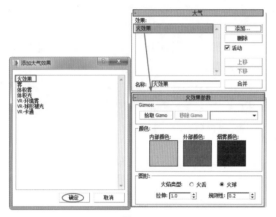

图 15-5

技术要点：

列表中仅显示大气效果的名称，但是在合并效果时，与该效果绑定的灯光或 Gizmo 也会合并。如果要合并的一个对象与场景中已有的一个对象重名，会出现警告，可以选择以下解决方法：

（1）可以在可编辑字段中更改传入对象的名称，为其重命名。

（2）可以不重命名即合并传入对象，这样场景中会出现两个同名的对象。

（3）可以单击【删除原有】按钮，删除场景中的现有对象。

（4）可以选择【应用于所有重复项】选项，对所有后续的匹配对象执行相同的操作。

动手操作——添加环境贴图

01 打开本例素材场景文件 15-1.max，如图 15-6 所示。

图 15-6

02 在菜单栏执行【渲染】|【渲染】命令进行初次渲染，

效果如图 15-7 所示。可见效果并不好，窗外的背景几乎没有。

图 15-7

03 在菜单栏执行【渲染】|【环境】命令，打开【环境和效果】窗口。在【环境】选项卡下，单击【环境贴图】中的【无】按钮，从材质／贴图浏览器中打开【贴图】|【标准】|【位图】贴图，然后从本例素材源文件夹中找到"背景.jpg"图片并打开，如图 15-8 所示。

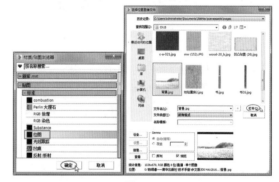

图 15-8

04 加载背景贴图后的【环境和效果】窗口如图 15-9 所示。在【渲染设置】窗口中选择【渲染器为 Quicksilver 硬件渲染器】，然后单击【渲染】按钮，如图 15-10 所示。

图 15-9　　　　　　　　图 15-10

技术要点：

如果贴图不是本例渲染效果的状态，可以同时打开【精简材质编辑器】窗口，将贴图拖曳到材质编辑器窗口中释放，以【实例】方式进行关联复制，然后设置贴图坐标为【屏幕】即可，如图 15-11 所示。

图 15-11

05 在【渲染器】选项卡中取消选中【高光】复选框，然后选中【反射】复选框，如图 15-12 所示。

图 5-12

06 最终渲染后的效果，如图 15-13 所示。

图 15-13

动手操作——制作火焰效果

【大气】卷展栏中的火焰效果只是一种模拟状态，没有照明作用。要想模拟出火光效果，需要添加灯光来实现。

01 打开本例素材场景文件 15-2.max，如图 15-14 所示。

图 15-14

02 在【创建】命令面板中单击【辅助对象】按钮，设置辅助对象类型为【大气装置】，然后单击【球体Gizmo】按钮，如图 15-15 所示。

图 15-15

03 在顶视图中创建一个球体 Gizmo，并利用【选择并移动】工具调整球体 Gizmo 到蜡烛的引燃线上。最后在【球体 Gizmo 参数】卷展栏中修改【半径】为40mm，并选中【半球】复选框，如图 15-16 所示。

图 15-16

04 按 R 键使用【选择并非均匀缩放】工具，并在左视图中将球体 Gizmo 缩放成如图 15-17 所示的形状。

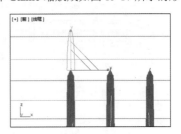

图 15-17

05 利用【选择并移动】工具，按住 Shift 键拖曳球体 Gizmo，以【实例】的关联复制方式，复制到其余两根蜡烛的引燃线上，如图 15-18 所示。

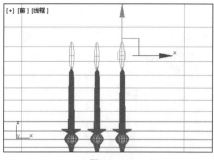

图 15-18

06 按 8 键打开【环境和效果】窗口，然后在【大气】卷展栏下单击【添加】按钮，接着在弹出的【添加大气效果】对话框中选择【火效果】选项，如图 15-19 所示。

图 15-19

07 在弹出的【火效果参数】卷展栏中单击【拾取 Gizmo】按钮，接着在视图中拾取球体 Gizmo，最后设置【火舌类型】为【火舌】、【规则性】为 0.5、【火焰大小】为 400、【火焰细节】为 10、【密度】为 700、【采样数】为 20、【相位】为 10、【漂移】为 5，具体参数设置如图 15-20 所示。

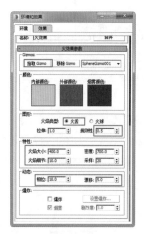

图 15-20

08 最后执行菜单栏中的【渲染】|【渲染】命令，对火效果进行渲染，效果如图 15-21 所示。

图 15-21

动手操作——制作体积光效果

【体积光】环境可以用来制作带有光束的光线，可以指定给灯光（部分灯光除外，如 V-Ray 太阳）。这种体积光可以被物体遮挡，从而形成光芒透过缝隙的效果，常用来模拟树与树之间的缝隙中透过的光束，如图 15-22 所示。

图 15-22

本例制作的体积光效果，如图 15-23 所示。

图 15-23

01 打开本例素材场景文件 15-3.max。

02 创建 V-Ray 的太阳光，位置如图 15-24 所示。

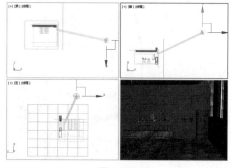

图 15-24

03 选择 V-Ray 太阳光，并在【V-Ray 太阳参数】卷展栏中设置【强度倍增】为 0.06、【阴影细分】为 8、【光子发射半径】为 495.812mm，具体参数设置如图 15-25 所示。

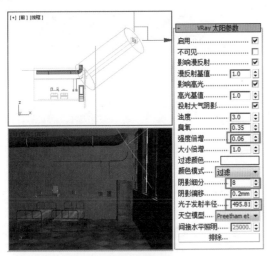

图 15-25

04 接着按 F9 键测试渲染当前场景，效果如图 15-26 所示。

图 15-26

05 打开【渲染设置】窗口，首先在【V-Ray】选项卡的【全局开关】卷展栏中开启默认灯光，并在【环境】卷展栏选中【全局照明环境】复选框，设置颜色倍增值为 0.5，如图 15-27 所示。

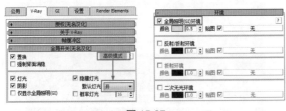

图 15-27

06 在【GI】选项卡下选中【启用全局照明】复选框，并设置首次引擎和二次引擎，如图 15-28 所示。

图 15-28

07 单击【渲染】按钮重新渲染，效果如图 15-29 所示。虽然有了阳光的照射与阴影效果，但没有光束效果，真实性较差。

图 15-29

08 在前视图中创建 V-Ray 平面灯光作为辅助光源，其位置如图 15-30 所示。

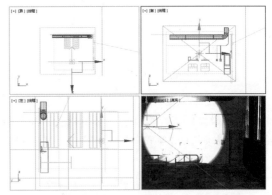

图 15-30

09 在 V-Ray 平面灯光的【修改】命令面板中，设置灯光参数，如图 15-31 所示。

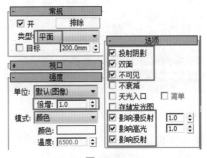

图 15-31

10 接着创建 3ds Max 的【标准】目标平行光，如图

15-32 所示。与 V-Ray 太阳光完全重合。

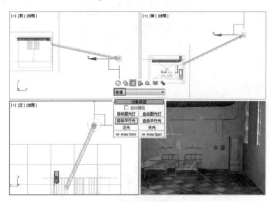

图 15-32

11 选择【修改】命令修改【标准】目标平行光的参数，如图 15-33 所示。投影贴图为标准贴图中的位图，图像文件在本例素材文件夹中。

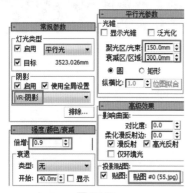

图 15-33

12 在【渲染设置】窗口中取消选中【环境】卷展栏中的【全局照明环境】复选框，然后单击【渲染】按钮进行渲染，效果如图 15-34 所示。

图 15-34

技术要点：

虽然在【投影贴图】通道中加载了黑白贴图，但是灯光还没有产生体积光束效果。

13 按 8 键打开【环境和效果】窗口，在【大气】卷展栏中单击【添加】按钮，在弹出的【添加大气效果】对话框中选择【体积光】选项，并单击【确定】按钮确认，如图 15-35 所示。

图 15-35

14 在【体积光参数】卷展栏中单击【拾取灯光】按钮，然后在场景中拾取目标平行灯光，接着设置【雾颜色】（红：247，绿：232，蓝：205），再选中【指数】复选框，并设置【密度】为 4，最后设置过滤阴影为【中】，具体参数设置如图 15-36 所示。

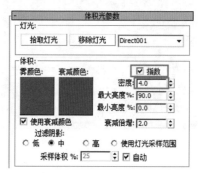

图 15-36

15 最后渲染，完成效果如图 15-37 所示。

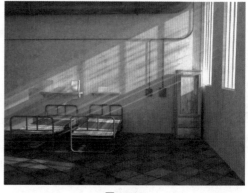

图 15-37

15.2　渲染效果设置

【效果】选项卡中的内容类似于前面讲述的【雾】、【火效果】的编辑参数。当需要添加一个效果时，可以单击【效果】卷展栏中的【添加】按钮，在打开的【添加效果】对话框中选择需要添加的效果，然后单击【确定】按钮退出该对话框，这时便添加了此项效果。如图 15-38 所示为【效果】选项卡和【添加效果】对话框。

图 15-38

【效果】卷展栏中的选项含义如下。

✦ 效果：当导入某个效果时，【效果】显示窗和【名称】文本框中将会出现导入效果的名称，同时出现该效果的编辑参数。

✦ 删除：当不想使用某个效果时，可以在【效果】显示窗中选择该效果名称选项，并单击【删除】按钮，将效果选项删除。

✦ 活动：该复选框决定是否使选择的效果应用于场景。

✦ 上移：单击该按钮，使选择的效果向上移动。

✦ 下移：单击该按钮，使选择的效果向下移动。

✦ 合并：单击该按钮，将从其他的 3ds Max 文件中导入渲染效果。

✦ 效果：该选项右侧的【全部】和【当前】单选按钮控制预览效果。当选择【全部】单选按钮时，所有活动效果均应用于预览；当选择【当前】单选按钮时，只有选择的效果应用于预览。

✦ 交互：启用该复选框时，在调整效果的参数时，更改会在渲染帧窗口中交互进行；禁用该复选框，可以单击一个【更新效果】按钮预览效果。

✦ 显示原状态：单击该按钮可以显示未应用任何效果的原渲染图像，同时【显示效果】按钮将代替【显示原状态】按钮。单击【显示效果】按钮会显示应用了效果的渲染图像。

✦ 更新场景：单击该按钮后，使用在渲染效果中所做的所有更改，以及对场景本身所做的所有更改来更新渲染帧窗口。

✦ 交互：当禁用【交互】复选框时，可以通过单击【更新效果】按钮，手动更新预览渲染帧窗口。渲染帧窗口中只显示在渲染效果中所做的所有更改的更新，对场景本身所做的所有更改不会被渲染。

动手操作——制作镜头光晕效果

使用【镜头效果】可以模拟相机拍照时镜头所产生的光晕效果，这些效果包括光晕、光环、射线、自动二级光斑、手动二级光斑、星形和条纹，如图 15-39 所示。

图 15-39

在【镜头效果参数】卷展栏下选择镜头效果，单击按钮 > 可以将其加载到右侧的列表中，以应用镜头效果。单击按钮 < 可以移除加载的镜头效果。

设置镜头效果的【镜头效果全局】卷展栏，该卷展栏分为【参数】和【场景】两个选项卡，如图 15-40 和图 15-41 所示。

图 15-40

图 15-41

本例要制作的镜头效果，如图 15-42 所示。

图 15-42

01 打开本例素材场景文件 15-4.max，如图 15-43 所示。

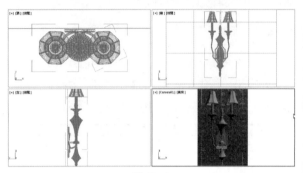

图 15-43

02 按大键盘上的 8 键打开【环境和效果】窗口，然后在【效果】选项卡卡中单击【添加】按钮，接着在弹出的【添加效果】对话框中选择【镜头效果】选项，如图 15-44 所示。

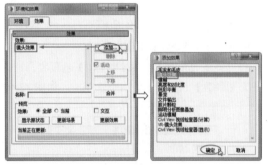

图 15-44

03 激活【效果】列表框中的【镜头效果】选项，并在【镜头效果参数】卷展栏下的左侧列表中选择【光晕】选项，接着单击按钮 > 将其加载到右侧的列表中，如图 15-45 所示。

图 15-45

04 展开【镜头效果全局】卷展栏，然后单击【拾取灯光】按钮，接着在视图中拾取两个泛光灯光源，如图 15-46 所示。

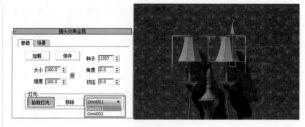

图 15-46

技术要点：

可以在场景资源浏览器中按 Ctrl 键拾取 Omni001 和 Omni002 两个标准泛光灯光源。特别需要注意的是，泛光灯不要被其他物品遮挡，否则会影响灯光效果，也就是要将泛光灯置于物体的前面。

05 展开【光晕元素】卷展栏，然后在【参数】选项卡中设置【强度】为 110，接着在【径向颜色】选项组中设置【边缘颜色】（红：255，绿：144，蓝：0），具体参数设置如图 15-47 所示。

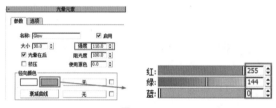

图 15-47

06 返回到【镜头效果参数】卷展栏，然后将左侧的"条纹"效果加载到右侧的列表中，接着在【条纹元素】卷展栏中设置【强度】为 15，如图 15-48 所示。

07 返回【镜头效果参数】卷展栏，并将左侧的"射线"效果加载到右侧的列表中，接着在【射线元素】卷展栏设置【强度】为 30，如图 15-49 所示。

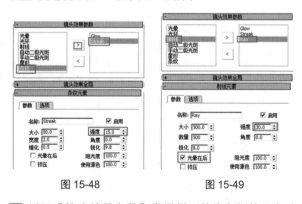

图 15-48   图 15-49

08 返回【镜头效果参数】卷展栏，并将左侧的"自动二级光斑"效果加载到右侧的列表中，接着在【自动二级光斑元素】卷展栏设置选项及参数，如图 15-50 所示。

09 最后按快捷键 Shift+Q 渲染，效果如图 15-51 所示。

图 15-50　　　　　　图 15-51

动手操作——制作模糊效果

使用【模糊】效果可以通过 3 种不同的方法使图像变得模糊。这 3 种方法分别是【均匀型】、【方向型】和【径向型】。【模糊】效果根据【像素选择】选项卡中所选择的对象来应用各个像素，使整个图像变模糊，其参数包含【模糊类型】和【像素选择】两大部分，如图 15-52和图 15-53 所示。

图 15-52　【模糊类型】选项卡　图 15-53　【像素选择】选项卡

本例模糊效果，如图 15-54 所示。

图 15-54

01 打开本例素材场景文件 15-5.max，如图 15-55 所示。

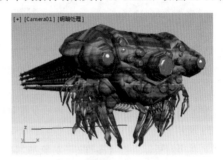

图 15-55

02 按 8 键打开【环境和效果】窗口，并在【效果】卷展栏中添加一个【模糊】效果，如图 15-56 所示。

图 15-56

03 展开【模糊参数】卷展栏，单击【像素选择】选项卡，并选中【材质 ID】复选框，接着设置 ID 为 8，单击【添加】按钮（添加材质 ID 8），再设置【最小亮度】为 60%、【加亮】为 100%、【混合】为 50%、【羽化半径】为 30%，如图 15-57 所示。最后在【常规设置羽化衰减】选项组中将曲线调节成【抛物线】形状，如图 15-58 所示。先添加点，再移动点进行调节。

> **技术要点：**
> 设置物体的【材质 ID 通道】为 8，并设置【环境和效果】的【材质 ID】为 8，这样对应之后，在渲染时【材质 ID】为 8 的物体将会被渲染出模糊效果。

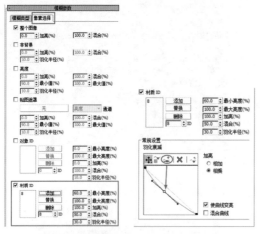

图 15-57　　　　　　图 15-58

04 打开【精简材质编辑器】窗口，并选择第 1 个材质，接着在【多维 / 子对象基本参数】卷展栏下单击 ID2 材质通道，单击【材质 ID 通道】按钮，最后设置 ID 为 8，如图 15-59 所示。

05 选择第 2 个材质，并在【多维 / 子对象基本参数】卷展栏中单击 ID 2 材质通道，接着单击【材质 ID 通道】按钮，最后设置 ID 为 8，如图 15-60 所示。

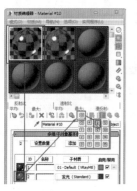

图 15-59　　　　　　图 15-60

06 在【模糊参数】卷展栏的【模糊类型】选项卡中选择【径向型】选项，像素半径设为 20，其余选项保持默认。接着在【像素选择】选项卡中设置【整个图像】选项组的【混合】参数为 25%，如图 15-61 所示。

图 15-61

07 按 F9 键渲染当前场景，最终效果如图 15-62 所示。

图 15-62

15.3　特殊效果制作案例

本节将利用前面章节和本章所介绍的学习内容，讲解一些光效、材质效果、环境等特殊效果制作方法。

动手操作——静静的海平面

本例将尝试模拟出海平面的海水起风的状态和日出阳光照射在海面的波纹效果。渲染效果图，如图 15-63 所示。

图 15-63

01 新建场景文件。

02 利用标准基本体的【平面】工具，在顶视图中创建长度和宽度均为 20000 的平面，设置长、宽的段数均为 50，设置渲染倍增的密度为 8，如图 15-64 所示。此平面作为海面的基础。此平面在场景资源管理器中重命名为"海平面"。

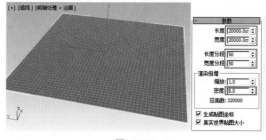

图 15-64

03 在顶视图中，在平面中心位置创建一个半径为 10000 的球体，设置分段数为 64，设置半球为 0.5。并在左视图中拖曳半球体向下 50 个单位，如图 15-65 所示。此半球体在场景资源管理器中重命名为"天空"。

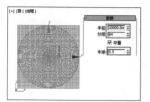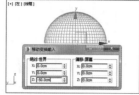

图 15-65

04 选中半球体，为其添加一个【法线】修改器，然后再添加一个【UVW 贴图】修改器，并设置贴图类型为"柱形"，如图 15-66 所示。

图 15-66

05 在左视图中利用【选择并非均匀缩放】工具缩小半球体，在垂直方向上缩小为原始的 60%，如图 15-67 所示。

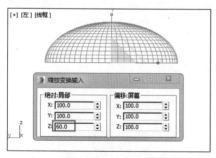

图 15-67

06 在左视图为半球体添加一个【体积选择】修改器，在【参数】卷展栏中选择【顶点】堆栈选择层级，在【软选择】卷展栏选中【使用软选择】复选框，并设置衰减值为 16900，收缩值为 1，如图 15-68 所示。

07 在修改器堆栈中选择【体积选择】顶层对象下的 Gizmo 子对象，并在左视图中移动 Gizmo（其实是移动体积框）到半球体顶部能框住一圈顶点的位置上，如图 15-69 所示。

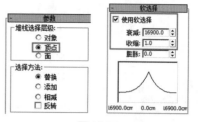

图 15-68

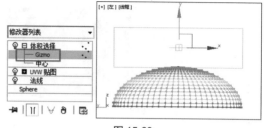

图 15-69

08 在左视图中，创建一个"标准"类型的目标摄像机，选择目标摄像机镜头为 28mm，摄像机的位置和角度如图 15-70 所示。在透视图中切换视图为 Camera001 相机视图。

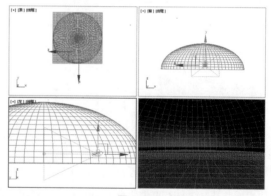

图 15-70

09 选择海平面对象，为其添加【体积选择】修改器。在【参数】卷展栏选择【顶点】选择层级；选择体积的【选择方式】为【球体】；在【软选择】卷展栏选中【使用软选择】复选框，并设置衰减值为 12000，如图 15-71 所示。

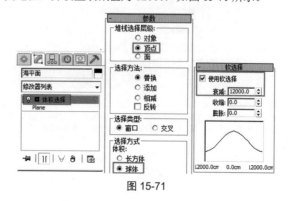

图 15-71

⑩ 在修改器堆栈中选择【体积选择】顶层对象下的 Gizmo 子对象，并在顶视图中移动 Gizmo 到摄像机位置上，如图 15-72 所示。

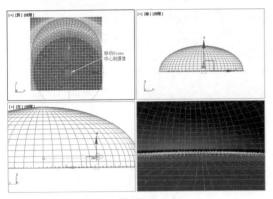

图 15-72

⑪ 为海平面再添加一个【噪波】修改器，在堆栈中重命名为 Noise-left，并设置其参数，如图 15-73 所示。

图 15-73

⑫ 在堆栈中选择噪波修改器的 Gizmo 子对象，并在左视图中顺时针旋转 Gizmo 的角度为 60°。在顶视图中将 Gizmo 顺时针旋转 45°，如图 15-74 所示。

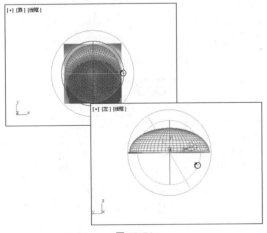

图 15-74

⑬ 在堆栈中复制并粘贴噪波修改器，并重命名为 Noise-right。在顶视图中，逆时针旋转复制噪波修改器 Gizmo，旋转角度为 90°，如图 15-75 所示。

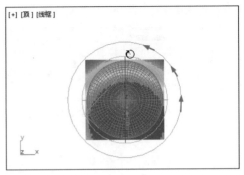

图 15-75

⑭ 选中 Noise-left 修改器，在顶视图中将 Gizmo 向左平移大约 2000 个单位，向下平移大约 2000 个单位，如图 15-76 所示。

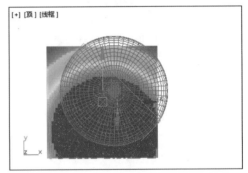

图 15-76

⑮ 同样，选择 Noise-right 修改器，在顶视图中向右平移 2000 个单位，再向下平移 2000 个单位，如图 15-77 所示。

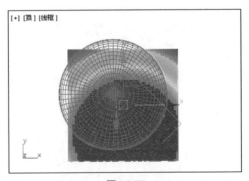

图 15-77

⑯ 打开 Slate 材质编辑器窗口。先创建标准材质并命名为"天空"，设置自发光值为100，然后添加【标准】的【位图】贴图到天空材质的【漫反射颜色】输入套接字上，如图 15-78 所示。

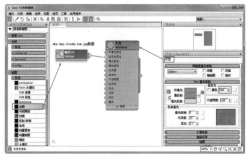

图 15-78

17 将材质赋予场景中的"天空"，注意在材质编辑器中要选中【视图中显示明暗材质】复选框，便于看清贴图时的编辑状态。

18 在 Slate 材质编辑器窗口双击贴图节点，在显示的【坐标】卷展栏中调整贴图大小，如图 15-79 所示。

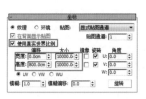

图 15-79

19 在场景中激活"天空"对象，并在其【修改】命令面板的修改器堆栈中添加【X 变换】修改器，并选择该修改器下的 Gizmo 层级子对象，最后在摄像机视图中向上拖曳中心，改变贴图的大小，如图 15-80 所示。

图 15-80

20 在堆栈中选择【X 变换】顶层对象，并在摄像机视图中拖曳贴图向下移动，一直到显示海平面为止，如图 15-81 所示。

图 15-81

21 但是从贴图效果看，两云朵的图案是相同的，说明贴图不够大。可以通过缩放天空对象的方法，改变贴图水平方向的大小，如图 15-82 所示。

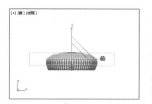

图 15-82

22 在 Slate 材质编辑器窗口中新建一个标准材质，并命名为"海水"。将该材质赋予场景中的"海平面"对象。接着在材质编辑器窗口中编辑材质参数，如图 15-83 所示。

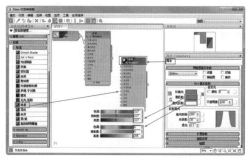

图 15-83

23 继续设置【贴图】卷展栏参数，设置反射度为 30，添加【标准】贴图库中的【衰减】贴图到【反射】输入套接字上，如图 15-84 所示。

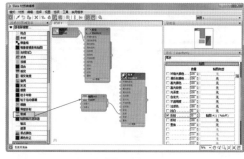

图 15-84

24 双击反射贴图节点，在其显示的【衰减参数】卷展栏中设置衰减类型为 Fresnel（菲涅耳）。设置折射率为 0.6，如图 15-85 所示。

图 15-85

这里的海水和其他液体的效果主要在垂直方向上表现反射效果，使用 Fresne 衰减贴图来限制反射，调节 IOR 参数，使边缘上的切割效果更强烈。

25 双击材质节点，在【贴图】卷展栏中设置贴图的凹凸值为50，然后为其添加【遮罩】贴图到凹凸贴图通道上，如图 15-86 所示。

图 15-86

26 将遮罩贴图重命名为"海水凹凸表面"，再添加一个烟雾贴图到遮罩贴图上，并重命名为"烟雾"，设置烟雾贴图的【坐标】卷展栏中的"源"为【显示贴图通道】，并设置烟雾参数，如图 15-87 所示。

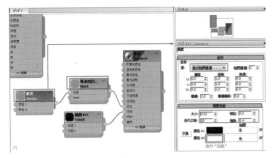

图 15-87

27 继续添加【渐变坡度】贴图到遮罩贴图的 MASK 输入套接字上，将其重命名为"渐变坡度"。双击此贴图节点，在其【渐变坡度参数】卷展栏中选择渐变类型为【径向】，在【输出】卷展栏中选中【反转】复选框，如图 15-88 所示。

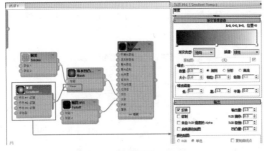

图 15-88

28 为场景创建一个"标准"类型的泛光灯，位置如图 15-89 所示。

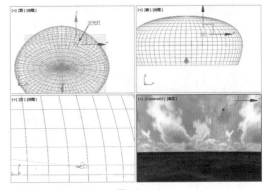

图 15-89

29 最后执行菜单栏中的【渲染】|【渲染设置】命令，打开【渲染设置】窗口。选择"Quicksilver 硬件渲染器"，然后单击【渲染】按钮对场景进行渲染，效果如图 15-90 所示。

图 15-90

动手操作——制作炭火效果

本例要制作炭火效果，不是前面所介绍的环境与效果，是通过材质和灯光表现来实现的。炭火效果如图 15-91 所示。

图 15-91

01 打开本例素材场景文件 15-7.max，如图 15-92 所示。

图 15-92

02 创建一盏 V-Ray 球体灯光，位置如图 15-93 所示。

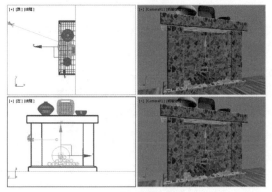

图 15-93

03 球体灯光的参数设置，如图 15-94 所示。

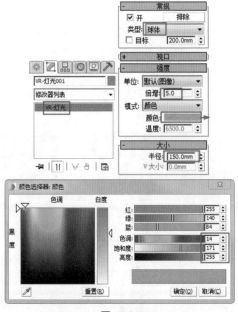

图 15-94

04 打开【Slate 材质编辑器】窗口，首先从左侧材质库中拖入 V-Ray 材质库的【VR- 灯光材质】材质到中间的活动视图中，然后将标准位图贴图 "随书光盘 \ 动手操作 \ 源文件 \Ch15\15-7\arch_interiors_4_001_fire.jpg" 文

件（贴图文件在本例素材源文件中）连接到 "灯光颜色" 输入套接字上，同样再将 "随书光盘 \ 动手操作 \ 源文件 \Ch15\15-7\ arch_interiors_4_001_fire_mask.jpg" 图片文件连接到 "不透明度" 输入的套接字上，如图 15-95 所示。

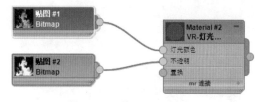

图 15-95

05 编辑灯光材质的参数，如图 15-96 所示。

图 15-96

06 将灯光材质赋予场景中的部分木材和平面对象，如图 15-97 所示。

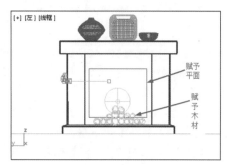

图 15-97

07 最终渲染的效果，如图 15-98 所示。

图 15-98

动手操作——制作燃气灶炉火效果

本案例将介绍燃气灶炉火的制作方法，也是通过材质与贴图的方式来制作火焰燃烧的效果，本例的炉火效果如图 15-99 所示。

图 15-99

01 打开本例素材场景文件 15-8.max，如图 15-100 所示。

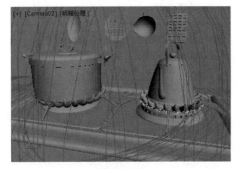

图 15-100

02 首先创建火焰内部的材质。打开【Slate 材质编辑器】窗口，首先从左侧材质库中拖入【标准】材质库的【标准】材质到中间的活动视图中。

03 双击材质节点，在显示的【明暗器基本参数】卷展栏选中【双面】复选框，在【Blinn 基本参数】卷展栏中设置漫反射和自发光的颜色均为相同的蓝色，如图 15-101 所示。

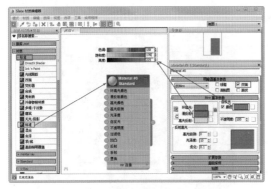

图 15-101

04 在【贴图】卷展栏中，为【不透明度】添加【衰减】

贴图，并双击此贴图节点，在【衰减参数】卷展栏中单击【交换颜色/贴图】按钮 ⇄，交换颜色位置，如图 15-102 所示。

图 15-102

05 双击材质节点，在【扩展参数】卷展栏的【高级透明】卷展栏中选择类型为【相加】，输入数量为 100，如图 15-103 所示。

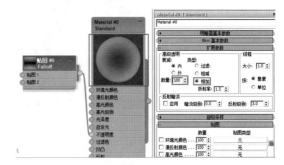

图 15-103

06 创建炉火的外部火焰材质。外部火焰材质的创建过程是相同的，只是参数设置不同。选中内部火焰材质，然后按 Shift 键拖曳进行复制，如图 15-104 所示。复制后分别对两个材质重新命名，一个命名为"火焰内部"，另一个命名为"火焰外部"。

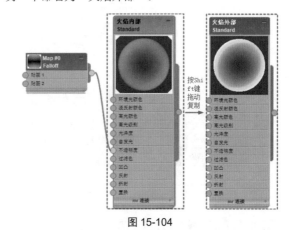

图 15-104

07 双击"火焰外部"材质节点，修改漫反射颜色为深蓝色，自发光颜色修改为黑色。在【扩展参数】卷展栏中选择衰减方法为"外"，如图 15-105 所示。

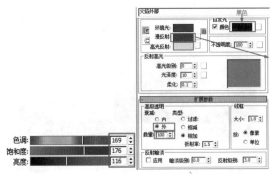

色调 169
饱和度 176
亮度 116

图 15-105

08 将【渐变坡度】贴图连接到【自发光】贴图通道，然后双击渐变坡度贴图节点，在【渐变坡度参数】卷展栏中设置渐变颜色，如图 15-106 所示。

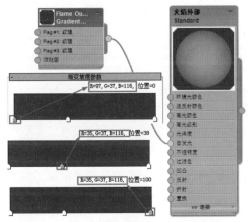

图 15-106

09 接下来在"火焰外部"材质的【不透明度】贴图通道添加【混合】贴图，然后在【混合】贴图节点上的【颜色 2】中输入套接字添加【衰减】贴图、在【混合量】中输入套接字上添加【渐变坡度】贴图，如图 15-107 所示。

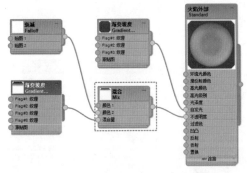

图 15-107

10 双击【衰减】贴图节点，编辑混合曲线，如图 15-108 所示。

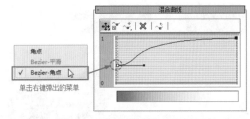

图 15-108

11 同理，双击最后一个渐变坡度贴图（【混合】贴图的【混合量】套接字贴图）来编辑参数，如图 15-109 所示。

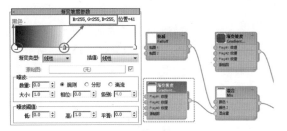

图 15-109

12 材质编辑完成后，首先将"火焰内部"材质赋予火焰的内部。方法是：选中火焰对象，在场景资源管理器中单击按钮将其隐藏，如图 15-110 所示。然后按键盘的 Ctrl +Z 键退回一步操作，随即显示内部的部分火焰对象，如图 15-111 所示。

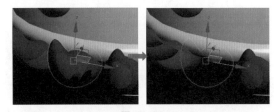

图 15-110

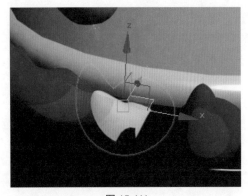

图 15-111

13 然后将材质编辑器中的"火焰内部"材质赋予显示的内部火焰对象。再单击（连续单击两次）恢复整个火焰的显示，再将"火焰外部"材质赋予显示的外部火焰对象，如图 15-112 所示。

图 15-112

图 15-113

14 同理，依次赋予材质给其余火焰的内、外部，最后执行【渲染设置】命令，选择【默认扫描线渲染器】渲染器类型，对场景进行渲染，效果如图 15-113 所示。

16.1　3ds Max 2016 渲染器

当在场景中完成了建模、赋予材质／贴图、添加灯光等操作后，就可以使用 3ds Max 2016 渲染器进行最终的渲染操作了，并将渲染图像输出。如图 16-1 所示为用渲染器渲染的场景。下面介绍 3ds Max 的常见渲染器。

图 16-1

16.1.1　渲染模式

在主工具栏和【照明和渲染】选项卡中提供了多种渲染模式，如图 16-2 所示。

图 16-2

1. 渲染设置

单击【渲染设置】按钮，可以打开【渲染设置】窗口，从中可以设置渲染的基本参数，如图 16-3 所示。3ds Max 有 5 种渲染模式：产品级渲染模式、迭代渲染模式、ActiveShade 模式、A360 云渲染模式和提交到网络渲染模式。

2. 渲染迭代、渲染产品和渲染选定对象

单击【渲染迭代】按钮，可在迭代模式下渲染场景，而无须打开【渲染设置】对话框。迭代渲染会忽略文件输出、网络渲染、多帧渲染、导出到 MI 文件和电子邮件通知。在图像（通常对各部分迭代）上执行快速迭代时使用该选项，例如，处理最终聚集设置、反射或者场景的特定对象或区域。

单击【渲染迭代】按钮，可利用当前的产品级渲染设置直接渲染场景，

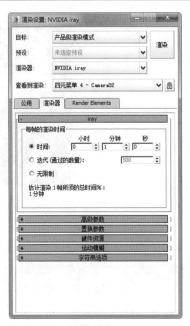

图 16-3

第 16 章源文件

第 16 章视频文件

第 16 章结果文件

而无须打开【渲染设置】对话框。渲染场景时打开的【渲染】对话框如图 16-4 所示。

单击【渲染选定对象】按钮 ，可以直接渲染指定的对象，没有指定的对象将不会被渲染，如图 16-5 所示。

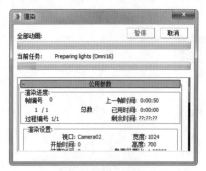

图 16-4

图 16-5

3. 渲染 A360

利用 A360 云渲染模式来渲染场景。要想利用此模式来渲染，必须创建 Autodesk 账户和密码，登录后可进入云渲染平台，如图 16-6 所示。

图 16-6

如果没有创建账户，可以在创建页面新建账号，登录后的【渲染设置 A360 云渲染】对话框如图 16-7 所示。

图 16-7

4. ActiveShade 模式

ActiveShade 提供预览渲染，可帮助查看场景中更改照明或材质的效果。调整灯光和材质时，ActiveShade 窗口交互地更新渲染效果，如图 16-8 所示为 ActiveShade 渲染窗口。

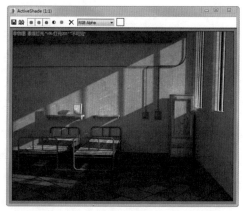

图 16-8

5. "提交到网络渲染"模式

"提交到网络渲染"模式将当前场景提交到网络渲染。选择此选项后，3ds Max 将打开【网络作业分配】对话框，通过此对话框设置网络渲染参数，如图 16-9 所示。

此选择不影响"渲染"按钮本身的状态，仍可以使用"渲染"按钮启动产品级、迭代或 ActiveShade 渲染。

图 16-9

16.1.2　常见渲染器

渲染场景的引擎有很多种，在主工具栏单击【渲染设置】按钮，或者在菜单栏执行【渲染】|【渲染设置】命令，也可以在功能区【照明和渲染】选项卡的【渲染】面板中单击【渲染设置】按钮，打开【渲染设置】窗口。在【渲染设置】窗口中的"渲染器"列表中，包含了 3ds Max 2016 所有可用的渲染器类型，如图 16-10 所示。

图 16-10

3ds Max 2016 默认的渲染器有"iray 渲染器""NVIDIA mental ray 渲染器""Quicksilver 硬件渲染器""默认扫描线渲染器""VUE 文件渲染器"及"V-Ray 渲染器"等。本章将重点介绍 V-Ray 渲染器的基本用法和渲染设置技巧。

16.1.3　数字图像的相关术语

要想制作高品质的图像效果，需要了解一些最基本的数字图像知识。

1．像素

"像素"（Pixel）是由 Picture（图像）和 Element（元素）这两个单词的字母所组成的，是用来计算数字图像的一种单位。利用平面图像处理软件（如 Photoshop）打开图片，并把图片放大到一定的倍数来显示，会发现图片上的连续色调其实是由许多色彩相近的小方点所组成，这些小方点就是构成图像的最小单位"像素"（Pixel）。这种最小的图形单元在屏幕上通常显示为单个的染色点。一个像素通常被视为图像的最小的完整采样。

2．像素尺寸

位图图像在长度和宽度上的像素数量。图像在屏幕上显示的大小是由图像的像素尺寸决定的。如 640×480 像素、1024×768 像素等。像素尺寸越大，图像的面积也越大。在成像的两组数字中，前者为图片长度，后者为图片的宽度，两者相乘得出的是图片的总像素数。

3．图像分辨率

图像的分辨率指的是每英寸图像所包含的像素数目，常以 dpi 来表示，如 72dpi 表示图像中每英寸包含 72 个像素或点。在数字图像中，分辨率的大小直接影响图像的质量，分辨率越高，图像显示就越清晰，图像文件所需的磁盘空间也越大。如果单纯在显示器上显示，72dpi 就达到图像输出的最高分辨率了，而印刷一般要求 300dpi 才能达到清晰的效果。

4．超级采样

超级采样就是对一个像素做多次的取样来解决图像显示的问题，以这样的取样方式所获得的图形会更接近原来的图形，因此超级取样就是利用更多的取样点来增加图形像素的密度，从而改善平滑度。

5．抗锯齿

也可称为"图形保真"。由于数字图像是以像素为基本单位组成的，因此当将屏幕上的图像放大时会发现物体（线）的边缘呈现锯齿状，如同一个台阶，如图 16-11 所示。而抗锯齿就是指对图像边缘进行柔化处理，使图像边缘看起来更平滑、更接近实物的物体。

图 16-11

16.2 V-Ray for 3ds Max 渲染器

V-Ray for 3ds Max 是 3ds Max 的超级渲染器，是专业渲染引擎公司 Chaos Software 公司设计完成的拥有 Raytracing（光线跟踪）和 Global Illumination（全局照明）的渲染器，用来代替 3ds Max 原有的 Scanline render（线性扫描渲染器），V-Ray 还包括了其他增强性能的特性，包括真实的 3dMotion Blur（三维运动模糊）、Micro Triangle Displacement（级细三角面置换）、Caustic（焦散）、通过 V-Ray 材质的调节完成 Sub-suface scattering（次表面散射）的 sss 效果、和 Network Distributed Rendering（网络分布式渲染）等。V-Ray 的特点是渲染速度快（比 FinalRender 的渲染速度平均快 20%），目前很多制作公司使用它来制作建筑动画和效果图，就是看中了它速度快的优点。

V-Ray 的【全局照明】参数是用来设置环境光效果的。在菜单栏执行【渲染】|【渲染设置】命令，或者按 F10 键，弹出【渲染设置】窗口。

本书使用的 V-Ray 版本为 V-Ray Adv 3.20.03，新版的界面和以前的 V-Ray 版本有所区别，它的渲染面板分成了三个功能设置选项卡。环境光的设置在 V-Ray 和 GI 选项卡中，如图 16-12 所示。

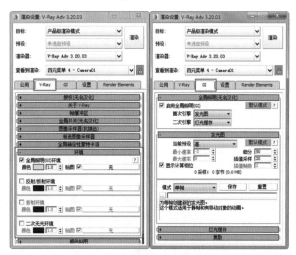

图 16-12

16.2.1 V-Ray 的图像采样器

V-Ray 的图像渲染同样使用数字图像的成像原理，由 V-Ray 的 Image Sampler（Antialiasing）图像采样器（抗锯齿）卷展栏来控制。该卷展栏的参数控制着图像的生成，包括图像采样和图像抗锯齿两个功能，如图 16-13 所示。

"图像采样器"可理解为 V-Ray 以何种方式对象素进行采样并产生最终的图像。V-Ray 提供了 4 种图像采样类型，分别是固定速率采样器、自适应采样器、自适应细分采样器和渐进采样器，如图 16-14 所示。

图 16-13

图 16-14

1. 固定速率采样器

这是最简单的采样方法，它对每个像素采用固定的采样。【固定】采样器只有一个参数【细分】，如图 16-15 所示。

图 16-15

✦ 【细分】：该值控制图像的采样精度。较大的值意味着对图像的采样更精确，在某一区域内分布的着色像素更多，且物体边缘处理得更圆滑。

当把图像中某一个区域放大显示时，可更直观地观察到不同的"细分"对图像质量的采样影响。分别把该值设置为 1 和 4 的渲染结果，如图 16-16 所示。

细分值为"1"的效果

细分值为"4"的效果

图 16-16

观察细分值对图像质量的影响，当细分值设置为 1 时，图像的噪点较多，而且物体边缘或者各种颜色边缘的锯齿非常明显；当细分值设置为 4 时，图像的噪点减少，图像纹理得到正确显示，物体边缘的锯齿得到改善。把图像的某一区域放大显示时，会发现图中的像素点明显增加，颜色的像素过渡更丰富，这样对物体的形状和色彩的描述就更精确了。

当该值保持为默认值 1 时，图像质量是无法符合要求的，但渲染的速度非常快，适合测试场景时使用，如果想得到更理想的图像效果，必须要把该值设置到 3~6 这个范围内。

2. 自适应图像采样器

自适应图像采样器，其参数如图 16-17 所示。这个采样器根据每个像素和它相邻像素的亮度差异产生不同数量的样本。之所以称为"自适应"，是因为这个采样器会根据场景物体的分布、材质的贴图纹理效果、各种模糊特效（模糊反射 / 折射、景深等）来分析哪里是需要更多采样的细节，哪里是不需要过多样本的非细节。例如，在本节所使用的测试场景中，使用纹理的地板和抱枕就属于场景的细节，因为这些物体有的自身属于曲面，有的则是表面使用了贴图纹理，地板还具有模糊反射的效果；而没有使用任何纹理的、平坦的白色墙面就

属于非细节。

图 16-17

✦ 最小细分：定义每个像素使用样本的最小数量。该值控制着图像整体的采样质量，包括图像细节处和非细节处的采样。一般情况下，不需要设置这个参数超过 1，因为图像的非细节处并不需要过高的采样也可得到满意的效果，一张图片的质量高低应该是纹理的清晰度和物体边缘的准确度。

✦ 最大细分：定义每个像素使用样本的最大数量。该值控制着图像细节处的采样质量，较大的值意味着对图像细节处的采样更精确，在某一区域内分布的着色像素更多，且物体边缘处理得更圆滑，整体的图像效果就更好。

保持最小细分值为 1 不变，分别把最大细分值设置为 1 和 4 的渲染结果，如图 16-18 所示。

最大细分值为 1 的效果

最大细分值为 4 的效果

图 16-18

观察渲染结果，当最小细分值和最大细分值同时设置为 1 时，图像的渲染质量是最低的，图像的噪点比较多、锯齿状非常明显；随着最大细分值的加大，图像细节表现得越来越精确，锯齿状得到处理，整体的图像质量也越好。在实际工作中，如果想得到更高质量的图像效果，其他参数都可保持默认状态，只需要更改最大细分值即可。根据图像像素尺寸的大小，最大细分值设置在 4~6 可得到一个非常高质量的图像效果。

3. 自适应细分采样器

自适应细分采样器，它也是一个自适应的采样器，其参数如图 16-19 所示。

图 16-19

✦ 最小速率：定义每个像素使用样本的最小数量。值为 0 意味着一个像素使用一个样本；–1 意味着每两个像素使用一个样本；–2 则意味着每 4 个像素使用一个样本，依此类推。该值控制着图像整体的采样质量，包括图像细节处和非细节处的采样。与自适应 DMC 采样器相似的是，该值不需要超过 0，因为图像的非细节处并不需要过高的采样质量。如果把该值加大，就体现不出"自适应"的优势了。

✦ 最大速率：定义每个像素使用样本的最大数量。值为 0 意味着一个像素使用一个样本；1 意味着每个像素使用 4 个样本；2 则意味着每个像素使用 8 个样本，依此类推。该值控制着图像细节处的采样质量，较大的值意味着对图像细节处的采样更精确，在某个区域内分布的着色像素更多，且物体边缘处理得更圆滑，整体的图像效果更好。

保持最小速率值为 –1 不变，其他参数值不变，分别把最大速率值设置为 0 和 2 的渲染效果，如图 16-20 所示。

最大速率值为 0 的效果

最大速率值为 2 的效果

图 16-20

观察渲染结果，当最大速率值设置为 0，即每一个像素使用一个样本时，图像的渲染质量很低，图像比较模糊；加大最大速率值以后，图像的渲染质量得到改善。

✦ 颜色阈值：极限值，用于确定采样器在像素亮度改变方面的灵敏性，实际控制的是纹理的采样清晰度。该值是自适应细分采样器的另一个重要参数，减小该值会取得更理想的贴图纹理效果，但会花费较多的渲染时间。

保持最小速率值 = –1、最大速率 =2，其他值不变，分别把 Clr Threshold 值设置为 0.5、0.03 的渲染结果，如图 16-21 所示。细心观察渲染结果会发现，该值为 0.5 时，纹理边缘较模糊（如：右下角的地板纹理），表面较毛糙。随着该值的减小，图像的纹理效果变得清晰，但耗费了大量的渲染时间。

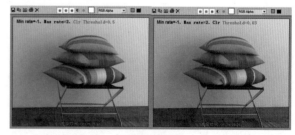

图 16-21

✦ 随机采样：略微转移样本的位置以便在垂直线或水平线条附近得到更好的效果。

✦ 对象轮廓：选中的时候使采样器强制在物体的边进行超级采样，而不管它是否需要进行超级采样。

法向阈值：选中该选项将使图像采样沿法向急剧变化。

> **技术要点**：
> 如果想使用自适应细分采样器得到一个更高质量的图像效果，保持最小速率为 0，把最大速率加大即可。如果再把"阈值"值设置为一个较小值，可取得最佳的图像纹理效果，不过要耗费更多的渲染时间。

4. 渐进采样器

这是新版本增加的一个采样器，动态的噪声阈值让图像产生更均匀的噪声分布。渲染时图像逐渐变得倾斜，噪点逐渐变少，效果提高很多。如图 16-22 所示为渐进图像采样器的设置。

图 16-22

16.2.2　抗锯齿过滤器

抗锯齿过滤器的作用是对图像纹理和物体边缘进行柔化处理。V-Ray 支持 3ds Max 的标准抗锯齿过滤器，并且带有 4 种属于 V-Ray 自己开发的抗锯齿类型，各种抗锯齿过滤器的效果有所区别，对渲染时间的影响也不尽相同。抗锯齿过滤器，如图 16-23 所示。

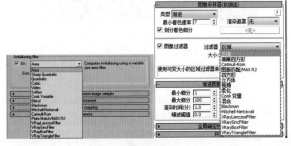

图 16-23

抗锯齿过滤器是配合图像采样使用的，选择不同的抗锯齿过滤器，可以使渲染出来的图像变得更模糊或者更清晰。例如，选择【柔化】，得到的是一个模糊的图像效果，如图 16-24 所示。

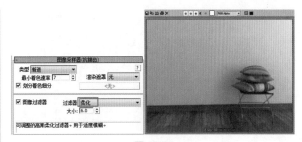

图 16-24

在做室内效果图的时候，一般都需要清晰的图像效果，能让图像更清晰的抗锯齿类型比较多，笔者常用的有 Catmull-Rom 类型，如图 16-25 所示。使用该过滤器花费较少的时间，便可得到较为清晰的图像效果。

图 16-25

还有 Mitchell-Netravali 类型，如图 16-26 所示，使用该过滤器可取得更清晰的图像效果，但要耗费更多的时间。

图 16-26

16.2.3　V-Ray 全局照明环境设置

【V-Ray】选项卡下的【环境】卷展栏用于开启 V-Ray 环境光的环境，即开启【全局照明环境】。在全局照明环境下可以设置环境颜色及颜色倍增、环境贴图等。

> **技术要点**：
> 如果不开启全局照明环境，那么将会默认使用 3ds Max 的环境光进行渲染。

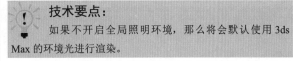　**颜色**：单击颜色色块，可以通过【颜色选择器】设置全局照明环境的颜色，如图 16-27 所示。

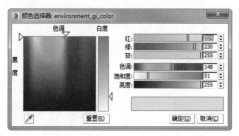

图 16-27

✦ 颜色倍增：设置颜色倍增，将把默认环境颜色逐渐变成高光白色，以提高环境光的亮度。

✦ 贴图：选中此选项，可以创建环境纹理贴图。

在【环境】卷展栏，若选中【反射／折射环境】、【折射环境】和【二次无光环境】等选项，将相应开启全局照明中的环境反射光、折射光。如图16-28所示为启用【反射／折射环境】前后的对比效果。

启用【反射／折射环境】　　不启用【反射／折射环境】

图 16-28

"二次无光环境"表示当环境光反射、折射到对象后，不会产生新的环境光。二次环境光其实就是反射光和折射光。

16.2.4 全局照明（GI）原理

1. 全局光照（GI）原理

在现实世界中，光能从一个曲面反弹到另一个曲面，从而影响到整个空间。例如，在夜晚，虽然只打开桌子上的台灯，却依然可以看到房间里的其他区域，这是因为台灯发出的光线通过漫反射的方式影响到了整个房间。在 3D 图形学中，默认情况下的光线并不反弹，必须通过全局照明（GI）技术，才可以让场景空间生成类似于现实的反弹照明（漫反射）。

全局照明也称"全局光照"（Global Illumination），是一种高级照明技术，它能模拟真实世界的光线反弹照射的现象。全局照明实际上是通过将一束光线投射到物体后被分解成 n 条不同方向带有不同该物体信息的光线继续传递、反射、照射其他物体，当这条光线再次照射到物体之后，每一条光线再次被打散成

n 条光线继续传递光能信息，照射其他物体，如此循环，当计算结果达到用户预先设定的数值时，光线将终止传递，这一传递过程被称为光能传递，即全局照明（GI）。V-Ray 正是通过全局照明（GI）技术模拟出照片级的光影效果的。

没有设置全局照明（GI）的 V-Ray 计算效果，灯光（落地灯）只影响到它照射范围内的物体，而且非常微弱，如图 16-29 所示。

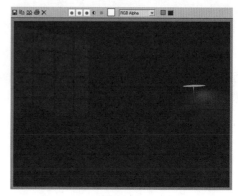

图 16-29

设置了全局照明（GI）的 V-Ray 计算效果，灯光（落地灯）不但影响到它照射范围内的物体，也通过光线反弹影响到整个模型空间，如图 16-30 所示。

图 16-30

2. （GI）渲染引擎的搭配

目前在多种渲染器中，全局照明都是被分为两大部分来控制 GI 的：首次引擎和二次引擎。首次引擎是指从灯具发出的光线照射在物体表面后，被物体表面反弹到其他物体；当光线在第一次反弹之后继续在场景中反弹，就产生了二次引擎，可以将二次引擎简单地理解为光线在完成第一次反弹以后的所有漫反射反弹，即 2 次反弹、3 次反弹……N 次反弹。V-Ray 也是把全局照明分为两大部分来控制，其控制参数如图 16-31 所示。

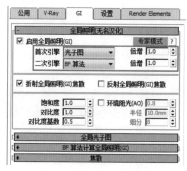

图 16-31

技术要点：

要完全显示 GI 参数设置，可以将"默认模式"改变为"高级模式"或"专家模式"。

✦ 倍增值：该值决定反弹光线对场景起多大的作用。不管是首次引擎的倍增 r 值，还是二次引擎的倍增值，数值越大，反弹的光线就越多，场景就越亮。在实际应用中，首次引擎的倍增值应该保持为 1，二次引擎的倍增值应该设置在 0.7~0.95 这个范围，这样更有利于体现物体阴影。

✦ 首次引擎 / 二次引擎：决定在首次引擎和二次引擎中使用何种计算方式来计算场景的全局照明。

在全局照明的计算中，V-Ray 共有 4 种渲染引擎可供选择，单击全局照明引擎下拉列表，就可以找到这些渲染引擎了。这四种渲染引擎在初级和二次引擎中可任意搭配使用，它们可满足不同的质量和时间要求，如图 16-32 所示。

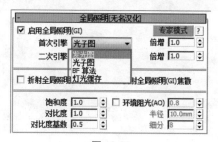

图 16-32

✦ 发光图：发光贴图的计算方式是基于发光缓存技术的，只计算场景中某些特定区域的全局照明，并对附近的区域进行插值计算。发光贴图在最终图像质量相同的情况下，运行速度比其他渲染引擎快，而且渲染出来的噪波较少。发光贴图可以被保存，以便被载入使用。发光贴图还可以加快面积阴影的计算。但由于采用了差值计算，所以在细节表现上会有所欠缺。

✦ 光子图：光子贴图能够产生光子，并让光子模拟真实光线在场景中来回反弹，然后在渲染时追踪这些来回反弹的光线微粒并输出成最终图像。光子贴图对场景中具有大量灯光的室内或半封闭的房间来说是较好的选择。通常情况下，如果单独使用不会取得足够好的效果，需要搭配其他渲染引擎。光子贴图可以很快地产生场景灯光的近似值，也可以保存光子贴图文件以便以后使用。需要注意的是，光子贴图需要真实的灯光来辅助计算，它不支持环境光和 3ds Max 默认的某些灯光，由于条件限制较多，所以 Photomap 在实际工作中应用较少。

✦ BF 算法：这是最简单、最原始的算法，也称直接照明计算，它的渲染速度很慢，但效果是最精确的，尤其是在具有大量细节的场景。不过，如果没有较高的细分值，运用"BF 算法"渲染出来的图像会有明显的颗粒效果。

✦ 灯光缓存：灯光缓存渲染引擎与光子贴图渲染引擎十分类似，但它没有光子贴图渲染引擎那么多的限制。灯光缓存渲染引擎是追踪从摄像机中可见的场景，对可见的场景部分进行光线反弹。灯光缓存渲染引擎是一种通用的全局光照计算方式，被广泛应用到室内外场景的渲染计算。灯光缓存渲染引擎很容易设置，而且对灯光类型没有限制，可以渲染天光、自然光、非物理光、光度学灯光等各种灯光类型。不过，灯光缓存也必须和其他渲染引擎配合使用，才能取得良好的效果。

以上 4 种渲染引擎，有自身的优点，也有自身的缺点。它们可以单独应用于首次引擎和二次引擎中，但单独使用任何一种渲染引擎，都很难达到良好的效果。所以，任何一种渲染引擎都要和其他类型互相搭配。现在，国内外常用的渲染引擎组合有以下几种，分别介绍如下。

（1）发光贴图 + BF 算法：该组合多用于室外建筑渲染和产品渲染。

（2）BF 算法 + 灯光缓存：该组合可取得最好的计算质量，国外不少表现师都使用该组合。如果需要渲染一个非常高质量的室内或者室外场景，而且有足够宽裕的时间，建议使用该组合，并把两者的细分同时加大即可。

（3）发光贴图 + 灯光缓存：这是国内使用最普遍的组合，该组合可以更灵活地控制质量与时间的平衡，并取得较为平滑的效果。在接下来的学习中，将要详细讲解 GI 引擎的参数和设置技巧。

16.2.5 【发光贴图】渲染引擎的用法

1. "发光图"的基本原理

当选择【发光图】作为渲染引擎时，渲染面板上显示【发光图】卷展栏的控制参数，如图 16-33 所示。

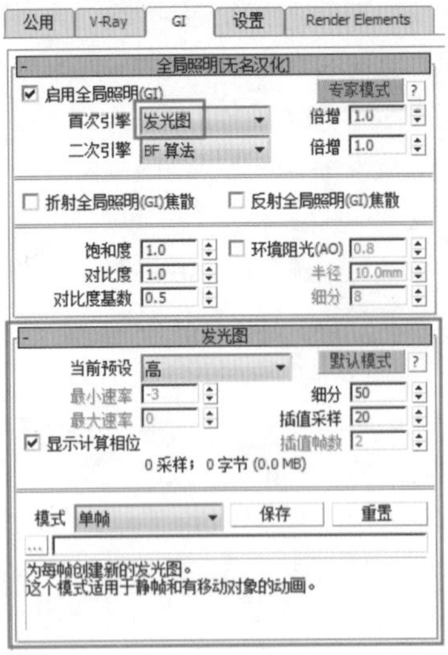

图 16-33

【发光图】是基于发光缓存技术的，其基本思路是仅计算场景中某些特定点的间接照明，然后对剩余的点进行插值计算。发光贴图是自适应的，它会根据给定的参数对场景中物体的边界、物体交叉部分，以及阴影等重要的部分进行精确的全局光照计算，在大量平坦的区域进行低精度的全局光照计算。由于【发光图】是采用特殊的贴图进行计算和存储的，因此其计算速度通常要比直接照明计算要快。

"发光图"根据相机视图的范围，对场景进行采样，由采样点的分布多少来决定【发光图】的计算质量。如果场景中的某一重要区域分布较多的采样点，则表示这个重要区域的光影计算是精确的；如果场景中的某一重要区域分布较少的采样点，则表示这个重要区域的光影计算不够精确（如漏光、黑斑、没有影子等）。采样点的分布情况与最终图像渲染的联系，如图 16-34 所示。

图 16-34

从不同质量的图像渲染结果来看，【发光图】质量的高低其实是指漫反射计算的精确程度，包括物体阴影的正确性，以及画面的干净程度等。

计算生成的【发光图】并不是真正意义上的图片，而是一种特殊的数据结构，是一些点和色值信息（三维空间的点阵信息），它记载的是物体的位置，以及物体的阴影信息。

2. 影响【发光图】质量的主要参数

"发光图"的参数比较多，但影响其质量的参数主要集中在【发光图】卷展栏中，如图 16-35 所示。

图 16-35

✦ 最小速率：该值控制场景的整体采样精度，包括场景平坦处和细节处的采样精度，加大该值可以整体增加场景的采样，如图 16-36 所示。

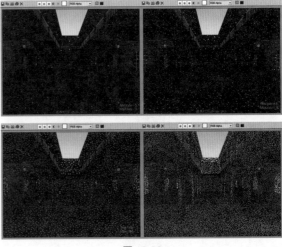

图 16-36

✦ 最大速率：该值控制场景中细节处的采样精度，加大该值可以让【发光图】在场景模型的细节处（曲面、物体对接处、光影变化处等）增加更多的采样。如果想取得一个高质量的 GI 效果，主要通过这个值来实现。

"当前预设"为"自定义"时，保持最小速率值为 –3 不变，分别把最大速率值设置为 –3、–2、–1、0 的渲染结果，如图 16-37 所示。

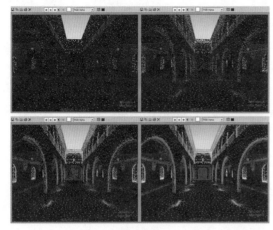

图 16-37

观察渲染结果可以看到，随着最大速率值的不断增加，场景里的细节处，即物体交接处（墙角）、曲面等区域，其采样点也在不断增加，采样点增加以后，对物体光影细节的描述就更精确了，图像质量也更好。

最小速率值和最大速率值是以像素为单位来进行 GI 采样的，它的数值就是确定多少个像素取一个采样。当值为 0 时，就是每个像素取一个采样；–1 时，每 4 个像素取一个采样；–2 时，每 16 个像素取一个采样……依此类推。

"发光图"具有自适应性，它会根据实际来确定 GI 的计算精度。如果将最小速率值和最大速率值设置为相同的数值，就没有让【发光图】去适应实际来计算，也就是没有利用好它的优势，如图 16-36 所示，采样没有根据实际的需要，而是整体推进场景的计算，因此想取得好效果会浪费许多没必要的时间。如果将这两个参数分开设置，把最大速率值设置得比最小速率值大一点，就可以让【发光图】在需要大量采样的地方增加采样计算，在较少的采样都可以接受的区域应用较小的采样计算。

那么，【发光图】在计算场景 GI 的时候，是如何分配最小速率值和最大速率值来实现自适应这个结果的呢？

它以 Min 设置的采样精度开始计算，以 Max 设置的采样精度结束计算。用 –Min =–3、Max=0 设置为例，V-Ray 以 –3 的精度开始进行采样，接着再以 –2 的精度进行采样，这次是在 –3 采样的基础上来决定哪些地方需要增加采样，哪些地方不需要增加采样；之后再继续 –2、–1、0 的采样。这里进行了 –3、–2、–1、0 共 4 次计算，所以【发光图】计算次数（pass 数）的确定可以按这个公式来计算：Max-Min+1。

由于【发光图】具有自适应性，所以，需要合理设置最小速率值和最大速率值，以寻求时间与质量的最佳平衡。一般情况下，最小速率值应当保持为负值，这样【发光图】能够快速计算图像中平坦的、不需要过多细节的区域。这两个值都没必要设置得太高，因为到达一定的程度后，人的眼睛就几乎分辨不出更细微的光影变化。

最小速率值和最大速率值常用的搭配有：

最小速率值 =–3、最大速率 = 0；

最小速率 =–3、最大速率 = –1；

最小速率 =–3、最大速率 = –2；

最小速率 =–4、最大速率 = 0；

最小速率 =–4、最大速率 = –1。

它们的采样点分布以及最终的图像渲染结果，如图 16-38 所示。读者在以后的工作中可以根据自己的时间和需要来灵活选择。最小速率值 = –3、最大速率 = 0 在这些搭配中，质量最好，耗时也最多。

图 16-38

3．光子文件的保存方法

"发光图"的计算结果可以作为一个文件保存起来，在卜次打开模型文件时可以调用它进行图像的渲染，而不再需要进行【发光图】的计算，习惯上把这种文件称为光子文件，如图 16-39 所示。它的好处就是用一个很小的图像尺寸进行计算并保存，然后利用保存的光子文件输出一张更大尺寸的图像，从而加快整个渲染的时间。

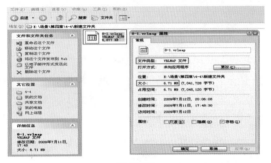

图 16-39

光子文件的保存方法有两种：一是等【发光图】计算完成之后再手动保存；二是在【发光图】计算之前，设置好路径和文件名，让 V-Ray 自动保存。

动手操作——光子文件的保存

01 无论是手动保存还是自动保存，都要先设置一个小尺寸的图幅，如图 16-40 所示。

图 16-40

02 手动保存的设置。首先，打开【发光图】卷展栏，按前面的介绍设置高质量的【发光图】参数，然后单击"渲染"按钮进行计算。计算完毕后，单击"保存"按钮，在出现的窗口中，选择文件存放的目录，并输入文件名，单击"保存"按钮就可以把【发光图】的计算结果保存起来了，如图 16-41 所示。

03 将光子文件保存以后，如何调用呢？在刚才的界面中，进入【模式】下拉列表，选择【从文件】模式，在弹出的【加载发光图】对话框中选择刚才保存的文件，

再单击【打开】按钮即可，如图 16-42 所示。

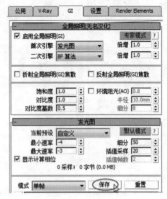

图 16-41

图 16-42

04 完成设置后的界面如图 16-43 所示。加大出图尺寸（如：2000×1500），V-Ray 就会调用光子文件进行大图渲染了。

图 16-43

05 自动保存的设置。另外一种方法是在渲染前进行设置，先给它指定保存的目录和文件名，然后单击【渲染】按钮进行【发光图】的计算，计算完成后，不用再重复刚才的保存设置，也不用再手动调用文件，它会自己调用文件。

16.2.6 【灯光缓存】渲染引擎的用法

1．【灯光缓存】基本原理

【灯光缓存】的工作原理是由相机视角产生多个路

径的追踪光线，然后每个路径的追踪光线把照明信息反弹存储在几何体上，完成 GI 效果的计算。【灯光缓存】适用于室内外场景，它设置简单，工作效率高，和其他渲染引擎搭配可得到较好的计算效果。

2. 【灯光缓存】的主要参数

当在 GI 引擎的首次引擎或者二次引擎中选择【灯光缓存】作为渲染引擎时，渲染面板便会出现【灯光缓存】卷展栏，它的设置参数，如图 16-44 所示。

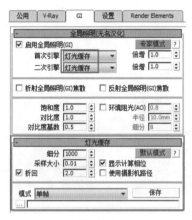

图 16-44

这个区域的参数控制着【灯光缓存】的计算状态和计算质量，各个参数的具体意义如下。

✦ 细分：该值确定有多少条来自摄像机的路径被追踪，它控制【灯光缓存】的整体计算质量，数值越大，GI 计算越准确，画面越干净。

现在，把 GI 引擎的首次引擎和二次引擎都选择【灯光缓存】作为渲染引擎，如图 16-45 所示。

图 16-45

保持【灯光缓存】的其他参数不变，分别更改细分值为 100、500、1000、2000 进行场景渲染，渲染结果如图 16-46 所示。观察渲染结果，当该值较小时，画面脏乱、阴影细节很差。随着该数值不断加大，画面各方面的质量不断得到改善。

图 16-46

以上测试是把【灯光缓存】作为主、次渲染引擎同时使用时的设置，通常情况下，【灯光缓存】应用在二次引擎中的情况比较多。如果【灯光缓存】配合其他渲染引擎使用，把它的 Subdivs 值设置在 800~1200 即可得较为不错的质量效果；当 Subdivs 设置在 1500~2000，即可得到一个非常高质量的图像效果。Subdivs 值没必要无限制地加大，当它到达一定程度后，数值再大也体现不出更细微的 GI 细节变化了，高质量的整体图像效果，需要配合其他参数来综合搭配。

✦ 采样大小：该值决定【灯光缓存】中样本的间隔距离。较小的值意味着样本之间距离较近，将取得清晰、准确的 GI 细节，不过会导致噪波的产生，并且要占用较多的内存，反之亦然。有两种单位可供选择，分别是"屏幕"和"世界"。

✦ 屏幕：以图像像素为单位来定义样本尺寸，它适合于静帧效果图。

✦ 世界：以世界单位来定义样本尺寸，它适合于动画渲染。

现在，保留 Subdivs（细分）为 1000 不变，样本尺寸单位保留为默认的"屏幕"，然后分别把"采样大小"设置为 0.05、0.02、0.01、0.005，渲染结果如图 16-47 所示。观察渲染结果：该数值较大时，某些区域的阴影细节较差，体现不出细致的光影变化；随着该数值的不断减小，阴影细节不断得到改善，但该值过小，画面会产生噪波（杂点）。在实际工作中，合理设置"采样大小"值非常有必要的，以获得更准确的阴影细节。笔者常用的设置范围是 0.008~0.01，太小，画面容易产生噪波；太大，没办法表现更准确的阴影细节。

图 16-47

✦ 存储直接光：选中该选项后，【灯光缓存】将在计算过程中存储场景的光照信息。这个选项对于有许多灯光、使用发光贴图或直接计算 GI 方法作为首次引擎的场景特别有用。选中该复选框后，场景的光照信息将存储在灯光贴图中，渲染图像时不再需要对每个灯光进行采样，可以节省不少计算时间。不过需要注意，假设想保持更准确的阴影细节，不要选中这个复选框。

现在，把 Subdivs 值设置为 1000，"采样大小"设置为 0.01，测试是否选中【存储直接光】选项的渲染结果，如图 16-48 所示。观察渲染结果：选中【存储直接光】复选框后，室内的光影细节表现不准确（如太阳投射下的窗户阴影无法体现）；当取消选中【存储直接光】复选框后，室内的光影细节表现得更正确（如太阳投射下的窗户阴影变清晰），但需要更多的渲染时间、画面亮度稍微暗了一点。

图 16-48

✦ 自适应跟踪：选中该复选框后，可以让 DMC 核心管理器的重要性采样检测过程来判断【灯光缓存】的噪点情况，【灯光缓存】会分配更多的采样数给那些最需要得到采样的重要部位，特别是在那些采用了面积光+GI 焦散的场景中，效果会更明显。当然，选中之后，会耗费更多的时间。

✦ 仅使用方向：只作用于直接光。该值是配合自适应跟踪采样使用的一个复选框，选中它则表示自适应跟踪采样只作用于直接光，该复选框一般保持默认的不选中即可。

✦ 预滤器：它的功能是评估所有【灯光缓存】采样点的大小和位置，然后平均化那些存在着错误的样本，即模糊掉那些在计算时产生的噪波。加大该值后，采样点会变模糊，其作用是减少【灯光缓存】的噪波现象，使画面变得干净；但如果该值设置得过大，会把物体的阴影细节模糊掉，使物体出现"漏光"现象。

保持【灯光缓存】的其他参数不变，分别把预滤器的过滤值设置为 10、200，渲染结果如图 16-49 所示。观察渲染结果，当该值设置为 10 时，阴影细节表现得较准确，但画面稍微有点脏；当该值设置为 200 时，画面更干净，但某些阴影细节丧失（如椅子阴影、窗户阴影）。

图 16-49

✦ 过滤器：与预过滤器的作用是一样的，所不同的是过滤器作用在渲染过程中，对【灯光缓存】采样点进行插值计算（模糊样本计算），由插值采样值控制，加大插值采样值可有效减少【灯光缓存】的噪波现象，使画面变得干净；但如果该值设置得过大，同样也会把物体阴影细节模糊掉。

保持【灯光缓存】的其他参数不变，分别把"插值采样"值设置为 10、300，渲染结果如图 16-50 所示。观察渲染结果，当该值设置为 10 时，阴影细节表现得较准确，但画面稍微有点脏；当该值设置为 300 时，画面更干净，但某些阴影细节丧失（如椅子阴影、窗户阴影）。

由于预过滤器和过滤器的数值加大以后，都会把阴影细节模糊掉，因此，需要合理设置这两个值，一般情况下，当画面干净时，数值最好不要超过 50。另外，这两个功能不要同时开启，如果启用预过滤器，要关闭过滤器，如图 16-51 所示。

图 16-50

图 16-51

如果启用过滤器，则要关闭预过滤器，如图 16-52 所示。

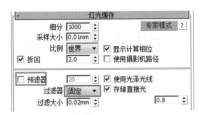

图 16-52

✦ 使用光泽光线：如果打开该选项，【灯光缓存】将会把模糊效果一同进行计算，这样有助于加速模糊反射效果的计算，一直保持选中即可。

技术要点：

　　需要强调的是，【灯光缓存】也要和其他渲染引擎搭配，才能取得更好的效果，国内外的 V-Ray 用户普遍都把【灯光缓存】应用于 GI 引擎的二次引擎中。现在，把 GI 引擎的初次反弹更改为【发光图】。

16.3　V-Ray 应用技巧及实战案例

　　通过前面的介绍，认识了 V-Ray 的灯光、材质、渲染面板知识，V-Ray 的参数是相互配合的，高质量的图像效果是无法依靠一个参数来实现。在本节，主要学习一些综合类技巧应用，涉及 V-Ray 的多方面知识。

16.3.1　案例一：场景中亮度的处理办法

　　使用 V-Ray 制作室内效果图时，布光的合理性决定了整张图像的真实性。能够让画面"亮"起来的方法有很多，但单纯"亮"起来并不能取得好效果。不少初学者的图缺少层次感，看起来效果较差。那么，究竟怎样设置才能让画面"亮"得合理，"亮"得真实呢？

　　要弄明白这个问题，要先了解 V-Ray 有哪些要素影响着画面亮度。例如，在一个半开放的室内空间里，影响着画面亮度的要素有：

（1）环境光。

（2）场景灯光。

（3）Color mapping（色彩映射）类型和相关数值。

（4）GI 的首次引擎和二次引擎倍增。

　　另外，如果场景使用的是 V-Ray 物理摄像机，画面亮度还受到物理摄像机的相关参数影响。接下来，通过一个室内实例来为大家分析这几方面的要素应该如何正确配合。本案例的最终效果如图 16-53 所示。

图 16-53

01 打开本例素材场景文件 16-1.max，如图 16-54 所示。

图 16-54　打开场景模型

02 在【照明和渲染】选项卡的【渲染】面板中单击【渲染设置】按钮，打开【渲染设置】对话框。

03 设置测试时的渲染面板参数。在【V-Ray】选项卡的【全局开关】卷展栏中选择【关】选项，关闭全局照明环境下的默认灯光，如图 16-55 所示。

图 16-55　关闭"默认灯光"

04 在【图像采样器（抗锯齿）】卷展栏中设置图像采样选项，如图 16-56 所示。

05 在【GI】选项卡下，选中【启用全局照明】复选框，并设置为高级模式或专家模式，设置首次引擎为"发光图"，二次引擎为"灯光缓存"。并把二级缓存陪增值设置为0.8；在【发光图】卷展栏中设置当前预设级别为【非常低】级别，设置【细分】为20，并选中【显示计算相位】复选框，如图16-57所示。

图 16-56

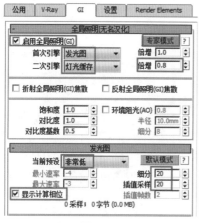

图 16-57

06 在【灯光缓存】卷展栏中的参数设置如图16-58所示。

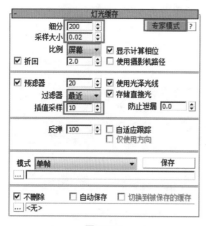

图 16-58

07 在【设置】选项卡中的【系统】卷展栏的参数设置，如图16-59所示。

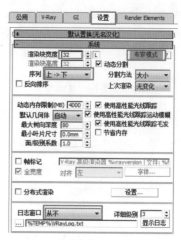

图 16-59

08 在【V-Ray】选项卡的【环境】卷展栏中选中【全局照明环境】复选框，并更改环境光颜色。色彩映射的相关数值，如图16-60所示。

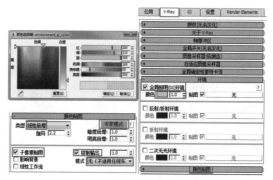

图 16-60

09 单击【渲染】按钮，渲染效果如图16-61所示。此渲染效果是开启了sRGB space颜色显示模式，但并不是真实的渲染效果，如果保存渲染场景，再次打开的时候会显示出原始的渲染场景，也就是取消【display colors in sRGB space】模式 后的真实渲染场景，如图16-62所示。

10 真实的渲染效果中场景较暗，需要把环境颜色的倍增值增加到3，渲染结果如图16-63所示，随着环境光倍增的加大，场景逐渐变亮。

图 16-61

图 16-62

图 16-63

11 保持环境颜色倍增值为 3，在【颜色贴图】卷展栏中设置暗渡倍增值为 1.2，加大该值可整体提高图像的亮度，重新渲染后的场景效果如图 16-64 所示。

图 16-64

12 保持刚才的设置不变，在【GI】选项卡的【全局照明】卷展栏中，把二次引擎倍增值由刚才的 0.8 更改为 0.9，GI 反弹值增加以后，场景的光照反弹会更充分，因此场景会更亮，如图 16-65 所示。

图 16-65

技术要点：

首次和二次引擎的倍增系数不能太大，笔者主张首次引擎值在任何情况下都保持为默认的 1 不变。二次引擎值一般小于 1，让场景的光照反弹不那么充分，这样更有利于表现物体的阴影细节。笔者在实际工作中，习惯把二次引擎值设置在 0.8~0.95 之间。

13 但是从渲染效果看，场景中的光线太强了，造成图像过曝光。其他参数保存不变，回到【V-Ray】选项卡的【环境】卷展栏中，将颜色倍增值重设为 1，再次渲染如图 16-66 所示，可以看出效果非常不错了。

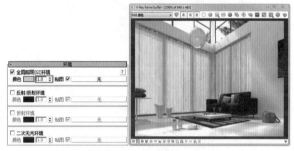

图 16-66

16.3.2　案例二：渲染效果后黑斑、杂点产生的原因及对策

1. 画面"脏"的原因

画面的"脏""乱"是指画面存在杂点（噪点）、黑斑现象。造成杂点、黑斑产生的因素有很多，要分清楚它们产生的原因。

总体来说，画面之所以产生"脏""乱"问题，主要的原因如下。

（1）GI 参数设置得过低，导致整个场景（画面）物体光影关系不准确，出现黑斑、光斑和杂点（噪点）。如图 16-67 所示，场景中的墙面、地板、阴影处都比较脏，整个画面质量都比较差。

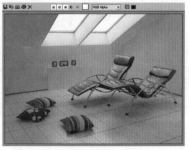

图 16-67

（2）某个灯光布置不合理或者灯光的细分设置过

小，造成该灯光所投射的阴影边缘出现杂点。如图 16-68 所示，场景的墙面、地板等都是干净的，唯独阳光的阴影边缘有杂点，这是由于阳光的阴影细分设置得过小造成的。

图 16-68

（3）某个模糊反射 / 折射材质的细分值过低，造成模糊反射 / 折射表面出现杂点。如图 16-69 所示，墙面和灯光阴影都是干净的，但地板的反射表面出现杂点，皮沙发的表面也变得粗糙，视觉质量变差，这是因为地板和皮沙发的材质模糊反射细分值设置得过小造成的。

图 16-69

2. 案例演示

本例案例效果，如图 16-70 所示。

图 16-70

01 打开本例素材场景文件 16-2. max，如图 16-71 所示。

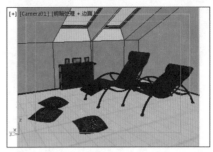

图 16-71

02 在【照明和渲染】选项卡的【渲染】面板中单击【渲染设置】按钮，打开【渲染设置】对话框。设置图像采样参数，如图 16-72 所示。

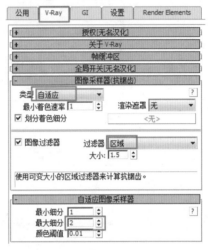

图 16-72

03 在【环境】卷展栏设置颜色及倍增值，如图 16-73 所示。在【GI】选项卡下选中【启用全局照明】复选框，并选择首次引擎为"发光图"，选择二次引擎为"灯光缓存"，其他的参数设置如图 16-74 所示。

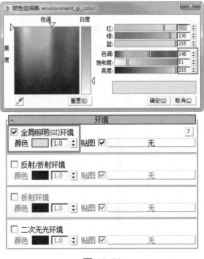

图 16-73

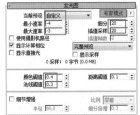

图 16-74

图 16-77

04 场景的灯光已经布置好，灯光采样细分都设置为 6，如图 16-75 所示。

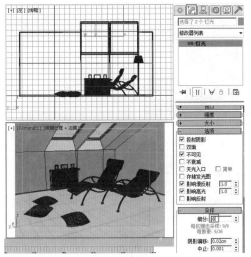

图 16-75

05 单击【渲染】按钮，渲染结果如图 16-76 所示。由于各方面的参数都设置得比较低，所以渲染结果比较差，整个画面比较脏，个别区域"漏光"，杂点比较多。

图 16-76

3. 初步解决渲染质量

01 接下来，把【全局确定性蒙特卡洛】卷展栏下的【全局细分倍增】值由 1 改为 2，并单击【渲染】按钮，效果如图 16-77 所示。

技术要点：
观察渲染结果可以发现，随着"全局细分倍增"值的增加，渲染质量得到改善："漏光"现象以及墙上的杂点基本消失，整个画面干净了许多，V-Ray 的计算质量更精确。当然，它不能解决所有问题，如阴影处的杂点依然存在。

02 测试另一个参数【最小采样】，该值主要控制各种样本的使用数量。现在把它设置为 32，并单击【渲染】按钮，效果如图 16-78 所示。

图 16-78

技术要点：
观察渲染结果，减小"最小采样"值后，渲染质量只有非常微弱的改变，这是因为最小样本数也受到其他卷展栏的采样参数的影响，其他参数还设置得非常低。

03 继续测试另一个重要参数【噪波阈值】，它控制 V-Ray 对某种模糊效果的判断能力，较小的取值可以减少画面的噪波、杂点，但要耗费更多的时间。把该值由默认的 0.005 更改为最小值 0.001，并单击【渲染】按钮，如图 16-79 所示。

图 16-79

画面杂点(噪点)黑斑等"脏""乱"现象虽然涉及 GI 参数、灯光和材质,但最主要的原因是 GI 参数(全局照明)造成的,所以解决的主要方向首先是 GI 参数的设置。如果 GI 引擎搭配是"发光图+灯光缓存",应该适当加大它们的参数;另外,"全局确定性蒙特卡洛"参数控制的是全局质量,无论画面产生何种脏、乱现象,设置高质量的"全局确定性蒙特卡洛"参数都是必需的。

4. 解决画面黑斑、杂点的对策

解决画面黑斑、杂点的前提需要把 GI 参数设置到一个合理的、可以解决问题的范围内。如果 GI 参数太低,画面质量肯定不会取得好的效果。

01 以"发光图+灯光缓存"的 GI 引擎搭配为例,一般情况下,能够基本解决问题的 GI 设置如图 16-80 所示。当然,如果时间或者计算机允许,设置更高质量的参数,无疑是得到更高质量的图像效果和解决所有问题的关键。

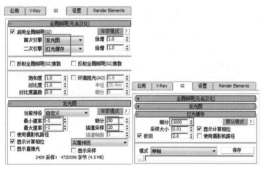

图 16-80

02 单击【渲染】按钮,效果如图 16-81 所示。

图 16-81

如果 GI 设置已经达到以上的基本要求,画面依然出现杂点,可以更改哪些参数去控制呢?根据黑斑、杂点产生的原因,可注意以下两步操作。

03 如果皮椅上的杂点是因为材质的模糊反射引起的,可加大模糊材质的模糊反射细分值,如图 16-82 所示,能兼顾时间和质量的范围应该在 12~20,当然,还可以继续加大。

04 如果黑斑、杂点只在某个灯光的照射范围内出现,说明是由这个灯光引起的,可加大灯光的阴影细分值(Subdivs),如果使用的是 VR-灯光,能兼顾时间和质量的灯光的阴影细分范围应该在 12~24。对于窗口的 VR-灯光,选中【存储发光图】复选框,可以有效解决灯光的杂点问题并可加快时间,如图 16-83 所示。

图 16-82   图 16-83

05 单击【渲染】按钮,最终的渲染效果如图 16-84 所示。

图 16-84

16.3.3 案例三:如何得到更清晰的图像效果

1. 影响图像清晰的因素

高质量的图像效果是使用 V-Ray 渲染时所追求的目标,但不少初学者对图像效果的控制还不够理想,渲染出来的图像比较模糊。在本节将分析影响图像效果的因素，明白如何设置才能得到一个更清晰的图像效果。

高质量的图像效果是一个综合设置的过程，它涉及以下方面。

（1）GI 的渲染质量，即阴影效果是正确的，图像是干净的，这是图像清晰的前提。如果阴影产生的位置不准确、整个图像很脏，就谈不上清晰了。假如使用的 GI 搭配是"发光图＋灯光缓存"，那么，影响 GI 的渲染质量参数主要有发光图相关参数、灯光缓存相关参数、全局确定性蒙特卡洛等相关参数和灯光细分值。要确保这些参数达到一定的要求。

（2）材质／纹理贴图。材质／纹理贴图的合理设置是得到清晰图像效果的重要因素。如果材质设置了模糊反射／折射效果，必须把细分值设置到一个合理的范围内，以减少该材质造成的杂点。在设置材质时，还应该注意模型的贴图坐标是否合理，如果模型的贴图坐标不合理，纹理就没办法正确投射出来。另外，贴图文件自身的像素大小和清晰度、贴图过滤方式等也会严重影响图像效果。

（3）抗锯齿参数。抗锯齿的合理设置是得到清晰图像效果的最关键因素，它可以让物体的形状及画面的颜色变化，得到更准确的描述。

（4）图片保存格式。当高质量的图像渲染出来后，需要选择正确的图像格式来保存图片，否则会使前面所做的努力变得没有意义。

（5）Photoshop 后期处理。适当的后期处理是得到清晰图像效果的最后一个步骤。

2．图像清晰的设置实例

下面利用一个简单场景来和大家学习如何让图像更清晰的设置方法。本案例的最终效果，如图 16-85 所示。

图 16-85

01 打开本例素材场景文件 16-3. max，如图 16-86 所示。

图 16-86

02 首先设置 GI 参数。设置【发光图】卷展栏的相关参数，如图 16-87 所示。在【发光图】的参数中，最影响质量的参数是"最小速率"和"最大速率"这两个值，合理设置它们是取得时间与质量平衡的关键。

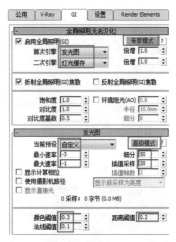

图 16-87

03 设置【灯光缓存】卷展栏的相关参数，如图 16-88 所示。最关键的参数是"细分"和"采样大小"，高质量的细分值应该设置在 1000~2000 之间，而适当减小"采样大小"值可以得到更精确的阴影细节。

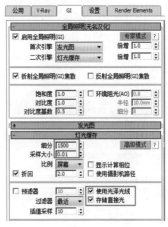

图 16-88

04 在【V-Ray】选项卡的【全局确定性蒙特卡洛】卷展栏中设置相关参数，如图 16-89 所示。它可以有效减少阴影、模糊反射 / 折射等产生的杂点，让画面变得更干净。

图 16-89

05 将场景中的"VR- 太阳"和"VR- 灯光"的灯光细分都设置为12，将灯光强度修改为5，并选中VR面光的【存储发光图】复选框，如图 16-90 所示。必要的灯光细分可有效减少灯光产生的杂点。

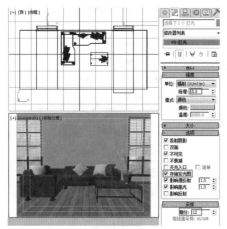

图 16-90

06 抗锯齿参数设置。抗锯齿参数是得到清晰图像效果的最关键设置，GI 参数控制的是场景光影的准确度，抗锯齿参数控制图像的准确度。多数情况下使用【自适应】采样器可兼顾时间和质量的平衡，如果想渲染一个更高质量的图像效果且不用考虑时间，只需把最大细分值继续加大即可。本案例的抗锯齿参数设置，如图 16-91 所示。

图 16-91

07 完成以上一步后，单击【渲染】按钮进行渲染，得到渲染结果（640×480 像素），如图 16-92 所示。

图 16-92

08 适当的 Photoshop 后期处理是得到更清晰的图像效果的最后一个步骤。启动 Adobe Photoshop （本书使用的版本是 Adobe Photoshop CS3），打开刚才保存的图像文件 16-3.tif。对图像的色阶、色相、饱和度、对比度等进行简单调整，最后对图像进行通道锐化。图像锐化的具体步骤是：单击"通道"选项卡，然后选择"红"通道，如图 16-93 所示。

图 16-93

09 确保选中的是红色通道，然后执行【滤镜】|【锐化】|【智能锐化】菜单命令，如图 16-94 所示。

图 16-94

10 锐化的主要控制参数是"数量"，通过移动"数量"中的滑块并从预览图中观察不同数量对图像的影响，最终确定一个合适的数值。在系统弹出的"智能锐化"对话框中设置的锐化数量是 70，最后，单击"确定"按钮完成红通道的锐化，如图 16-95 所示。

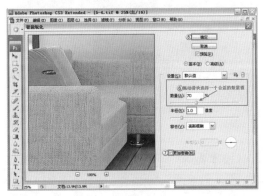

图 16-95

11 完成红通道的锐化后，再在"通道"选项卡中选择"绿"通道，执行【滤镜】|【智能锐化】命令，这次不用再重复设置，而直接沿用刚才的设置即可，如图 16-96 所示。

图 16-96

12 完成绿通道的锐化后，再选择"蓝"通道，然后执行【滤镜】|【智能锐化】命令，完成蓝通道的锐化，如图 16-97 所示。

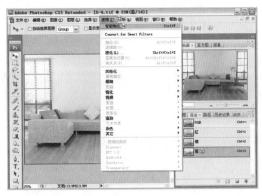

图 16-97

技术要点：

锐化的主要控制参数为"数量"，数量值越大，图像的锐化程度越大，图像越清晰，但也不能太大，否则，图像中的物体边缘太明显，反而会不真实。不同的图像效果，其锐化数量不一定相同。所以，可一边拖曳滑块一边观察预览图，灵活确定该数值，图像清晰又不"过火"就可以了。笔者常用的范围是 45~100。

3 个通道的锐化可以有效控制锐化的效果，比直接的彩色图层锐化有更多选择，它允许根据不同的图像需要在 3 个通道中设置不同的数量值，从而取得不一样的锐化效果。

13 锐化前后的局部图像效果对比，如图 16-98 所示。锐化后，图像的纹理、物体轮廓、阴影轮廓等都变得更清晰。

图 16-98

14 经过 Photoshop 后期处理过的最终图像效果如图 16-99 所示。

图 16-99

15 当把图片处理完成后，如果图片用于打印，必须直接保存为原来的 tif 格式才能保持更清晰的打印效果，如图 16-100 所示。

图 16-100

16 如果要把图片发到网上进行交流，可以把处理后的图片另存为 jpg 格式。执行【文件】|【存储为 Web 所用格式】命令，如图 16-101 所示。

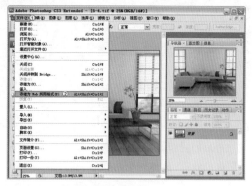

图 16-101

17 在出现的对话框中，通过观察图像预览窗口，并更改"品质数值"来获得一个图像质量与文件容量相平衡的图像效果，如图 16-102 所示。不少网站都限制上传的图像文件容量最大为 200KB，可以在 Photoshop 中把图像的像素设置得小一点，例如 800×600 像素，然后通过更改"品质数值"来灵活控制图像文件的质量和文件大小。

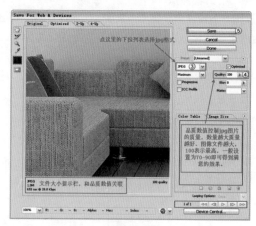

图 16-102

> **技术要点：**
>
> 高质量的图像效果是一个综合设置的过程。GI 质量设置、材质 / 贴图设置、抗锯齿参数设置、图像格式的选择、锐化处理等环节需要互相配合，才能得到满意的图像效果。需要注意的是，本案例的 GI 质量设置以及抗锯齿参数设置都需要耗费一定的时间，如果需要赶时间出图，个别参数还可以做适当调整。

17.1　装修案例项目介绍

本案例表现的是一间地中海风格的卧室。

地中海风格的家居，通常会采用这几种设计元素：白灰泥墙、连续的拱廊与拱门，以及瓷砖、海蓝色的屋瓦和门窗。当然，设计元素不能简单拼凑，必须有贯穿其中风格的灵魂。地中海风格的灵魂，目前比较一致的看法就是"蔚蓝色的浪漫情怀，海天一色、艳阳高照的纯美自然"。

"地中海风格"对中国城市家居的最大魅力，主要来自其纯美的色彩组合。蓝与白是比较典型的地中海颜色搭配。希腊的白色村庄与沙滩、碧海、蓝天连成一片，甚至门框、窗户、椅面都是蓝与白的配色，加上混着贝壳、细沙的墙面、拼贴马赛克、金银铁的金属器皿，将蓝与白不同程度的对比和组合发挥到极致。

当了解了案例的基本风格后，可通过网络或者其他渠道寻找一些相关的参考图片，可以为构图、模型选择、灯光布置等方面提供借鉴。相关的参考图片，如图 17-1 所示。

图 17-1

根据风格特征和模型特点，本案例表现的是白天在阳光下的效果，颜色方面选择地中海经典的蓝白搭配，并用些许的红色点缀，最终的案例效果，如图 17-2 所示。

本案例的线框效果，如图 17-3 所示。

图 17-2　　　　　　　　图 17-3

17.2　灯光、材质与贴图的创建与赋予

第一步：布光前的相关设置

第 17 章源文件

第 17 章视频文件

第 17 章结果文件

第 17 章

综合实战案例

01 首先，打开本例素材场景模型文件"地中海风格卧室.Max"，如图17-4所示。

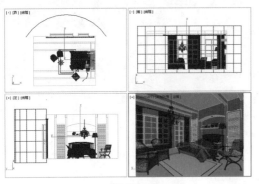

图 17-4

02 打开模型之后需要对摄像机视图进行确定，以取得最佳的画面构图。这个构图的过程因人而异。如果需要重新创建摄像机，应该根据表现的主题确定一个合理的角度。本例模型已经创建好摄像机视图，分别是Camera01（图17-4中的右下视图）、Camera02和Camera03，如图17-5所示。

Camera02 摄像机视图   Camera03 摄像机视图

图 17-5

03 首先，单击【渲染设置】按钮 打开【渲染设置】对话框。然后为场景指定 V-Ray Adv 3.20.03. 渲染器，如图17-6所示。

04 将图像尺寸设置为640×480，将视图纵横比、视图摄像机等进行锁定，以方便工作，如图17-7所示。

图 17-6

图 17-7

05 设置测试时的渲染面板参数。打开【V-Ray】选项卡中的【全局开关】卷展栏，关闭全局照明中的默认灯光，如图17-8所示。

06 打开【图像采样器（抗锯齿）】卷展栏，更改图像采样为【自适应】类型，并把它的最大细分值设置为2，关闭抗锯齿过滤器，如图17-9所示。

图 17-8   图 17-9

07 打开【环境】卷展栏，选中【全局照明环境】复选框，并设置数值为1；选中【反射/折射环境】复选框，并把数值设置为2，让地板等反射物体反射这个颜色出来；【颜色】mapping 类型为 Reinhard，并把加深值设置为0.65，如图17-10所示。

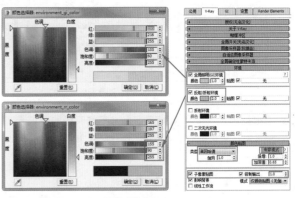

图 17-10

08 打开【GI】选项卡中的【全局照明】卷展栏，选中【启用全局照明】复选框，并设置面板界面为"专家模式"，选择首次引擎为"发光图"、选择二次引擎为"灯光缓存"，并把二次缓存的倍增值设置为0.9，如图17-11所示。

09 在【发光图】卷展栏的"当前预设"中选择类型为【非常低】，并把"细分"值更改为20，以加快测试时间；选中【显示计算相位】复选框；在计算模式这里，要确保计算模式是【单帧】，因为有时打开别人的模型时，如果计算模式是【从文件】，那样就没办法进行正确的测试了；【发光图】卷展栏的整体设置，如图17-12所示。

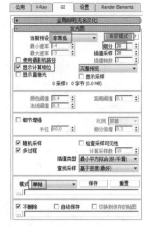

图 17-11　　　　　图 17-12

也不要设置为全白（255），否则测试时造成场景太暗或者太亮，与最终的结果误差太大，一般设置为 220 左右的灰色就可以了。

图 17-15

10 打开【灯光缓存】卷展栏，把"细分"设置为 200，采样大小为 0.02，选中【显示计算相位】复选框，并要确保计算模式是【单帧】，如图 17-13 所示。

11 在【设置】选项卡的【系统】卷展栏中，设置"最大树向深度"为 100，以加快计算速度；把渲染块宽度尺寸设置为 48，渲染序列设置为【从上到下】的顺序方式，全部设置如图 17-14 所示。

图 17-13　　　　　图 17-14

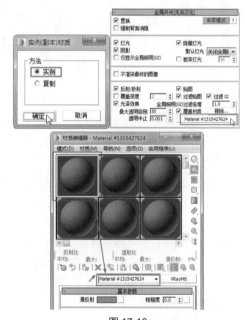

图 17-16

12 在测试渲染时，最好启用"全局替代材质"，然后用一个灰色材质来替代场景的所有材质，这样可以加快测试的速度。打开【全局开关】卷展栏，选中【覆盖材质】复选框，然后单击后面的【排除】按钮，在弹出的【材质 / 贴图浏览器】窗口中，选择【VRayMtl】材质类型，如图 17-15 所示。

13 指定"覆盖材质"后，需要对其进行相应的设置。按 M 键打开材质编辑器，按住"覆盖材质"并把它拖曳到材质编辑器上面的某个材质球上，并选择【实例】的方式，如图 17-16 所示。

14 更改材质名称。在这里，只需简单设置全局材质的漫反射颜色为一种灰度就可以了，不需要设置反射或者其他属性，如图 17-17 所示。注意漫反射颜色不能太暗，

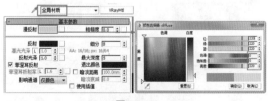

图 17-17

15 场景使用全局材质后，场景窗口的玻璃、窗帘等物体都会使用它，这样就会遮住外面的光线进入室内。V-Ray 有一个非常好的功能——"全局材质排除"，使用该功

能可以让全局材质排除窗帘、玻璃等物体。

16 回到【全局开关】卷展栏，单击【覆盖材质】复选框后面的【排除】按钮，在弹出的【排除/包含】对话框中，从左边列出的场景物体名称中找到所有外景和窗帘等影响光线进入的物体并排除，如图 17-18 所示。这样全局材质就不应用到这些物体了。

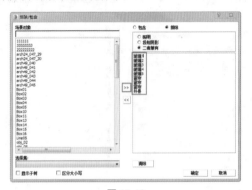

图 17-18

技术要点：

可以先在视图中把需要排除的物体编组，并取一个容易找到的名称。另外，如果在【排除/包含】对话框中找不到创建的组，可以在场景资源管理器中将创建的组解散，以便在此对话框中找到，例如本例就是将"窗玻璃"组解除后，才找到了玻璃 1、玻璃 2 和玻璃 3。

第二步：设置玻璃和窗帘材质

由于排除了玻璃、窗帘等物体使用全局材质，需要对这些材质进行预先设置。

01 设置玻璃材质。选择一个空白材质球，并更改材质名字为"玻璃"，赋予场景中的玻璃物体。玻璃材质的反射颜色设置为 240，选中【菲涅尔反射】，这是玻璃材质必须注意的一点；折射颜色设置为 240，选中【影响阴影】复选框，让光可以穿透玻璃投射下透明阴影，材质面板的其他参数保持默认，如图 17-19 所示。

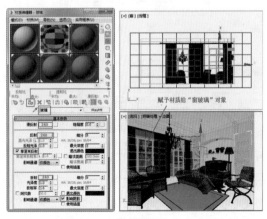

图 17-19

02 在场景资源管理器中找到"窗玻璃"对象并选中，然后将创建的玻璃材质单击【赋予材质给指定对象】按钮 赋予"窗玻璃"对象。

03 设置窗帘材质。选择一个空白材质球，并更改材质名称为"透光窗帘"，赋予场景中的窗帘物体。材质的漫反射颜色设置为全白（255），更改【折射率】值为 1.001，选中【影响阴影】复选框，让光线穿透窗帘。单击【折射通道】按钮，在弹出的【材质/贴图浏览器】对话框中，选择【标准】贴图下的【衰减贴图】，如图 17-20 所示。

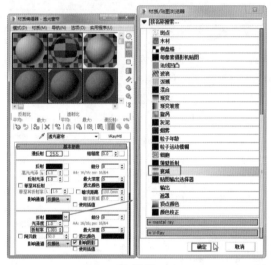

图 17-20

04 设置衰减贴图的参数。把上面色块的颜色设置为 150，下面的颜色设置为 20，让窗帘达到半透明状态。更改衰减类型为【Fresnel】菲涅尔类型，取消选中【覆盖材质 ICR】复选框，让材质使用刚才设置（窗帘材质）的折射率值（即 1.001），如图 17-21 所示。

05 继续设置衰减贴图，打开它的【混合曲线】卷展栏，单击按钮 ，然后在曲线节点上右击，选择【Bezier-角点】方式，如图 17-22 所示。

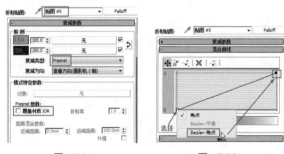

图 17-21　　　　　　　　图 17-22

06 分别选择曲线的前后两个节点，将其形态调整为如图 17-23 所示的曲线状态。改变混合曲线状态的目的是让窗帘的折射（透明）效果更好。

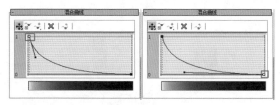

图 17-23

07 进入"透光窗帘"材质的【贴图】卷展栏，单击漫反射通道的【无】按钮，在弹出的【材质／贴图浏览器】对话框中选择【标准】贴图下的【输出】贴图类型。并把输出贴图的 RGB 级别值设置为 1.1，最后把它关联复制到【环境】贴图通道即可，如图 17-24 所示，这样做的目的是让窗帘的颜色更白。

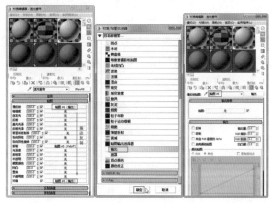

图 17-24

第三步：场景中的主要灯光布置

本案例表现的是白天在阳光下的效果。在本书前面的介绍中，多次使用了"VR-太阳"来模拟阳光，在本节中，用标准的目标平行灯光来进行模拟。

与"VR-太阳"相比，目标平行光在操作方面更简单，可以直观地控制它的颜色、强度和阴影；而"VR-太阳"的颜色、强度和阴影会受到高度等因素的影响，无法完全通过参数去获得自己想要的结果。

01 打开创建灯光面板，在下拉列表中选择【标准】类型，并单击【目标平行光】按钮，如图 17-25 所示。

图 17-25

02 在左视图中拖曳出目标平行灯光，并在 3 个视图中

调整灯光的角度、位置和照射方向，如图 17-26 所示。

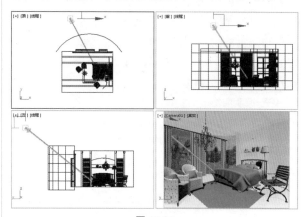

图 17-26

03 打开【目标平行灯光】修改面板，对灯光进行属性设置。选中【阴影】复选框，并在阴影选项下拉列表中选择【VR-阴影】类型。先保持灯光的倍增值为 1 不变，单击色块，为阳光设置一个暖色，如图 17-27 所示。

图 17-27

04 打开灯光的【平行光参数】卷展栏，在这里可控制灯光的照射范围，在数值框里输入 4500，让它的照射范围罩住整个房子；在【高级效果】卷展栏中，取消选中【高光反射】复选框，这样反射材质就不反射该灯光（阳光）的原形了；在【VR 阴影参数】卷展栏里，选中【长方体】和【区域阴影】复选框，并分别更改阴影的 UVW 数值为 300，让阳光阴影变柔和，如图 17-28 所示。

图 17-28

当创建 3ds Max 自带的灯光类型时，即可在阴影类型的下拉列表中找到【VR- 阴影】。可以让 3ds Max 的灯光产生更正确的阴影。

✦ 透明阴影：当物体的阴影是由一个透明物体产生的时，该选项十分有用，它可以让透明物体产生阴影。一直保持默认的选中状态即可。

✦ 偏移：阴影偏移，保持默认值即可。

✦ 区域阴影：打开面积阴影，选择该选项并更改 UVW 数值后，即可改变灯光的阴影形状，让阴影边缘变得模糊。

✦ 长方体：计算面积阴影时，假定光线是由一个立方体发出的。

✦ 球体：计算面积阴影时，假定光线是由一个球体发出的。

✦ U 大小：该值决定面积阴影的 U 尺寸（如果光源是球形，该尺寸等于该球形的半径）。

✦ V 大小：该值决定面积阴影的 V 尺寸（如果选择球形光源，该选项无效）。

✦ W 大小：该值决定面积阴影的 W 尺寸（如果选择球形光源，该选项无效）。

✦ Subdivs：该值用于控制面积阴影的质量，加大可减少灯光杂点。

05 完成以上设置后，单击【渲染设置】对话框的【渲染】按钮，创建阳光后的渲染结果，如图 17-29 所示。

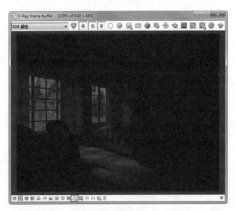

图 17-29

06 使用"VR- 灯光"类型来模拟天光。打开【创建】|【灯光】命令面板，选择【VR- 灯光】灯光类型，并在后视图中（将前视图切换为后视图）拖曳出一个 V-Ray 灯光，如图 17-30 所示。创建一个平面灯光并包围住窗口和门口即可。

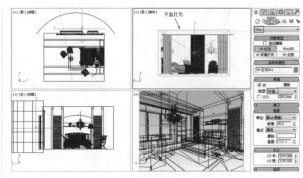

图 17-30

07 更改灯光强度单位为【辐射（W/m²/sr）】，设置灯光颜色为淡蓝色，由于是阳光效果，所以灯光颜色的饱和度设置得比较高，渲染之后，蓝色和阳光的暖色中和，即可得到更好的颜色效果。灯光的倍增值先设置为 5，测试之后再根据具体情况修改，选中【不可见】复选框以隐藏光源的发光面，选中【存储发光图】复选框以加快渲染速度并减少灯光杂点，具体设置如图 17-31 所示。

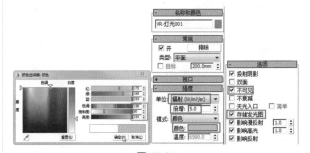

图 17-31

08 最后，在【常规】卷展栏中单击灯光的【排除】按钮，在弹出的【排除 / 包含】窗口中，选择所有的窗帘，排除对它们的照明，如图 17-32 所示。

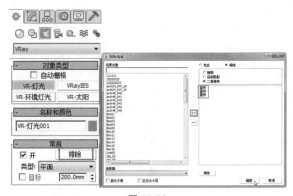

图 17-32

09 创建完天光后，单击【渲染】按钮，渲染结果如图 17-33 所示。

图 17-33

10 观察渲染结果，整体画面有点偏暗，需要修改两个灯光的倍增值，分别修改"目标平行灯光"（阳光）的倍增值为 5，首次引擎的倍增值为 4，如图 17-34 所示。

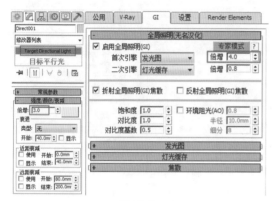

图 17-34

11 再次单击【渲染】按钮，渲染结果，如图 17-35 所示，场景的整体光效基本达到了要求。

图 17-35

第四步：场景修饰灯光的布置

01 为了让画面气氛得到更好的体现，需要给场景光效再做一些润色。首先设置床头边的落地灯效。打开【创建】|【灯光】命令面板，选择【光度学】灯光类型，再单击【自由灯光】按钮，在顶视图中单击创建一个自由点光，并在视图中调整其位置，如图 17-36 所示。

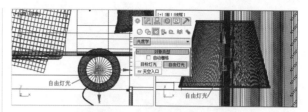

图 17-36

02 灯光面板的参数设置如图 17-37 所示，自由点光与 V-Ray 球形灯相比，它可以更自由地控制阴影的虚实。

图 17-37

03 将 GI 全局照明下的首次引擎"发光图"的倍增值设置为 3.0，以便调低室外灯光的强度，强调落地灯的光效。

04 单击【渲染】按钮，渲染结果如图 17-38 所示，落地灯的光照很微弱，但这正是想要的效果，白天的修饰光不需要太强。至此，场景的布光就基本完成了。

图 17-38

第五步：设置场景材质

1. 主体材质的设置

主体材质包括 1 地板、2 墙面、3 天花板、4 壁柜门和梁、5 窗框，如图 17-39 所示。

图 17-39

01 设置地板材质。选择一个空白材质球，或者拖曳复制出一个材质球，更改材质类型为 VRayMtl，并将材质命名为"地板"，材质的反射颜色设置为 40，反射光泽值设置为 0.7，细分设置为 12，反射深度设置为 3，并更改材质的高光类型为 Ward，如图 17-40 所示，这里设置的是一个反射比较微弱的地板材质。

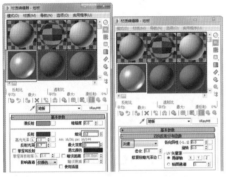

图 17-40

02 在漫反射通道中为其添加一张【标准】下面的位图贴图（从本例素材文件夹中打开 1.jpg 文件），设置模糊值为 0.01。回到贴图卷展栏，把漫反射通道的贴图关联复制（按 Ctrl 键并拖曳复制）到凹凸贴图通道，凹凸数值设置为 20，如图 17-41 所示。

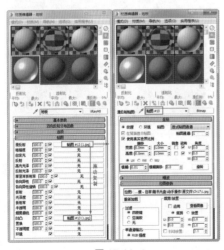

图 17-41

03 由于地板贴图颜色的饱和度比较高，会造成色溢，所以为其套用一个 V-Ray 替代材质。在地板材质面板上，单击【VRayMtl】按钮，在弹出的【材质/贴图】对话框中，找到【VR-覆盖材质】并打开，如图 17-42 所示。

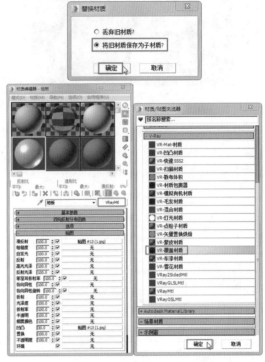

图 17-42

04 在 V-Ray 替代材质界面板中单击【全局照明（GI）材质】后面的【无】材质通道按钮，然后在弹出的【材质/贴图】对话框中选择 VRayMtl 类型，并给 VRayMtl 的"漫反射"设置一点淡淡的接近地板的颜色即可，如图 17-43 所示。当然，也可以把它的颜色设置为不带任何颜色的白色。

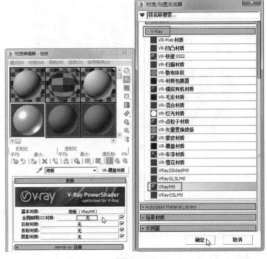

图 17-43

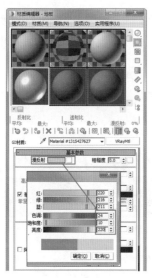

图 17-43（续）

05 设置"蓝色墙"材质。选择一个空白的材质球，更改材质类型为 VRayMtl，并将材质命名为"蓝色墙"。材质的漫反射颜色设置为蓝色；反射颜色设置为 20，反射光泽值设置为 0.35，并在材质选项中，取消选中【跟踪反射】复选框；这样设置的目的不是让墙产生反射，而是为了让蓝色墙具有一定的高光形态，使渲染的效果更好，如图 17-44 所示。

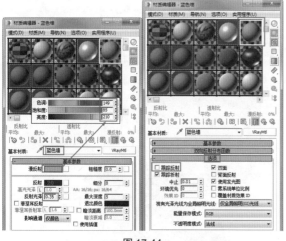

图 17-44

06 设置"天花板"材质。选择一个空白的材质球，更改材质类型为 VRayMtl 并将材质命名为"天花板"。材质的"反射"颜色为 30，"反射光泽"值设置为 0.65，取消选中【跟踪反射】复选框，即取消它的反射效果；单击漫反射通道，为其添加位图贴图（本例源文件夹中的 bancai.jpg），并将贴图平铺 U 方向数值改为 0.25。最后，在其【输出】卷展栏中，把【输出量】和【RGB 级别】同时设置为 1.1，让贴图变亮，如图 17-45 所示。

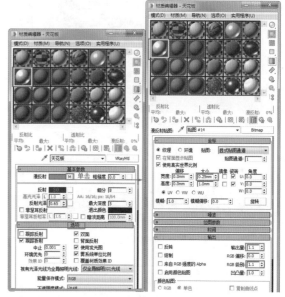

图 17-45

07 创建"木饰面"材质。选择一个空白的材质球，更改材质类型为 VRayMtl 并将材质命名为"木饰面"。材质的反射颜色设置为 45，反射光泽值设置为 0.85，细分值为 12；在漫反射通道里添加一张位图木纹贴图（本例素材源文件"枫木.jpg"），把"模糊"值设置为 0.01，回到贴图栏把漫反射通道的贴图关联复制到凹凸贴图通道，凹凸数值设置为 15，如图 17-46 所示。

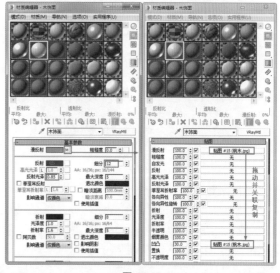

图 17-46

08 设置窗框材质。选择一个空白的材质球，更改材质类型为 VRayMtl 并将材质命名为"白色窗框"，设置材质的漫反射颜色为 250，反射颜色为 30，反射光泽值设置为 0.65，在【选项】卷展栏中取消选中【跟踪反射】复选框，如图 17-47 所示。

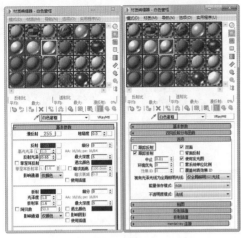

图 17-47

2. 设置家具材质

家具材质包括地毯、铁艺椅子、床品、布艺椅子、落地灯和吊灯等物体的材质，为了让读者能够有条理地认识这些材质，笔者给这些材质编上号，下面按顺序来设置，如图 17-48 所示。

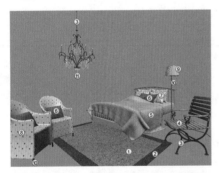

图 17-48

01 地毯材质及"VR-置换模式"（置换）功能的设置。首先给"地毯"对象创建材质，和前面创建的场景材质一样，凡是布纹材质都是使用 3ds Max 的【标准】材质。选择一个空白材质球，将名字改为"地毯-里"。在材质面板的【明暗器基本参数】卷展栏，更改材质明暗器

类型为【Oren-Nayar-Blinn】，并将"粗糙度"设置为20，让材质不至于太暗；单击漫反射通道，为材质添加位图贴图（选择本例素材源文件中的 27.jpg），把【模糊】值设置为 0.01，在贴图的【输出】卷展栏中把【输出量】和【RGB 级别】设置为 1.2，以提高贴图亮度，如图 17-49 所示。

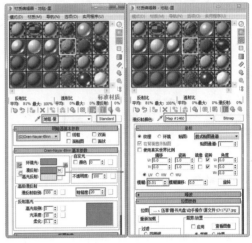

图 17-49

02 地毯材质设置完成后，回到视图选择"地毯"物体，为其添加 UVW 贴图坐标，并把贴图方式设置为 Planar 方式，这是进行下一步工作的重要设置，然后为其添加一个"VR-置换模式"修改器，如图 17-50 所示。

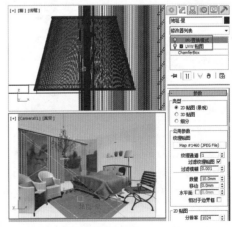

图 17-50

03 打开材质编辑器，选择刚才设置完成的地毯材质，并打开它的【贴图】卷展栏，然后用鼠标选择并按住贴图，将其拖曳到"VR-置换模式"修改器的【无】按钮上再释放鼠标，在弹出的对话框中选择【实例】的复制方式。这样，地毯的纹理贴图就关联复制到【VR-置换模式】的贴图通道了，【VR-置换模式】会根据这张贴图的纹理来产生凹凸效果，如图 17-51 所示。

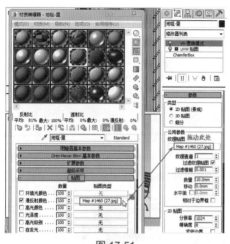

图 17-51

技术要点：

如果想得到更快、更好的效果，可把地毯贴图用 Photoshop 转换成黑白图，再添加到【VR-置换模式】的贴图通道。另外，因为置换具有真实的凹凸效果，所以没有在地毯材质的凹凸通道中添加贴图。

04 设置置换类型为【2D 贴图（景观）】类型，该选项决定置换的方式，表现地毯、毛巾等变化不是很强烈的物体时，选择 2D 贴图方式即可。【数量】设置为 10，它（根据场景单位）决定凹凸变化的高度，数值越大，高度变化越强烈，一般地毯设置在 8~30（mm）即可；贴图的【分辨率】值设置为 1024，它决定了置换效果的精细程度，值越大，置换效果越好，但也需要更多的渲染时间。这几个设置是"VR-置换模式"的核心参数，而其他参数保持默认即可，具体设置如图 17-52 所示。

图 17-52

05 设置"地毯-外"材质，此材质与"地毯-里"的创建过程及参数完全相同，只是位图贴图选择为本例素材源文件中的 28.jpg，此外在【贴图】卷展栏将漫反射的贴图按 Ctrl 键拖曳复制到凹凸贴图通道中，如图 17-53 所示。

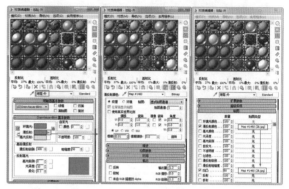

图 17-53

06 创建铁艺椅子和吊灯的【黑铁】材质。材质类型为【VRayMtl】，漫反射颜色（表面颜色）设置为 30，虽然表现的是黑色物体，但为了避免材质"死黑"，需要给材质设置一定的灰度颜色（金属等强烈反射材质除外），材质的反射颜色设置为 60，设置高光值为 0.7，反射光泽值为 0.85，这样设置的材质是光滑的，但高光却是发散的，将反射深度设置为 3。最后，打开材质的【双向反射分布函数】卷展栏，将材质更改为【沃德】高光类型，并把【各向异性】值更改为 0.3，以模拟"搓拭"过的金属效果，如图 17-54 所示。

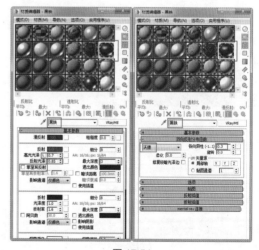

图 17-54

07 创建铁艺椅子的蓝色油漆木头材质。这种蓝色油漆木头展现给人一种脏旧的感觉，让人仿佛看到了它所经受的阳光和海风的洗礼。脏旧的油漆木头效果，可以使用几种方法来模拟，本例主要使用了两张贴图混合的方法。

08 在【基本参数】卷展栏中设置反射颜色为具有蓝色倾向的颜色，让反射效果呈现蓝色效果。【反射光泽】值设置为 0.6 即可，因为脏旧物体的反射是比较弱的；反射细分值设置为 12；在材质的【双向反射分布函数】卷展栏，把材质的高光类型更改为【沃德】，把【各向异性】值更改为 0.3，以模拟"搓拭"过的反射效果，如图 17-55 所示。

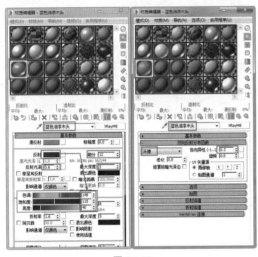

图 17-55

09 单击【基本参数】卷展栏的漫反射通道，或在【贴图】卷展栏的"漫反射"后面单击【无】按钮，在弹出的【材质/贴图浏览器】对话框中找到【RGB 倍增】贴图并选择它，RGB 倍增贴图可以将两张贴图混合起来，从而得到一种混合效果，如图 17-56 所示。

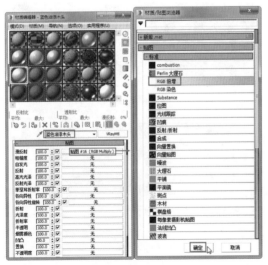

图 17-56

10 RGB 倍增贴图中有两个贴图通道，分别给这两个贴图通道指定贴图后，才能起到混合的作用，如图 17-57 所示。

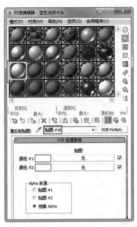

图 17-57

11 分别给"RGB 倍增"贴图的两个贴图通道添加标准位图贴图。上面的贴图为 E:\ 场景 \ 第六章 \Wood_002.jpg，下面的贴图为 Map #34748(tiepi2.jpg)，这样，两张贴图就根据颜色混合起来了，如图 17-58 所示。

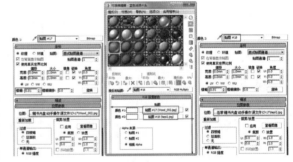

图 17-58

12 最后在材质列表中选择【蓝色油漆木头】材质的最上层，在贴图卷展栏中指定凹凸贴图（E:\ 场景 \ 第六章 \Wood_002.jpg）。并将凹数值设置为 150，让材质具有比较明显的凹凸效果，如图 17-59 所示。

图 17-59

13 设置被子材质。选择一个空白的材质球，将名称改为"被子"。更改材质明暗器类型为 Oren-Nayar-Blinn，并将【漫反射粗糙度】改小到 30，让材质不至于太暗；单击漫反射通道，为材质添加标准位图贴图（被子.jpg），在贴图的输出栏把【输出量】和【RGB 级别】值均设置为 1.1，以提高贴图亮度，如图 17-60 所示。

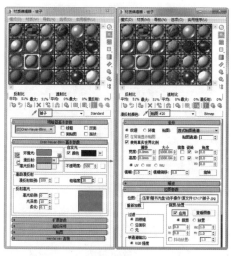

图 17-60

14 在"被子"材质的【Oren-Nayar-Blinn 基本参数】卷展栏中选中"自发光"下的【颜色】复选框，单击色块后面的贴图通道按钮，添加【遮罩】贴图，分别在遮罩贴图通道中添加衰减贴图，并分别更改两个衰减贴图的颜色和衰减类型，如图 17-61 所示。

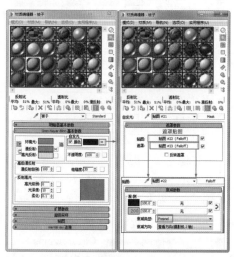

图 17-61

15 回到"被子"材质的【贴图】卷展栏，把【自发光】贴图通道的百分比改为 60，让布纹边缘的亮度稍微减弱一些，并关联复制漫反射通道的贴图到凹凸贴图通道上，设置凹凸数量值为 50，如图 17-62 所示。

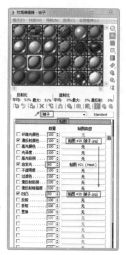

图 17-62

16 创建红色枕头材质。选择一个空白材质球，将名称改为"红色枕头"。在材质面板的【明暗器基本参数】卷展栏中，更改材质明暗器类型为 Oren-Nayar-Blinn，单击漫反射通道贴图按钮，为材质添加标准位图贴图（68885142.jpg），并把模糊值设置为 0.01，在贴图的输出栏把"输出"量和 RGB 级别值分别设置为 1.1，以提高贴图亮度，如图 17-63 所示。

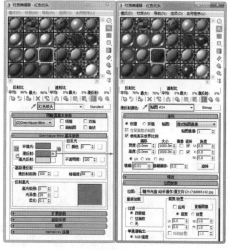

图 17-63

17 选中"自发光"的【颜色】复选框，单击色块后面的贴图通道按钮，添加【遮罩】贴图，在遮罩贴图通道里添加【衰减】贴图，并分别更改两个衰减贴图的颜色和衰减类型，如图 17-64 所示。

18 回到贴图区，把自发光贴图通道的百分比改为 60，并在凹凸贴图通道指定一张灰度贴图（Ch17\ 68703948.jpg），设置凹凸数量值为 80，用来模拟枕头边缘的褶皱效果，如图 17-65 所示。

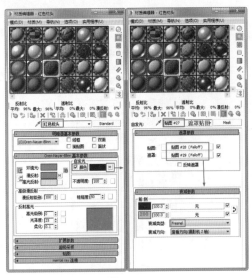

图 17-64

图 17-65

19 创建条纹枕头与床单材质。选择一个空白材质球,将名称改为"条纹枕头与床单",更改材质明暗器类型为 Oren-Nayar-Blinn,单击漫反射通道贴图按钮,为材质添加贴图(Ch17\ 01.jpg),把【模糊】值设置为 0.01,在贴图的输出栏把【输出】量和【RGB 级别】值均设置为 1.2,以提高贴图亮度,如图 17-66 所示。

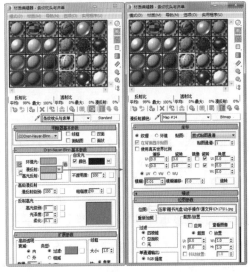

图 17-66

20 选中【自发光】的【颜色】复选框,单击色块后面的贴图通道按钮,添加遮罩贴图,分别在遮罩贴图通道里添加衰减贴图,并分别更改两个衰减贴图的颜色和衰减类型,如图 17-67 所示。

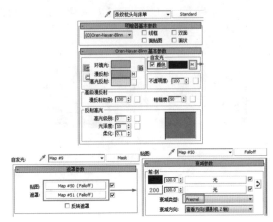

图 17-67

21 回到贴图区,把【自发光】贴图通道的百分比改为 60,并在凹凸贴图通道指定一张灰度贴图(Ch17\ bed-auto7A.jpg),设置凹凸数量值为 80,用来模拟布纹边缘的褶皱效果,如图 17-68 所示。

图 17-68

22 创建布艺椅子的布纹材质。选择一个空白材质球,将名称改为"椅子布艺",更改材质明暗器类型为 Oren-Nayar-Blinn,并将漫反射粗糙度改小到 40;单击漫反射通道贴图按钮,为材质添加贴图(Ch17\yizi.jpg),把【模糊】值设置为 0.01,在贴图的输出栏把【输出】量和 RGB 级别值均设置为 1.1,以提高贴图亮度,如图 17-69 所示。

23 选中【自发光】的【颜色】复选框,单击色块后面的贴图通道按钮,添加遮罩贴图,分别在遮罩贴图通道里添加衰减贴图,并按原来的设置方法更改两个衰减贴图的颜色和衰减类型;回到贴图区,把【自发光】贴图通道的百分比改为 60，并在凹凸贴图通道指定一张灰度贴图（Ch17\ bed-auto7A.jpg），设置凹凸数量值为 60，用来模拟布边缘的褶皱效果，如图 17-70 所示。

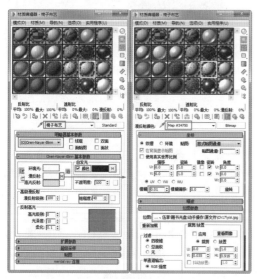

图 17-69

图 17-70

24 创建落地灯白色灯罩材质。设置材质类型为 VRayMtl，并将漫反射颜色设置为全白，然后添加一个材质包裹器，把 Receive GI（接受 GI）加大到 1.2，灯罩就会变白了，如图 17-71 所示。

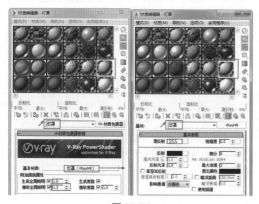

图 17-71

25 创建应用于灯杆、窗帘杆、布艺椅子脚的金属材质。金属材质的设置相当简单，用一个 VRayMtl 类型，将漫反射颜色设置为全黑，反射颜色设置为 195，反射光泽值设置为 0.9，金属材质就设置完成了，如图 17-72 所示。

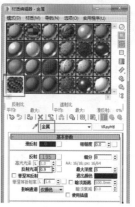

图 17-72

26 创建吊灯的水晶材质。水晶材质其实就是玻璃材质，稍微将 IOR 值（折射率）设置得大一点即可。将反射颜色设置为 245，选中【菲涅耳反射】复选框；折射颜色设置为 245，选中【影响阴影】复选框；【折射率】值设置为 2.0，比玻璃的 IOR 值大；在 Fog 的【颜色】（雾填充）设置中，选择淡青色，打开雾填充功能来模拟有色水晶效果，并将【烟雾倍增】设置为 0.01；最后，在材质【选项】卷展栏中选中【背面反射】复选框，水晶材质就设置完成了，如图 17-73 所示。

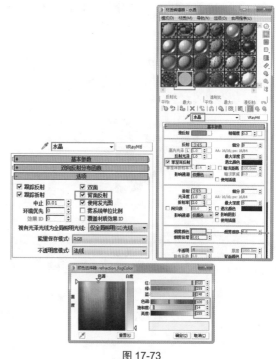

图 17-73

第六步：设置饰品材质

场景饰品主要有鞋子和花瓶，如图 17-74 所示。

图 17-74

01 创建花瓶的陶瓷材质。将漫反射颜色设置为全白，反射颜色设置为 25，反射光泽值设置为 0.85，反射的最大深度设置为 3；单击漫反射贴图通道按钮，在弹出的【材质 / 贴图浏览器】对话框中选择【输出】贴图，并将输出贴图的 RGB 值设置为 1.1，返回到贴图栏。将漫反射颜色贴图通道的输出贴图关联复制到【环境】通道即可，这样做的目的是让陶瓷变白，如图 17-75 所示。

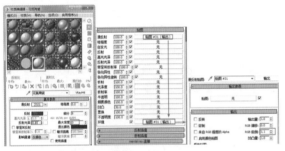

图 17-75

02 创建小花材质。反射颜色设置为 15，反射光泽值设置为 0.7，反射深度设置为 3，并给它添加一张贴图即可，如图 17-76 所示。

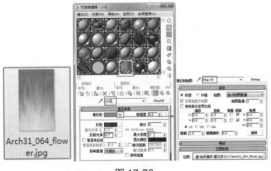

Arch31_064_flower.jpg

图 17-76

03 创建叶子材质。反射颜色设置为 15，反射光泽值设置为 0.7，反射深度设置为 3，并给它添加一张位图贴图即可，如图 17-77 所示。

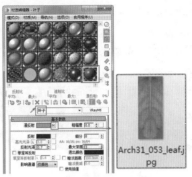

Arch31_053_leaf.jpg

图 17-77

04 白色鞋面实际是塑料的。将漫反射颜色设置为全白，反射颜色设置为 50，反射光泽值设置为 0.8，反射深度设置为 3。单击漫反射颜色贴图通道按钮，在弹出的【材质 / 贴图浏览器】对话框中选择【输出】贴图，并将输出贴图的输出值和 RGB 值设置为 1.1，返回到贴图栏，将漫反射颜色贴图通道的输出贴图关联复制到【环境】通道即可，这样做的目的是让塑料变白，如图 17-78 所示。

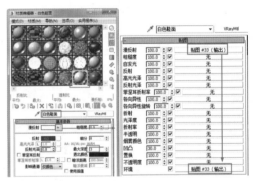

图 17-78

技术要点：

此时，材质编辑器上的材质球用完了，怎么办呢？这是不少初学者经常问到的问题。其实很简单，选择一些小物体的材质，也就是设置过后一般不再需要修改的材质，按住一个材质拖到另一个材质球上（实际就是覆盖材质），并更改名称就可以继续设置了，如图 17-79 所示，覆盖原先已经应用的材质。

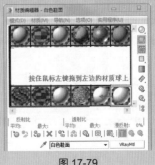

图 17-79

05 深色鞋底也是塑料的。将刚才复制过来的材质更改名称为"深色鞋底"，将漫反射颜色设置为暗褐色，反射颜色设置为 50，反射光泽值设置为 0.65，其反射比鞋面塑料稍微弱；反射深度设置为 3，如图 17-80 所示。

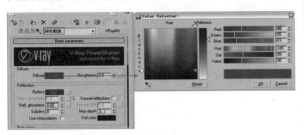

图 17-80

06 至此，场景的材质设置完毕。场景有时有很多的小饰品，虽然烦琐，但也要给它们设置材质。读者可以把平时设置好的小饰品单独保存起来，到需要使用时，用合并的方式合并到新的场景中，这样可以节省不少时间。最后将创建材质一一对应地赋予场景中的对象。

17.3　渲染设置与渲染出图

第一步：材质完成后的渲染测试

当设置完所有的材质以后，需要对场景进行最后的测试，因为某些材质/贴图效果要经过渲染才能看到效果；某些材质有可能会产生色溢现象；某些贴图的亮度可能不符合要求，需要修改贴图的输出值等相关设置，以改变贴图亮度。另外，材质改变后，原来使用全局材质测试得到的个别灯光强度也有可能需要调整。这些问题都必须经过渲染才可以看到结果。

01 现在，打开【全局开关】卷展栏，取消选中【覆盖材质】复选框，如图 17-81 所示，让场景物体使用各自的材质进行渲染。

图 17-81

02 单击【渲染】按钮，渲染结果如图 17-82 所示。观察渲染结果，场景灯光达到要求了，但整个画面蓝色调过重，画面有点脏，这是因为受到大面积蓝色墙的影响。

图 17-82

03 与地板一样，"蓝色墙"材质也需要套用（VRay 覆盖材质）来解决这个问题。打开材质编辑器，选择"蓝色墙"材质，在材质面板上单击 VRayMtl 按钮，在弹出的【材质/贴图浏览器】对话框中选择【VR- 覆盖材质】，如图 17-83 所示。

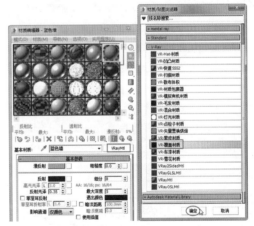

图 17-83

04 在 Glmaterial 的材质通道中选择 VRayMtl 类型，把 VRayMtl 重命名为"白色墙"，并将它的漫反射颜色设置为 240 的白色即可，如图 17-84 所示。

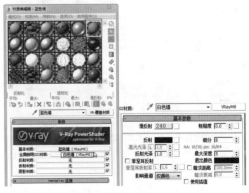

图 17-84

05 替代材质设置完成后，再次进行渲染，渲染结果如图 17-85 所示，蓝色影响消除了，画面更清爽、通透。

图 17-85

技术要点：

任何有颜色的材质造成"色溢"现象，并影响到整个场景或者严重影响某一区域的，都可以使用替代材质的方法来解决，从而得到清爽、干净的画面效果。这个问题，最好在设置材质时就充分考虑到某个材质是否会出现这样的问题。

第二步：设置最终渲染参数

当确定了场景的最终光效、解决"色溢"问题后，就可以加大相关参数进行最终渲染（计算 GI，保存光子文件）。

01 灯光细分的设置。分别选择窗口的面光、室外的阳光和模拟室内落地灯的光度学灯光，更改它们的细分设置，如图 17-86 所示。

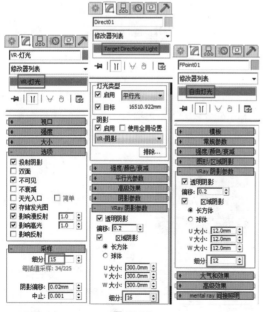

图 17-86

02 渲染面板的设置。计算光子文件时，渲染面板需要

修改的参数主要有发光图、灯光缓存、全局确定性蒙特卡洛和图像采样（抗锯齿），【环境】卷展栏和【颜色贴图】卷展栏的参数设置保持不变。

03 在【发光图】参数面板中设置【最小速率】为 -3，【最大速率】为 -1，【细分】为 50，【颜色阈值】为 0.3，加强光线的变化敏感度，【距离阈值】设置为 0.1，优化曲面物体的采样分布，【法线阈值】设置为 0.2，优化物体与物体（面与面）相交处的采样。具体设置如图 17-87 所示。

图 17-87

04 设置发光图的计算模式和光子文件的保存路径，首先确保它的计算模式为【单帧】，然后选中 On render end 下面的 3 个复选框。再单击后面的 Browse 按钮，选择与场景文件相同的保存目录，在文件名里输入 17-1，单击【保存】按钮即可，如图 17-88 所示。

图 17-88

05 设置【灯光缓存】卷展栏的【细分】值为 1800，【采样大小】为 0.01，让光影细节表现得更好，这是一定要

注意的。确保计算模式为【单帧】，选中下面的 3 个复选框。再选择和场景文件相同的保存目录，在文件名中输入 17-1，单击【保存】按钮即可，如图 17-89 所示。

图 17-89

06 设置【全局确定性蒙特卡洛】卷展栏的参数，如图 17-90 所示。

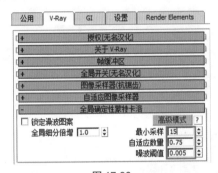

图 17-90

07 完成以上步骤后，即可单击【渲染】按钮，计算场景的 GI 光效了，计算时间会因为计算机配置的不同而有所差异。耐心等待，当计算完毕之后，它们的计算结果（光子文件）会被自动保存，计算模式会自动由 Sample Size 变为 From file，如图 17-91 所示。

图 17-91

第三步：最终大图的渲染出图

01 材质的最后细化和修改。当 V-Ray 计算完场景光效并保存光子文件后，还可以根据小图的渲染情况来细化个别材质，例如，当对某个材质的反射强度或者对某张贴图不满意时，材质的颜色、贴图、反射强度、材质的模糊反射细分都可以再次修改。

注意：材质的折射属性因为影响到光照而不能修改。

02 由于本案例的材质在设置时已经充分考虑了各种因素，现在的场景材质并不需要修改。但读者在以后的工作过程中，如果遇到需要修改的材质问题，明白这点就可以了。

03 设置大图尺寸和图像采样（抗锯齿）类型。当对个别材质完成细化后，就可以加大图像尺寸并利用光子文件渲染成品图像了。按 F10 键打开渲染面板，然后在【公用】选项卡中，更改图像尺寸为 2000×1500，如图 17-92 所示。

图 17-92

04 打开【图像采样器（抗锯齿）】卷展栏，开启抗锯齿过滤器，并将自适应图像采样器的最大细分值设置为 5，让图像纹理细节更清晰，如图 17-93 所示。

图 17-93

05 完成这个步骤后就可以单击【渲染】按钮进行最终大图的渲染了，渲染面板的其他参数在保存了光子文件以后都不需要修改。

第四步：图像的保存

图像渲染完成以后，保存时需要选择合理的图片格式。

在渲染帧窗口中单击【保存图像】按钮 ，弹出【保存图像】对话框，并选择图像文件格式为 tif，输入文件名后单击【保存】按钮即可，如图 17-94 所示。

图 17-94

17.4 Photoshop 后期处理

适当的 Photoshop 后期处理是效果图制作的最后一道工序，也是必不可少的。通过 Photoshop，可以对图像的颜色、亮度、渲染的缺陷等问题进行校对和修整，适当的后期处理可以让图像的质量提高一个层次。

01 启动 Photoshop 软件，并打开刚才保存的图像，如图 17-95 所示。

图 17-95

02 每当打开一张图像时，首先要做的是检查它的色阶，查看图像的黑、白场信息是否合理，如果有欠缺需要对它们进行调节，如图 17-96 所示。从图中发现，本例图的黑、白场信息是合理的，不需要进行调节。

图 17-96

03 对图像颜色进行处理。执行菜单栏的【图像】|【调整】|【匹配颜色】命令，如图 17-97 所示。

图 17-97

04 在【匹配颜色】窗口中，把颜色亮度设置为110，颜色强度设置为120，以提高图像的色彩艳丽度，如图 17-98 所示。

图 17-98

05 回到【图层】面板，复制一个图层并把图层混合模式更改为【滤色】，将不透明度设置为30%，这样做的目的是整体提高图像的亮度，如图 17-99 所示。

图 17-99

06 继续复制一个图层出来，把图层混合模式更改为【柔光】，并设置不透明度为55，这样做的目的是使图像颜色更加饱满，增强图像的暗部，如图 17-100 所示。

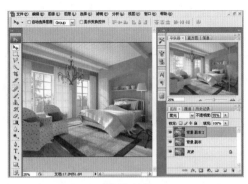

图 17-100

07 保持选中【柔光】图层，执行【图像】|【调整】|【亮度 / 对比度】菜单命令，在弹出的【亮度 / 对比度】对话框中把对比度值设置为 +20，如图 17-101 所示。

图 17-101

08 选中"滤色"图层，执行【图像】|【调整】|【亮度 / 对比度】菜单命令，在弹出的【亮度 / 对比度】对话框中把对比度值也设置为 +20，如图 17-102 所示。

图 17-102

09 重新选择【柔光】图层，执行【图像】|【调整】|【色相 / 饱和度】菜单命令，在弹出的【色相 / 饱和度】对话框中单击【编辑】后面的下拉按钮，在下拉列表中选择【黄色】，并把饱和度值增加到 20，如图 17-103 所示。利用相同的方法，在下拉列表中选择【红色】，并把饱和度值增加到 20。这样做的目的是让图像的地板、抱枕等黄色、红色部位的色彩饱和度更高一点。

图 17-103

> **技术要点：**
> 不是所有图像都需要做这一步，应该根据实际情况设置。

10 保持选中"柔光"图层，执行【图像】|【调整】|【照片滤镜】菜单命令，在弹出的【照片滤镜】对话框中进入下拉列表，选择 Cooling Filter（冷却滤镜）类型，把【浓度】值设置为 6，让整个图像的色调稍微偏蓝一点，如图 17-104 所示。

图 17-104

11 执行【图层】|【合并可见图层】菜单命令，将所有图层合并为一层，如图 17-105 所示。

图 17-105

12 合并图层之后，在【图层】面板打开【通道】选项卡，选中【红】通道，再执行【滤镜】|【锐化】|【智能锐

化】菜单命令，在弹出的【智能锐化】对话框中按如图
17-106 所示进行相关设置。

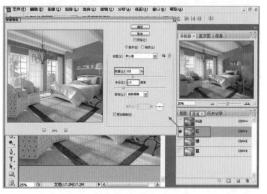

图 17-106

13 选中【绿】通道，执行【滤镜】|【智能锐化】菜单命令，
沿用刚才的锐化设置，如图 17-107 所示。

图 17-107

14 选中"蓝"通道，执行【滤镜】|【智能锐化】菜单命令，
沿用刚才的锐化设置，如图 17-108 所示，锐化设置就完
成了。

图 17-108

15 Photoshop 后期处理过的最终图像效果，如图 17-109
所示。处理过的图像如果是打印的，直接保存为原来的
tif 格式就可以了。在后期处理的过程中，某些步骤或者
数值并不是一成不变的，因为不同图片的亮度、颜色等
具体情况是不同的，读者需要根据自己对图的见解来灵
活设置。

图 17-109